W0299404

DIE KOSMOS VOGEL ENZYKLOPÄDIE

DIE KOSMOS VOGEL ENZYKLOPÄDIE

Peter Hayman · Rob Hume

KOSMOS

Für Henry Birch, die Thorogoods und
meine Eltern für ihr großzügiges
Engagement von Anfang an
RH

Aus dem Englischen übersetzt von Detlef Singer und Angelika Lang

Titel der Originalausgabe:
„The complete guide to the Birdlife of Britain & Europe"
2001 erschienen bei Mitchell Beazley, an imprint of Octopus Publishing Group Ltd, 2–4 Heron Quays, Docklands, London E 14 4JP unter ISBN 1-85732-795-0.

Text copyright © Octopus Publishing Group Ltd
Illustration copyright © Octopus Publishing Group Ltd
Copyright © Octopus Publishing Group Ltd
All rights reserved

Umschlaggestaltung von eStudio Calamar unter Verwendung von Illustrationen von Peter Hayman.

Bibliographische Information Der Deutschen Bibliothek.
Die Deutsche Bibliothek verzeichnet diese Publikation in der Deutschen Nationalbibliographie; detaillierte bibliographische Daten sind im Internet über http://dnb.ddb.de abrufbar.

Informationen senden wir Ihnen gerne zu

Bücher · Kalender · Spiele · Experimentierkästen · CDs · Videos
Natur · Garten & Zimmerpflanzen · Heimtiere · Pferde & Reiten · Astronomie
Angeln & Jagd · Eisenbahn & Nutzfahrzeuge · Kinder & Jugend

KOSMOS Postfach 10 60 11
D-70049 Stuttgart
TELEFON +49 (0)711-2191-0
FAX +49 (0)711-2191-422
WEB www.kosmos.de
E-MAIL info@kosmos.de

Gedruckt auf chlorfrei gebleichtem Papier

Für die deutschsprachige Ausgabe:
© 2003, Franckh-Kosmos Verlags GmbH & Co., Stuttgart
Alle Rechte vorbehalten
ISBN 3-440-09581-9
Lektorat: Rainer Gerstle
Produktion: Lilo Pabel
Printed in China/Imprimé en Chine

Abbildungen: S. 1 Buntspecht, S. 3 Pirole, S. 4 Dreizehenmöwen,
S. 5 Fischadler, S. 6 Olivenspötter

Inhalt

Einführung

Dieses Buch stellt die Vogelwelt in ihrer faszinierenden Vielfalt vor und hilft dem Leser gleichzeitig, die vielen Arten voneinander zu unterscheiden. Unser Wunsch ist es, die Begeisterung, die wir bei der Beobachtung der Vögel und beim Studium ihres Verhaltens empfanden, auf unsere Leser zu übertragen – sie gleichsam mit unserem Enthusiasmus anzustecken.

Das vorliegende Buch behandelt die in Europa brütenden Vogelarten sowie die regelmäßig erscheinenden Gastvögel. Da sich die Arealgrenzen so vieler Vögel in raschem Tempo ändern, würden detaillierte Angaben in einer Verbreitungskarte bereits wenige Monate nach dem Erscheinen des Werks veraltet sein; daher beschränkten wir uns auf eine Karte, die lediglich das behandelte Areal angibt. Wir haben weiterhin davon absehen, die gesamte Westpaläarktis, also auch Nordafrika und Vorderasien, mit aufzunehmen. Dennoch wollten wir auch einige seltene Arten vorstellen, die regelmäßig Europa besuchen und somit häufiger beobachtet werden können als so mancher europäische Brutvogel. Gern hätten wir noch mehr Arten aufgenommen – mitunter kamen wir in Versuchung, zu schreiben: „Vergleiche mit ...", nur um uns gleich daran zu erinnern, dass der andere Vogel gar nicht im Buch vorkommt. Um Platz für die von uns aufgenommenen außereuropäischen Brutvögel zu schaffen, haben wir im Gegenzug einige der extrem seltenen Brutvogelarten Europas ausgeschlossen.

Eine ganz besondere, aber auch gern angenommene Herausforderung war es für uns, auf die Bedürfnisse der Leser einzugehen, die gerade mit dem Beobachten und Bestimmen von Vögeln begonnen haben. Gleichzeitig bemühten wir uns darum, den fortgeschrittenen Beobachtern unsere neuen Informationen zur Verfügung zu stellen. Selbst kenntnisreiche Ornithologen mit jahrelanger Erfahrung wissen ein neues Vogelbuch mit brillanten Abbildungen zu schätzen; Größe und Ausstattung des vorliegenden Werks und seine Fülle an gelungenen Illustrationen werden, so hoffen wir, auch bei dieser Zielgruppe den Wunsch aufkommen lassen, das eigene Wissen zu vermehren.

Alle in diesem Buch behandelten Vögel sind regelmäßige Brutvögel oder Gäste in dem auf der Karte dargestellten Areal.

Uns ist seit langem klar, dass gerade bei den Arten, die uns am vertrautesten sind, große Wissenslücken klaffen. Viele unserer neueren Erkenntnisse sind das Ergebnis gewissenhafter Studien, die wir in der fantastischen Sammlung des Naturhistorischen Museums in Tring, Herfordshire, durchführen konnten. Trotzdem kann das Studium an Tierpräparaten nicht die Kenntnisse vermitteln, die man durch Beobachtung des lebendigen Vogels erhält. Indessen führen bei der Freilandbeobachtung entstehende Probleme, die im Museum gelöst werden können, nicht selten zu ganz neuen Fragestellungen, die wiederum Gegenstand erneuter Freilandforschung werden.

Für die meisten von uns ist beispielsweise eine Gartengrasmücke „nur" eine Gartengrasmücke (wenn wir sie überhaupt als solche identifizieren können). Hören wir ihren Gesang, so tippen wir auf ein Männchen. Bei günstigen Beobachtungsbedingungen und mit einiger Übung lassen sich jedoch zwischen Männchen und Weibchen bei den meisten Arten feine gestaltliche Unterschiede erkennen. Diese betreffen häufig die Länge des Vogelkörpers, ein Maß, das selten gewonnen wird, selbst von spezialisierten Ornithologen, die für die Beringung, aber auch für die Abnahme der Maße von Flügel, Schwanz, Krallen, Schnabel sowie für Gewicht und Mauserzustand Vögel fangen. Soweit es der zur Verfügung stehende Druckraum erlaubte, haben wir möglichst viele dieser neuen Erkenntnisse im Buch untergebracht. Dem Anfänger mag die teilweise penible Schilderung winziger Unterschiede innerhalb der Arten etwas als „Insider-Wissen" erscheinen, doch bieten diese Informationen gerade dem erfahrenen Vogelbeobachter die Chance, Neues für seine Freilandarbeit zu entdecken.

Unsere Hoffnung ist es, dass unser Buch nicht nur für Anfänger und Fortgeschrittene hilfreich ist, sondern vor allem dazu ermuntert, hinauszugehen und Vögel genau zu beobachten – und vielleicht unsere Begeisterung für diese attraktiven und liebenswerten Mitgeschöpfe zu teilen.

Peter Hayman und Rob Hume

Zum Gebrauch des Buches

Die Seiten dieses Buches ermöglichen ein effizientes Vorgehen bei der Bestimmung der einzelnen Vogelarten: Der Blick auf die Illustrationen erlaubt einen raschen visuellen Eindruck des Vogels. Der Text liefert erklärende Informationen zu den Zeichnungen und stützt diesen ersten visuellen Eindruck; zusätzlich liefern die Texte eine Fülle von wertvollen Informationen über Verhalten und Lebensraum, Alter und Geschlecht des Vogels. Die Symbole geben auf einen Blick Auskunft über den Lebensraum der Vögel.

HAUPTTEXT
Der Haupttext enthält Angaben zu Lebensraum, Nahrung und Nahrungssuche sowie Balz und (wo sinnvoll) Lautäußerungen, ferner zu Brut, Wanderverhalten und zur Länge des Vogels. Bei den Arten, die nicht Brutvögel Europas sind, wurde auf Brutangaben verzichtet.

VORKOMMEN UND VERBREITUNG
Im farbig abgesetzten Kasten am unteren Ende des Haupttextes befinden sich Angaben zum saisonalen Auftreten der Art in Europa (Wann) sowie zu Vorkommen und Verbreitung (Wo). Manche Arten sind in ihrem Vorkommen stark eingeschränkt: So wird man einen Steinschmätzer kaum in einem geschlossenen Wald oder einen Waldkauz im offenen Hochmoor antreffen. Ebenso wenig wahrscheinlich ist die Begegnung mit einem Waldlaubsänger in Mitteleuropa zur Weihnachtszeit. Andere Arten dagegen, wie die Heckenbraunelle, kann man bei uns das ganze Jahr über in ganz unterschiedlichen Lebensräumen beobachten.

EINFÜHRUNG
Eine allgemeine, kurz gehaltene Charakterisierung der behandelten Art (in Fettdruck) findet man meist oben auf der Farbtafel. Kennt man eine Art bereits näher, beispielsweise den Haussperling, genügt dieser Textteil nicht selten schon zur Bestimmung; in diesem Fall muss man die detaillierten Angaben nicht mehr akribisch durchgehen. Vielleicht ist es die Art, wie der Vogel steht, mit den Flügeln schlägt oder seinen Kopf bewegt, oder das Muster von Kopf und Rücken, das ins Auge fällt. Es ist wie das Entdecken eines guten Freundes in einer Menschenmenge – man weiß nicht so genau warum, aber es funktioniert sehr schnell.

DIE FARBCODES
Jede behandelte Art ist einem bestimmten Farbcode zugeordnet, so dass man auf einen Blick erkennt, zu welcher Vogelgruppe er gehört. Wenn man die gewünschte Gruppe bereits kennt, lassen sich die richtigen Seiten rasch auffinden.

MEISEN, KLEIBER UND ANDERE

Haubenmeise *Parus cristatus*

Im Vergleich zu anderen Meisen sind die scheuen Haubenmeisen nicht so einfach zu beobachten. Sie leben das ganze Jahr über meist paarweise in älteren Nadelwäldern, aber auch in Parks und Friedhöfen sowie in Laubwald mit Nadelwaldinseln; im Gebirge trifft man sie sogar in Latschenbeständen in über 2000 Meter Höhe an. Auf der Iberischen Halbinsel besiedeln Haubenmeisen neben Strandkiefern auch Korkeichen- und Buchenwald.
NAHRUNG Vor allem Insekten und Spinnen sowie Nadelbaumsamen. In Nadelwaldnähe auch an Fütterungen.
STIMME Der Gesang besteht aus aneinander gereihten, rufähnlichen Lauten. Die schnurrenden Rufe sind sehr einprägsam: „zi-zi-gürrr“ oder „ürrrr“.
BRUT Das Weibchen hackt eine Höhle in das morsche Holz eines Stamms oder Stubbens; das Nest besteht aus Moos, Wolle, Haaren, Spinnweben. 6–7 Eier, Brutdauer 13–16 Tage; die Jungen fliegen mit 18–22 Tagen aus.
ZUG Jahresvogel.
LÄNGE 11,5 cm

WANN Ganzjährig
WO Brütet in Europa außer in Nordskandinavien, Finnland und Nordrussland, Italien, im größten Teil SO-Europas sowie auf den Mittelmeerinseln

Eine kleine, lebhafte Meise des Nadelwalds; leicht an ihren schnurrenden Rufen zu lokalisieren; Bestimmung durch kennzeichnende, spitze Federhaube einfach

Tannenmeise *Parus ater*

Die Tannenmeise erinnert an eine kleine Kohlmeise ohne kräftige Farben; Gelb tritt nur im Jugendkleid und bei manchen Unterarten auf. Bevorzugter Lebensraum ist Nadelwald mit hohem Anteil an älteren Fichten, nicht selten genügen auch ein paar Nadelbäume im Laubwald. In Südeuropa kommen sie auch in reinen Laubwäldern vor.
NAHRUNG Ihr geringes Gewicht und die langen Zehen befähigen die Tannenmeise zur Nahrungssuche an dünnen, äußeren Zweigen und zwischen den Nadelbüscheln, wo sich Insekten und Spinnen verbergen; dort verstecken die Vögel auch ihre Vorräte.
STIMME Die Strophen, fast ganzjährig zu hören, klingen feiner als die der Kohlmeise: „zewizewizewi ...“ oder „sitüsitüsitü ...“. Ruft fein, goldhähnchenartig „tsit“, „tsi-tsi-tsi“ oder „tüi“.
BRUT Höhlenbrüter. Meist 8–9 Eier, Brutdauer 14–16 Tage; die Jungen fliegen mit 19 Tagen aus.
ZUG Vorwiegend Jahresvogel, in manchen Jahren jedoch invasionsartige Wanderungen.
LÄNGE 11,5 cm

WANN Ganzjährig
WO Brütet in Europa außer Island und dem Norden Skandinaviens, Finnlands und Russlands

Ein sehr kleiner, behände in Nadelbäumen kletternder Vogel mit großem Kopf und länglichem, weißem Nackenfleck; besucht oft Fütterungen in Nadelwaldnähe

242

WISSENSCHAFTLICHE NAMEN
Die Kopfzeile enthält neben dem deutschen Vogelnamen auch den wissenschaftlichen Artnamen. Jede dieser Bezeichnungen besteht aus zwei Teilen. Zuerst kommt der Gattungsname: Alle Arten derselben Gattung sind nah miteinander verwandt, was aus den deutschen Namen nicht immer hervorgeht. Zilpzalp und Waldlaubsänger beispielsweise sind nah miteinander verwandt, sie gehören derselben Gattung (*Phylloscopus*) an. Der zweite Begriff ist der Artname; zusammen mit dem Gattungsnamen bekommt jede Art ihr eigenes „Etikett“, in unserem Beispiel *Phylloscopus collybita* für den Zilpzalp und *Phylloscopus sibilatrix* für den Waldlaubsänger.

DIE SYMBOLE
Die Symbole in der Kopfzeile geben die bevorzugten Lebensräume an, in denen sich die Art in Mitteleuropa aufhält (Erklärung der Symbole siehe unten).

DIE ZEICHNUNGEN
Die detailgetreuen Zeichnungen mit unterschiedlichen Ansichten und Haltungen des Vogels vermitteln zu jeder Art so viel Information wie möglich; außer den üblichen Kleidern findet man hier auch Abbildungen zu selteneren Gefiedervarianten.

DIE LEGENDEN
Die Legenden machen auf Punkte aufmerksam, die für die Artbestimmung wichtig sind. Sie bieten aber noch viel mehr Informationen, beispielsweise zu den Unterschieden zwischen Männchen und Weibchen, zur jahreszeitlichen Variation oder den geografischen Besonderheiten in den verschiedenen Teilen Europas.

■ DIE SYMBOLE

Städte, Industrieanlagen	Fließgewässer	Fütterungen/Futterhäuser	**subad.** subadult (noch nicht erwachsen)
Sümpfe, Moore, Röhricht	Klippen und Inseln	♂ Männchen	**immat.** nicht ausgefärbt
Küste und Meer	Gebirge, Hochland	♀ Weibchen	**1er W/S** erster Winter/Sommer
Kulturlandschaft	Laubwald	**PK** Prachtkleid	**2er W/S** zweiter Winter/Sommer
niedriger Bewuchs	Nadelwald	**SK** Schlichtkleid	**1es KJ** erstes Kalenderjahr
hohes Gebüsch	Mischwald	**JK** Jugendkleid	
Seen und Stauseen	Gärten und Parks	**ad.** adult (erwachsen)	

Die Körperteile und Gefiederpartien

Soweit möglich, wurde in diesem Buch auf die Verwendung von Fachausdrücken verzichtet, jedoch lassen sich manche präziseren Details eines Vogels nicht auf andere Art beschreiben. Man sollte sich also die Zeit nehmen, die grundlegende Anatomie eines typischen Vogels kennen zu lernen, und sich mit den Bezeichnungen für die verschiedenen Gefiederbereiche und Kopfmuster vertraut machen. Diese Angaben sind als nützliche Nachschlaghilfe beim Lesen der Artentexte gedacht.

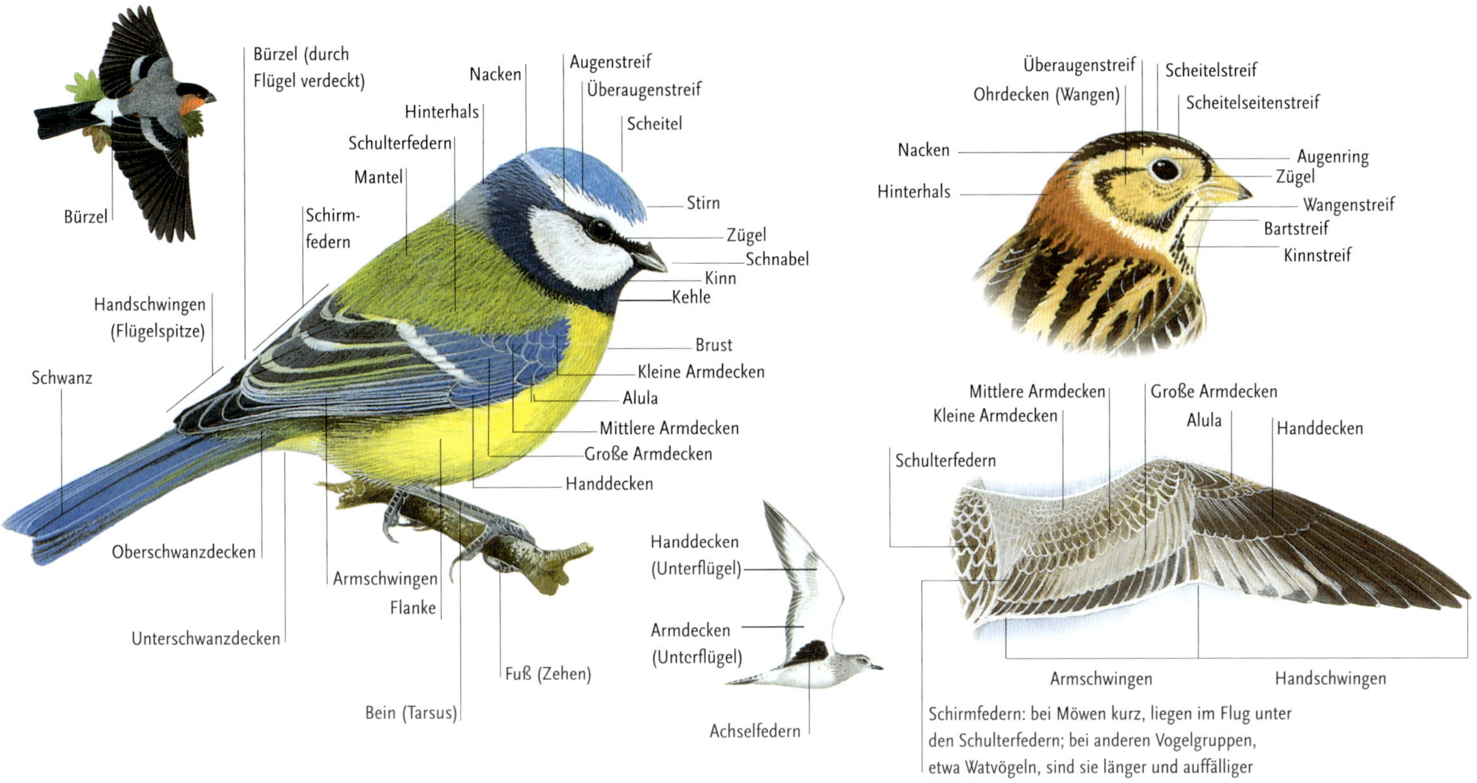

Die Muster und Färbungen im Gefieder eines Vogels geben wichtige Hinweise für seine Identifizierung; leider vergisst man sie häufig sehr schnell. Grund hierfür ist, dass die meisten Menschen mit der Vogelanatomie nicht vertraut sind und daher die Lage von Farb- oder Zeichnungsmustern nicht angeben können. Indem man die Partien des Vogelkörpers, besonders die des Flügels, lernt, kann man die Details, die man im Fernglas sieht, benennen; auch wenn dies nur im Geist geschieht, fällt es leichter, diese Merkmale später zu überprüfen.

Das Gedächtnis spielt uns häufig einen Streich, daher ist eine der sichersten Methoden zur erfolgreichen Vogelbestimmung, sofort nach der Beobachtung das Gesehene zu notieren. Besser noch ist eine Zeichnung, die nicht schön sein muss, sondern die verschiedenen Körperteile einigermaßen genau darstellt. Das Festhalten der Färbung von Schnabel, Beinen und Augen sowie der erkennbaren Federpartien veranlasst zu genauem Hinsehen und hilft, das Erkannte im Gedächtnis zu behalten. Wenn man mit dieser Methode eine unbekannte Art beobachtet und danach beschrieben und bestimmt hat, wird man den gleichen Vogel in Zukunft mit Sicherheit leichter wiedererkennen.

Die Formen und Proportionen der Gefiederpartien sind bei den verschiedenen Vogelfamilien ganz unterschiedlich. So kann man bei stehenden Finken oder Ammern häufig sämtliche Flügelfedern – Kleine, Mittlere und Große Armdecken, Hand- und Armschwingen und sogar Handdecken und Alula – gut erkennen. An einer schwimmenden Ente hingegen hängen die Schulterfedern nicht selten bis zu den Flanken herab und verdecken die Flügelfedern, so dass man nur die Flügelspitzen und die oft auffällig glänzenden Schirmfedern sieht. Erst wenn sich die Ente streckt, sich aufrichtet und mit den Flügeln schlägt oder gar auffliegt, bekommt man die verschiedenen Bereiche der Flügelfedern zu Gesicht.

Die präzisen Zeichnungen in diesem Buch erlauben detailliertes Vergleichen der exakten Proportionen der wichtigsten Federn wie Flügel- und Steuerfedern. Das ist sehr hilfreich beim Versuch, einen Vogel mit kompliziertem Gefiedermuster zu bestimmen. Ein stehender Falke, etwa ein Turmfalke, zeigt typischerweise lange, spitze Flügelenden, da er lange Handschwingen besitzt, bei einem ebenfalls stehenden Sperber sieht man dagegen kaum eine freie Handschwingenspitze. Solche Kennzeichen sind manchmal sehr wichtig.

Wie dieses Buch entstand

Die Zeichnungen für dieses Buch sind das Ergebnis einer langjährigen Forschungsarbeit, die auf den Erfahrungen eines Vogelbeobachterlebens aufbaut. Sie vermitteln nicht nur den einzigartigen Charakter jeder Vogelart, sondern sind überaus detailgetreu.

Jede Zeichnung in diesem Buch wurde nach den Erkenntnissen aus vielen Jahren Feldbeobachtung geschaffen. Zusätzlich wurden Museumsvögel genauestens studiert – vor allem in Spiritus konservierte Vögel, weniger Bälge oder Standpräparate, die ja in einer Zwangsstellung haltbar gemacht wurden. Zusätzlich wurden unzählige Vogelfotos ausgewertet sowie große Mengen von Büchern und Bestimmungsarbeiten durchgesehen. Die Mischung aus Museumsstudien, Feldbeobachtung und im Freiland entstandenen Aufzeichnungen und Skizzen haben lebendige, präzise Zeichnungen mit einer Fülle wertvoller Details entstehen lassen.

Viele dieser Details betreffen Längenmaße und Proportionen. Die meisten Vogelbücher geben lediglich die Länge jedes Vogels von der Schnabel- zur Schwanzspitze wieder. Speziellere Werke enthalten zusätzlich Angaben zur Länge des gefalteten Flügels vom Bug bis zur Handschwingenspitze, mitunter sogar die Länge von Schnabel und Schwanz. Diese Angaben sind für die Freilandarbeit meist wenig hilfreich.

Angaben zur Länge des Körpers gibt es kaum, obwohl gerade dieses Maß für die Proportionen eines Vogels ausschlaggebend ist; es bestimmt die Länge desjenigen Anteils des Schwanzes, der die Flügelspitze beim stehenden Vogel überragt (Schwanzprojektion). Messungen von Flügeln und Schwanz für sich liefern diese Information nicht, sondern nur eine Messung der Körperlänge. Wenn die Flügel gefaltet sind, nehmen sie eine mehr oder weniger festgelegte Haltung zum Körper ein. Ein langer Körper lässt viel vom Schwanz hinter den Flügeln überstehen, ein kurzer Körper reduziert dagegen die Schwanzprojektion oder lässt sie sogar ganz verschwinden. Dieses Merkmal kann ein wichtiges Kriterium bei der Bestimmung von Arten mit sehr unauffälligem Gefieder sein.

Die Studien für dieses Buch haben weiterhin ergeben, dass die Körpergröße zwischen Männchen und Weibchen in der Regel unterschiedlich ist. Folglich erlauben viele der Zeichnungen, die das Verhältnis von Flügeln zu Schwanz zeigen, eine Geschlechtszuordnung, auch wenn das Gefieder keine Unterschiede erkennen lässt. Das ist auch der Grund, dass beispielsweise bei manchen Möwen die Flügelspitzen ein Stück weit den Schwanz überragen, bei anderen dagegen nicht. Das ist keine zufällige Variation von Individuen, sondern spiegelt die Unterschiede zwischen Männchen und Weibchen wider.

Die Messungen für die Zeichnungen haben auch einige verblüffende Unterschiede in anderen Proportionen ans Licht gebracht, wie die Länge und Breite des geöffneten Flügels. Bei manchen Arten können die Unterschiede im Verhältnis von Länge zu Breite des Flügels so gravierend sein, dass im Flug ein Männchen deutlich anders aussieht als ein Weibchen (Beispiel Kiebitz). Menschen, die über Jahre eine bestimmte Art genau studiert haben, können oft Männchen und Weibchen voneinander unterscheiden, obwohl sie es nicht begründen können. Entscheidend hierfür sind die feinen Proportionsunterschiede. Die Fähigkeit des menschlichen Auges und Gehirns, solche Feinheiten wahrzunehmen, ist bemerkenswert.

TAXONOMISCHES DURCHEINANDER

Taxonomie ist die wissenschaftliche Einteilung der Tiere und Pflanzen entsprechend ihren Verwandtschaftsverhältnissen. Das Thema erscheint zunächst etwas langweilig, ist es aber keineswegs. Vielmehr liefert es Stoff für heftige Debatten.

Die Stellung einer Art im System kann sich ändern, da unser Wissen stetig anwächst und die Interpretation der gewonnenen Daten eine Neueinteilung notwendig macht. Diese Änderungen ergaben sich häufig aufgrund der Untersuchungen von ganz wenigen einflussreichen Forschern. Die Arbeiten für dieses Buch haben eine Reihe von Fragen über kniffige Themen entstehen lassen, in einigen Fällen kamen Erkenntnisse zustande, die eine neue Klassifizierung einiger Vögel nahe legen. Dies ist auf den entsprechenden Seiten angemerkt, etwa für die Sturmtaucher des Mittelmeers, „Wasserpieper", Busch- und Blass-Spötter sowie Birkenzeisig und Kreuzschnäbel. Durch diese Neueinteilungen ändert sich jedoch die „Natur" der betroffenen Vögel in keiner Weise.

Die Maße
Jeder Messvorgang setzt sich aus rund 70 Einzelmaßen von Flügeln, Schwanz, Flügelknochen, Einzelfedern, Schnabel, Beinen und Füßen zusammen. Männchen, Weibchen und Jungvögel können deutliche Unterschiede aufweisen. Ganze Vögel eignen sich für die Messungen natürlich am besten, jedoch haben wir, wenn nötig, auch mit Bälgen gearbeitet. Die Messungen ergeben eine Gitterstruktur, die alle wichtigen Proportionen des Vogels festhält.

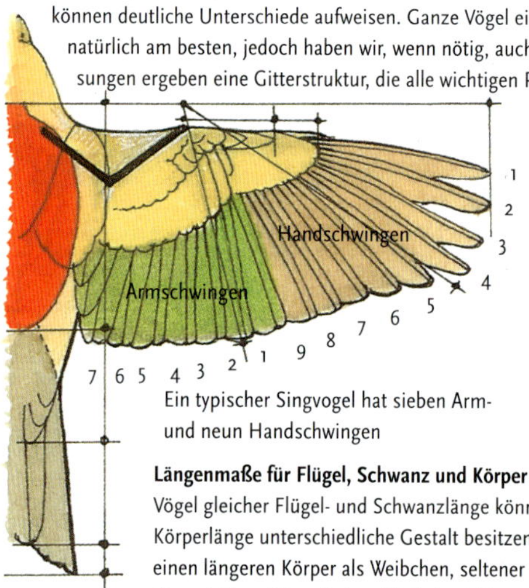

Ein typischer Singvogel hat sieben Arm- und neun Handschwingen

Die Zeichnungen
Die Messungen und Maßzeichnungen liefern die Basis für fünf oder mehr Entwürfe auf Transparentpapier, um die Proportionen des Vogels festzuhalten. Wenn alles stimmt, wird das Ergebnis auf das endgültige Papier übertragen und die Illustration vervollständigt.

Längenmaße für Flügel, Schwanz und Körper
Vögel gleicher Flügel- und Schwanzlänge können aufgrund unterschiedlicher Körperlänge unterschiedliche Gestalt besitzen. Gewöhnlich haben Männchen einen längeren Körper als Weibchen, seltener trifft das Gegenteil zu. Diese Unterschiede beeinflussen z. B. die Schwanzprojektion.

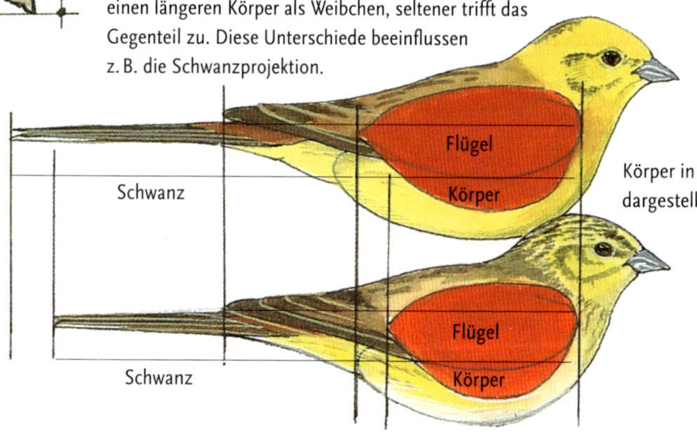

Körper in Rot dargestellt

Vogelbestimmung

Es gibt keine schnelle Methode, Vögel bestimmen zu lernen – das Lernen selbst macht aber Spaß. Der größte Reiz bei der Vogelbeobachtung ist sicherlich, unbekannte Arten zu entdecken – für den Anfänger sind natürlich die meisten Arten neu!

Die Bestimmung von Vögeln bedarf sorgfältiger Beobachtung. Sieht man einen unbekannten Vogel, gilt es als Erstes, seine ungefähre Größe abzuschätzen. Das ist nicht immer einfach, gerade bei überfliegenden Vögeln gegen den einheitlichen Himmel und ohne Möglichkeit eines Größenvergleichs. Meistens hat man aber Blätter, Gräser oder sogar andere Vögel gleichzeitig im Blickfeld, um eine Größenabschätzung vorzunehmen. Sinnvoll sind Vergleiche wie „ungefähr taubengroß" oder „kleiner als Sperling". Für kniffligere Fälle wie einen seltenen Laubsänger bedarf es natürlich präziserer Vergleiche.

Als nächsten Schritt wendet man sich der Gestalt zu: Ist der Vogel grundsätzlich lang gezogen und schlank oder eher rundlich und plump? Wirkt er untersetzt oder elegant? Erscheint er in seinen Bewegungen schwerfällig oder graziös? So ist das Rebhuhn etwa taubengroß, hat jedoch kurze Beine, einen kurzen Schnabel und einen rundlichen Körperbau; außerdem ist der Kopf klein und der Schwanz kurz. Dagegen sind bei der Dohle – ebenfalls von der Größe einer Taube – Schwanz, Flügel und Schnabel länger und lassen einen ganz anderen Proportionseindruck entstehen. Beginnt man die Vögel in dieser Weise zu betrachten, wird man sich bald den Gesamteindruck der Vogelgruppen wie Enten, Hühnervögel oder Finken einprägen. Die exakte Zuordnung des gesehenen Vogels zu einer Vogelgruppe ist der erste Schritt bei der Bestimmung.

INS DETAIL GEHEN

Nachdem man einen Eindruck von der Größe des Vogels und seiner ungefähren Gestalt bekommen hat, sollte man versuchen, jede gestaltliche Auffälligkeit zu erfassen. Wenn beispielsweise der gesuchte Vogel als Watvogel identifiziert wurde, sollte man auf die Länge und Form des Schnabels und die Länge der Beine achten.

Als Nächstes wendet man sich der Färbung und Musterung zu. Falls der gesehene Watvogel auffliegt, gilt es zu prüfen: Hat er eine Flügelbinde oder einen Flügelstreif? Zeigt er einen weißen Bürzel oder Hinterrücken? Sind die Beine hell oder dunkel? In diesem Augenblick sollte man möglichst viele dieser Merkmale erfassen und sich einprägen, denn wahrscheinlich bekommt man sie kein zweites Mal zu Gesicht. Ist der Vogel endgültig davongeflogen, sollte man als nächsten (und entscheidenden) Schritt die erkannten Merkmale umgehend notieren. Und zwar bevor man das Bestimmungsbuch zur Hand nimmt. Denn hat man erst einmal die Buchseiten durchgeblättert, ein paar Textstellen gelesen und Abbildungen angesehen, wird der momentane Eindruck des Vogels verwässert; dann wird nämlich das, was man gesehen hat, was man glaubt, gesehen zu haben, was man gerade gelesen hat und was man hofft, gesehen zu haben, so gut miteinander vermengt, dass eine objektive Bestimmung des unbekannten Vogels kaum mehr möglich ist.

Dieses Phänomen konnten wir mehrfach beobachten. Wir sahen von einem Versteck aus Leute, die einen Grünschenkel (mit leicht aufgebogenem Schnabel) beobachteten. Beim Durchblättern des Feldführers sagte einer: „Aha, der Vogel hatte einen gebogenen Schnabel, also war es ein Brachvogel." (Dieser hat aber einen deutlich nach unten gebogenen Schnabel.) Das Gedächtnis spielt dem Beobachter einen Streich, der reale Vogel ist schnell vergessen ...

RUFE UND GESANG

Die Kenntnis der Vogelstimmen bietet dem Beobachter fantastische Möglichkeiten, Vögel zu finden und richtig anzusprechen. Die meisten Vögel gewahrt man nur, weil sie bestimmte Lautäußerungen hervorbringen, besonders im Wald lebende Arten. Selbst wenn man noch kaum Vögel kennt, wird man schon bald beginnen, sie anhand ihrer Stimmen aufzuspüren.

Rufe und Gesang vieler Vogelarten dienen zu deren Unterscheidung: Hat man zum Beispiel eine Sumpf- oder Weidenmeise vor sich, ist die Unterscheidung oft sehr schwierig. Ruft die Meise klar „pisstjä", so ist die Antwort eindeutig Sumpfmeise. Der Gesang des Zilpzalps im Frühjahr löst ebenfalls sehr schnell ein Bestimmungsproblem, denn kein Fitis – der dem Zilpzalp äußerst ähnlich sieht – bringt eine ebenso einfache wie einprägsame Folge von Silben hervor, die dem Zilpzalp zu seinem Namen verhalf.

Die Rufe der Vögel zu kennen, ist also wichtig, und der Anfänger wird schon bald viele von ihnen kennen lernen – vor allem, wenn er einen rufenden Vogel zu Gesicht bekommt, denn der kombinierte optische und akustische Eindruck ist besonders einprägsam. Wie soll man nun die vielen Laute beschreiben? Wir haben in diesem Buch die wichtigsten Rufe sowie, wenn vorhanden, den Gesang jeder Vogelart beschrieben. Wenn man genau hinhört, wird man feststellen, dass die Vogelrufe im Allgemeinen keine harten, scharfen Konsonanten enthalten. Was mit „sip" oder „tik" wiedergegeben wird, ist, wenn man den Ruf gut gehört hat, kaum mehr als ein betonter „i"-Laut. Die Angabe einer Reihe von Vokalen ist für die Wiedergabe eines Vogellauts wenig hilfreich, dagegen kann die fantasievolle Anwendung und Kombination von Buchstaben viel besser den Klangeindruck summend, scharf, schmatzend oder schnarrend vermitteln.

Neben dieser lautschriftlichen Wiedergabe sind Gedächtnisstützen von großer Bedeutung; man kann sich den Klang der wenigsten Vogelstimmen gut vorstellen, bevor man sie nicht wirklich gehört hat: Dann erst bekommt das „zi-zi-bä" der Kohlmeise Bedeutung. Man sollte versuchen, einen möglichst guten Eindruck in puncto Modulation und Klangcharakter des gehörten Lauts zu bekommen. Beschreibungen wie „traurig", „stimmungsvoll", „krächzend" oder „explosiv" finden sich häufig in Vogelbüchern; sie sind Versuche, die Stimmen der verschiedenen Vogelarten auseinander zu halten.

Vogelleben

Die Farbzeichnungen in diesem Buch zeigen die Vogelarten in ihren oft unterschiedlichen Kleidern und Körperhaltungen. Trotzdem sieht der lebende Vogel oft ganz anders aus als dargestellt. Sein momentanes Verhalten, der Zustand seines Gefieders, sogar die Witterungsbedingungen geben dem Vogel für die wenigen Augenblicke, in denen er ins Blickfeld gerät, ein einzigartiges Erscheinungsbild.

Die Grundform eines Vogels wird bestimmt durch das Skelett, den Schnabel und die Federn. Dadurch erhält ein Vogel einer bestimmten Art, Geschlecht, Alter und Jahreszeit ein Gesamtaussehen, das bemerkenswert beständig ist. Ein junges Rotkehlchen sieht genauso aus wie alle anderen jungen Rotkehlchen; eine Sturmmöwe im ersten Winterkleid ähnelt stark Tausenden, wenn nicht Millionen von anderen gleichaltrigen Sturmmöwen. Jedoch können andere Faktoren das Aussehen dieser Vögel verändern, und daran muss man bei der Vogelbeobachtung im Freien, der „Feldbeobachtung", denken.

Bei genauer Prüfung der Flügelstruktur sieht man die bei manchen Federn vorhandene Einbuchtung der Außenfahne sowie eine deutlicher abgesetzte Verengung der Innenfahne. Die Kombination von relativer Länge der Federn und den Längen der entsprechenden Einbuchtungen und Verengungen ist für jede Art einzigartig (arttypisch). Die bei unzähligen Individuen gemessenen strukturellen Merkmale sind immer gleich: ein konstanter Faktor, der, sollte es notwendig sein, zur Artbestimmung herangezogen werden kann.

MUSTERUNG UND FÄRBUNG

In gleicher Weise und ähnlich erfolgreich lassen sich bei der Bestimmung eines unbekannten Vogels die Musterungen auf manchen Federn heranziehen. Für die meisten von uns ist dies sinnvoller als detaillierte Strukturmerkmale, denn Musterungen sind meist auch dann erkennbar, wenn sich der Vogel nicht in der Nähe befindet. So sieht man bei einer auffliegenden Misteldrossel (im Gegensatz zur sonst recht ähnlichen Singdrossel) weiße äußere Steuerfedern. Geht man ins Detail, findet man beispielsweise beim Waldwasserläufer wenige breite Querbinden auf den Steuerfedern, beim ähnlichen Bruchwasserläufer dagegen mehrere schmale. Diese Beständigkeit der Musterung, millionenfach innerhalb einer Art wiederholt, befähigt uns, Arten auseinander zu halten und oft sogar das Geschlecht und Alter eines Vogels exakt zu bestimmen.

Die Färbung des Gefieders ist ebenso bemerkenswert beständig. Tausende von Lachmöwen zeigen exakt den gleichen hellen Grauton auf der Oberseite, nur ausnahmsweise bekommt man ein Individuum zu Gesicht, das eine hellere oder dunklere Mantelfärbung aufweist als seine Artgenossen. Entdeckt man in einem Trupp von Lachmöwen einen dunkler grauen Mantel, so ist dieser einen zweiten Blick wert, denn er könnte zu einer anderen Möwenart gehören.

MAUSER UND GEFIEDERVERSCHLEISS

Wie kommt es, dass lebende Vögel, die doch in puncto Gestalt, Musterung und Färbung so einheitlich sind, oft ganz anders aussehen als die in Büchern dargestellten?

Dafür sind die Effekte von Mauser und Abnutzung des Gefieders verantwortlich, die der Beständigkeit der Musterung entgegenarbeiten. Federn werden im Verlauf mehrerer Monate stark beansprucht, denn sie müssen Stöße, Abrieb und Ausbleichen durch die Sonne sowie bei Seevögeln durch Salzwasser aushalten. Die dunklen Federbereiche sind durch Pigmente (Melanine) gefärbt; sie verstärken die Festigkeit der Feder. Die hellen Federareale enthalten dagegen kein Melanin, sie verschleißen entsprechend schneller. Findet man eine ausgefallene Feder etwa eines Brachvogels mit hellen Flecken am Rand, sieht man, dass die hellen Bereiche bereits mehr oder weniger vollständig verschlissen sind und einen sägezahnartigen Rand übrig lassen. Die weißen Flecken auf der Flügelspitze einer Möwe können durch Abnutzung verschwinden und eine einheitlich schwarze Flügelspitze vortäuschen (Möwenfedern findet man oft an der Küste und sie sind immer einen prüfenden Blick wert). Die Musterung des Gefieders kann sich also im Lauf der Zeit ändern, denn die Federn altern sichtbar.

Der andere Grund für unterschiedliches Aussehen eines Vogels im Lauf der Zeit ist die Mauser – der reguläre Austausch der alten Federn gegen neue. Der Federwechsel vollzieht sich mit bemerkenswerter Regelmäßigkeit; bei den meisten Vogelarten besteht eine genau festgelegte Abfolge der Mauser. Eine Flügelspitze beispielsweise kann eine stark verschlissene äußere Feder aufweisen, daneben klafft eine Lücke, denn dort fehlen die anschließenden Federn völlig, dann folgt eine erst halblang gewachsene neue Feder; in diesem Fall sehen Musterung und Form der Flügelspitze des Vogels anders aus als im Buch dargestellt. Die Mauser beeinflusst auch die Färbung eines Vogels. Ein Rotkehlchen in frischem Gefieder sieht „makellos" aus; nach einer verschleißintensiven Brutsaison wirkt das Gefieder jedoch deutlich heller, ausgeblichen und eher schäbig; im Spätsommer erneuert der Vogel sein Gefieder durch Mausern, und nach kurzer Zeit mit unscheinbarem Äußeren erscheint es wieder so frisch und makellos wie immer.

UNTERSCHIEDE IN DER GESTALT

Das Rotkehlchen macht einen weiteren Faktor anschaulich, der das Aussehen eines Vogels verändern kann. An einem heißen Tag sieht es ausgesprochen dünn aus, das Gefieder liegt eng an und es steht sehr aufrecht, die Beine wirken dadurch lang. An einem eisigen Wintertag dagegen wirkt der Vogel rundlich wie ein Tennisball, die Beine sind fast vollständig verschwunden im lockeren, stark geplusterten Bauchgefieder, das eine Schicht warme, gegen Kälte isolierende Luft enthält. Eine Haubenlerche kann an einem kalten Morgen ebenfalls rund und plump aussehen, wirkt jedoch in der Mittagshitze einer südspanischen Halbwüstenlandschaft dünn wie ein Stock.

Die Gestalt eines Vogels hängt auch davon ab, was er gerade tut. Ein ruhender Graureiher sieht gewöhnlich plump aus, wenn er den Kopf zwischen die rundlichen Schultern legt. Bei der Fischjagd ist er dagegen außergewöhnlich lang und dünn: groß und stark nach vorn geneigt und den Hals zu voller Länge ausgestreckt – ein Muster an Konzentration. Ein weiteres Beispiel liefert die Stockente: rundlich, stämmig, wenn sie am Rand eines Parkteichs ruht, jedoch schlank und aufmerksam bei der Nahrungssuche auf einer Salzwiese an der Küste, denn dort muss sie ständig nach Feinden, wie dem Seeadler oder dem menschlichen Entenjäger, Ausschau halten.

Vögel können ihre Haltung auch absichtlich verändern. Ein Buchfinken-Männchen spreizt während der Balz seine Flügelfedern, damit die großen, weißen Abzeichen möglichst gut zur Geltung kommen. Derselbe Buchfink, diesmal bei der Nahrungssuche am Boden unter einem schattigen Baum, verbirgt die auffälligen Flügelabzeichen „geschickt" unter dunkleren Federn, damit er nicht so leicht Ziel einer Attacke wird.

LICHTEFFEKTE

Das Licht hat einen großen Einfluss darauf, wie wir Dinge erkennen. Ein weißer Vogel gegen einen milchweißen Himmel kann dunkelgrau aussehen; in gleicher Weise erscheint ein dunkler Vogel gegen einen schattigen Hintergrund oft verwirrend hell, wenn er von der kräftigen, tief stehenden Sonne beleuchtet wird. Ein Kornweihen-Weibchen wirkt gegen ein grünes Feld ausgesprochen dunkel, erscheint aber vor dunkelbrauner Heidelandschaft in kräftigem Sonnenlicht recht hell.

Ein Laubsänger im gesprenkelten Lichtmuster eines sonnendurchfluteten Laubbaums im Frühjahr kann grün und gelb aussehen, indessen wirkt derselbe Vogel im unbelaubten, grau und bräunlich gefärbten Gezweig eines Buschs an einem trüben Tag einfach nur grau. Möwen auf weißem Schnee sehen bei schlechtem Wetter wunderbar klar aus mit ihren Schattierungen von Grau und Weiß, jedoch lässt das Licht der tief stehenden Sonne den Schnee blau und die Möwen orangefarben erscheinen. Dagegen macht kräftiges Sonnenlicht am Mittag die Möwen blendend weiß und lässt das Hellgrau des Mantels verschwinden. Kräftiges Licht vermag auch die Federn zu durchdringen und so ihr Aussehen verändern. Im Gegenlicht kann eine leicht abgespreizte äußere Steuerfeder eine weiße Außenkante zeigen, die gar nicht existiert.

Besonders reflektiertes Licht kann zu Fehleinschätzungen führen, denn es ist oft farbig. Ein kräftig blau gefärbter Kleinvogel, der über einem Swimmingpool fliegt, kann sich sogar als Haussperling entpuppen, der von unten mit blauem Licht angestrahlt wird. Dies ist natürlich ein extremes Beispiel, häufiger ist die farbliche Beeinflussung durch von Schnee reflektiertem Licht zu beobachten: Dieses Licht produziert auf der Unterseite eines überfliegenden Vogels ein unwirkliches oder mitunter sogar bemerkenswert einheitliches Weiß. Ein Vogel im Gezweig eines Baums gegen den Himmel beobachtet, wird häufig zum „Problemfall": Unter diesen Bedingungen können sogar die kräftigsten Farben und stärksten Kontraste verschwinden. Spätes Abendlicht „zaubert" einen Orangeton auf das Gefieder. Wir beziehen diesen Lichteffekt in unsere Farbeinschätzung meist mit ein, denn die Umgebung des Vogels erscheint ebenfalls orange, indessen können Fotos, die abends entstanden sind, in einem Buch zur Fehlbeurteilung führen.

Lichteffekte können weiterhin unseren Eindruck von Größe und gelegentlich sogar Form eines Vogels beeinflussen. Ein entfernt stehender, heller Vogel wirkt oft größer als er ist, im Gegenzug erscheint ein dunkler Vogel oft kleiner.

Der Graureiher ist ein gutes Beispiel dafür, wie unterschiedlich ein Vogel in unterschiedlicher Pose aussehen kann. Während der Fischjagd steht er hoch und dünn mit ausgestrecktem Hals, in Ruhehaltung zieht er Kopf und Hals auf die Schultern zurück, so dass der Hals nicht sichtbar ist. Während des Sonnenbadens steht er mit halb geöffneten, nach hinten gedrehten Flügeln, und schließlich hält er beim „würdevollen" Schreiten seinen Körper horizontal.

Die Gruppen der Vögel

Mit wenigen Ausnahmen entspricht die Reihenfolge der behandelten Vogelarten der üblichen wissenschaftlichen Anordnung – die Positionen innerhalb des Systems spiegeln die verwandtschaftlichen Beziehungen wider. Die Arten sind in Gruppen zusammengefasst, die durch einen gemeinsamen Farbcode gekennzeichnet sind, zumeist enthält eine Farbgruppe Arten aus mehreren Familien. Diese Einführung der Vogelgruppen folgt der im Buch gewählten Reihenfolge, innerhalb der Farbgruppen sind die Vogelfamilien durch Fettdruck hervorgehoben.

Die wissenschaftliche Klassifizierung der Vögel (Taxonomie) wurde ursprünglich vorgenommen, indem man Arten mit Ähnlichkeiten in Aussehen, Körperbau und Verhalten in Familien zusammenfasste. Im Allgemeinen spiegelt diese Einteilung die verwandtschaftlichen Beziehungen wider, jedoch ist der Status von manchen Arten noch nicht genau bekannt. Gleiches gilt auch für die Beziehungen einiger Familien zueinander. Arten mit unterschiedlichem Aussehen können trotzdem nah miteinander verwandt sein; andere hingegen, die sich sehr ähnlich sehen, stehen überhaupt nicht in naher verwandtschaftlicher Beziehung zueinander, sondern haben nur aufgrund ähnlicher Lebensweise ein ähnliches Äußeres entwickelt („konvergente Evolution"). Schwalben und Mauersegler beispielsweise ernähren sich im Luftraum von fliegenden Insekten, sie haben im Lauf der Evolution sehr ähnliches Aussehen und Verhalten entwickelt, jedoch sind die Segler nicht mit den Schwalben verwandt, sie sind nicht einmal Singvögel.

SEETAUCHER UND LAPPENTAUCHER

Diese beiden Familien sind perfekt an das Wasserleben angepasst; man trifft die Vögel normalerweise nur während des Brutgeschäfts an Land. **Seetaucher** und **Lappentaucher** können hervorragend schwimmen – über und unter Wasser. Ihre Beine sind so weit hinten am Körper eingelenkt, dass sie zum Laufen an Land nicht taugen, dort können sich die Taucher nur auf dem Bauch rutschend fortbewegen. Ihre langen, schlanken und spitzen Schnäbel sind ideale Wergzeuge zum Ergreifen und Festhalten von glitschigen Fischen.

RÖHRENNASEN, KORMORANE UND ANDERE

Sturmtaucher sind Meeresvögel mit schwachen Beinen, die nur an Land gehen, um in Höhlungen zu brüten. Sie sind unfähig zu laufen und besuchen die Küste meist nur im Schutz der Dunkelheit. Sie sind geschickte Flieger und bewegen sich auf See über große Distanzen. **Sturmschwalben** sind kleine, nett anzusehende Verwandte der Sturmtaucher, die ebenfalls die meiste Zeit ihres Lebens auf der Hochsee verbringen. **Tölpel** und **Kormorane** sehen recht unterschiedlich aus, haben jedoch einige Gemeinsamkeiten im Bauplan; beispielsweise sind alle vier Zehen durch Schwimmhäute verbunden; auch die Flügel enthüllen bemerkenswert ähnliche Struktur, wenn sie ausgebreitet sind. Tölpel fliegen fantastisch gut und erbeuten ihre Nahrung stoßtauchend. Kormorane sind hervorragend an das Schwimmen unter Wasser angepasst.

REIHER, PELIKANE UND ANDERE

Die **Reiher** sind mittelgroße bis große Vögel mit langem Schnabel, langem Hals und langen Beinen. Mit ihrem schlanken Körper können sie gewandt durch die Vegetation laufen. Manche von ihnen sind an der offenen Küste zu Hause, andere leben zurückgezogen in üppig bewachsenen Feuchtgebieten; sie benötigen für die Nahrungssuche (Fische) jedoch Gewässer. Viele Reiherarten nisten kolonieweise in Bäumen und bauen große, auffällige Horste. **Kraniche** (mit Rallen verwandt) sind sehr groß und ähneln den Reihern, sie sind aber kräftiger gebaut und haben kleinere Schnäbel. Kraniche brauchen weite Flächen naturnaher Landschaft zur Brutzeit und im Winterquartier, was es im dicht besiedelten Europa von heute kaum noch gibt. Die ebenfalls sehr großen, langbeinigen **Störche** wirken am Boden bedächtig, in der Luft aber elegant und kraftvoll; sie wandern weite Strecken im kräftesparenden Gleitflug. Die **Ibisse**, zu denen auch die Löffler gezählt werden, sind mit den Störchen nah verwandt und auch mit den Flamingos, die wie die Löffler an die Nahrungssuche im Seichtwasser hervorragend angepasst sind. **Pelikane** stehen den Tölpeln und Kormoranen nahe, sie haben die gleiche Fußstruktur (alle Zehen sind durch Schwimmhäute verbunden).

ENTENVÖGEL

Schwäne, Gänse und Enten gehören alle zu einer Familie, den **Entenvögeln**, innerhalb der eine große Bandbreite von Anpassungen besteht. Schwäne sind große Wasservögel mit kurzen Beinen und langem Hals, die im Wasser oder an Land nach Nahrung suchen. Gänse sind gedrungener als Schwäne, aber in der Regel größer als Enten; mit ihren vergleichsweise langen Beinen können sie an Land recht gut laufen. Sie gehen in oft großen Verbänden der Nahrungssuche nach, Trupps fliegen meist in V-Formation oder in Bändern. Die „Halbgänse" nehmen mehr oder weniger eine Zwischenstellung zwischen Enten und Gänsen ein.

Die „Gründelenten" ernähren sich, indem sie die Wasseroberfläche mit ihrem lamellenbesetzten Schnabel nach kleinen Nahrungspartikeln durchseihen; im Flachwasser gründeln sie mit „Schwänzchen in die Höh". „Tauchenten" suchen unter Wasser Nahrung, indem sie von der Wasseroberfläche aus tauchen. Einige Arten sind Meeresvögel („Meeresenten"), andere wiederum vorwiegend im Süßwasser anzutreffen, während wieder andere in Süß- und Salzwasser gleichermaßen zu Hause sind. Zu den Meeresenten gehören etwa die Eiderenten. Die „Säger" schließlich sind überwiegend fischfressende Entenvögel, deren Schnabelränder mit Hornzähnchen besetzt sind, um ihre glitschige Beute festzuhalten.

GREIFVÖGEL UND FALKEN

Zu den **Habichtartigen** gehören mehrere Gruppen: Die Geier sind Aasfresser, die sich von Luftströmungen tragen lassen, während sie den Boden nach geeigneter Nahrung absuchen. Milane fliegen ebenfalls sehr elegant, sie schlagen lebende Beutetiere oder ernähren sich von Aas und Abfällen. Weihen haben lange, schmale Flügel und recht lange Beine und fliegen oft in niedrigem Gaukelflug. Auf Vogeljagd spezialisierte Greifvögel wie der Sperber haben ebenfalls recht lange Beine und nadelscharfe Krallen; kurzflügelig und langschwänzig, sind sie rasante, wendige Jäger in Waldgebieten, manche Arten auch in Parks und Gärten. Bussarde segeln häufig und rütteln. Sie fangen lebende Beutetiere, verzehren aber auch viel Aas. Die größten Greifvögel findet man bei den Adlern. Die meisten sind kräftig gebaut und exzellente Flieger, die vor allem lebende Beute schlagen. Die **Fischadler**, hervorragend an die Fischjagd angepasst, werden in eine eigene Familie gestellt. Die **Falken** bilden eine weitere Familie; sie sind langflügelige und langschwänzige Beutegreifer, deren kleinere Arten Insekten und kleine Vögel jagen, während die Großfalken kraftvolle Jäger von größeren Vögeln und sogar Säugetieren sind.

HÜHNER- UND KRANICHVÖGEL

Die Hühnervögel sind eine kleine Gruppe recht unterschiedlicher, stets aber gedrungener Vögel, in deren Ernährung Samen eine große Rolle spielen; typisch sind der kurze, gebogene Schnabel und die recht langen Beine mit scharfen „Sporen". Die **Raufußhühner** bewohnen vor allem Bergregionen und die nördlichen Breiten mit kaltem Klima. Die zweite Familie ist die der **Glattfußhühner**, zu denen Rebhühner und Steinhühner, Fasane und Wachteln zählen. Reb- und Steinhühner sind gedrungen und kurzschwänzig, Fasane hingegen größer mit langem oder sehr langem Schwanz. Wachteln sind sehr kleine, gedrungene Hühner, die zurückgezogen in dichter Hochgrasvegetation leben. Die **Rallen** leben in Feuchtgebieten; sie haben lange Zehen, die bei manchen Arten durch Schwimmhäute miteinander verbunden sind, womit sie sogar über Schwimmpflanzen laufen können. Wenige Arten sind häufig und oft auf Wasserflächen zu beobachten, die meisten führen ein sehr verstecktes Leben in dichtem Bewuchs. Bei den **Trappen** sind die Männchen deutlich größer als die Weibchen, sie führen eine auffällige Schaubalz auf; Trappen sind selten und vor allem durch Jagd und Störungen sowie Lebensraumverlust bedroht.

WATVÖGEL

Diese komplexe Gruppe besteht aus vielen verschiedenen Familien. Mit ihren übergroßen Augen wirken **Triele** recht seltsam. Die einzige in Europa vorkommende Art ist ein teilweise nächtlich lebender Bodenvogel in trockener, offener Landschaft. Die **Brachschwalben** erinnern etwas an Schwalben, mit denen sie die Insektenjagd im Luftraum gemeinsam haben, sind aber viel größer. Die **Stelzenläufer**, zu denen auch der Säbelschnäbler gehört, halten sich häufig im Flachwasser auf. Stelzenläufer waten in recht tiefem Wasser und schnappen mit ihren nadeldünnen Schnäbeln Insekten von der Oberfläche, Säbelschnäbler bewegen dagegen ihren aufwärts gebogenen Schnabel bei der Nahrungssuche mit seitlichen Pendelbewegungen durch das Flachwasser oder den wässrigen Schlick, um Kleinkrebse oder andere Wassertiere zu erbeuten. **Austernfischer** bevorzugen Muscheln, die sie mit ihren kräftigen roten Schnäbeln geschickt zu öffnen vermögen, häufig stochern sie auch nach Würmern. Sie sind auffällige, oft lärmende Küstenvögel, die meist in Schwärmen auftreten. Zu den **Regenpfeifern** gehört der Kiebitz, der neben der Küste auch Äcker und Felder bewohnt; er ist weit verbreitet, seine Bestände nehmen jedoch besorgniserregend ab. Neben den kleineren, meist küstenbewohnenden Regenpfeifern mit mehr oder weniger ausgeprägtem Brustband gehören in diese Gruppe auch größere, schwarzbäuchige Arten wie der Goldregenpfeifer und der Mornell, ein Brutvogel der Fjälls und Tundren. Die **Schnepfenvögel** bilden die größte Watvogelfamilie, viele von ihnen wie Alpenstrandläufer oder Knutts treten mitunter in riesigen Scharen auf, die spektakuläre, präzise koordinierte Flugmanöwer über dem

Watt vollführen. Viele von ihnen brüten im hohen Norden und überwintern weit im Süden. Der Alpenstrandläufer dient als „Standard-Watvogel" für Vergleichszwecke bei der Beurteilung und Bestimmung der selteneren Arten. Die Wasserläufer sind größer und haben viel längere Beine als typische Strandläufer; nur sperlingsgroß sind Zwerg- und Temminckstrandläufer. Zu den Schnepfenvögeln zählen weiterhin stark spezialisierte Arten wie die dämmerungsaktive, tarnfarbene Waldschnepfe, die in feuchten Wäldern vorkommt und in altem Laub Regenwürmer aufspürt. Anders als die meisten anderen Watvögel picken Wassertreter (Odins- und Thorshühnchen) schwimmend kleine Insekten von der Wasseroberfläche, den Winter verbringen sie auf hoher See.

MÖWEN, ALKEN UND ANDERE

Zu dieser Gruppe gehören die **Raubmöwen**, langflügelige, elegant fliegende Beutegreifer und Schmarotzer, die häufig andere Seevögel bedrängen und ihnen die Beute abjagen. Die viel häufigeren und weiter verbreiteten **Möwen** sind vielfach opportunistische Allesfresser wie die Lachmöwe oder aber stark spezialisiert wie die Korallenmöwe. Unter den Möwen trifft man in gleicher Weise kleine, zierliche Arten wie große, draufgängerische Formen mit greifvogelartigen Verhaltensweisen. Die recht ähnlichen **Seeschwalben** umfassen die „weißen Seeschwalben", die ihre Nahrung vorwiegend stoßtauchend erlangen, und die „Sumpfseeschwalben", die niedrig über dem Wasser fliegen und Kleintiere von der Oberfläche aufnehmen. Die **Alke** bilden eine kleine Gruppe von Seevögeln, die den größten Teil ihres Lebens auf hoher See verbringen und ähnlich den Sturmtauchern nur für die Brut an Land kommen. Im Gegensatz zu den Sturmtauchern, die sich vorwiegend im Luftraum aufhalten, sind Alken Wasservögel mit gedrungenem Körperbau und kurzen Flügeln. Die überaus geselligen Vögel brüten in großen Kolonien auf Klippen und abgelegenen Inseln.

FLUGHÜHNER, TAUBEN UND KUCKUCKE

Flughühner sind mit Hühnervögeln, denen sie im Habitus ähneln, nicht näher verwandt, sondern eher mit Schnepfenvögeln. Als samenverzehrende Bodenvögel bewohnen sie trockenwarme Lebensräume. **Tauben** sind häufige und erfolgreiche Vögel in Wäldern, in der Feldflur und mitten in Städten. Typisch für Tauben sind der rundliche Kopf mit kurzem Schnabel, der recht lange Schwanz und das weiche, dichte Gefieder. Sie machen häufig durch lautes Flügelklatschen während der Balz und bei Gefahr auf sich aufmerksam. Die **Kuckucke** erinnern im Flug etwas an Greifvögel. Man kennt sie als Nestparasiten, die ihre Eier von verschiedenen Singvögeln ausbrüten und die Jungen aufziehen lassen.

EULEN

Eulen sind vorwiegend nächtlich aktive Beutegreifer mit rundlichem Kopf, nach vorn gerichteten Augen und sehr gut entwickeltem Gehör, um bei Dunkelheit Beutetiere zu lokalisieren. Ihr weiches Gefieder erlaubt fast lautlosen Flug. Die weltweit verbreiteten **Schleiereulen** sind in Europa mit nur einer Art vertreten. Größere Eulen schlagen Säugetiere und Vögel, viele der kleineren Arten ernähren sich vorwiegend von Insekten.

SEGLER, SPECHTE UND ANDERE

Die **Segler** verbringen nahezu das ganze Leben im Flug, da sie unfähig sind, auf ihren winzigen Füßen zu stehen oder zu laufen. Nur zum Brüten verlassen sie den Luftraum kurzzeitig. Als Langstreckenzieher halten sie sich in Europa nur wenige Monate im Jahr auf. Deutlich größer sind die **Nachtschwalben**, nächtliche Jäger, die es auf Schmetterlinge und Käfer abgesehen haben. Ihr mechanisch schnurrender Gesang verrät sie mitunter. Weltweit gibt es über 90 Arten von **Eisvögeln**, aber nur eine davon kommt in Europa vor. Der farbenprächtige Eisvogel ist nah verwandt mit den **Spinten**, zu denen der Bienenfresser gehört, sowie den größeren, aber ähnlichen **Racken** und den unverkennbaren **Wiedehopfen**. Die **Spechte** bearbeiten mit ihren kräftigen, meißelartigen Schnäbeln auf der Suche nach Insektenlarven Baumrinde und morsches Holz; die „Erdspechte" und der Wendehals verzehren hauptsächlich Ameisen. Ihre Jungen ziehen die Spechte in meist selbst gezimmerten Baumhöhlen auf. Sie verständigen sich mit oft klangvollen Rufen und Gesängen, viele demonstrieren ihre Revieransprüche durch lautes Trommeln.

LERCHEN, SCHWALBEN, PIEPER UND STELZEN

Lerchen haben meist kurze Schnäbel und sind typische Bodenvögel mit langer Hinterzehe für das Laufen in kurzem Bewuchs; wegen ihrer ähnlich schlichten Färbung sind viele Arten leicht miteinander zu verwechseln. Einige Arten haben komplizierte Gesänge entwickelt, die sie oft im hohen Singflug vortragen. Mit ihren langen Flügeln und dem gegabelten Schwanz erinnern die **Schwalben** etwas an Segler, mit denen sie oft im Luftraum Insekten jagen. Im Gegensatz zu Seglern können sie jedoch mit ihren kleinen Füßen laufen. Die hochbeinigen **Pieper** und **Stelzen** besitzen eine lange Hinterzehe, um bei der Nahrungssuche auf dem Boden gut laufen zu

können. Stelzen zeichnen sich neben dem typischen langen (wippenden) Schwanz durch auffällige Färbung oder Gefiederkontraste aus, die meisten Pieperarten sind dagegen eher schlicht bräunlich gefärbt mit Streifenmuster.

ZAUNKÖNIG, BRAUNELLEN UND ANDERE

In dieser Gruppe sind Arten aus vier Familien zusammengeschlossen: **Seidenschwänze**, **Wasseramseln**, **Zaunkönige** und **Braunellen**. Der Seidenschwanz ist ein recht plumper Vogel nordischer Wälder, den man meist in Trupps auf beerentragenden Bäumen und Büschen sieht. Die Wasseramsel ist der einzige Singvogel, der seine Nahrung unter Wasser sucht. Der winzige, auf der Nordhalbkugel weit verbreitete Zaunkönig hat eine auffallend laute Stimme. Die Braunellen, bei uns durch zwei Arten vertreten, sind zurückgezogene, meist tarnfarbene Kleinvögel; einige Arten wohnen im Hochgebirge.

DROSSELN

Eine sehr große und vielgestaltige Familie bilden die **Drosseln**. Hierzu gehören neben häufigen Arten wie Rotkehlchen und Rotschwänzen auch der seltene Heckensänger und die kontrastreich gefärbten Steinschmätzer der offenen Landschaft. Die eigentlichen Drosseln sind meist größer; als Nahrung dienen vielfach Früchte und Beeren, aber auch Regenwürmer oder Schnecken. Viele Arten der Familie sind sehr gute Sänger, wie die Nachtigall. Einige wie Amseln und Rotkehlchen bevölkern in großer Zahl unsere Gärten und Parks.

ZWEIGSÄNGER, SCHNÄPPER UND ANDERE

Zu den meist kleinen, schlanken **Zweigsängern** zählen neben vielen weit verbreiteten, häufigen und leicht zu erkennenden Arten auch einige seltene und nur gebietsweise auftretende. Viele Zweigsänger sind nur mit Mühe sicher zu bestimmen. Man unterscheidet mehrere Gruppen: *Schwirle* verraten sich durch ihre lang anhaltenden, schwirrenden Gesänge; typisch ist der breite, stark gerundete Schwanz mit langen Unterschwanzdecken. *Rohrsänger* leben meist in Schilf oder anderen Feuchtgebieten, sie sind ungemustert oder gestreift und tragen auffällige, laute Gesänge vor, manche mit hervorragenden Imitationen vermischt. *Spötter* haben recht große Schnäbel, kräftige Füße und nur wenig gerundete Schwänze; ihre Gesänge sind rau und enthalten viele Imitationen. Die meisten *Laubsänger* sind klein, schlank und grünlich gefärbt; man trifft sie vorwiegend in Laubbäumen und Büschen, ihre Gesänge liefern gute Hilfen zur Unterscheidung der Arten. *Grasmücken* wirken dagegen meist schwerfälliger und besitzen klarere Gefiedermerkmale. Ihre Gesänge sind oft rau und kratzig.

Lebensraum ist häufig Gebüsch und niedriges Gestrüpp. *Goldhähnchen* sind unsere kleinsten Vögel, aber nicht näher mit Zweigsängern verwandt; Kennzeichen sind das streifige Kopfmuster und die sehr hohen und feinen Lautäußerungen. Die **Schnäpper**, eng mit Drosseln verwandt, haben kurze Beine und sitzen oft aufrecht auf einer Warte, um Insekten in kurzem Flug zu erbeuten.

MEISEN, KLEIBER UND ANDERE

Meisen sind kleine Vögel mit starken Beinen und kurzem, kräftigem Schnabel. Sie bewegen sich oft sehr geschickt im Gezweig; viele Arten besuchen häufig Futterhäuser. **Baumläufer** und **Kleiber** finden ihre Nahrung zumeist in der Baumrinde. Baumläufer besitzen einen Stützschwanz als Kletterhilfe an senkrechten Stämmen, Kleiber sind dazu auf ihre starken Füße angewiesen, sie können auch abwärts mit dem Kopf nach unten klettern. **Mauerläufer**, nah mit Kleibern verwandt, sind Hochgebirgsvögel, die an Felswänden klettern.

WÜRGER, KRÄHENVÖGEL UND ANDERE

Die **Würger** haben einen Hakenschnabel und kräftige, scharfe Krallen, um damit Kleinvögel, Mäuse und große Insekten zu fangen; Beutetiere werden nicht selten auf Dornen aufgespießt. **Stare** haben einen spitzen Schnabel sowie kräftige Beine, mit denen sie gut laufen können. Sie bilden oft riesige Schwärme. Die viel größeren **Krähenvögel** haben stumpfe Schnäbel mit borstigen Federn um die Nasenlöcher. Die meisten von ihnen sind sehr gute Flieger. Die typischen Arten sind schwarz, Elstern und Häher sind dagegen wesentlich auffälliger gefärbt.

SPERLINGE, FINKEN UND AMMERN

Dies sind kleine Vögel mit mehr oder weniger kegelförmigem Schnabel und kurzen Beinen. **Sperlinge** wirken von weitem schlicht bräunlich, sind aber meist kräftig gemustert. Manche Arten zeigen große Unterschiede im Gefieder zwischen Männchen und Weibchen (Geschlechtsdimorphismus). Die **Finken** sind sehr vielgestaltig – von den auf Nadelbaumzapfen spezialisierten Kreuzschnäbeln bis zu den kurzschnäbligen, samenfressenden Arten. Die **Ammern** sind durch einen etwas anders geformten Schnabel gekennzeichnet, haben meist einen relativ langen Schwanz und bevölkern eine Vielzahl meist offener Lebensräume.

Vogellebensräume in Europa

Europa bietet eine Vielzahl unterschiedlicher Lebensräume, und jeder Landschaftstyp beherbergt seine typische Vogelwelt, die sich zusammensetzt aus Brutvögeln und Wintergästen, die im Wechsel der Jahreszeiten kommen und verschwinden.

Die meisten Meeresvögel bekommt man an den westlichen Küsten Europas mit seinen Klippen und Felsinseln zu sehen, besonders im Nordwesten. Vor allem die an der Westküste der Britischen Inseln und Irlands gelegenen großen Seevogelkolonien von Basstölpeln, Sturmtauchern und Sturmschwalben, aber auch von Lummen, Dreizehenmöwen und Eissturmvögeln bieten unvergleichliche Erlebnisse für Vogelbeobachter.

Der Mittelmeerraum beherbergt ebenfalls Sturmtaucher, Möwen und Seeschwalben, doch hier dominieren vor allem Watvögel, besonders in Bereichen von Lagunen und Salzpfannen. In manchen dieser Lebensräume kommen große Flamingoscharen oder seltene Entenarten vor. Zur Zugzeit sieht man oft riesige Schwärme von Watvögeln.

ÄSTUARE UND BUCHTEN

An den Küsten der Nordsee liegen riesige, schlammige Gezeitenbereiche (Watten). Die zweimal täglich auflaufende Flut deckt für viele Watvogel- und Entenarten, die sich von Kleintieren im Schlick ernähren, reichlich den Tisch. Im Winter treffen im Watt große Schwärme von Gastvögeln ein, die vor Kälte und Eis in ihrer nordischen und östlichen Brutheimat geflohen sind; manche kommen sogar aus Grönland und von noch weiter her. Pfeif-, Spieß- und Krickenten sowie Ringelgänse suchen auf den großen, offenen Wattflächen Nahrung, oft zusammen mit Scharen von Knutts, Austernfischern, Alpenstrandläufern und Pfuhlschnepfen. In geschützteren Buchten und Mündungsbereichen trifft man auf Uferschnepfen und Säbelschnäbler, während Rotschenkel, Kiebitz- und Sandregenpfeifer, Brachvögel und Steinwälzer gleichmäßiger über die Küste verteilt sind.

FEUCHTGEBIETE UND SEEN

Binnenseen sind oft umgeben von großen Schilfwäldern, die Rohrdommeln, Bartmeisen und Rohrweihen geeignete Lebensräume bieten. An nördlichen Lagunen sind Säbelschnäbler zu erwarten, an südlicheren eher Stelzenläufer, Seeregenpfeifer und Seidenreiher. Im Winter sieht man auf küstennahen Strand- und Salzwiesen mitunter kleine Trupps von Schnee- und Spornammern sowie Ohrenlerchen oder auch größere Schwärme von Grün- und Buchfinken, Hänflingen und Berghänflingen, die sich dort über die Samen hermachen.

Seen und Stauseen sind im Hinblick auf Artenreichtum der Vogelwelt sehr unterschiedlich; Gewässer im Tiefland sind gewöhnlich vogelreicher als die kalten, oft sauren Hochlandseen. Hier trifft man nicht selten auf Entenarten wie Stock- und Löffelente, Schnatterente sowie die zu den Tauchenten zählenden Reiher- und Tafelente. Im Winter erscheinen hier gebietsweise auch Gänsesäger, Schellenten und andere Entenvögel. Größere Speicherseen dienen nicht selten fast das ganze Jahr über als Rastgebiete für Möwentrupps. Auf klaren Seen im Norden sieht man häufig Pracht- und Sterntaucher sowie Singschwan und Ohrentaucher. Fischadler sieht man im Sommer an ganz verschiedenen Arten von Gewässern bei der Fischjagd, zur Zugzeit im Herbst und Winter trifft man sie oft an Gewässern weitab ihrer Brutgebiete. Schilfige Seeufer bieten Teich- und Schilfrohrsängern, aber auch dem Blaukehlchen Brutmöglichkeiten. Vorwiegend in Osteuropa beobachtet man in diesem Lebensraum seltene Arten wie Beutelmeise, Zwergdommel und Purpurreiher.

Auch sumpfige Gebiete im Tiefland und saisonal überflutete Wiesen haben ein reiches Vogelleben zu bieten; hier finden Kampfläufer und Uferschnepfe, Bekassine, Rotschenkel und Kiebitze sowie Schafstelze und Rohrammer geeignete Brutplätze, den Winter verbringen in diesem Habitat Pfeifente, Zwergschwan, Blässgans und Goldregenpfeifer.

FELDER UND WEIDEN

Die Feldflur bietet im Prinzip einer großen Zahl von Vogelarten gute Lebensbedingungen, doch leider hat die Intensivierung der Landwirtschaft in den meisten Teilen Europas einen dramatischen Rückgang der Vogelwelt verursacht. Arten wie Feldlerche, Grauammer, Rebhuhn, Turteltaube und viele andere sind besorgniserregend selten geworden, Brutvorkommen von Kiebitz und Brachvogel gehören für riesige Landstriche bereits der Vergangenheit an. Ausgedehnte Feuchtwiesen sind heute im westlichen Europa vielerorts genauso rar wie der dort brütende Wachtelkönig, während diese Art in Osteuropa noch erstaunlich gute Bestände aufweist.

Auf Weideflächen findet man gewöhnlich Scharen von Stelzen, Staren und Dohlen, doch heute sind viele dieser Lebensräume nahezu vogelleer; die Gründe dafür sind nicht ganz einleuchtend, möglicherweise sind Pestizide an dieser fatalen Entwicklung schuld. Viele kleine samenfressende Vögel der Feldflur scheinen an Nahrungsmangel während der Wintermonate zu leiden, vor allem weil die Herbstaussaat die winterlichen Stoppelfelder mit ihrem herumliegenden Körnervorrat und den samentragenden Wildkräutern verdrängt hat. Trotzdem gibt es auch heute noch traditionell betriebenen Landbau im Süden und Osten Europas, wo auf den Flächen noch Weißstorch, Neuntöter, Rotkopfwürger und gebietsweise sogar Zwerg- und Großtrappe vorkommen. Agrargebiete des Tieflands können im Winter großen Scharen verschiedener Gänsearten und Wildschwänen Nahrung und Lebensraum bieten; dort trifft man auch auf Greifvögel wie Mäuse- und Raufußbussard, Merlin, Sperber und mitunter sogar auf Seeadler.

WÄLDER UND GÄRTEN

Viele heimische Vogelarten sind auf Wälder als Lebensraum angewiesen. Es gibt verschiedene Arten von Wäldern, die meisten davon sind mehr oder weniger vom Menschen geschaffen. Die prächtigen Korkeichenwälder Spaniens etwa bieten Wiedehopf, Orpheusgrasmücke und Spanischem Kaiseradler, aber auch einer Menge von häufigen Arten wie Girlitz und Grünfink gute Lebensbedingungen.

Eindrucksvolle Nadelwälder stehen in den Gebirgen Europas, wie den Alpen und Pyrenäen. In den wenigen naturnah und einsam gebliebenen Bereichen finden Auerhuhn, Haselhuhn und Weißrückenspecht sowie Raufuß- und Sperlingskauz Zuflucht. Imposante Großeulen wie der Bartkauz leben in den entlegenen nordischen Nadelwaldgebieten.

Buchenwälder verursachen viel Schatten auf dem Waldboden und erlauben daher nur spärlichen Unterwuchs – jedoch passend für Waldlaubsänger und Kleiber. Die im Herbst reifen Bucheckern ziehen in Mitteleuropa oft Unmengen von Bergfinken an, deren Schwärme in manchen Jahren in die Millionen gehen können.

Alte Eichenwälder, in deren Schatten Stechpalme, Vogelkirsche, Holunder, Weißdorn und noch andere Sträucher gedeihen, sind oft Lebensraum für eine Vielzahl von Vogelarten wie Mönchs- und Gartengrasmücke, aber auch Klappergrasmücke, Sumpfmeise, Buntspecht, Ringeltaube und Dohle.

In vielen mediterranen Wäldern tragen Nachtigallen ihre laut schmetternden Strophen vor. Während diese Singvogelart in einigen Gegenden Mitteleuropas wieder etwas häufiger wird, verschwindet die Heidelerche, ebenfalls ein begnadeter nächtlicher Sänger, immer mehr aus den mitteleuropäischen Wäldern.

Singvögel wie Rotkehlchen, Buchfink, Blaumeise und Kohlmeise sind vielerorts häufige Waldvögel, die auch in Dörfern und an Stadträndern nicht selten gute Lebensbedingungen vorfinden. Aber besonders Meisen sind von einem reichlichen Angebot an Raupen abhängig, um damit ihre Jungen aufzuziehen; in manchen Gärten ist das Angebot an geeigneten Insektenlarven jedoch so gering, dass der Nachwuchs verhungern muss. Sperber sind in vielen Wäldern die typischen Vogeljäger; manche von ihnen haben gelernt, dass die Vogelfütterungen in Gärten und Parks reiche Beute versprechen.

MOORE, BUSCHLAND, HEIDEN UND GEBIRGE

Mediterrane Buschlandschaften, die auch als Macchia und Garigue (durch menschliche Eingriffe entstanden) bezeichnet werden, bieten vor allem verschiedenen Zweigsängern Lebensraum. Manche von ihnen trifft man fast überall häufig, etwa die Samtkopf-Grasmücke, während andere nur lokal zahlreich sind, wie die Weißbart-Grasmücke. Manche Arten treten in deutlich geringeren Beständen auf wie die Provencegrasmücke, einige sind sogar ausgesprochen selten und kommen nur in kleinen Arealen vor wie Brillen- und Sardengrasmücke. Über dem Buschland singen Heidelerche und Brachpieper, Ortolan und Zaunammer tragen ihren schlichten Gesang von Baumspitzen aus vor. Im Luftraum segeln Schlangen- und Zwergadler, Schwarz- und Rotmilan sowie Trupps von Gänsegeiern.

Die wenigen verbliebenen Moor- und Heidegebiete Mitteleuropas sind die letzten Rückzugsgebiete für vom Aussterben bedrohe Vogelarten wie Birkhuhn, Brachvogel, Ziegenmelker, Heidelerche und Raubwürger. Dort trifft man aber auch häufigere Arten wie Schwarzkehlchen, Birkenzeisig und Bluthänfling; im Luftraum darüber jagen oft Baumfalken.

Die im Winter recht vogelarmen Moorgebiete Nordwest- und Nordeuropas bieten im Sommer vielen Arten Nahrung und geeignete Brutplätze, beispielsweise Wiesenpieper, Braunkehlchen und Steinschmätzer sowie Goldregenpfeifer und den beiden Brachvogelarten, aber auch dem ganzjährig dort anzutreffende Moorschneehuhn.

Die Lebensräume im hohen Norden finden sich teilweise in den viel weiter südlich gelegenen Alpen wieder, das deutet auch der Name „Alpenschneehuhn“ an, während der Alpenstrandläufer nicht in den Alpen brütet. Weitere Beispiele für dieses „arktoalpine“ Verbreitungsmuster sind die Ringdrossel und der nur lokal vorkommende Mornellregenpfeifer sowie der in Bergfichtenwäldern lebende Dreizehenspecht. Hingegen sind einige typische Vögel der Alpen wie Mauerläufer, Schneefink oder Bartgeier nicht im Norden verbreitet.

■ SPEZIALISTEN UND GENERALISTEN

Manche Arten sind streng an einen bestimmten Lebensraum oder eine spezielle Situation angepasst. Andere dagegen können in vielen verschiedenen Landschaftstypen leben. Typische „Spezialisten“ der Vogelwelt sind die Wasseramsel, ein Singvogel, der an klaren Flüssen und Bächen lebt, ferner die beiden Baumläufer, die mit ihrem dünnen, gebogenen Schnabel nach Insekten in der Baumrinde forschen, oder die Rohrdommel, die das ganze Jahr über im Schilfwald lebt. Nur ungewöhnliche Ereignisse wie strenger Frost vermag solche Vogelarten aus ihrem normalen Lebensraum zu vertreiben.

Viele andere Vogelarten sind zwar nicht so streng spezialisiert, haben aber trotzdem bestimmte Ansprüche. Hierzu gehört zum Beispiel der Graureiher. Er fängt Fische sowohl in seichtem Wasser, in einem Fluss, an einem See, in einem Salzsee oder zwischen Felsen an der Küste. Der Waldlaubsänger, eigentlich ein typischer Buchenwaldvogel, kann auch in Eichenwald oder sogar in einem gepflanzten Lärchenwald brüten – solange es geschlossene Baumkronen und offene Bereiche sowie eine dicke Schicht aus totem Laub gibt.

Ganz anders verhält es sich bei den „Generalisten“: Die Lachmöwe brütet am Wasser, das kann eine küstennahe Salzwiese, ein Binnensee oder auch ein winziger Teich im Hochland sein; der Nahrungssuche geht diese Möwenart fast überall nach – an der Küste, auf einem Acker, im Garten, Großstadtpark oder im Gebirge.

Die meisten Vogelarten sind nicht ganz so anpassungsfähig. Oft bieten die Habitatränder oder die Bereiche, in denen zwei oder drei Habitattypen aufeinander treffen, sehr gute Beobachtungsmöglichkeiten, denn dort besteht für viele verschiedene Vogelarten ein breites Nahrungsangebot. Überhaupt wird man feststellen, dass Wasser eine große Anziehungskraft auf Vögel ausübt; da immer auch trockene Habitate an ein Gewässer grenzen, sind die Chancen für interessante Beobachtungen recht hoch.

Was braucht der Vogelbeobachter?

Alles, was man als Vogelbeobachter benötigt, sind die Augen. Doch jeder, der sich intensiver mit frei lebenden Vögeln beschäftigt, möchte näher an sie herankommen – da kann ihm ein passendes Fernglas gute Dienste leisten.

Das Fernglas ist der wichtigste Ausrüstungsgegenstand für jeden ernsthaften Vogelbeobachter; mancher kauft sich später zusätzlich ein Fernrohr. Der Blick durch das Fernglas erlaubt zwar nicht weiter zu sehen als ohne Sehhilfe, jedoch vergrößert es das Gesehene und lässt Details besser sichtbar werden.

Die Leistung des Fernglases wird mit einer Formel angegeben, etwa 8x30, 10x50 oder auch 10x42. Die erste der beiden Zahlen, zum Beispiel die 8, gibt die Vergrößerung an; das bedeutet, dass ein Objekt durch ein Fernglas dieser Stärke 8-mal so groß wie in Wirklichkeit erscheint. 8- oder 10fach ist für die Vogelbeobachtung genug. Man sollte kein Fernglas erwerben mit 12-, 15- oder gar 20facher Vergrößerungsleistung. Je stärker nämlich die Vergrößerung, desto schlechter wird die Bildqualität und desto enger das Blickfeld; und desto weniger vermag man das Glas noch ruhig zu halten. Die starken Vergrößerungen sind nur bei Verwendung eines Stativs sinnvoll.

Was man als Vogelbeobachter braucht, ist vor allen Dingen ein brillantes Bild, und dafür ist viel Licht notwendig. Voraussetzung dafür sind zwei Dinge: Als Erstes benötigt man große Objektivlinsen (hinteres Ende des Fernglases). Deren Durchmesser in Millimetern ergibt den zweiten Teil unserer Formel für die Leistung eines Fernglases. 8x30 bedeutet also 8fache Vergrößerung und 30 mm Durchmesser der Objektivlinsen. Größere Linsen lassen mehr Licht ins Fernglas, aber das hat natürlich seine Grenzen, denn bei mehr als 50 mm Linsendurchmesser wird das Fernglas einfach zu schwer und zu unhandlich. Die zweite Voraussetzung für ein möglichst gestochen scharfes, brillantes Bild ist die Verwendung von sehr hochwertigem, maximal durchlässigem Glas und zur Vermeidung störender Reflexe eine exzellente Beschichtung der Linsen (Vergütung). Das bedeutet, ein sehr gutes 10x40 Fernglas kann brillanter sein als ein mittelmäßiges 10x50. Qualität ist teuer, daher sind die Spitzenferngläser leider sehr kostspielig.

Weiterhin braucht man ein großes Sehfeld, denn man will ja nicht nur einen winzigen Ausschnitt der Landschaft betrachten. Im typischen Fall wird das Sehfeld umso kleiner je stärker die Vergrößerung ist. Bei kleinem Sehfeld findet man einen mit bloßem Auge entdeckten Vogel im Fernglas nur schwer wieder; weiterhin entgehen einem beim Blick durch das Glas Vögel, die sich gerade außerhalb des Sehfelds befinden. Gerade bei sehr kleinen Ferngläsern hat man mit diesem Nachteil zu kämpfen. Wichtig ist auch die Naheinstellung des Fernglases, also die geringste Entfernung, auf die man scharf stellen kann (Nahgrenze). Mitunter kann man so einen wenige Meter entfernten Vogel in allen Details genussvoll betrachten. Naturgemäß haben Ferngläser mit geringerer Vergrößerung auch die geringere Nahgrenze.

Die Wahl des Fernglases stellt einen Kompromiss dar aus ausreichender Vergrößerung (stärker als 6fach), stabilem Bild (Vergrößerung nicht mehr als 10fach), guter Lichtausbeute (größere Objektivlinsen), geringem Gewicht und guter Handhabung (kleinere Objektivlinsen), großem Sehfeld (geringere Vergrößerung), geringer Nahgrenze (geringere Vergrößerung), guter Qualität (hoher Preis) und dem, was man ausgeben kann und will (geringer Preis). Das ist nicht einfach! Man braucht also ein Glas, das genau zu einem passt. Vielleicht bekommt man ein preisgünstiges Glas, das aber nicht gut in der Hand liegt, oder die Augenmuscheln sind nicht passend; es ist also wichtig, das Fernglas zuerst selbst auszuprobieren.

Ein Fernrohr bietet höhere Vergrößerungswerte, wie 25fach, 30fach, 60fach oder noch höher. Leider ist das Sehfeld stark eingeengt, und die Handlichkeit ist erheblich schlechter als bei einem Fernglas. Um einen Vogel zu lokalisieren, sind oft mehrere Sekunden erforderlich. Weiterhin benötigt man ein Stativ, damit man ein ruhiges Bild erhält. Die Verwendung des Fernrohrs ist nicht jeden Tag sinnvoll und auch nicht in jedem Lebensraum, etwa in dichtem Wald. Wenn man aber regelmäßig an der Küste oder an einem Stausee beobachtet, ist man auf die deutlich bessere Vergrößerung eines Fernrohrs angewiesen. Die Kompromisse, die oben für das Fernglas beschrieben sind, sind hier ebenfalls gültig: Man muss abwägen zwischen starker Vergrößerung, Lichtstärke (große Linsen, schweres Glas), Qualität, Gewicht und Kosten. Fernrohre sind teuer; dazu kommen die Kosten für ein gutes Stativ.

Weiterhin könnte der Wunsch entstehen, Vögel zu fotografieren oder ihre Lautäußerungen auf Tonträgern aufzunehmen. Eigentlich ist das eine Aufgabe für Spezialisten, jedoch kann auch der Laie ohne kostspielige Profi-Ausrüstung im eigenen Garten eine Menge interessanter Fotos zustande bringen. In der freien Landschaft hingegen sind die Vögel meist viel scheuer und weiter entfernt, was deutlich höheren Aufwand erfordert. Abhilfe kann die Verwendung eines Tarnzelts oder einer Tarnhütte bringen; dort muss man allerdings für befriedigende Aufnahmen sehr viel Zeit verbringen. Bei all diesen Aktivitäten bedenke man stets, dass die frei lebenden Vögel dadurch nicht gestört werden, vor allem nicht bei der Brut und Jungenaufzucht; daher sollte man auch Nestfotografie in jedem Fall unterlassen!

Selbstverständlich braucht man auch einen guten, handlichen Feldführer, den man mit ins Gelände nehmen kann, und vielleicht noch ein Notizbuch. Man muss nicht alles, was man sieht, gleich notieren, aber es macht Spaß und ist eine wichtige Quelle für den versierten Beobachter. Man lernt dadurch auch, genauer hinzusehen und die beobachteten Details im Kopf zu behalten. Die wenigsten Menschen können alle Einzelheiten eines Vogels im Gedächtnis behalten. Wenn man nach einer Beobachtung im Buch blättert, fällt es oft schwer, zu entscheiden, ob beispielsweise die Beine des Vogels eher rot oder braun oder vielleicht grünlich waren. Mit Hilfe eines Notizbuchs lassen sich solche für die Bestimmung wichtigen Details sofort festhalten.

HILFREICHE ADRESSEN UND LITERATUR

Staatliche Vogelschutzwarten

Bayern
Staatl. Vogelschutzwarte, Bayerisches Landesamt für Umweltschutz, Gsteigstr. 43, 82467 Garmisch-Partenkirchen. Tel. 08821/2330, LfUGarmisch@lfu.bayern.de

Berlin
Senatsverwaltung für Stadtentwicklung, Sachgebiet Artenschutz, Am Köllnischen Platz 3, 10173 Berlin. Tel. 030/9025-1637, JohanneSchwarz@senstadt.verwalt-berlin.de

Brandenburg
Landesumweltamt Brandenburg, Staatliche Vogelschutzwarte, Dorfstr. 34, 14715 Buckow b. Nennhausen. Tel./Fax 033878/60257, Torsten.Langgemach@lua.brandenburg.de.
Außenstelle Rietzer See, Bruchstr. 60, 14778 Schenkenberg. Tel. 033207/51271, tobiasduerr@lua.brandenburg.de
Außenstelle Im Winkel 13, 14806 Baitz. Tel./Fax 033841/30220, Doris.Block@munr-lua-p-m.brandenburg.de

Bremen
Staatl. Vogelschutzwarte, Senator für Bau und Umwelt, Referat Eingriffsregelung, Arten- und Biotopschutz, Ansgaritorstr. 2, 28195 Bremen. Tel. 04421/361-6663, Kllugkist@Uni-Bremen.de

Hamburg
Staatl. Vogelschutzwarte, Naturschutzamt in der Umweltbehörde, Billstr. 84, 20539 Hamburg. Tel. 040/42845-2226, Fax 040/42845-2579

Hessen
Staatl. Vogelschutzwarte für Hessen, Rheinland-Pfalz und Saarland, Institut für angewandte Vogelkunde, Steinauer Str. 44, 60386 Frankfurt. Tel. 069/420105-0, Fax 069/420105-29

Mecklenburg-Vorpommern
Staatl. Vogelschutzwarte, Landesamt für Umwelt, Naturschutz und Geologie, Abt. Naturschutz, Goldberger Str. 12, 18273 Güstrow. Tel. 03843-777-220, lothar.wölfel@lung.mv-regierung.de

Niedersachsen
Staatl. Vogelschutzwarte, Niedersächs. Landesamt für Ökologie, Fachbehörde für Naturschutz, Göttinger Str. 14, 30449 Hannover. Tel. 0511/4446-206, dieter.wendt@nloe.niedersachsen.de

Nordrhein-Westfalen
Staatl. Vogelschutzwarte, Landesanstalt für Ökologie, Dezernat 35, Castroper Str. 30, 45665 Recklinghausen. Tel. 02361/305-420 oder 320, Dezernat35@loebf.nrw.de

Sachsen
Sächsisches Landesamt für Umwelt und Geologie, Abt. Natur- und Landschaftsschutz, Zur Wetterwarte 11. Tel. 0351/8928-204, steffen.rau@lfug.smul.sachsen.de

Sächsische Vogelschutzwarte (nicht-staatlich), Neschwitz Park 2, 02699 Neschwitz. Tel. 035933/31115, Fax 035933/32763

Sachsen-Anhalt/Steckby
Staatl. Vogelschutzwarte, Landesamt für Umweltschutz, Zerbster Str. 7, 39264 Steckby. Tel. 039244/94090, stvsw@lau-st.de

Schleswig- Holstein
Staatl. Vogelschutzwarte, Landesamt für Natur und Umwelt, Am Botanischen Garten 1–9, 24118 Kiel. Tel. 0431/8804502/01, Fax 0431/8804596

Thüringen/Seebach
Staatl. Vogelschutzwarte, Thüringer Landesanstalt für Umwelt und Geologie, OT Seebach, Lindenhof 3, 99998 Weinbergen. Tel. 03601/440-565, VSW.seebach@TLUGJena.Thueringen.de

Vogelwarten

Institut für Vogelforschung „Vogelwarte Helgoland", An der Vogelwarte 21, 26386 Wilhelmshaven. Tel. 04421/968922, Fax 04421/968955, ifv@ifv.terramare.de

Vogelwarte Helgoland, Inselstation Postfach 1220, 27494 Helgoland. Tel. 04725/306, Fax 04725/777471, O.Hueppop-IFV@t-online.de

Vogelwarte Radolfzell am Max-Planck-Institut für Verhaltensphysiologie, 78315 Radolfzell. Tel. 07732/1501-0, Fax 077322/1501-34

Vogelkundliche Vereinigungen

Ala – Schweizerische Gesellschaft für Vogelkunde und Vogelschutz, Frau R. Horváth-Manetsch, Rüttenenweg 63, CH-4313 Möhlin AG

BirdLife Österreich, Gesellschaft für Vogelkunde, c/o Naturhistorisches Museum, Museumsplatz 1/10/8, A-1070 Wien. Tel. 0043/1/5234651, birdlife@blackbox.net

Dachverband Deutscher Avifaunisten (DDA): Für den Vorstand: Stefan Fischer, Storchenschmiede Linum, NABU-Naturschutzzentrum, Nauener Str. 54, 16833 Linum. Tel. 033922/50500, Storchenschmiede@NABU-Berlin.de

Deutsche Ornithologen-Gesellschaft (D-OG), Prof. Dr. Franz Bairlein, Institut für Vogelforschung, An der Vogelwarte 21, 26386 Wilhelmshaven. Fax 04421/968955, franz.bairlein@ifv.terramare.de

Deutsche Seltenheitskommission, Über dem Salzgraben 11, 37574 Einbeck-Drüber. Tel. 05561/82224, Fax 05561/82289

Deutscher Rat für Vogelschutz, c/o H.-G. Bauer, Vogelwarte Radolfzell, 78315 Radolfzell

Komitee gegen den Vogelmord e.V. Bundesgeschäftsstelle, Auf dem Dransdorfer Berg 98, 53121 Bonn

Kranichinformationszentrum, Lindenstr. 27, 18445 Groß Mohrdorf

Landesbund für Vogelschutz in Bayern, Eisvogelweg 1, 91161 Hilpoltstein. Tel. 09174/4775-0, Fax 09174/4775-75

MONTICOLA – Internationale Arbeitsgemeinschaft für Alpenornithologie, Pontlatzer Str. 49, A-6020 Innsbruck. Tel. 0043/512/262363

NABU Bundesgeschäftsstelle, Herbert-Rabius-Str. 26, 53225 Bonn. Tel. 0228/4636-0, Nabu@Nabu.de

Naturschutzbund Österreich, Museumsplatz 2, A-5020 Salzburg. Tel. 0043/662-642909, bundesverband@naturschutzbund.at

Ornithologische Gesellschaft in Bayern e.V., Manfred Siering, Gereutplatz 1, 82031 München

Verein Jordsand zum Schutze der Seevögel und der Natur e.V., Bornkampsweg 35, 22926 Ahrensburg. Tel. 04102/32656

Fachzeitschriften

DER FALKE, Das Journal für Vogelbeobachter. Aula Verlag, Industriepark 3, 56291 Wiebelsheim.

LIMICOLA, Zeitschrift für Feldornithologie. Limicola Verlag, Über dem Salzgraben 11, 37574 Einbeck-Drüber.

Bücher

BAUER, H. G. & P. BERTHOLD (1996): Die Brutvögel Mitteleuropas. Bestand und Gefährdung. Aula Verlag, Wiesbaden.

BEAMAN, M. & S. MADGE (1998): Handbuch der Vogelbestimmung – Europa und Westpaläarktis. Ulmer Verlag, Stuttgart.

BEZZEL, E. (1985): Kompendium der Vögel Mitteleuropas, Nonpasseriformes – Nichtsingvögel. Aula Verlag, Wiesbaden.

BEZZEL, E. (1993): Kompendium der Vögel Mitteleuropas, Passeres – Singvögel. Aula Verlag, Wiesbaden.

BEZZEL, E. (1996): BLV-Handbuch Vögel. BLV Verlag, München.

BEZZEL, E. (1996): Vögel beobachten. BLV Verlag, München.

GLUTZ VON BLOTZHEIM, U. N., K. M. BAUER & E. BEZZEL (1971–1997): Handbuch der Vögel Mitteleuropas. Aula Verlag, Wiesbaden.

GLUTZ VON BLOTZHEIM, U. N., K. M. BAUER & E. BEZZEL (2001): Handbuch der Vögel Mitteleuropas auf CD-Rom (einschl. Lexikon ornithologischer Fachausdrücke von R. Wassmann). Vogelzug Verlag im Humanitas Buchversand GmbH, Wiebelsheim.

GRIMMETT, R. F. A. & T. A. JONES (1989): Important Bird Areas in Europe. Cambridge.

HAGEMEIJER, W. J. M. & M. J. BLAIR (1997): The EBBC Atlas of European Breeding Birds: their distribution and abundance. Poyser, London.

DEL HOYO, J., A. ELLIOTT & J. SARGATAL, eds. (1992–2002): Handbook of the Birds of the World. Vol. 1–7, wird fortgesetzt. Lynx Edicions, Barcelona.

JONSSON, L. (1992): Die Vögel Europas und des Mittelmeerraums. Kosmos Verlag, Stuttgart.

LIMBRUNNER, A., E. BEZZEL, K. RICHARZ & D. SINGER (2001): Enzyklopädie der Brutvögel Europas. Kosmos Verlag, Stuttgart.

MEBS, TH. & W. SCHERZINGER (2000): Die Eulen Europas. Biologie, Kennzeichen, Bestände. Kosmos Verlag, Stuttgart.

RICHARZ, K., E. BEZZEL & M. HORMANN, Hrsg. (2001): Taschenbuch für Vogelschutz. Aula Verlag, Wiesbaden.

ROCHÉ, J. C. (2000): Die Vogelstimmen Europas auf 4 CDs. Rufe und Gesänge von 396 Vogelarten. Kosmos Verlag, Stuttgart.

ROCHÉ, J. C. & D. SINGER (1997): Die Vögel Mitteleuropas und ihre Stimmen auf 2 CDs. 284 Vogelarten. Kosmos Verlag, Stuttgart.

ROCHÉ, J. C. & D. SINGER (2002): Alle Vögel sind schon da. Bestimmungsbuch und CD. Kosmos Verlag, Stuttgart.

SINGER, D. (2000): Die Vögel Mitteleuropas. Kosmos Verlag, Stuttgart.

SINGER, D. (2002): Welcher Vogel ist das? Kosmos Naturführer. Kosmos Verlag, Stuttgart.

SVENSSON, L., P. J. GRANT, K. MULLARNEY & D. ZETTERSTRÖM (1999): Der neue Kosmos Vogelführer – Alle Arten Europas, Nordafrikas und Vorderasiens. Kosmos Verlag, Stuttgart.

SVENSSON, L., P. J. GRANT, K. MULLARNEY & D. ZETTERSTRÖM (2000): Vögel Europas, Nordafrikas und Vorderasiens. Kosmos Verlag, Stuttgart.

WASSMANN, R. (1999): Ornithologisches Taschenlexikon. Aula Verlag, Wiebelsheim.

Eistaucher *Gavia immer*

Eistaucher und **Gelbschnabeltaucher** *(Gavia adamsii)* sind die größten Taucher. Beide haben im Prachtkleid eine schachbrettartig gemusterte Oberseite und einen schwarzen Kopf. Im Winterhalbjahr trifft man beide Taucherarten auf dem küstennahen Meer an, oft in geschützten Mündungsbereichen. Eistaucher sieht man gelegentlich in den Gewässern um Helgoland, noch seltener auf mitteleuropäischen Binnenseen.

NAHRUNG Beide Taucher unternehmen lange, tiefe Tauchgänge, um Fische und Krabben zu erbeuten.

STIMME Eistaucher rufen im Winter nur wenig; mitunter hört man schon im Frühjahr vor dem Heimzug laute, heulend-klagende Rufe.

BRUT Beide Arten bebrüten 2 große, dunkle Eier am Ufer eines Sees.

ZUG Der Herbstzug führt den Eistaucher bis in die Nordsee und entlang der europäischen Westküste; der Gelbschnabeltaucher ist viel seltener.

LÄNGE 70–80 cm

WANN Meist September bis April; im Winterhalbjahr vor der Küste vorwiegend Vögel im JK
WO Der Eistaucher brütet an großen Seen auf Island; er überwintert an den Küsten von Skandinavien bis Frankreich

Prachttaucher *Gavia arctica*

Im Prachtkleid ist er der schönste aller fünf Seetaucherarten. Er ist nicht so wuchtig wie der riesige Eistaucher, hat aber die ansprechendste Gefiederzeichnung – fast zu schön, um wahr zu sein. Bei uns sieht man die Art meist im viel schlichteren Jugend- oder Schlichtkleid, wodurch aber die perfekte Form gut zum Ausdruck kommt.

NAHRUNG Prachttaucher ernähren sich von verschiedenen Fischen, die sie in langen Tauchgängen erbeuten.

STIMME Im Winter sind Prachttaucher überwiegend schweigsam, zur Brutzeit hört man stimmungsvolle heulende und klagende Rufe; Flugruf kurz „kwok".

BRUT Die in Einehe lebenden Vögel legen ihr Nest am Rand eines kleinen Inselchens an, damit sie bei Gefahr rasch wegtauchen können.

ZUG Die Brutvögel ziehen im Spätsommer ans Meer, im Winter wandern sie meist südwärts, meist an flache, sandige Buchten. Nicht selten halten sie sich mehrere Wochen an größeren Stauseen oder Binnenseen auf.

LÄNGE 60–70 cm

WANN August bis Mai
WO Brütet an großen Binnenseen in Nordeuropa und Schottland; überwintert auf dem küstennahen Meer südwärts bis zur Biskaya

Sterntaucher *Gavia stellata*

Ein Seetaucher mit recht dünnem Hals und aufgeworfenem Schnabel, der oft angehoben gehalten wird

Der kleinste Seetaucher, etwa so groß wie eine Stockente, ist an seinem schlanken Schnabel, den er meist schräg aufwärts hält, gut zu erkennen. Er liegt meist flach im Wasser, taucht ohne Sprung ab und weit entfernt wieder auf. Er kommt nur zum Brüten an Land. Vor allem im Sommer unternimmt er regelmäßig Nahrungsflüge von den Brutgewässern – kleinen Seen – auf das Meer.

NAHRUNG Kleine Fische; die Jungen erhalten Insekten und Krebstiere.

VERHALTEN UND STIMME Im Winter sind Sterntaucher wenig stimmfreudig; zur Brutzeit hört man neben den lauten, quakenden Flugrufen unheimlich klingende, klagende Laute, vor allem während der merkwürdigen Balzspiele.

BRUT Das Nest ist eine einfache Mulde am Ufer von Seen, oft von einer Bulte geschützt. 1–2 Junge.

ZUG Zieht im Herbst in südlicher Richtung entlang der Küsten bis ins Mittelmeergebiet.

LÄNGE 55–69 cm

WANN September bis Mai
WO Brütet an kleinen Seen in Nordeuropa und Schottland; im Winterhalbjahr in küstennahen Gewässern, seltener im Binnenland

Haubentaucher *Podiceps cristatus*

Brütet an Süßwasserseen, großen Flüssen und an der Küste; die Art besiedelt ganz Europa mit Ausnahme von Island und großen Teilen Skandinaviens

Durch den farbenprächtigen Kopf- und Halsschmuck ist der Haubentaucher zur Brutzeit unverwechselbar. Im Schlichtkleid zeigt er sich mit weißem Gesicht und weißer Brust. Schlanker Hals und Dolchschnabel sind typisch.

NAHRUNG Kleine Fische und andere Wassertiere werden tauchend erbeutet.

VERHALTEN UND STIMME Zur Balz erheben sich die Paare Brust an Brust aus dem Wasser, die Schmuckfedern an Scheitel und Halskrause abgespreizt; dabei schütteln sie ihre Köpfe und präsentieren einander Nistmaterial. Sie äußern bellende, nasale und raue, rollende Laute.

BRUT Haubentaucher bauen ein schwimmendes Nest aus Wasserpflanzen im Uferbereich. Von den bis zu 6 Jungen hört man den ganzen Sommer über laute, pfeifende Rufe.

ZUG Nach der Brutzeit ziehen viele Haubentaucher an die Küste oder versammeln sich auf größeren Binnengewässern, die im Winter eisfrei bleiben; Vögel aus Ost- oder Nordeuropa ziehen vielfach an die Nordsee.

LÄNGE 46–51 cm

WANN Ganzjährig
WO Brütet an Süßwasserseen, großen Flüssen und an der Küste von ganz Europa mit Ausnahme Islands und großer Teile Skandinaviens

Rothalstaucher *Podiceps grisegena*

Ein untersetzter, dickhalsiger und großköpfiger Taucher; kleiner als der Haubentaucher. Schnabel kräftig, aus der Ferne kann er größer wirken. Taucht wie die anderen Taucher leicht und oft, fliegt etwas schwerfällig, kommt nie an Land.
NAHRUNG Vorwiegend Insekten und Krebstiere, auch Fische.
VERHALTEN Während des „Schnabel-an-Schnabel"-Balztanzes spielen das schwarzweiße Gesicht, der kontrastierende Schnabel und der dunkelrote Hals eine wichtige Rolle.
BRUT Rothalstaucher brüten inmitten von Schilf oder Binsen an Binnenseen, vor allem im östlichen Europa. Ihre 4–5 Eier liegen auf einem Haufen verrottender Wasserpflanzen. Die Jungen sind nach rund 10 Wochen flügge.
ZUG Außerhalb der Brutzeit sind viele Rothalstaucher an der Küste oder an größeren eisfreien Binnenseen.
LÄNGE 40–50 cm

WANN Ganzjährig
WO Brütet an Seen von Süd- und Ostschweden, Dänemark und Nordostdeutschland ostwärts; im Winter vor allem an den Küsten der Adria, aber auch Mitteleuropas, wie an der Nordsee, seltener im Binnenland

Ein untersetzter Lappentaucher mit großem, rundem Kopf und dickem Schnabel. Der Körper liegt flach auf dem Wasser, wirkt durch den auffallend großen Kopf und dicken Schnabel kurz. Kann tief tauchen, mit einleitendem Sprung von der Wasseroberfläche aus

Ohrentaucher *Podiceps auritus*

Dieser mittelgroße Lappentaucher des Nordens ist im Sommer ein prächtiger Vogel. Er brütet an kalten, flachen Seen mit dicht bewachsenen Ufern. In Mitteleuropa sieht man ihn vor allem im Winter, wenn er das kontrastreich schwarzweiße Schlicht- oder Jugendkleid trägt; wenige Paare brüten regelmäßig in Norddeutschland.
NAHRUNG Wasserlebende Insekten und deren Larven, Fische.
BRUT Neststandort im Schilf oder zwischen Binsen im Flachwasser. Das Nest ist ein für Lappentaucher typischer Haufen aus Wasserpflanzen, fast immer schwimmend, aber an einem Stängel befestigt. 4–5 Eier. Die Jungen sind nach 45 Tagen flügge.
ZUG Nach der Brutzeit ziehen alle Ohrentaucher in südlicher und westlicher Richtung an die Küsten, vor allem in Flussmündungen; weit verbreitet, aber selten in den Gewässern um Skandinavien und Großbritannien sowie an der Nordsee. Einige überwintern auch auf den Binnenseen bis zum Alpenrand, manche erscheinen im Herbst noch im PK.
LÄNGE 31–38 cm

WANN Vorwiegend Oktober bis Mai
WO Brütet in Island, Schottland sowie von Skandinavien und Ostpolen ostwärts

Ein wohlproportionierter, rundköpfiger Lappentaucher mit flachem Stirnprofil und geraderem Schnabel als Schwarzhalstaucher. Im PK farbenprächtig; auffallend schwarz und weiß im SK

Zwergtaucher *Tachybaptus ruficollis*

Ein gedungener Wasservogel mit rundem Kopf und kurzem, relativ dickem Schnabel mit hellem Fleck an der Basis; kompakter Körper; im Frühjahr hört man oft die plötzlich einsetzenden, lauten Trillerfolgen

Dieser kleinste und untersetzteste Lappentaucher bewohnt kleine Binnengewässer, aber auch langsam fließende Flüsse; außerhalb der Brutzeit hält er sich an größeren Seen oder an der Küste auf. Mit dem kurzen Schnabel und runden Kopf, der schwanzlosen Silhouette und den häufigen Tauchgängen ist er kaum mit anderen Wasservögeln zu verwechseln. Fliegt selten, wenn, dann niedrig über dem Wasser mit schnellen Flügelschlägen.

NAHRUNG Kleine Krebstiere, vor allem aber Wasserinsekten und deren Larven; fängt selten kleine Fische.

VERHALTEN UND STIMME Die Balz ist weniger spektakulär als bei den größeren Lappentauchern, jedoch Kopfschütteln und Seite-an-Seite-Schwimmen sowie häufige laute, vibrierende Trillerfolgen von ♂ und ♀ im Duett.

BRUT Das schwimmende Nest besteht aus einem Haufen Wasserpflanzen. Die Altvögel bedecken das Gelege aus 4–6 Eiern mit Pflanzenmaterial, wenn sie das Nest unbeaufsichtigt lassen.

LÄNGE 25–29 cm

WANN Ganzjährig
WO Europa bis auf Teile N- und NO-Europas

Schwarzhalstaucher *Podiceps nigricollis*

Ein runder, „schwanzloser" Lappentaucher mit steiler Stirn und spitzem Scheitel; Schnabel aufgeworfen. Taucht häufig; wirkt beim Schwimmen sehr leicht, auch bei schwerer See

Im Sommer prachtvoll gefärbt, wird das Gefieder des Schwarzhalstauchers im Winter grau, schwarz und weiß – nicht ganz so „schick" wie der etwas größere Ohrentaucher. Er brütet an dicht bewachsenen Süßwasserseen; im Winter ziehen viele Schwarzhalstaucher an geschützte Küstengewässer oder auf große Binnenseen.

NAHRUNG Insekten, kleine Fische.

VERHALTEN UND STIMME Während der Balz unter anderem Kopfschütteln mit aufgestellten goldgelben Ohrbüscheln, synchrones Tauchen und schnelle Spurts über das Wasser, begleitet von tiefen Trillerfolgen.

BRUT Die 3–4 Eier liegen in einem typischen Lappentauchernest aus verrottendem Pflanzenmaterial.

ZUG Schwarzhalstaucher sind Kurzstreckenzieher, die nach der Brutzeit Küsten- und Binnenseen aufsuchen. Die Winterquartiere liegen von Südengland und den Niederlanden bis ins Mittelmeergebiet. In Mitteleuropa vor allem an Genfer See und Bodensee.

LÄNGE 28–34 cm

WANN Ganzjährig
WO Brütet hauptsächlich in Osteuropa; nach Westen und Süden – auch in Mitteleuropa – nur lückenhaft verbreitet; fehlt in Nord- und Nordosteuropa fast völlig

Gelbschnabel-Sturmtaucher *Calonectris diomedea*

Großer, brauner, fast lässig wirkender Sturmtaucher des Mittelmeerraums und mittleren Atlantiks. Fliegt meist in kleinen Trupps, gelegentlich auch in größeren Schwärmen. Von Landzungen Spaniens oder Mallorcas aus sind die Sturmtaucher oft zu beobachten.
NAHRUNG Vorwiegend Fische, Tintenfische und andere Meerestiere, die meist nachts erbeutet werden, sowie Fischabfälle von Kuttern.
STIMME In den Brutkolonien nachts schluchzende, krächzende Laute, die mehrfach wiederholt werden und eine unwirkliche Kakophonie erzeugen.
BRUT Koloniebrüter auf Felsinseln. Zu ihren Nestern in Felshöhlen oder Erdlöchern kommen die Sturmtaucher nur nachts. Das einzige Ei wird 53 Tage bebrütet. Die Jungen streifen einige Jahre auf See umher, bevor sie zum Brüten zurückkehren.
ZUG Nach der Brutzeit wandern viele in nördliche und westliche Richtungen.
LÄNGE 45–55 cm

WANN Nicht in Mitteleuropa
WO Brütet auf Felsinseln im Mittelmeer, vor Portugal, den Kanarischen Inseln; im Winter auf dem offenen Atlantik; ausnahmsweise in der Nordsee; von Juli bis September vor Großbritannien

Größer und langflügeliger als der Eissturmvogel. Fliegt bei leichtem Wind mit lässigen Flügelschlägen auf gebogenen Flügeln, bei Sturm steigt er hoch auf. Kopf wenig kontrastreich, anders als beim Großen Sturmtaucher, heller Schnabel von weitem zu sehen

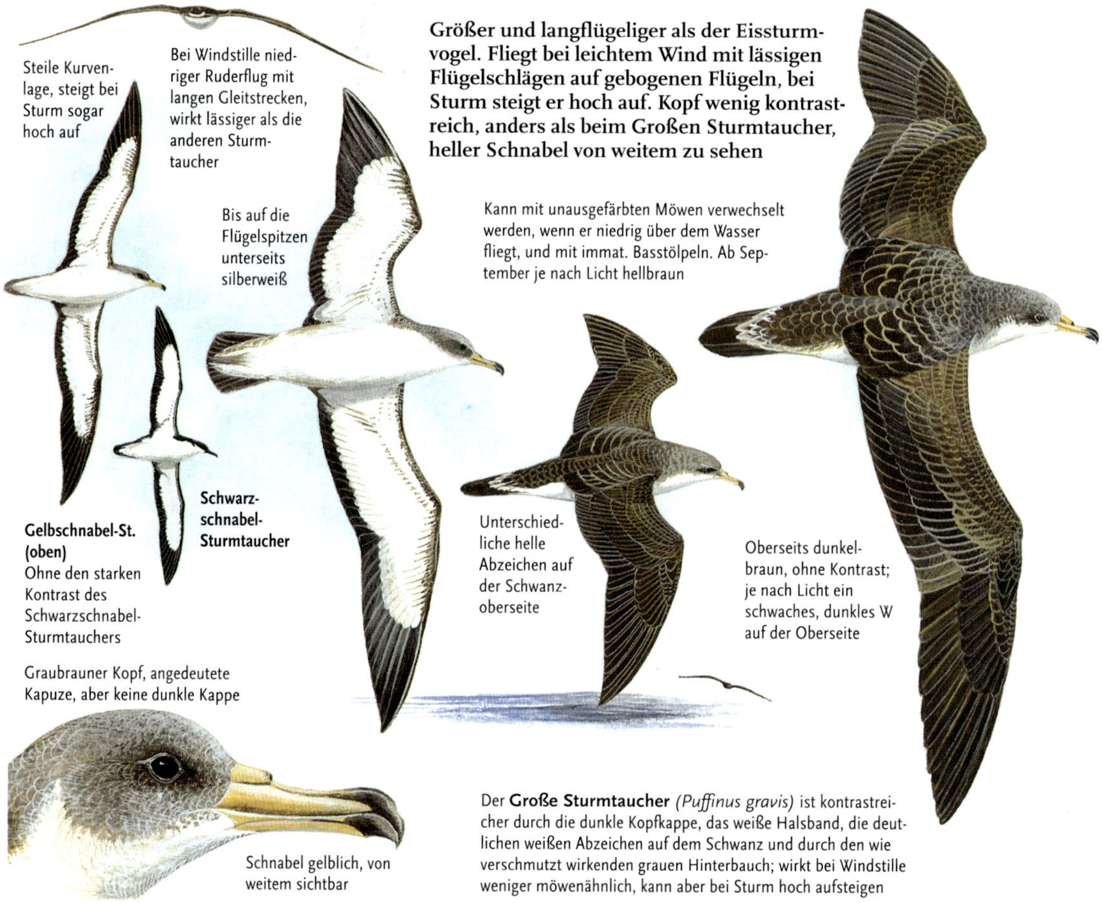

Steile Kurvenlage, steigt bei Sturm sogar hoch auf

Bei Windstille niedriger Ruderflug mit langen Gleitstrecken, wirkt lässiger als die anderen Sturmtaucher

Bis auf die Flügelspitzen unterseits silberweiß

Gelbschnabel-St. (oben) Ohne den starken Kontrast des Schwarzschnabel-Sturmtauchers

Schwarzschnabel-Sturmtaucher

Kann mit unausgefärbten Möwen verwechselt werden, wenn er niedrig über dem Wasser fliegt, und mit immat. Basstölpeln. Ab September je nach Licht hellbraun

Unterschiedliche helle Abzeichen auf der Schwanzoberseite

Oberseits dunkelbraun, ohne Kontrast; je nach Licht ein schwaches, dunkles W auf der Oberseite

Graubrauner Kopf, angedeutete Kapuze, aber keine dunkle Kappe

Schnabel gelblich, von weitem sichtbar

Der **Große Sturmtaucher** *(Puffinus gravis)* ist kontrastreicher durch die dunkle Kopfkappe, das weiße Halsband, die deutlichen weißen Abzeichen auf dem Schwanz und durch den wie verschmutzt wirkenden grauen Hinterbauch; wirkt bei Windstille weniger möwenähnlich, kann aber bei Sturm hoch aufsteigen

Schwarzschnabel-Sturmtaucher *Puffinus puffinus*

Der häufigste Sturmtaucher im Nordatlantik: ein kleiner, schnell fliegender, schwarzweißer Vogel des offenen Meeres. Die Sturmtaucher fliegen in langen, auseinander gezogenen Linien niedrig über dem Wasser, wobei die Flügelspitzen das Wasser fast berühren. Trupps ruhen auf dem Wasser.
NAHRUNG Taucht meist von der Wasseroberfläche aus; erbeutet kleine Fische, manchmal in quirligen Trupps.
STIMME In den Kolonien lautstark; ein einzigartiger „wahnsinniger" Chor, wenn die Vögel nachts zu ihren Nisthöhlen zurückkehren. Auf See stumm.
BRUT Brütet in Kolonien auf der Küste vorgelagerten Inseln und an grasigen Steilhängen. Nest in selbst gegrabenen Erdhöhlen oder, auf hohen kahlen Hügeln, unter Felsen. Nur ein Junges, das erst im Alter von 5–8 Jahren ins Brutgebiet zurückkehrt.
ZUG Wandern nach der Brutzeit in den mittleren Atlantik. Im Sommer und Herbst sind die Sturmtaucher von der Küste aus im Norden und Westen der Britischen Inseln zu sehen.
LÄNGE 35 cm

WANN Nicht in Mitteleuropa
WO Auf Inseln vom Süden Islands bis Nordfrankreich; häufig in küstennahen Gewässern; ausnahmsweise an der deutschen Nordseeküste

Ein langsam fliegender Seevogel mit weiß aufblitzender Unterseite, wenn er sich im Flug von einer Seite auf die andere dreht. Hält die Flügel beim Gleiten gerade und ziemlich steif, dazwischen werden immer wieder einige rasche, flache Flügelschläge eingeschaltet. Kommt nur nachts in den Kolonien an Land oder wenn ihn Stürme ins Binnenland wehen

Unterseits rein weiß bis auf dunklen „Rahmen" an den Flügeln; leuchtet weit in der Sonne

Weißer Fleck an den hinteren Flanken kann bis zu den Bürzelseiten ziehen

Von weitem ähnlich einem Kreuz; erscheint mal schwarz, mal weiß, wenn er sich im Flug von einer Seite auf die andere dreht

Beim Schwimmen gestreckte Körperform mit leicht angehobenem Schwanz und angehobenen Flügelspitzen, Kopf erhoben

Schwarz und weiß; wird durch Abnutzung im Sommer bräunlicher. Langflügeliger, nicht so kompakt wie Alken; kennzeichnend sind die periodischen Gleitstrecken

Schlanker, dunkler Schnabel mit Röhrenaufsatz

Mittelmeer-Sturmtaucher *Puffinus yelkouan*

Ein relativ kurzköpfiger, kurzschwänziger Sturmtaucher, ähnlich dem Schwarzschnabel-Sturmtaucher. Ziemlich kompaktes Aussehen mit schlanken Flügeln, aber gedrungenem Körper. Flug recht schnell und niedrig, wirkt hastig. Die Füße überragen den Schwanz – daher leicht vom Schwarzschnabel-Sturmtaucher zu unterscheiden

Ursprünglich wurden alle dunkelschnäbligen, in Europa brütenden Sturmtaucher als eine Art angesehen. Erst kürzlich bekamen die Brutvögel des östlichen Mittelmeerraums als „Mittelmeer-Sturmtaucher" und die Vögel der Balearen als „Balearensturmtaucher" Artrang. Der Mittelmeer-Sturmtaucher erinnert durch sein braunweißes Gefieder am ehesten an den Schwarzschnabel-Sturmtaucher. Meist hat man diese Art vor sich, wenn man Sturmtaucher in der Straße von Istanbul, vor Griechenlands Küsten oder von Fähren aus zwischen den griechischen Inseln sieht.

NAHRUNG Fische, die knapp unter der Wasseroberfläche erbeutet werden.
STIMME Am Nest, das nur nachts aufgesucht wird, lärmend, auf See stumm.
BRUT Brütet in tiefen Höhlen; nur ein Junges, das nach 48–52 Tagen schlüpft.
ZUG Hält sich vermutlich das ganze Jahr im Gebiet des Mittelmeers und Schwarzen Meers auf.
LÄNGE 30–36 cm

WANN Nicht in Mitteleuropa
WO Brütet lokal an Küsten und Inseln Südfrankreichs, Sardiniens, Italiens, des Balkans und des griechischen Archipels sowie Kretas; weit verbreitet im östlichen Mittelmeer und im Schwarzen Meer

Balearensturmtaucher *Puffinus mauretanicus*

Ein ziemlich langer, kurzschwänziger, dunkler Sturmtaucher mit langem Hals und weiter überstehenden Zehen als beim sehr ähnlichen Schwarzschnabel- und Mittelmeer-Sturmtaucher

Sehr ähnlich dem Schwarzschnabel- und Mittelmeer-Sturmtaucher; seltene Art des westlichen Mittelmeeres, nur ein paar tausend Brutpaare sind bekannt. Nach der Brutzeit verstreichen die Vögel auf den Atlantik und in die Nordsee, so dass sie trotz ihrer Seltenheit in Nordwesteuropa und ausnahmsweise sogar in der Deutschen Bucht beobachtet werden können.

NAHRUNG Fische und Tintenfische, die stoßtauchend oder von der Wasseroberfläche aus erbeutet werden; größere Trupps sammeln sich über Fischschwärmen und folgen Fischkuttern.
STIMME Wie die beiden Schwesterarten in den Brutkolonien sehr laut „äüh-aa-eech"; auf See stumm.
BRUT Das einzige Ei wird 52 Tage bebrütet; das Junge ist erst im Alter von 72 Tagen flugfähig.
ZUG Balearensturmtaucher brüten sehr früh im Jahr, die meisten von ihnen verlassen den Mittelmeerraum ab Mai; im Spätsommer und Herbst trifft man einen Teil der Population im Nordatlantik vor Westfrankreich, wo die Vögel ihre Mauser durchmachen.
LÄNGE 34–38 cm

WANN Spätsommer (selten)
WO Brütet auf den Balearen. Vorwiegend Juni bis Oktober vor den Küsten Englands und Frankreichs

Großer Sturmtaucher *Puffinus gravis* Dunkler St. *P. griseus*

Große, langflügelige Sturmtaucherarten der südlichen Hemisphäre, die die europäischen Gewässer im Herbst besuchen. Sie fliegen selbst bei stärksten Stürmen über dem Meer, nutzen Aufwinde und lassen sich von den Winden über weite Strecken tragen. Sie sind relativ gesellig, manchmal fliegen kleinere Trupps beider Arten locker in größeren Gruppen des Schwarzschnabel-Sturmtauchers mit. Der Große Sturmtaucher tritt in Europa wesentlich seltener auf; der Dunkle Sturmtaucher besucht regelmäßig die Nordsee vom Norden her und taucht dann auch vor der deutschen Küste auf.
NAHRUNG Fische und Tintenfische von knapp unter der Wasseroberfläche.
BRUT Der Große Sturmtaucher brütet auf den Südatlantikinseln Tristan da Cunha und Gough Island, der Dunkle Sturmtaucher auf den Falklandinseln.
ZUG Beide Arten wandern im Schleifenzug von ihren südatlantischen Brutgebieten um den Nordatlantik. Der Dunkle Sturmtaucher erscheint häufiger vor Deutschlands Nordseeküste.
LÄNGE Gr. Sturmtaucher: 43–51 cm; Dunkler Sturmtaucher: 40–51 cm

WANN August bis Oktober (selten)
WO Vor der Küste und auf der Hochsee

Wellenläufer *O. leucorhoa* Sturmschwalbe *H. pelagicus*

Diese dunklen Seevogelarten sind zierlich gebaut und kaum größer als Sperlinge. Fast das ganze Jahr leben sie auf der Hochsee und kommen nur nachts zum Brüten an Land. Nach Stürmen manchmal in Küstennähe zu sehen.
NAHRUNG Kleine Krebstiere, Fische, Quallen und Tintenfische, die niedrig über den Wellen flatternd erbeutet werden; schwimmen kaum und tauchen überhaupt nicht.
STIMME Auf See stumm, am Nest weich surrende (Sturmschwalbe) bzw. gurrende (Wellenläufer) Laute.
BRUT Sturmschwalben brüten in Felsspalten und Höhlungen auf vielen steinigen Inseln des Nordatlantiks und des westlichen Mittelmeeres, Wellenläufer in Höhlungen und zwischen Geröll auf wenigen Inseln zwischen Nordschottland und Island sowie auf den Lofoten. Das einzige Ei wird 40 Tage bebrütet.
ZUG Beide Arten wandern im Herbst aufs Meer; den Wellenläufer sieht man bei Stürmen häufiger in Küstennähe, auch vor der deutschen Küste, ausnahmsweise auch im Binnenland.
LÄNGE Wellenläufer: 19–22 cm; Sturmschwalbe: 14–18 cm

WANN Meist April bis Oktober (selten)
WO Einige Inseln Nordwesteuropas, Sturmschwalbe auch auf den Lofoten und im Mittelmeer

Basstölpel *Morus bassanus*

Ein großer, kräftiger Seevogel mit langen, schmalen, gerade gehaltenen Flügeln und langer, spitz zulaufender Kopf-Hals-Partie. Altvögel überwiegend schneeweiß; immature Vögel dunkel oder scheckig. Stoßtauchen aus großer Höhe bezeichnend

Der Basstölpel ist wohl der eindrucksvollste Seevogel des Nordatlantiks. Auf See wirkt er dynamisch und elegant; der Blick in die Brutkolonie offenbart eine faszinierende Vogelgestalt mit dolchartigem Schnabel, nach vorn gerichteten Augen und flatterndem Kehlsack. Auch die vollständig mit Schwimmhäuten verbundenen Zehen und die stereotypen Posen und Zeremonien, die das soziale Leben in der Kolonie regeln, sind bemerkenswert. Bei mäßigem Wind fliegen die Tölpel stetig mit flachen, regelmäßigen Flügelschlägen; erst bei kräftigen Winden sind sie in ihrem Element und lassen sich elegant gleitend immer wieder von den Aufwinden über den Wellen in die Höhe tragen; oben angelangt, kippen sie über eine Flügelspitze ab. So legen sie große Strecken über dem Meer fast ohne Flügelschlag zurück.

NAHRUNG Ausschließlich Fische; gewöhnlich kräftige, schnell schwimmende Arten wie Makrele und Hering, die nicht einfach zu erbeuten sind. Wenn der fliegende Tölpel einen passenden Fisch ausgemacht hat, unternimmt er einen Tauchstoß – entweder aus großer Höhe und mit vernehmbarem Platsch oder weniger hoch und mehr in Schräglage, um möglichst weit zu den Fischen vorzudringen.

VERHALTEN UND STIMME Die lauten rhythmischen Stimmen schwellen in der Kolonie zu einem fast mechanisch klingenden Chor an. Die Balz verläuft in festgelegten Posen und Zeremonien zwischen den Partnern und den benachbarten Brutpaaren. Die zum Nest zurückkehrenden Männchen schütteln zur Begrüßung den Kopf, empfangen landende Weibchen aber mit einem Nackenbiss. Wiedervereinigte Paare stehen Brust an Brust, schütteln ihre Köpfe und fechten mit den Schnäbeln; daraufhin kraulen sie einander Kopf und Hals. Schickt sich ein Partner an, dem anderen die Verteidigung des Nests zu überlassen, tut er seine Absicht mit himmelwärts gerichtetem Schnabel kund.

BRUT Brütet in oft kopfstarken Kolonien auf nordatlantischen Vogelbergen. Die Nester sind aus Seegräsern, Schnüren und Resten von Fischernetzen gebaut, meist auf Simsen und grasbewachsenen Plateaus von Klippen der Küste oder auf Inseln. Nach 90 Tagen fliegt das einzige Junge aus; erster Brutversuch nach fünf Jahren.

ZUG Jungvögel wandern bis ins Mittelmeer und vor die westafrikanischen Küsten. Altvögel verlassen kaum den Nordatlantik und die Nordsee.

LÄNGE 90–100 cm

WANN Ganzjährig (selten)
WO Brütet auf Island, den Britischen Inseln sowie an der Küste Nordfrankreichs und Norwegens; in Mitteleuropa nur auf Helgoland

Kormoran *Phalacrocorax carbo*

Kormorane haben sich in den letzten Jahrzehnten im Nord- und Ostseeraum und gebietsweise im Binnenland stark ausgebreitet; obwohl es keine ernst zu nehmenden Beweise gibt, dass sie in Flüssen und Seen nachhaltige Schäden anrichten, werden die „Seeraben" in vielen Gebieten Europas verfolgt. So schießt man sie alljährlich zu Hunderten und trotzdem profitiert die Fischerei offensichtlich nicht von diesem Massaker.

Die großen Vögel bieten einen imposanten Anblick, wenn sie in Trupps vom Fischen kommen und zur Kolonie fliegen; oft sind sie dabei recht hoch und lassen sich kurz vor dem Ziel in atemberaubenden Drehungen und Wendungen abwärts fallen. Auf dem Wasser erinnern Kormorane an die gänsegroßen Seetaucher, sie liegen aber noch flacher auf dem Wasser und besitzen einen Hakenschnabel, mit dem sie glitschige Fische festhalten können. Nach den Tauchgängen stehen Kormorane oft mit halb ausgebreiteten Flügeln am Ufer, auf kleinen Inseln oder auf Bäumen; ob es dabei wirklich um das Trocknen des Gefieders geht oder ob diese Pose mit der Verdauung zu tun hat, ist umstritten.

NAHRUNG Verschiedene Süß- und Salzwasserfische bis 20 cm Länge; in Seen und Flüssen häufig Aale.

VERHALTEN UND STIMME Am Brutplatz sind Kormorane recht laut, sie balzen mit gefächertem Schwanz und halb offenen, erhobenen Flügeln; die weißen Bereiche am Kopf sowie der weiße Fleck am Schenkelansatz spielen bei der Werbung eine große Rolle. Die Rufe klingen tief krächzend und gackernd, die der Jungen piepsend.

BRUT Kormorane sind Koloniebrüter, meist in der Nähe brütender Graureiher; ihre Nester bestehen aus Zweigen, die sie von Bäumen abbrechen; an der Küste dient meist Tang als Nistmaterial; Neststandort ist eine Astgabel beziehungsweise eine kleine Felsinsel. Die Bereiche unter den Nestern erhalten durch den Kot der Vögel schon bald einen weißen Überzug, der die Brutbäume langsam absterben lässt. Die 3–4 Eier werden 30–31 Tage bebrütet; nach 50 Tagen sind die Jungen flügge.

ZUG Kormorane der Unterart *sinensis* sind Kurzstreckenzieher, die teilweise bis Nordafrika und ins östliche Mittelmeergebiet wandern. In Deutschland sind Kormorane an vielen Seen Wintergäste.

LÄNGE 80–100 cm

WANN Ganzjährig
WO Brütet an vielen Küsten Europas, lokal auch an großen Seen des Binnenlands; das Brutgebiet der Unterart *sinensis* ist vor allem Dänemark, der Norden Mitteleuropas sowie der Donauraum in Südosteuropa; an der Nordseeküste im Winter vor allem Vögel der Nominatform

Von der Größe einer Gans, aber schlanker und langschwänziger sowie mit Haken an der Schnabelspitze. Meist in lose zusammenhaltenden Trupps zu sehen oder in den Brutkolonien auf hohen Bäumen oder Felsklippen. Flug elegant, oft in Bändern oder in V-Formation

Krähenscharbe *Phalacrocorax aristotelis*

Etwas kleiner und mit runderem Kopf als der Kormoran; ferner mit schlankerem Schnabel, steilerer Stirn und dünnerem Hals; Krähenscharben fliegen gewöhnlich in kleinen, ungeordneten Trupps niedrig über dem Wasser; über ergiebigen Fischgründen oft größere Ansammlungen; häufig auf Felsinseln und Klippen zu sehen, aber nicht auf Bäumen im Binnenland

Im Gegensatz zum Kormoran ist die Krähenscharbe ein reiner Meeresvogel; selbst an der Küste sieht man sie nur selten über Land fliegen. Häufig fliegen die Scharben in kleinen Trupps niedrig über dem Meer; dabei wirken ihre Flügelschläge hastiger als beim Kormoran. In flachen Buchten sammeln sich mitunter größere Scharen von nahrungssuchenden Krähenscharben. Man trifft die Vögel aber auch auf Felsen in der tosenden Brandung.
NAHRUNG Meist kleinere Fische, besonders Sandaale, oft vom Meeresgrund – aus bis zu 20 m Tiefe.
STIMME Am Nest verständigen sich die Vögel mit verschiedenen Gruß- und Balzzeremonien, die mit Kopfnicken sowie lauten grunzenden, ratternden und klickenden Lauten einhergehen.
BRUT Die Nester werden auf geschützten Felssimsen angelegt, oft in einer Art Höhlung; häufig beziehen Krähenscharben die untersten Etagen der Vogelberge. Die bis zu 6 Eier werden 28–31 Tage bebrütet; gewöhnlich fliegen nach weiteren 53 Tagen zwei Junge aus.
ZUG Nach der Brutsaison finden Wanderbewegungen an der Küste statt, dabei wandern besonders Vögel aus nordischen Brutgebieten südwärts.
LÄNGE 65–80 cm

WANN Nicht in Mitteleuropa
WO Küsten des Nordostatlantiks und des Mittelmeeres; fehlt im Ostseeraum und in Mitteleuropa

Zwergscharbe *Phalacrocorax pygmeus*

Ein kleiner, etwas kindlich wirkender Kormoran mit kurzem, dickem Schnabel; Kopf bronzefarben oder kastanienbraun; im Frühjahr mit feinen weißen Schmuckfedern auf Kopf und Brust

Zwergscharben brüten an Schilfufern von Seen und Flüssen Südosteuropas. Häufig bilden sie gemischte Brutkolonien mit Reihern, Sichlern oder Löfflern. Die Art ist durch die Zerstörung von Feuchtgebieten bedroht.
NAHRUNG Hauptsächlich Fische, die im Flachwasser erbeutet werden; daneben Blutegel und Krebstiere.
VERHALTEN UND STIMME Durch Aufrichten der Stirnfedern während der Balz entsteht ein kleiner Federschopf aus spitzen, haarartigen Federn. Am Nest Grunzen und Quaken.
BRUT Nest im Schilf oder in Büschen am Wasser. Die 4–6 Eier werden 27–30 Tage bebrütet; die Jungen fliegen im Alter von rund 70 Tagen aus.
ZUG Die meisten Brutvögel Südosteuropas ziehen an die Küste, einige auch an die Donau bei Wien. In Mitteleuropa nur wenige Paare in Ungarn und der Slowakei.
LÄNGE 45–55 cm

WANN März bis September (sehr selten)
WO In Südosteuropa, vor allem in Rumänien. In Mitteleuropa nur in Ungarn und der Slowakei

Rohrdommel *Botaurus stellaris*

Die Rohrdommel, ein geheimnisvoller Reiher ausgedehnter Schilfgebiete, ist leichter zu hören als zu beobachten. Selbst direkt am Schilfrand stehend, ist sie nur schwer auszumachen, denn das gelbbraune Gefieder löst ihre Konturen zwischen den Halmen regelrecht auf. Im Flug erinnert sie mit breiten Flügeln und dickem Hals weniger an Reiher, als an eine große Eule.

NAHRUNG Vor allem Fische, aber auch Molche, Frösche, Blutegel, mitunter sogar Kleinsäuger und Vögel. Die jagende Rohrdommel steht still oder schreitet langsam vorwärts.

STIMME Der Reviergesang der Männchen im Frühjahr, dumpfe, nebelhornartige „üwuump"-Laute, ist oft kilometerweit zu hören und klingt bei jedem Männchen etwas anders.

BRUT Das plattformartige Nest liegt direkt über dem Wasser. 5–6 Eier.

ZUG Viele europäische Rohrdommeln wandern im Herbst nach Süd- und Westeuropa; ein Teil der Brutvögel harrt aber in Mitteleuropa aus.

LÄNGE 70–80 cm

WANN Ganzjährig
WO Brütet lückenhaft in Europa, besonders in Russland; in Mitteleuropa vor allem in Nordostdeutschland und am Neusiedler See

Ein gelbbrauner, stark gemusterter Reiher mit dickem Hals und großen, grünen Füßen; bei Gefahr Pfahlstellung mit nach oben gerecktem Kopf und Schnabel

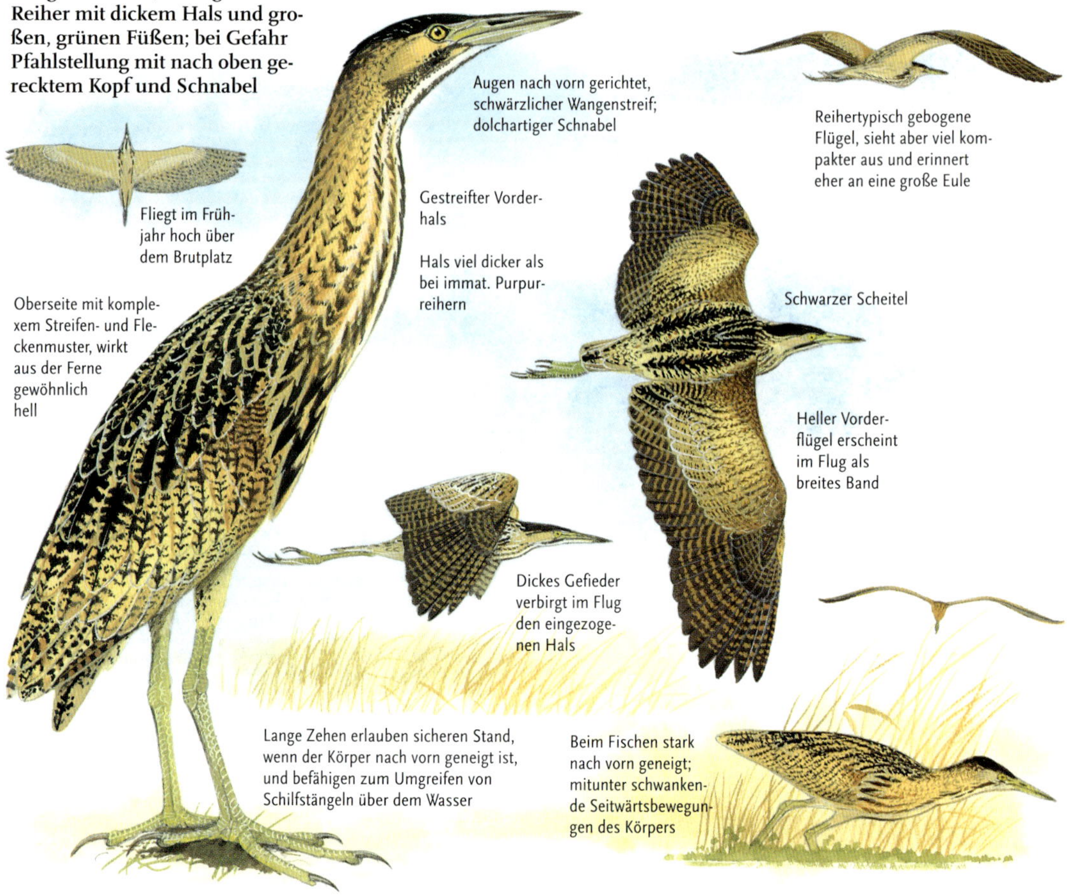

Rallenreiher *Ardeola ralloides*

Der kleine, apart gefärbte, eher unscheinbare Rallenreiher überrascht beim Abflug durch das blendende Weiß seiner Flügel. Gewöhnlich trifft man ihn im Uferbewuchs oder auf Schwimmpflanzen von Flüssen, Seen und Altwässern an.

NAHRUNG Kleine Wassertiere wie Frösche, Molche, Wasserinsekten und Fische, die der Rallenreiher nach geduldigem Lauern erbeutet.

VERHALTEN UND STIMME Gewöhnlich stumm, außer gelegentlicher Krächzlaute in der Dämmerung oder während der Balz: Dabei neigen sich die Vögel mit ausgestrecktem Hals nach vorn, übergeben einander Zweige und bringen die Farben von Gesicht und Schnabel zur Geltung.

BRUT Stabiles Nest in Weidendickicht oder dichtem Schilf, oft in lockerer Kolonie oder zusammen mit anderen Reihern. Die 4–6 Eier werden 22–24 Tage lang bebrütet.

ZUG Die Überwinterungsgebiete liegen in Südeuropa, die meisten Rallenreiher ziehen aber nach Afrika.

LÄNGE 44–47 cm

WANN Mai bis Juli (sehr selten)
WO Brütet in Südeuropa; in Mitteleuropa nur in Ungarn und (unregelmäßig) in der Slowakei

Ein kleiner, kompakter, im Stehen unscheinbarer Reiher; im PK Kopf und Halsseiten ockergelb, im SK viel matter gefärbt

Zwergdommel *Ixobrychus minutus*

Ein kleiner, scheuer Reiher der Feuchtgebiete; typisch sind der Dolchschnabel und die rundlichen Flügel

Dieser ausgesprochen kleine, farbenfrohe Reiher lebt sehr zurückgezogen in dichten, feuchten Weidenbeständen und ist daher schwer zu beobachten. Der flüchtige Eindruck ist oft der eines teichhuhngroßen Vogels mit großen, hellen Flügelabzeichen, der niedrig über das Schilf fliegt, bevor er gleich wieder in die Deckung einfällt.

NAHRUNG Kleine Fische, Frösche, Kaulquappen und Wasserinsekten; die vorwiegend dämmerungsaktiven Zwergdommeln suchen meist gut gedeckt am Rand des Schilfs Nahrung.

STIMME Das Männchen singt während der Balz im Zwei-Sekunden-Abstand hohl „kok“, was an fernes Hundebellen erinnert.

BRUT Das Nest, in Weidendickicht oder Schilf niedrig über dem Wasser gebaut, ist ein lockerer Haufen aus Halmen und Zweigen. Die 5–6 Eier werden 17–19 Tage bebrütet.

ZUG Zwergdommeln verlassen Europa ab August, um den Winter südlich der Sahara zu verbringen.

LÄNGE 33–38 cm

WANN Mai bis Oktober
WO Europa außer dem Norden und Nordwesten; in Mitteleuropa vor allem in Ungarn; in Deutschland vorwiegend im Norden sehr selten

Nachtreiher *Nycticorax nycticorax*

Ein geselliger untersetzter Reiher an waldbestandenen Gewässerufern; meist in der Dämmerung und nachts aktiv; fliegt oft in kleinen Trupps; bei Störung am Ruheplatz rau quakende Rufe

Ein mittelgroßer, ansprechend gefärbter Reiher, der vor allem in der Dämmerung aktiv ist. Weit verbreitet in fünf Kontinenten, in Europa eher rar, da geeignete Feuchtgebiete selten sind. Den Tag verbringen Nachtreiher meist truppweise in Weidendickicht oder in Bäumen des Auwalds.

NAHRUNG Vor allem Frösche, Molche und Wasserinsekten, aber auch Fische, Kleinsäuger und Kleinvögel. Nahrungssuche vor allem in der Nacht.

VERHALTEN UND STIMME Bei der Balz richtet sich das Männchen auf und „tanzt“ mit hängenden Flügeln vor dem Weibchen, danach sinkt es wieder in die Normalhaltung zurück. Ruft froschartig „quoark“.

BRUT Die Nester sind sehr locker zusammengefügt, werden aber nach Jahren des Gebrauchs zunehmend stabiler; die Brutkolonien befinden sich im Schilf, in Weiden oder in hohen Bäumen. Meist 3–5 Eier, die 21–22 Tage bebrütet werden.

ZUG Die Winterquartiere liegen vorwiegend in Afrika südlich der Sahara.

LÄNGE 58–65 cm

WANN April bis Oktober
WO Brütet im südlichen und westlichen Europa; in Mitteleuropa selten (vor allem in Ungarn); in Deutschland sehr seltener Brutvogel im Südosten

Silberreiher *Egretta alba*

Dieser stattliche, elegante Reiher trägt das weiße Gefieder eines Seidenreihers, die Größe und den kräftigen Dolchschnabel hat er mit dem Graureiher gemeinsam. Momentan scheint der Silberreiher sein Areal nach Westen auszudehnen; so tritt dieser Einwanderer in Deutschland bereits ganzjährig in steigender Zahl auf.
NAHRUNG Vor allem Fische, aber auch Amphibien und Wasserinsekten sowie kleine Warmblütler; jagt in typischer Reihermanier geduldig lauernd oder im Flachwasser pirschend.
VERHALTEN UND STIMME Während der Balz stellen Silberreiher ihre langen Schmuckfedern eindrucksvoll zur Schau. Die Rufe klingen krächzend.
BRUT Silberreiher brüten kolonieweise, die Nester aus Altschilf werden in ausgedehnten Röhrichtbeständen angelegt. Die 2–5 Eier bebrüten Männchen und Weibchen abwechselnd.
ZUG Die Überwinterungsgebiete liegen im Mittelmeerraum und in Afrika, zunehmend auch in Mitteleuropa.
LÄNGE 85–102 cm

WANN Ganzjährig
WO Brutvogel Südosteuropas, in Mitteleuropa bisher nur im Südosten und in den Niederlanden; in Deutschland in steigender Zahl als Gast

Ein stattlicher, weißer Reiher, fast Graureihergröße, aber in Erscheinung und eleganten Bewegungen eher wie riesiger Seidenreiher

Seidenreiher *Egretta garzetta*

Die eleganten Seidenreiher sind typische Reiher wärmerer Länder, sie zeigen zur Zeit Ausbreitungstendenzen nach Norden. So wurden erst kürzlich die ersten Bruten aus Deutschland und Österreich gemeldet.
NAHRUNG Meist Fische, Frösche und Wasserinsekten, die in bis zu bauchtiefem Wasser mit hektisch nach links und rechts schnappendem Schnabel erbeutet werden; nicht selten lauern die Reiher auf Schwimmpflanzen und halten flügelschlagend die Balance.
VERHALTEN UND STIMME Zur Balz werden die prächtigen Schmuckfedern an Rücken und Nacken dem Partner präsentiert. In den Kolonien hört man oft gurgelnde, raue und harte Laute.
BRUT Seidenreiher sind Koloniebrüter, oft zusammen mit anderen Reihern oder auch mit Saatkrähen; sie errichten tiefmuldige Reisignester in Büschen und Bäumen. Die 3–5 Eier werden 25 Tage lang bebrütet.
ZUG Seidenreiher überwintern vorwiegend in Afrika, wenige Vögel auch in den Mittelmeerländern.
LÄNGE 55–65 cm

WANN April bis August (selten)
WO Brütet im südlichen Europa. In Mitteleuropa fast ausschließlich in Ungarn. In Deutschland und Österreich erst seit kurzem erste Bruten

Ein kleiner, schneeweißer Reiher am Rand von Süß- und Salzwasserseen; nistet kolonieweise in Bäumen, oft mit anderen Reiherarten

Kuhreiher *Bubulcus ibis*

Ein kleiner, geselliger Reiher, weit weniger an Gewässer gebunden als der Seidenreiher, nistet und ruht aber häufig in Bäumen am Wasser

In Teilen der Iberischen Halbinsel und, weitaus häufiger, in Afrika und im Nahen Osten sind Kuhreiher an Gewässerufern und auf Feldern mit Vieh oder umgegrabener Erde ein gewohnter Anblick; auch an Straßenrändern und selbst in Parks und an Müllplätzen sind die anpassungsfähigen, kleinen Reiher häufig anzutreffen.
NAHRUNG Kuhreiher suchen oft zwischen den Beinen von Kühen und Pferden nach Nahrung und reiten auf den Weidetieren, um Hautparasiten aufzulesen; hinter dem Pflug herlaufend erbeuten sie Würmer und Käfer.
VERHALTEN UND STIMME Die Balz findet meist auf dem Nest statt, dabei werden die verlängerten Schuckfedern zur Geltung gebracht. Ruft rau „rikräk", im Flug krächzend „ruk".
BRUT Nistet kolonieweise in Bäumen oder Büschen am Gewässerufer, oft zusammen mit anderen Reihern.
ZUG Teilzieher.
LÄNGE 48–53 cm

WANN Ganzjährig
WO Brütet in Südwesteuropa, vor allem im südlichen Spanien und Portugal; nur wenige Paare in Frankreich und Italien. Die europäischen Kuhreiher überwintern im Süden der Iberischen Halbinsel und in Nordafrika

Löffler *Platalea leucorodia*

Ein großer, reiherartiger Vogel des Flachwassers und der schilfigen Sumpfgebiete; merkwürdig löffelartig geformte Schnabelspitze; weniger grazil und mit kräftigeren Beinen als die weißen Reiher

Trotz seines ähnlich weißen Gefieders ist der Löffler auch von weitem leicht vom Seidenreiher zu unterscheiden. Seine dicken Beine, der kräftige Körperbau und die Nahrungssuche in dichten Trupps sind kennzeichnend. Er wirkt bisweilen sehr agil, wenn er Beutetieren hinterherrennt.
NAHRUNG Kleine Fische, Kaulquappen, Schnecken oder Kleinkrebse. Löffler laufen typischerweise langsam durch das Flachwasser – mit halb offenem, eingetauchtem Schnabel und pendelnden Kopfbewegungen.
VERHALTEN UND STIMME Die Brutpaare pflegen einander das Gefieder; oft recken sie den Hals, um die orangegelbe Hautpartie unter dem Schnabel zu präsentieren und sträuben die Schmuckfedern auf der Brust. Gewöhnlich schweigsam.
BRUT Brütet kolonieweise in umfangreichen Nestern im Schilf und auf Bäumen, oft zusammen mit Reihern.
ZUG Die europäischen Löffler überwintern im Mittelmeerraum oder in Nordafrika.
LÄNGE 80–90 cm

WANN März bis Oktober (selten)
WO Vor allem Südeuropa; an der deutschen und niederländischen Nordseeküste und in Ungarn; unregelmäßig in Ostösterreich und Tschechien

Purpurreiher *Ardea purpurea*

Purpurreiher, schlanke, schlangenhalsige südliche Reiher, sind oft schwer zu beobachten, denn sie verbergen sich wirkungsvoll im Schilf – eher wie eine Rohrdommel als ein Graureiher; mitunter erscheinen sie jedoch am wasserseitigen Schilfrand, stehen auf niedrigen Bäumen oder fliegen zu neuen Nahrungsplätzen. Der Purpurreiher ist ansprechender im Gefieder als der Graureiher, Schnabel, Kopf, Hals und Beine sind schlanker und länger, die Flügel schmaler.

Im Vergleich zum Graureiher ist der Purpurreiher viel mehr an ausgedehnte Feuchtgebiete gebunden, er braucht sauberes Wasser, das dicht bewachsenes Sumpfland durchdringt. Er gibt sich nicht wie der viel anpassungsfähigere Graureiher mit feuchten Grabenrändern, Stauseeufern oder schmalen Küstensäumen zufrieden; ferner brütet er auch nicht in hohen Bäumen und zeigt sich gegenüber menschlichen Störungen viel weniger tolerant.

NAHRUNG Hauptsächlich kleine Fische wie Flussbarsch, Rotfeder, Stichling und Aal; Wasserinsekten und Schermäuse; seltener Frösche und Molche. Der Purpurreiher sucht meist allein Nahrung, oft in der Deckung dichter Schilfbereiche. Er lauert meist ruhig und geduldig an kleinen, offenen Wasserstellen im Schilf, um mit dem langen Schnabel blitzschnell nach einem Beutetier zu stoßen.

VERHALTEN UND STIMME Weniger stimmfreudig als der Graureiher; der Flugruf ist ähnlich, jedoch noch rauer, schnarrender und höher: „krreck". Am Nest hört man verschiedene grunzende und krächzende Laute. Bei der (graureiherähnlichen) Balz streckt der Vogel Kopf und Hals für kurze Zeit senkrecht nach oben (Reckbewegung), danach erfolgt eine tiefe Verbeugung, wobei die Schmuckfedern des Rückens aufgerichtet werden; zusätzlich produziert das Männchen mit dem Schnabel ein rhythmisches Rattern.

BRUT Die Nester sind klein und meistens aus alten Schilfhalmen in dichten Schilfbeständen gebaut; gebietsweise brüten Purpurreiher auch in Zweignestern auf Büschen und kleinen Bäumen. Die 4–5 Eier werden von beiden Partnern rund 26 Tage bebrütet; nach 7 Wochen fliegen die Jungen aus.

ZUG Europäische Purpurreiher überwintern gewöhnlich in Afrika südlich der Sahara. Jungvögel streifen im Spätsommer oft weit umher und erscheinen dann gelegentlich in Norddeutschland und sogar in Skandinavien und auf den Britischen Inseln.

LÄNGE 78–90 cm

WANN April bis September (selten)
WO Brütet vor allem in Südeuropa; in Mitteleuropa selten und lückig, die Brutansiedlungen in Deutschland sind meist nur von kurzer Dauer

Ein großer, eleganter Reiher mit langem, schlankem Schnabel; Hals und Kopf mit Schnabel wirken etwas schlangenartig. Fällt im Flug durch recht schmale Flügel auf, der lange Hals ist eckig und durchhängend. Der Überstand der langen Füße über das Schwanzende ist groß

Graureiher *Ardea cinerea*

Ein großer, stattlicher Stelzvogel, bei vielen Lichtverhältnissen schlicht grau, in starkem Sonnenlicht aber kontrastreich dunkelgrau, silber und weiß. Fliegt mit zurückgezogenem Hals und ausgestreckten Beinen sowie gebogenen Flügeln

Ein großer, grauer Schreitvogel, der oft mit eingezogenem Kopf bewegungslos im Flachwasser steht oder mit ausgestrecktem Hals Fische jagt; außerdem sieht man den Graureiher geduldig auf Feldern lauern oder auf nahe gelegenen Bäumen ruhen – für viele ein ungewohnter Anblick, denn sie erwarten Reiher eher an Gewässerrändern. Oft versammeln sich Graureiher in lockeren Trupps auf bestimmten Feldern, manchmal fernab des Wassers, wo sie wie gebückte „graue Eminenzen“ ruhig und zurückhaltend herumstehen. Im Vergleich zu den eher spezialisierten Purpurreihern und Rohrdommeln können Graureiher auch im Siedlungsbereich leben, wenn es dort Parkseen, ruhige Anlagen und Gartenteiche gibt; mitunter erscheint der Reiher dort in der Dämmerung und schnappt sich die Goldfische. Wenn er nicht gestört oder verfolgt wird, ist er auch tagsüber an diesen Gewässern anzutreffen.

NAHRUNG Vor allem Fische, aber auch viele Kleinsäuger, Frösche, Kaulquappen, große Käfer und Würmer. Gewöhnlich steht der jagende Graureiher bewegungslos im Flachwasser oder er schreitet langsam hindurch; seine Beutetiere packt er nach blitzschnellem Zustoß mit dem Schnabel.

VERHALTEN UND STIMME Häufig hört man den heiser krächzenden Flugruf „kraich“; der Graureiher äußert weitere Laute sowie ein ratterndes Schnabelgeräusch am Nest. Während der Balz richtet der Vogel den Körper auf und streckt Kopf und Hals im rechten Winkel zum Körper bogenförmig aufwärts – nicht so gerade, wie es bei der entsprechenden Reckbewegung des Purpurreihers der Fall ist. Daneben beobachtet man noch weitere Posen, die nach streng festgelegtem Muster ablaufen. Vor allem zu Beginn der Brutzeit beschäftigen sich die Partner häufig mit sozialer Gefiederpflege.

BRUT Die Nester, aus Ästen und Zweigen zusammengefügt, werden meist in Baumkronen angelegt. Da sie gewöhnlich im folgenden Jahr wieder benutzt werden, wachsen manche mit der Zeit zu beachtlicher Größe heran, während andere nicht mehr darstellen als kleine, flache Plattformen. Die Kolonien können aus wenigen oder auch über 100 Paaren bestehen. Bereits ab März liegen 4–5 Eier im Nest, die 25–26 Tage von beiden Partnern bebrütet werden; auch die Fütterung der Jungen teilen sich die Altvögel.

ZUG Mitteleuropäische Brutvögel sind Jahresvögel oder Kurzstreckenzieher.

LÄNGE 90–98 cm

WANN Ganzjährig
WO Brütet in weiten Teilen Europas außer Island und dem größten Teil Nordeuropas; in Südeuropa meist nur Wintergast. Manche mitteleuropäischen Brutvögel wandern bis Südwesteuropa

Kranich *Grus grus* Jungfernkranich *Anthropoides virgo*

Kraniche, mit Rallen verwandt, sind wegen ihrer eindrucksvollen Balztänze nicht nur bei Vogelkundlern beliebt. Durch schnelles Laufen, rhythmisches Hochspringen und Verneigen verleihen sie ihrer Erregung Ausdruck. Im nördlichen Europa kündigen die lauten Rufe der Wanderscharen den Wechsel der Jahreszeiten an.

NAHRUNG Gräser, Wurzeln, Schösslinge, aber auch Insekten, Mäuse und Frösche; auf Kulturland suchen sie nach Kartoffeln, Getreide und, vor allem im Winterquartier, nach Eicheln.

STIMME Die lauten, trompetenden Rufe „krui-kruh" sind weithin hörbar.

BRUT Die scheuen Kraniche brüten in weiten Mooren der Taigazone, in ausgedehnten Verlandungsflächen, in Deutschland gern in Bruchwäldern. Das große Nest wird an einer unzugänglichen Stelle angelegt.

ZUG Die Winterquartiere liegen hauptsächlich auf der Iberischen Halbinsel, vielfach in Beständen von Kork- und Steineichen.

LÄNGE 115–130 cm

WANN März bis Oktober
WO Brütet in Nord- und Osteuropa sowie im Nordosten von Mitteleuropa; auch in Deutschland, vorwiegend im Nordosten

Der Jungfernkranich ist etwas kleiner und schlanker als der Kranich und kommt in Europa kaum vor. Er lebt und brütet in trockener, offener Landschaft, vor allem in Grassteppen. Die Nistplätze liegen aber vorwiegend in der Nähe von Gewässern. Zur Nahrungssuche fliegen die Vögel gern auf Kulturflächen.

NAHRUNG Wie Kranich vorwiegend pflanzlich: Samen, Früchte, Kräuter und Wurzeln; im Sommerhalbjahr sind Insekten und Spinnen vor allem für die Jungenaufzucht wichtig.

STIMME Die Rufe erinnern an die des Kranichs, sind aber höher, rauer und weniger klangvoll.

BRUT Das Gelege, auf trockenem Boden angelegt, enthält 2 Eier, die 27–29 Tage bebrütet werden.

ZUG In Europa sind Jungfernkraniche gewöhnlich Ausnahmegäste; nur in der Ukraine, am Nordufer des Schwarzen Meers, erreichen die Brutvögel europäischen Boden. Auf Zypern trifft man Durchzügler der westlichsten Populationen auf dem Weg in die oder von den Winterquartieren in Nordafrika. Andere Beobachtungen beziehen sich auf Gefangenschaftsflüchtlinge.

LÄNGE 90–100 cm

WANN Nicht in Mitteleuropa
WO Brütet hauptsächlich in den Steppen Mittelasiens

Der Kranich ist ein stattlicher Vogel mit weißen Kopfstreifen, dunklen Flügelspitzen und im Stand bauschig über den Schwanz hängenden Schirmfedern; wirkt elegant und „würdevoll"

Der Jungfernkranich ist kleiner, schlanker und noch eleganter als der Kranich. Das Schwarz des Vorderhalses reicht weiter herab und setzt sich fort in locker herabhängenden Brustfedern; Schirmfedern grauer, bilden einen längeren, helleren, nicht bauschigen „Schwanz"

Weißstorch *Ciconia ciconia*

Ein stattlicher Schreitvogel mit langen Beinen und schwarzweißem Gefieder; läuft langsam und „würdig". Flug mit tiefen, langsamen Flügelschlägen; segelt mit flach gehaltenen Flügeln und ausgestrecktem Hals

Der Weißstorch, einer der populärsten Vögel in Europa, baut riesige Nester aus Ästen und Zweigen auf Haus- und Kirchendächern, künstlichen Nistplattformen und, heute weniger häufig, auf Bäumen. In vielen Gegenden des westlichen Europas ist der „Storch" selten geworden – besonders wegen der Beeinträchtigung der Nahrungsgebiete.
NAHRUNG Außer Fröschen vor allem Regenwürmer, große Insekten, Mäuse, Maulwürfe, Blindschleichen und Schlangen. Nahrungssuche auf offenen, niedrig bewachsenen Flächen.
STIMME Zur Begrüßung des am Nest eintreffenden Partners erfolgt ein lautes rhythmisches Klappern; sonst sind Störche nahezu stumm.
BRUT Die 3–5 Eier werden 30 Tage bebrütet. Die Jungvögel wandern zusammen mit den Altvögeln; sie brüten das erste Mal mit 3–7 Jahren.
ZUG Im August bilden die Störche große Verbände und überqueren auf dem Weg ins südliche Afrika das Mittelmeer an den engsten Stellen.
LÄNGE 100–115 cm

WANN Februar bis Oktober
WO Brütet in Mittel-, Ost- und Südosteuropa sowie auf der Iberischen Halbinsel

Schwarzstorch *Ciconia nigra*

Ein imposanter Vogel, deutlich größer als ein Graureiher. Segelt mit flach gehaltenen, stark gefingerten Flügeln; im Ruderflug tiefe schwere Flügelschläge; im Unterschied zum Weißstorch sind die gesamte Oberseite sowie Kopf, Hals und Brust schwarz

Fast so groß wie der Weißstorch, aber eine Idee schlanker und mit etwas längerem Schnabel. Der Schwarzstorch ist ein Vogel der großen Wälder und felsigen Waldregionen; er ist scheu und meidet die Nähe des Menschen. Seine Flugkünste können sich mit denen des Weißstorchs messen, doch sind große Scharen die Ausnahme; auch außerhalb der Brutzeit treten Schwarzstörche meist einzeln oder in kleinen Trupps auf.
NAHRUNG Fische, aber auch Molche und Frösche, die im Flachwasser oder auf nassen Wiesen erbeutet werden.
VERHALTEN UND STIMME Schwarzstörche klappern nur ausnahmsweise, äußern aber verschiedene weinerliche Rufe am Nest, vor allem ein heiser pfeifendes „fiele-fiele-fiele" sowie im Flug ein bussardähnliches „füju".
BRUT Brütet in Spanien und (lückig) in Frankreich; in Deutschland vorwiegend im Osten. Der große Horst ist gut in einem Baum oder in einer Felswand versteckt. Gelegegröße 3–5 Eier.
ZUG Die Schwarzstörche Europas, außer die Brutvögel Spaniens, ziehen im Herbst nach Afrika.
LÄNGE 95–100 cm

WANN März bis Oktober
WO Östliches Mitteleuropa und Balkan ostwärts

Krauskopfpelikan *Pelecanus crispus*

Dieser imposante Großvogel ist weltweit durch Trockenlegung seiner Lebensräume, Verfolgung und Störungen bedroht; die wenigen Hundert Paare, die in Europa leben, profitieren derzeit von Schutzmaßnahmen.

NAHRUNG Fische, vor allem karpfenartige Schwarmfische. Krauskopfpelikane betreiben wie andere Pelikane gemeinschaftliche Fischjagd, indem sie Fischschwärme in seichteres Wasser abdrängen; dort können sie die Beutetiere mit ihrem riesigen, grotesken Schnabel und dem darunter befindlichen Kehlsack (eigentlich Schnabelsack) aus dem Wasser schöpfen.

VERHALTEN UND STIMME Männchen balzen in Gruppen. Rufe grunzend, stöhnend und bellend.

BRUT Die großen Nesthaufen aus Pflanzenmaterial werden im ausgedehnten Schilf meist auf einer kleinen Erhöhung angelegt. Die 2–3 Jungen sind nach 85 Tagen flugfähig.

ZUG Vorwiegend Kurzstreckenzieher mit Überwinterungsgebieten an den Küsten des östlichen Mittelmeeres.

LÄNGE 160–180 cm

WANN Nicht in Mitteleuropa
WO Brütet in Südosteuropa sowie am Schwarzen und Kaspischen Meer

Ein riesiger, sehr stark bedrohter Wasservogel, den man oft zusammen mit Rosapelikanen sieht. Gewaltiger Schnabel und sehr kurzer Schwanz, enorm breite Flügel; Gefieder auf dem Wasser kennzeichnend unscheinbar gefärbt

Rosapelikan *Pelecanus onocrotalus*

Rosapelikane schwimmen auf dem Wasser wie Schlachtschiffe, an Land stehend ist ihre Größe eindrucksvoll. Erst im Flug entfalten sie ihre majestätische Eleganz, sie segeln oft in großer Höhe und kreisen in koordinierten Trupps (Störche dagegen ungeordnet).

NAHRUNG Fische bis über tausend Gramm, die in warmen, flachen Seen und Deltagebieten erbeutet werden. Manchmal bilden Rosaplikane eine hufeisenförmige Treiberformation, die Fischschwärme schrittweise ans Ufer drückt. Vielerorts müssen die Pelikane täglich weite Strecken zu ihren Nahrungsgründen zurücklegen.

VERHALTEN UND STIMME Männchen balzen in Gruppen. Rufe grunzend, brummend und stöhnend.

BRUT Die Nester stehen im Schilf und an offeneren Plätzen, oft in großen Kolonien. Meist 2 Junge, sie schlüpfen nach 29–30 Tagen und sind nach weiteren 65–70 Tagen flugfähig.

ZUG Im Herbst sammeln sich Rosapelikane in oft großen Schwärmen, bevor sie ihre Winterquartiere im Nahen Osten und in Afrika ansteuern.

LÄNGE 140–175 cm

WANN Nicht in Mitteleuropa
WO Brütet zahlreich im rumänischen Donaudelta, sonst in Griechenland und Russland

Ein riesiger Vogel mit langen Flügeln, langem Schnabel und kurzem Schwanz. Trupps bilden Formationen auf dem Wasser und im Flug

Rosaflamingo *Phoenicopterus ruber*

Ein großer Stelzvogel mit merkwürdig abwärts gebogenem Schnabel; in Europa kaum zu verwechseln, beachte jedoch andere Flamingoarten aus Gefangenschaftshaltung

Flamingos sind aus unzähligen Darstellungen sowie als Ziervögel in Zoos und Geflügelhaltungen bekannt. Frei lebende Flamingos sind eindrucksvolle Großvögel, die man in Europa nur im Süden erleben kann.

NAHRUNG Winzige Wirbellose, vor allem Kleinkrebse, sowie Algen. Mit ihrem grotesken, lamellenbesetzten, wie ein Seihapparat funktionierenden Schnabel filtrieren Flamingos das Wasser; dabei ist der Unterschnabel nach oben gerichtet.

VERHALTEN UND STIMME Während der Balz marschieren die Vögel in dichten Trupps und drehen ihre Köpfe bemerkenswert koordiniert. Rufe meist trompetenartig, rau und ähnlich Gänsen „gegg-egg".

BRUT Große Bestände dieser Koloniebrüter streifen zwischen verschiedenen traditionellen Brutplätzen im Mittelmeerraum umher und beginnen dort mit der Balz und Brut, wo die Bedingungen gerade günstig sind. In manchen Jahren finden folglich keine Bruten statt.

LÄNGE 125–145 cm

WANN Nicht in Mitteleuropa
WO Brütet an Salzseen, Salinen und Lagunen im Süden Frankreichs, Spaniens und Sardiniens

Sichler *Plegadis falcinellus*

Ein eleganter, schwärzlicher Sumpfvogel mit langen Flügeln, langen Beinen und gekrümmtem Schnabel; oft in kleinen Trupps

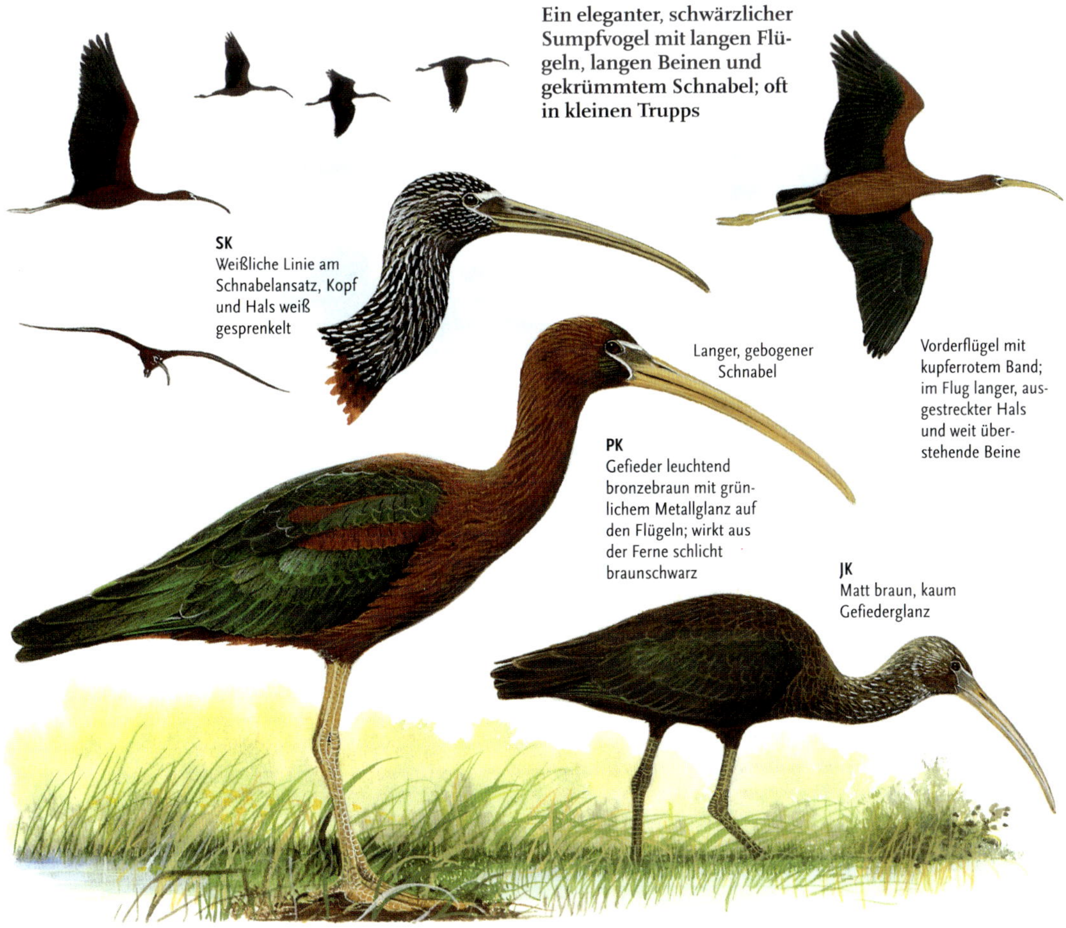

Ein Ibisvogel flacher Sumpfgebiete mit Schilf sowie breiter Uferzonen größerer Flüsse und Seen, hauptsächlich in Südosteuropa. Der Sichler ist vor allem durch die Zerstörung seiner Feuchtlebensräume bedroht, in Mitteleuropa ist er daher nahezu ausgestorben. Trupps fliegen häufig in der Dämmerung zwischen ihren Brut- und Nahrungsgebieten, oft zusammen mit verschiedenen Reihern und mit Löfflern.

NAHRUNG Vor allem Wasserinsekten, deren Larven und Würmer. Der Sichler sondiert mit seinem langen, gebogenen Schnabel den Schlamm, um Beutetiere zu ertasten.

STIMME Ruft kehlig quakend und krähenartig grunzend.

BRUT Sichler brüten in Kolonien, oft zusammen mit Reihern oder Löfflern. Die kleinen Nester aus Schilf und Zweigen werden im Schilf, in Büschen oder Bäumen angelegt.

ZUG Die Überwinterungsgebiete liegen hauptsächlich in Afrika, manche Sichler bleiben den Winter über im Mittelmeerraum.

LÄNGE 55–65 cm

WANN April bis November (sehr selten)
WO Südosteuropa, vorwiegend Ukraine, Russland und Rumänien; in Ungarn nur noch wenige Brutpaare, sporadisch in Spanien und Frankreich

Höckerschwan *Cygnus olor*

Nur wenige Vögel sind auf große Entfernung ähnlich weit sichtbar wie Höckerschwäne, denn sie sind sehr groß und auch auffallend weiß – ein wirksames territoriales Signal, das den Gesang ersetzt. Höckerschwäne sind die am wenigsten scheuen Schwäne – vielerorts leben sie halbdomestiziert.
NAHRUNG Triebe und Wurzeln von Wasser- und Uferpflanzen, kurzes Gras. Gründeln meist mit dem langen Hals im Flachwasser.
VERHALTEN UND STIMME Zischende, schnarchende und fauchende Laute. Während der Balz formen beide Partner eine herzförmige Figur mit einander fast berührenden Köpfen. Die Revierverteidigung, die oft zu erbitterten Kämpfen führt, erfolgt mit hochgestellten Flügeln.
BRUT Schwanennester sind große Hügel (bis zu 2 m Durchmesser) aus Schilf und Stängeln, die am Ufer errichtet werden; meist 5–8 Eier.
ZUG Die meisten längeren Wanderungen beobachtet man im Spätsommer; sie führen zu sicheren Mauserplätzen.
LÄNGE 145–160 cm

WANN Ganzjährig
WO West- und Mitteleuropa, Südskandinavien, lokal in Osteuropa und Nordgriechenland

Sehr großer, langhalsiger Wasservogel mit kurzen Beinen. Wirkt auf dem Wasser elegant, an Land eher schwerfällig und unbeholfen. Flug kraftvoll und direkt mit lautem, singend-wummerndem Flügelgeräusch

Zwergschwan *Cygnus columbianus*

Der Zwergschwan ist ein typischer Brutvogel der nordischen Tundra, der in Europa nur im Winterhalbjahr erscheint. Wildvögel sind sehr scheu und lassen sich nur bei sehr großer Vorsicht beobachten. In England gibt es ein paar Naturreservate, in denen man aus einem Versteck heraus die Wintergäste auf kürzeste Entfernung sieht.
NAHRUNG Im Brutgebiet Wasserpflanzen; auf dem Zug junge Saat, Kartoffeln, Rüben, Getreide, Gras und Klee. Auf feuchten Äckern bekommen sie oft erdverschmutzte Füße.
VERHALTEN UND STIMME Wie Singschwäne verfügen sie über eindrucksvolles Gruß- und Dominanzverhalten; Trupps, die meist aus Familienverbänden bestehen, rufen oft laut, mit vorgerecktem Kopf und ausgestreckten Flügeln. Die Rufe klingen weniger trompetend als beim Singschwan, von weit entfernten Trupps hört man ein angenehm musikalisches Murmeln.
ZUG Zwergschwäne erreichen das westliche Europa meist im Oktober oder November und bleiben bis März.
LÄNGE 115–130 cm

WANN Oktober bis März
WO Brütet in der Tundra Russlands; im Winter im Küstenbereich West- und Mitteleuropas

Im Vergleich zu Höcker- und Singschwan kleiner, eher gedrungener und gänseähnlich, jedoch kann der Hals, der kürzer ist als beim Singschwan, trotzdem lang und dünn erscheinen. Schwanzform eher gerundet

Kanadagans *Branta canadensis* Nilgans *Alopochen aegyptiacus*

Beide Arten sind bei uns als Ziervögel eingebürgert. Die Kanadagans brütet inzwischen an vielen Seen Mitteleuropas und Englands, oft halbzahm an Parkteichen und auf Stauseen. Die Nilgans beginnt gerade, sich in Deutschland zu etablieren, nachdem sie aus den Niederlanden eingewandert ist.
NAHRUNG Triebe, Wurzeln, Gräser und Samen, die auf ufernahen Wiesen und im Flachwasser gesucht werden.
VERHALTEN UND STIMME Die Kanadagans verfügt über die tiefsten und durchdringendsten Gänserufe „ahhonk“. Die Nilgans äußert kurze, zischende oder bellende Rufe.
BRUT Kanadagänse nisten meist auf kleinen, wenig bewachsenen Inseln. 5–6 Eier, Brutdauer 28–30 Tage.
ZUG Kanadagänse sind bei uns vorwiegend Jahresvögel, unternehmen aber auch regelmäßige Wanderungen, beispielsweise zu sicheren Mauserplätzen; die skandinavischen Brutvögel ziehen in ein Winterquartier im südlichen Ostseegebiet.
LÄNGE Kanadagans 90–110 cm; Nilgans 66–72 cm

WANN Ganzjährig
WO Kanadagans: Skandinavien, Britische Inseln, Mitteleuropa; Nilgans: Brit. Inseln, Mitteleuropa

Singschwan *Cygnus cygnus*

Singschwäne sind im Vergleich zu unseren Höckerschwänen scheue Wildvögel, an die man selten nahe herankommt; den meisten Menschen sind sie nicht einmal bekannt. Sie brüten in Nordeuropa und Nordasien, seit einiger Zeit auch in wenigen Paaren in Nordostdeutschland.
NAHRUNG Krautige Pflanzen und Gräser, die sie häufiger an Land aufnehmen, aber auch wie Höckerschwäne im Flachwasser suchen.
VERHALTEN UND STIMME Singschwäne verfügen über verschiedene jodelnd-trompetende Rufe. Sie stellen bei Auseinandersetzungen ihre Flügel nicht auf, öffnen sie aber bei der Begrüßung halb und recken Kopf und Hals nach vorn; dabei rufen sie laut.
BRUT Das große Nest aus Pflanzenmaterial steht meist an einem See in einem entlegenen Moor. Das Weibchen bebrütet die 3–5 Eier 35 Tage.
ZUG Während viele skandinavische Singschwäne in Norddeutschland überwintern, ziehen die isländischen Artgenossen zu den Britischen Inseln.
LÄNGE 145–165 cm

WANN Meist Oktober bis April
WO Brütet in Island und Nordeuropa; überwintert in Nordwest- und Mitteleuropa sowie im Baltikum

Graugans *Anser anser*

Die kräftig gebaute Graugans ist bei uns die häufigste und am besten bekannte Gans. In den meisten Teilen ihres Areals lebt die Art als Wildvogel, bei uns brüten Nachkommen ausgesetzter Vögel.

NAHRUNG Getreide, Gräser, Kräuter und Wurzeln, die die Trupps auf Wiesen und Feldern suchen.

VERHALTEN UND STIMME Die Pose mit nach vorn gerecktem Kopf und Hals kennt man von Hausgänsen, die von den Graugänsen abstammen; auch die Rufe sind sehr ähnlich: laute, tiefe, nasale, vorn betonte „aahng-aahng-ang"-Reihen.

BRUT Die Paare nisten am Boden, gern schwer erreichbar am Wasser, im Norden zwischen Zwergsträuchern. Die bis zu 6 Eier werden 27–28 Tage bebrütet; die Jungen sind mit 50–60 Tagen flugfähig.

ZUG In Mitteleuropa Standvogel.

LÄNGE 75–90 cm

WANN Ganzjährig
WO Brütet als Wildvogel in Island, Nord- und Osteuropa, Schottland; skandinavische und isländische Graugänse sind Zugvögel, die nach Mittel- und Südeuropa bzw. zu den Britischen Inseln ziehen. In Mitteleuropa vielerorts als Parkvogel etabliert

Eine große Gans, die durch ihre ober- und unterseits hellgrauen Vorderflügel, den kräftigen, orange- bzw. rosafarbenen Schnabel und die rosafarbenen Beine auffällt

Saatgans *Anser fabalis*

Die große, recht dunkle Saatgans ist in Mitteleuropa ziemlich häufiger Wintergast, in manchen Gebieten trifft man die Tundraform in großen Scharen an; mitunter treten ein oder zwei Vögel in den Trupps anderer Gänsearten auf, sie sind dann oft schwer zu erkennen. Die beiden bei uns vorkommenden Formen Wald- und Tundrasaatgans sind wohl eigenständige Arten.

NAHRUNG Im Brutgebiet Gräser und Kräuter, Blaubeeren; im Winter vor allem Gräser, Klee und Kartoffeln; Nahrungssuche in Trupps oft mit Kurzschnabel- oder Blässgänsen.

STIMME Typisch ist ein zwei- oder dreisilbiges „kajak" oder „gang-gang".

BRUT Die Nester sind einfache Mulden, meist an erhöhter Stelle mitten im Moor oder in der Tundra gebaut.

ZUG Die Brutvögel Nordskandinaviens und Sibiriens ziehen im Herbst west- und südwärts.

LÄNGE 66–88 cm

WANN Meist September/Oktober bis März/April
WO Brütet im Norden Skandinaviens ostwärts bis Sibirien. Zieht nach Dänemark, Deutschland, Holland, Belgien, Frankreich und Spanien; große Scharen der sibirischen Tundraform kommen nach Mitteleuropa, manche auch nach Spanien oder Großbritannien

Eine große, langhalsige und langbeinige Gans von eleganter Gestalt mit dunklem Kopf und Hals. Waldsaatgans (*fabalis*), Tundrasaatgans (*rossicus*)

Blässgans *Anser albifrons*

Eine hellbraune Gans, im Alterskleid mit weißer Stirnblesse und schwarzer Querbänderung auf dem Bauch

Unter den „grauen Gänsen" ist sie die farbenfroheste und häufig am scheuesten. Die winterlichen Scharen halten sich an ganz bestimmten traditionellen Plätzen auf. In Norddeutschland und im Osten Österreichs überwintern Vögel der sibirischen Nominatform (*albifrons*), in Nordwesteuropa die der grönländischen Unterart (*flavirostris*).

NAHRUNG Im Brutgebiet Gräser und Kräuter; die grönländischen Vögel auch Seggen. Überwinternde Blässgänse suchen auf Wiesen und Feldern nach Gräsern, Getreide und Kartoffeln.

VERHALTEN UND STIMME Bei den Winterscharen lassen sich oft lebhafte Dominanz- und Drohgesten beobachten. Die Rufe sind hoch und klingen lachend-jodelnd bis bellend: häufig „kjü-jü" oder „kju-ju".

BRUT Blässgänse brüten auf dem Boden der arktischen Tundra.

ZUG Vögel der Nominatform ziehen hauptsächlich nach Mitteleuropa. Die grönländischen Blässgänse erreichen im Oktober Irland und Schottland.

LÄNGE 65–78 cm

WANN Oktober bis März
WO Sibirische Unterart in Mitteleuropa sowie (selten und lokal) in West- und Südosteuropa; Grönländische Unterart auf den Britischen Inseln

Kurzschnabelgans *Anser brachyrhynchus*

Eine grau und hellbraun gefärbte Gans mit rundlichem Kopf, kurzem Hals, kurzem, hohem Schnabel und viel Grau auf dem Oberflügel; bereits von weitem erkennt man die helle Brust und den sehr dunklen Kopf

Die Kurzschnabelgans ist wohl die schönste der „grauen Gänse". Das Auftreten der großen winterlichen Scharen ist für Vogelbeobachter eine willkommene Attraktion. Die Vögel lassen sich aber nur selten von nahem beobachten. Im Binnenland Mitteleuropas erscheint diese Gans nur selten.

NAHRUNG Im Brutgebiet vorwiegend Moose und Wurzeln von Kräutern; im Winter Gräser, Getreide, Rüben, Kartoffeln sowie Wurzeln und Blätter der Zuckerrübe. Die Scharen suchen ihre Nahrung auf Salz- und Feuchtwiesen, auf Stoppelfeldern und Äckern.

STIMME Der „Chor" einer Schar klingt recht tief und nasal, viele Einzelrufe dieser stimmfreudigen Gans sind aber hoch: „uing-uing", andere sind tiefer trompetend „äng-ang-ang".

BRUT Die Brutplätze liegen in Ostgrönland, auf Island (kleine Vorkommen) und Spitzbergen. Die Nester sind auf dem Tundraboden angelegt.

ZUG Die Brutvögel Spitzbergens wandern im Oktober an Helgoland vorbei in die niederländischen Küstengebiete.

LÄNGE 60–75 cm

WANN Von Oktober bis April
WO Brütet auf Island; überwintert in Dänemark, Holland, Belgien (Brutvögel Spitzbergens); in Großbritannien (Brutvögel Islands und Grönlands)

Zwerggans *Anser erythropus*

Die Bestände der in Nordskandinavien brütenden Zwerggänse haben bedenklich abgenommen – vor allem, da die Vögel auf ihren Wanderungen stark bejagt werden. Um die Art in Europa vor dem Aussterben zu bewahren, versucht man, Jungvögel mit Weißwangengänsen als Zieheltern beziehungsweise mit Hilfe eines Ultraleichtflugzeugs auf neue Überwinterungsgebiete in Mitteleuropa zu prägen.

NAHRUNG Im Winter Gräser und Kräuter, im Brutgebiet vorwiegend Blätter der Krautweide.

STIMME Ruft im Vergleich zur Blässgans deutlich höher und etwas quiekend „kjü-jü" oder „kjüi-jik".

BRUT Nur noch sehr wenige Zwerggänse brüten in Feuchtgebieten der Birken- und Weidenzone des nordskandinavischen Fjälls – die Bestände sind stark ausgedünnt; weiter ostwärts brüten sie in der Tundra.

ZUG Ursprüngliche Überwinterungsgebiete meist in Südosteuropa, heute auch im nordwestlichen Mitteleuropa.

LÄNGE 53–66 cm

WANN Oktober bis April (selten)
WO Brütet in Nordskandinavien. Im Winter sehr selten in den Niederlanden, in Norddeutschland und Südostengland sowie in Südosteuropa

Weißwangengans *Branta leucopsis*

Nur bei wenigen Gänsearten ist die Bestimmung so einfach wie bei der Weißwangen- oder Nonnengans. Dieser überaus gesellige Entenvogel nutzt traditionelle Wanderrouten und Winterquartiere – letzere meist in Reservaten, denn die Vögel sind recht störungsempfindlich. In Schleswig-Holstein besteht seit einigen Jahren eine anwachsende Brutpopulation.

NAHRUNG Im Brutgebiet Stängel und Blätter arktischer Pflanzen; im Winter Gräser, Seegräser, junge Saat und Klee auf Feldern und Salzwiesen.

STIMME Von einzelnen Gänsen hört man heisere Rufe wie „gäk" oder „kak", die vielen Stimmen einer großen Schar klingen bellend.

BRUT Brütet im hohen Norden an steilen Hängen der offenen Tundra sowie auf unzugänglichen Klippen.

ZUG Die Brutvögel Grönlands ziehen nach Westschottland und Irland; an der deutschen und niederländischen Nordseeküste überwintern Vögel der Brutpopulation von Nowaja Semlja.

LÄNGE 58–70 cm

WANN Oktober bis April
WO Im Winterhalbjahr große Scharen an der deutschen und niederländischen Nordseeküste sowie in Großbritannien und Irland; brütet seit einigen Jahrzehnten auch im Ostseeraum

Ringelgans *Branta bernicla* Rothalsgans *Branta ruficollis*

Im winterlichen Wattenmeer sind die kehlig-rollenden Rufe der Ringelgänse sehr stimmungsvoll. Obgleich nur wenig länger als eine Stockente, wirkt die Ringelgans größer und schwerer. Einen Trupp zu beobachten bietet ein eindrucksvolles Erlebnis. Seit einigen Jahrzehnten weiden die Gänse vielerorts auf küstennahen Feldern.

NAHRUNG Im Brutgebiet Moose, Flechten und Blütenpflanzen. Im Winter auf Feldern Gräser, Getreide und andere Feldfrüchte, im Schlamm oder Flachwasser gründelnd Seegräser und Algen. Nahrungssuche oft in dichten, ungeordneten Trupps.

STIMME Typisch ist ein tiefes, kehlig rollendes „rott-rott", im Trupp lassen die leicht unterschiedlichen Tonlagen einen klangvollen Chor entstehen.

BRUT Brüten in der flachen Tundra in Küstennähe oder auf Inseln.

ZUG Die Trupps fliegen schneller als Weißwangengänse – in u-förmigen Linien oder ungeordnet.

LÄNGE 56–61 cm

WANN Oktober bis Mai
WO Die dunkelbäuchige Nominatform überwintert im deutsch-niederländischen Wattenmeer; die hellbäuchigen Ringelgänse (*hrota*) wandern nach Dänemark und auf die Britischen Inseln

Im westlichen Europa ist die sehr ansprechend gefärbte und gemusterte Rothalsgans eine ausgesprochene Seltenheit. Trotz ihrer Auffälligkeit sind die gelegentlich in Trupps von Ringel- oder Weißwangengänsen auftretenden Rothalsgänse oft erstaunlich schwer zu entdecken. Da die Art bei Ziervogelhaltern sehr beliebt ist, sind viele dieser Vögel Gefangenschaftsflüchtlinge.

NAHRUNG Vorwiegend Gräser und Kräuter, im Wattenmeer Seegras.

STIMME Die Rufe sind hoch und scharf: „kiwi" oder „pik-wik", ein fliegender Trupp erzeugt ein lautes Stimmengewirr.

BRUT Die Brutplätze liegen in der arktischen Tundra, oft in Gegenden mit Brutvorkommen von Raufußbussard oder Wanderfalke, da die Gänse so besser vor Eisfüchsen und anderen Beutegreifern geschützt sind.

ZUG Die meisten Rothalsgänse wandern in die Donauniederungen nahe der Mündung, einige Vögel schließen sich aber Ringelgänsen oder anderen Gänsen an und erscheinen mit ihnen im nördlichen und östlichen Mitteleuropa und im Baltikum.

LÄNGE 53–56 cm

WANN Oktober bis April (sehr selten)
WO Brütet in Nordsibirien; überwintert am Schwarzen Meer

Brandgans *Tadorna tadorna*

Die Brandgans ist eine Ente mit einigen gänseartigen Merkmalen, so hat sie recht lange Beine und ist gut „zu Fuß“. Schon von weitem entdeckt man den leicht bestimmbaren Küstenvogel, der im Wattenmeer und an Flussmündungen häufig ist. Die Auffälligkeit lockt Beutegreifer an, fördert aber auch die erfolgreiche Revierbehauptung.
NAHRUNG Winzige Schnecken, kleine Muscheln, Krebstiere und Ringelwürmer, die mit pendelnden Bewegungen des Schnabels im Schlamm und Flachwasser erbeutet werden.
VERHALTEN UND STIMME Zur Balzzeit sieht man oft „Knicksen“ und Verfolgungsflüge. Dabei rufen die Männchen dünn pfeifend „tju-tju-tju …“, die Weibchen „gäg-äg-äg …“.
BRUT Nisten in Höhlungen wie Kaninchenbauen, Schlupfwinkeln unter Brombeergestrüpp und sogar in alten Tonnen; 8–10 Eier.
ZUG Im Sommer versammeln sich riesige Mengen von Brandgänsen an den Mauserplätzen im Wattenmeer. Häufiger Wintergast und Brutvogel an den mitteleuropäischen Küsten.
LÄNGE 58–71 cm

WANN Ganzjährig
WO Von Skandinavien bis Südfrankreich, Spanien und Norditalien; häufig an Küsten Mitteleuropas

Rostgans *Tadorna ferruginea*

Die Rostgans ist ansprechend gefärbt und von der Größe und Statur einer Brandgans. Im Flug ist der Vogel erstaunlich auffällig, die schwarzweißen Flügel heben sich kontrastreich von der orangebraunen Körperfärbung ab. Wegen der vielen vermuteten Gefangenschaftsflüchtlinge ist der Status der Art im westlichen Europa unklar.
NAHRUNG Nahrung und Nahrungserwerb etwa wie bei der Brandgans, jedoch findet die Nahrungssuche auch auf feuchten Wiesen an Seen und Flussmündungen statt.
STIMME Verschiedene Rufe, darunter ein gänseartiges „äh-onk“ oder „pok“, im Flug ein rollendes „porr porr …“.
ZUG Im Spätsommer und Herbst kommt es zu gewissen Ausbreitungstendenzen der Jungvögel (Dispersal), einzelne Vögel fliegen dann in nördliche und westliche Richtungen; dabei kam es früher, als die Brutpopulationen größer waren, zu regelrechten Einflügen ins westliche Europa.
LÄNGE 61–67 cm

WANN Ganzjährig
WO Brutvogel Südosteuropas: in Rumänien, Bulgarien und Griechenland rund 200 Paare; in Deutschland brüten Rostgänse inzwischen regelmäßig in kleiner Anzahl

Pfeifente *Anas penelope*

Eine gesellige, kurzbeinige und kurzschnäblige Ente auf dem Meer oder auf Binnenseen; meist in dichten Trupps auf Marschwiesen und nassen Feldern bei der Nahrungssuche; recht lautstark, vor allem wegen der durchdringenden, klaren Pfeiftöne der Männchen

Obwohl die meisten Entenarten ansprechend gefärbt sind, zeigen Pfeifenten eine besondere Farbenpracht, vor allem wenn sie im dichten Schwarm auf einer smaragdgrünen Salzwiese mit tief eingeschnittenen, silberglänzenden Wasserläufen in der Wintersonne grasen. Sie verbinden vollkommene Gestalt mit eleganter Färbung und Musterung. Zusätzlich zur Perfektion in der äußeren Erscheinung sind ihre lebhaften Bewegungen und Verhaltensweisen Gegenstand spannender Studien. Die Männchen verfügen über sehr klangvolle Rufe, die einen Pfeifententrupp zu einem der Höhepunkte winterlicher Vogelbeobachtung machen. Im hohen Überlandflug formieren sich die Enten oft zu langen Ketten oder v-förmig, sie fliegen recht schnell, erreichen aber nie die Rasanz der Krickente.

NAHRUNG Pfeifenten haben kurze Beine und einen kurzen und breiten Schnabel, der sie zum Rupfen von Gras und anderen kurzen Pflanzen befähigt. Sie sind wie Schafe ausgesprochene „Weidetiere“. Im Winter verzehren sie vor allem Seegräser, die sie im Schlamm der Flussmündungen oder des Wattenmeeres finden, aber auch Gras, Seggen sowie Stängel und Wurzeln von Binsen, die auf Weiden und Salzwiesen wachsen. Pfeifenten sind typische Vögel der flachen, offenen Landschaft mit Wasserflächen, auf denen sie rasten, baden und sich vor Gefahren, die vom Land her drohen, verbergen können.

VERHALTEN UND STIMME Die Weibchen äußern tiefe, recht ärgerlich klingende „krrr-krrr-krrr“-Rufe, die über einen Stausee oder die Marschwiesen bemerkenswert gut zu hören sind. Männchen rufen auf der ersten Silbe betonte, hohe Pfeiftöne: „wii-u“. Die Balz verläuft recht unspektakulär mit Ausnahme von Verfolgungsflügen. Die Paare finden sich im Spätwinter, wenn die Männchen ihr volles Prachtkleid angelegt haben.

BRUT Zur Brutzeit trifft man Pfeifenten vor allem an entlegenen Waldseen und langsam fließenden Flüssen der Taigazone. Die Paare brüten einzeln oder in lockerer Kolonie. Nistplatz ist meist die Bulte einer Binse oder Segge, die Mulde legt das Weibchen mit Dunen und feinem Pflanzenmaterial aus. Aus den etwa 9 Eiern schlüpfen die Küken nach 24–25 Tagen.

ZUG Die meisten Brutvögel Nordeuropas ziehen im Herbst südwestwärts.

LÄNGE 45–51 cm

WANN Meist Dezember bis April
WO Brütet in Nordeuropa und Nordschottland; in Deutschland sehr selten im Nordosten, jedoch häufiger Wintergast vor allem an der Küste. Vögel aus Island überwintern in Schottland und Irland

Stockente *Anas platyrhynchos*

Auf den meisten Teichen in Städten und Dörfern trifft man Stockenten, häufig in verschiedenen Farbschlägen, die bei Wildvögeln nicht vorkommen: Dunkelbraune, weiß gefleckte Formen, graubraune Vögel mit dunkelbraunem Kopf sowie weiße Enten mit gelbem Schnabel – alle machen den Einfluss Jahrhunderte währender Domestikation sichtbar. Trotzdem gehören echte Wildvögel der Stockente zu den schönsten Enten: Die Männchen tragen prächtigen grünen Metallglanz an Kopf und Hals, einen blau schillernden Flügelspiegel und die typisch hakenförmig aufgebogenen Mittleren Steuerfedern; diese „Erpellocke" zeigen auch die Männchen vieler Zuchtformen. Wilde Stockenten sind ausgesprochen wachsam und nervös – aus gutem Grund, denn sie sind begehrte Jagdbeute.

NAHRUNG Häufig suchen Stockenten nachts nach Nahrung, da sie sich dann an Land sicherer fühlen. Sie verzehren Getreide auf Feldern, suchen im gewässernahen Wald nach Eicheln oder im Flachwasser schnatternd nach Samen, die in Seen oder Flüsse gefallen sind. Häufig gründeln sie, gelegentlich tauchen sie sogar, um Wasserpflanzen, Wurzeln, Wasserinsekten und Muscheln zu erreichen.

VERHALTEN UND STIMME Vor allem im Spätherbst und den Winter hindurch kann man die verschiedenen Balzhandlungen beobachten, dann erstrahlen die Männchen in schönster Gefiederpracht. Häufig schwimmen sie um ein Weibchen herum, nicken mit dem Kopf und locken mit kurzen Pfeiflauten. Oft verstärken sie ihre Bemühungen, indem sie das Weibchen in der Luft verfolgen und es zur Landung zwingen. Nur das Weibchen ruft quakend-lachend „wääk-wäk-wäk-wäk-wäk-wäk".

BRUT Die Männchen nehmen nicht am Brutgeschäft teil, sondern ziehen fort, um in ein weibchenähnliches Schlichtkleid zu mausern. Die Weibchen brüten versteckt in dichtem Uferbewuchs – oft unter Gestrüpp oder einer Seggenbulte. Mitunter wird das Nest in einem Garten oder sogar in einer Baumhöhle angelegt. Die meist 9–13 Eier bebrütet die Ente rund 27–28 Tage. Die Küken werden sofort nach dem Schlüpfen zum nächstgelegenen Gewässer geführt.

ZUG Stockenten aus Nord- und Osteuropa sind Zugvögel, die zum Teil auch in Mitteleuropa überwintern und so die heimischen Bestände aufstocken.

LÄNGE 51–62 cm

WANN Ganzjährig
WO Stockenten bewohnen ganz Europa mit Ausnahme der Hochgebirgsregionen und des höchsten Nordens

Schnatterente *Anas strepera*

Eine große Ente, aber zierlicher als die Stockente, Kopfform rundlicher, Schnabel schlanker und flacher; viereckiges, weißes Flügelabzeichen, kein Grün oder Blau. Von nahem sehr aparte Musterung

Eine große Entenart, jedoch deutlich kleiner, eleganter und zierlicher gebaut als die Stockente. Das Gefieder ist sehr hübsch und ansprechend gezeichnet, wirkt aber im Vergleich zu einigen anderen Wasservögeln aus der Ferne einfach nur unscheinbar. Die Art ist etwas für Kenner: In einem Trupp von Stockenten ist sie nicht so leicht zu entdecken. Die Schnatterente weist kein so riesiges Verbreitungsgebiet auf wie die Stockente, ihr Areal ist zwar groß, aber zerstückelt; gebietsweise sind ihre Bestände angewachsen, beispielsweise in Deutschland. Die Enten fehlen gewöhnlich auf dem Salzwasser, suchen aber mitunter auf brackigen Gewässern und am Rand von Wiesen und Weiden an der Küste Nahrung.

NAHRUNG Nicht selten schwimmen Schnatterenten in der Nähe von tauchenden Blässhühnern und warten darauf, dass die Wasserhühner Pflanzen nach oben bringen; dabei scheinen sie die Nahrung nicht zu „stehlen“, sondern begnügen sich mit fallen gelassenen Pflanzenteilen. Wie Stockenten durchschnattern sie das oberflächennahe Wasser mit ihrem Schnabel, der innen mit je zwei Lamellenreihen am Ober- und Unterschnabel besetzt ist und als effektiver „Seihapparat“ eingesetzt wird. Wasserpflanzen erreichen die Enten gründelnd („Schwänzchen in die Höh“). Sie verzehren verschiedene Pflanzenteile und Algen, außerdem kleine Wassertiere.

VERHALTEN UND STIMME Zum Balzgeschehen gehören Flugjagden ebenso wie die lauten, tiefen „ärb“-Rufe der Männchen; häufig finden sich Trupps auf dem Wasser zu „Gesellschaftsspielen“ ein, wobei sich die unterschiedlichen Posen und Verhaltensweisen studieren lassen. Der Weibchenruf ist etwas höher und härter als der entsprechende Ruf der Stockente.

BRUT Das Weibchen baut in dichten Beständen von hohem Gras, Seggen oder Binsen am Gewässerrand oder auf einer kleinen Insel ein Nest aus Grashalmen und Blättern und polstert es mit seinen Brustdunen warm und weich aus. Nur das Weibchen brütet (rund 24–26 Tage) auf den bis zu 12 Eiern; nach 7 Wochen können die Jungen bereits fliegen.

ZUG Die heimischen Schnatterenten ziehen überwiegend nach Westen und Süden; in Mitteleuropa ist seit einigen Jahren ein Trend zur Überwinterung auch in höheren Lagen und weiter östlich zu beobachten.

LÄNGE 46–56 cm

WANN Ganzjährig
WO Brütet vor allem in Osteuropa, kommt sonst in Europa inselartig vor – im Norden bis Island, Schottland, Südschweden. In Mitteleuropa erst seit Anfang des vorigen Jahrhunderts Brutvogel; seit einigen Jahren überwintern immer mehr Schnatterenten auch in höheren Lagen

Löffelente *Anas clypeata*

Mitunter sieht eine weibliche Löffelente auf mittlere Entfernung einer Stockente recht ähnlich. Von nahem jedoch versteht man kaum, dass der gewaltige Schnabel so einfach zu übersehen ist, denn er lässt diese Ente deutlich frontlastig erscheinen. Das Männchen im Prachtkleid ist aufgrund seiner kontrastreichen Färbung und Musterung auch von weitem kaum mit einer anderen Ente zu verwechseln. Im Vergleich zur Stockente, der man an fast jedem Gewässer begegnet, ist die Löffelente wesentlich spärlicher verbreitet; sie ist in weiten Teilen ihres Areals seltener Brutvogel. Zur Zugzeit, wenn viele Wasservögel zu Hunderten oder gar Tausenden auftreten, sieht man Löffelenten in Trupps von meist weniger als 20 Vögeln. Sie kommen vor allem auf flachen Seen mit üppig bewachsenen Uferbereichen vor, man trifft sie aber auch an salzigen Gewässern an der Küste sowie gelegentlich auf nahezu unbewachsenen Stauseen.

NAHRUNG Die Löffelente nutzt ihren langen und breiten Schnabel zum Filtern von kleinen Nahrungsbestandteilen aus dem Wasser: Plankton, Samen, Insekten, Krebstiere und Schnecken verfangen sich in den feinen Lamellenreihen der Schnabelseiten, wenn die Ente das Wasser mit der Zunge aus dem Schnabel drückt. Bei der Nahrungsaufnahme schwimmen Löffelenten langsam vorwärts, dabei sind ihre Schultern fast vom Wasser umspült. Während des Gründelns zeigen die Enten ihre besonders langen Flügelspitzen, die sich über dem kurzen Schwanz kreuzen.

VERHALTEN UND STIMME Im Frühjahr fliegen Paare oder kleine Trupps über dem Brutrevier; wenn mehrere Männchen ein Weibchen verfolgen, wird man Zeuge von rasanten Drehungen und Wendungen. Die Männchen äußern heisere „tuk-tuk"-Rufe, während die Weibchen mit einem tiefen Quaklaut antworten. Sonst sind Löffelenten wenig stimmfreudig, allerdings schlagen die Flügel recht geräuschvoll, besonders beim Start.

BRUT Der Brutplatz liegt meist gut geschützt am Ufer in dichter Vegetation, das Weibchen legt die Nestmulde mit Stängeln, Blättern und eigenen Dunen aus. Nach rund 22–23 Tagen Brutdauer schlüpfen die Küken aus den bis zu 12 Eiern.

ZUG Die Vögel Ost- und Nordeuropas wandern nach Süden und Westen.

LÄNGE 49–52 cm

WANN Ganzjährig, im Winter selten
WO Brütet in weiten Teilen Europas, sogar auf Island. In Deutschland seltener Brutvogel. Die Löffelenten Ost- und Nordeuropas ziehen nach Süden und Westen und ersetzen in Westeuropa viele der dortigen Brutvögel, die in den Mittelmeerraum wandern

Eine recht große Ente mit erstaunlich langem, breitem Schnabel, der beim Schwimmen meist niedrig über dem Wasser gehalten wird; im Flug wirkt der Schnabel grotesk. Viel weniger stimmfreudig als die größere Stockente

ad., ♂
Auffällige Kombination von oberseits blauem Vorderflügel, grünschwarzem Kopf, breitem, weißem Brustband und tief rostbrauner Bauch- und Flankenfärbung

ad., ♀
Ähnlich Stockente, aber mit blaugrauem Vorderflügel und grünem Hinterflügel ohne weißen Hinterrand; ähnlich dunkler Körper und weiße Unterflügel

♂ im Sommer (SK) rostbraun mit kräftiger Fleckung, grauem Kopf, dunkler Stirn und weißem Halbmond vor dem Auge

Kopf dunkler als bei der Stockente, Schnabel schwarz, Augen gelb

JK, ♀ (oben)
Gleichmäßigere schwarze Flecken entlang der Flanken als bei ad. ♀ (unten)

PK, ♂
Großer weißer Fleck im hinteren Flankenbereich, schwarzes Heck, kastanienbrauner Körper, lebhaft orangefarbene Beine

ad., ♀
Kopf einheitlicher gefärbt als bei der Stockente; Schnabel länger mit breiterer Spitze, an der Basis orange

♀
Beachte geduckte Gestalt, lange Flügelspitzen (auffällig beim Gründeln), kein Weiß im grünlichen Flügelfeld

Spießente *Anas acuta*

Eine elegante Gründelente mit schlankem Schnabel, dünnem, oft erhobenem Hals, schmalen Flügeln und zugespitztem Schwanz. Männchen im winterlichen Prachtkleid sind sehr auffallend gemustert. Weibchen sind recht hell mit einfarbigem Gesicht

Kaum eine Ente zeigt eine ähnliche Eleganz in Gestalt und Musterung wie die Spießente, auch wenn ihr Gefieder nicht die Auffälligkeit besitzt, das die männlichen Kleider einiger anderer Enten auszeichnet. Die Weibchen tragen, ähnlich den weiblichen Stockenten, das typische braunfleckige Tarnmuster; Spießenten-Weibchen sind jedoch zarter gezeichnet, Kopf und Hals sind einfarbiger und heller. Sie bieten eine Herausforderung für den begeisterten Entenbeobachter, denn genauso wie die Schlichtkleid-Männchen im Spätsommer und Frühherbst sind sie unter Hunderten von Stockenten sehr leicht zu übersehen. Im Winter hingegen fällt die blendend weiße Brust des in einer Lagune schwimmenden Erpels von weitem auf. Spießenten sind in Mitteleuropa sehr seltene Brutvögel, in Nordeuropa brüten sie vorwiegend im Fjäll. Im Winterhalbjahr trifft man die Art vielfach auf küstennahen Gewässern und in Mündungsgebieten. Sie sind meist scheu und lassen sich nur von weitem betrachten.

NAHRUNG An der Küste suchen sie meist nach winzigen Schnecken im Schlamm. Wegen ihres langen Halses erreichen sie bei der Nahrungssuche auf Binnenseen und Flüssen gründelnd größere Tiefen als die anderen Arten der Gattung. Sie verzehren Samen, Beeren, Triebe und Wurzeln von Wasserpflanzen sowie verschiedene Wasserinsekten und Kleinkrebse. Mitunter fressen sie auf Feldern Getreide und Kartoffeln.

VERHALTEN UND STIMME Während der Balz bringt das Männchen durch Gefiederschütteln, Kopf-nach-oben-Recken und andere Posen vor allem sein prächtiges Kopf- und Halsmuster zur Geltung. Die Balzhandlungen werden von nasalen „wiiih"-Lauten begleitet. Sonst sind Erpel meist stumm. Weibchen rufen gedämpft quakend.

BRUT Das Nest, typisch für Gründelenten, wird in der Uferregion unter einem dichten Grasbüschel oder einer Seggenbulte angelegt. Die bis zu 9 Eier bebrütet das Weibchen 22–24 Tage. Auch die Jungen werden allein vom Weibchen geführt; im Alter von 40–45 Tagen können sie bereits fliegen.

ZUG Spießenten aus Skandinavien und Osteuropa ziehen im Herbst vor allem süd- und westwärts, ihre isländischen Artgenossen schlagen die Südrichtung ein. In Deutschland sind sie sehr seltene Brutvögel, treten aber zu den Zugzeiten vor allem auf Gewässern im Binnenland auf.

LÄNGE ♂ 61–76 cm; ♀ 51–57 cm

WANN Vorwiegend März bis Oktober
WO Brütet vor allem in Nord- und Nordosteuropa; im Winterhalbjahr meist in West- und Südeuropa, in geringer Zahl auch in Mitteleuropa

Krickente *Anas crecca*

Krickenten sind die kleinsten und agilsten Gründelenten; im Flug erinnern sie nicht selten an Watvögel – besonders, wenn ein kleiner Trupp von einem schlammigen Teich auffliegt und in dichter Formation rasante Drehungen und Wendungen vollführt, bis das hohe Tempo des Streckenflugs erreicht ist. Eine ausgesprochen aparte Ente, deren Farbenpracht sich aber erst von nahem und mit etwas Sonnenlicht erschließt. Das ist meist nur aus einem Versteck heraus möglich, denn die sehr wachsamen und scheuen Krickenten lassen jeden Annäherungsversuch zur Geduldsprobe werden.

NAHRUNG Krickenten trifft man im Süß- und Salzwasser an, am häufigsten auf flachen Seen und Überschwemmungswiesen. Sie ernähren sich von Samen, Schösslingen, vor allem im Sommerhalbjahr verzehren sie viele Wasserinsekten. Im Spätsommer und Herbst können sie sich zu Hunderten zusammenschließen, besonders auf Stauseen, deren sinkender Wasserstand Schlammflächen mit gerade reifen Samen von Wasserpflanzen freigibt. Oft bleiben die Enten bei der Nahrungssuche halb in der Vegetation verborgen, so dass ihre Anzahl oft erst dann offenbar wird, wenn die ganze Gesellschaft aufgrund einer Störung auffliegt oder auf das offene Wasser hinausschwimmt. Trupps halten sich nachts oft in Sumpfgebieten und Mündungsbereichen auf; im Sommer trifft man die Enten vielfach in tiefen Moorgräben mit Torfmoosen.

VERHALTEN UND STIMME Die Paare verfolgen einander zur Brutzeit über Teichen und Mooren. Die Männchen rufen klangvoll und hell „krrück“, was oft recht weit zu hören ist. Weibchen rufen hoch und etwas rau quakend, im Flug oft hart „kräkräkräk“.

BRUT Die Krickente brütet vor allem im Norden, wo sie häufig Moorgewässer oder Seen in der Taigazone besiedelt. Das Nest steht am Ufer in dichter Bodenvegetation. Das Weibchen legt 8–11 Eier und bebrütet das Gelege 21–23 Tage allein. Die Jungen können ab dem 25.–30. Lebenstag fliegen.

ZUG Jeden Herbst Zuzug aus Nordeuropa und Nordwestasien; wenige Krickenten ziehen bis Nordafrika. Brutvögel aus Island sowie eine Handvoll Nordamerikanischer Krickenten (*Anas crecca carolinensis*) erreichen jeden Herbst Westeuropa.

LÄNGE 34–38 cm

WANN Ganzjährig
WO Brutvogel vor allem in Nord- und Osteuropa, in Mitteleuropa eher spärlich; im Winter jedoch viel zahlreicher durch Zuzug großer Mengen Krickenten aus Nordeuropa und Nordwestasien, die süd- und westwärts wandern. Lokal in Großbritannien und Irland

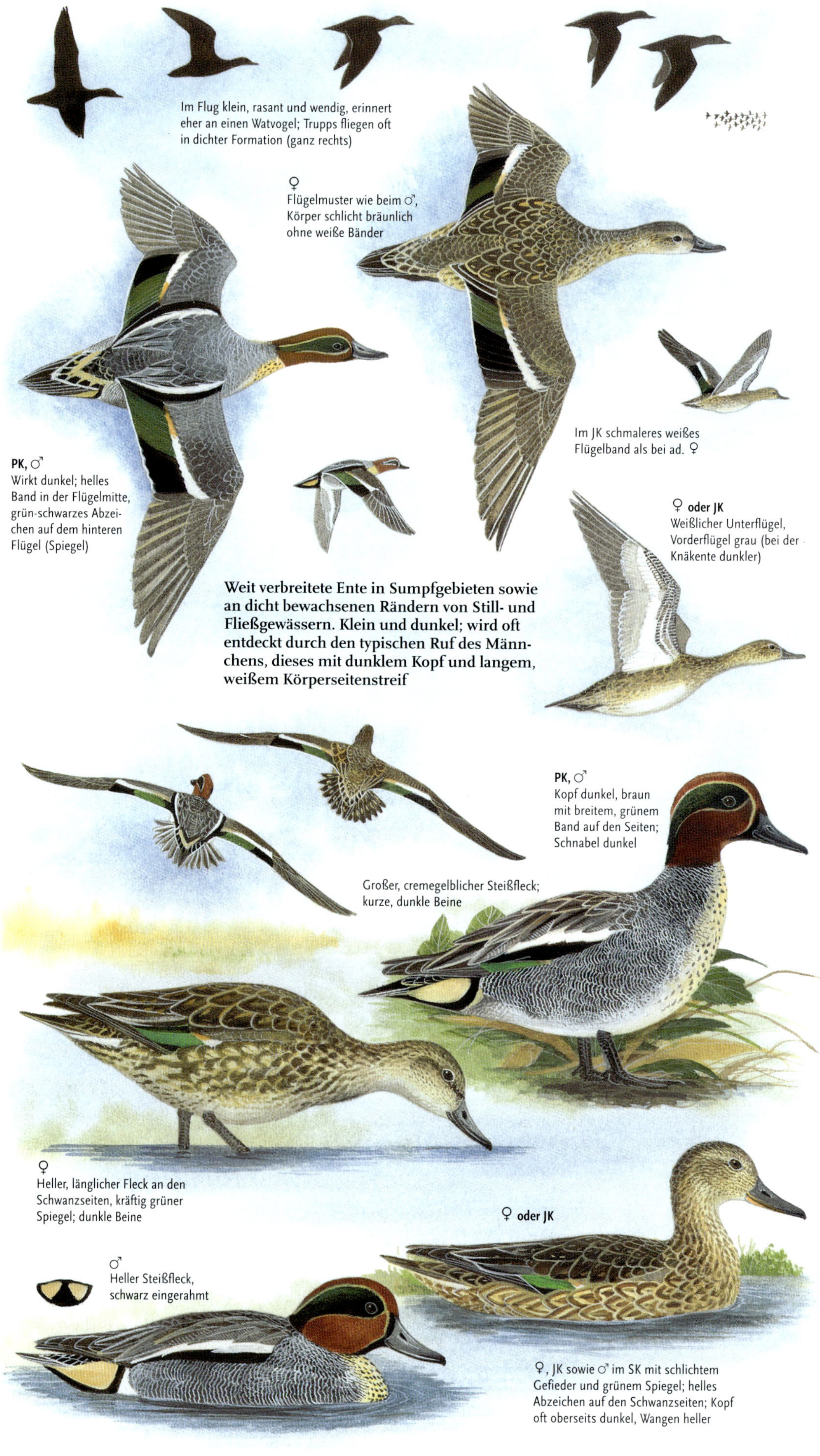

Knäkente *Anas querquedula*

Eine kleine, rasant fliegende Ente mit kennzeichnend streifigem Kopfmuster; Beine und Schnabel dunkel

Die Knäkente ist im Gegensatz zu allen anderen Enten in Europa nur Sommervogel, die Winterquartiere dieses Weitstreckenziehers liegen in Afrika. Sie ist kaum größer als eine Krickente und bevorzugt ebenfalls Flachgewässer, sie gründelt aber seltener als diese.

NAHRUNG Kleine Käfer, Schnecken und andere Wassertiere, aber auch Teile vieler Wasser- und Uferpflanzen.

STIMME Im Frühjahr äußern die Männchen merkwürdig hölzern klingende „knärrk“-Rufe. Weibchen quaken verhalten.

BRUT Das Nest steht nahe am Ufer, oft unter einem Grasbüschel versteckt. Die 8–11 Eier werden 21–13 Tage lang bebrütet; die Jungen sind mit 35–40 Tagen flugfähig.

ZUG Die Wintermonate verbringen die Enten im tropischen Afrika. Im Nahen Osten und in Südeuropa treten im Frühjahr große Scharen von ihnen auf; im westlichen Europa sind die Rastbestände dagegen viel kleiner und mehr lokal, besonders im Frühjahr.

LÄNGE 37–41 cm

WANN März bis November
WO Brütet vor allem in Osteuropa, westwärts selten und zerstreut bis England und Spanien; in Deutschland überwiegend im Norden

Marmelente *Marmaronetta angustirostris*

Eine seltene Ente Südeuropas, wirkt aus jeder Entfernung hell und wenig markant, mit Ausnahme der dunklen Augenpartie sowie der weißen Unterflügel

Diese seltene und bedrohte Ente ist von vielen ihrer früheren Brutplätze in Südspanien verschwunden; offensichtlich nehmen jedoch einige Vorkommen in Südwestspanien langsam zu. Marmelenten bevorzugen flache, vegetationsreiche Seen, Brackgewässer sowie im Winter die Randbereiche von ungestörten Mündungsgebieten.

NAHRUNG Samen und Wurzeln von Wasserpflanzen sowie Wassertiere; die Enten halten sich zur Nahrungssuche gern in dichter Vegetation auf, sie durchschnattern das Oberflächenwasser und gründeln und tauchen sogar regelmäßig.

STIMME Wenig stimmfreudig; Männchen rufen im Frühjahr hoch und nasal pfeifend „wie-wiej“, Weibchen antworten mit „pliep-pliep“.

BRUT Das Bodennest wird meist unter dichtem Gebüsch angelegt. Das Weibchen legt bis zu 14 Eier, die es 25–27 Tage lang bebrütet.

ZUG Die spanischen Brutvögel verlassen ihre Reviere im Spätsommer und ziehen meist zur nahen Küste, gern auf überschwemmte Flächen.

LÄNGE 39–42 cm

WANN Nicht in Mitteleuropa
WO Brütet selten und lokal in Süd- und Ostspanien nahe der Küste

Tafelente *Aythya ferina*

Gewöhnlich verbringen Tafelenten den größten Teil des Tages schlafend – sie lassen sich, oft im lockeren Verband mit Reiherenten, einfach auf dem Wasser treiben. Sie sind in Mitteleuropa, wo sie vor über hundert Jahren eingewandert sind, weit verbreitet.
NAHRUNG Samen, Schösslinge und Wurzeln von Wasserpflanzen, nur wenig animalische Kost. Oft nachtaktiv.
VERHALTEN UND STIMME Bei der Balz schwimmen oft mehrere Männchen um ein Weibchen herum. Dabei nehmen sie verschiedene Posen ein, beispielsweise strecken sie den Hals flach über dem Wasser aus und sträuben die Halsfedern. Wiehernde Balzrufe begleiten das Zeremoniell, die Weibchen rufen leise pfeifend.
BRUT Das Nest steht meist im dichten Uferbewuchs, häufig auf einer Seggenbulte. Das Weibchen legt 8–10 Eier.
ZUG Die heimischen Bestände bekommen im Herbst Zuzug aus nördlichen und östlichen Brutgebieten.
LÄNGE 42–49 cm

WANN Ganzjährig
WO Brütet in Europa außer weiten Teilen Skandinaviens. Im südlichen Europa meist Wintergast. Nördliche und östliche Brutvögel wandern im Herbst nach Mitteleuropa; dann große Trupps besonders auf Stauseen

Eine Ente des Süßwassers, häufig auf Seen und Stauseen; verschläft oft in dichten Verbänden und gemeinsam mit Reiherenten den Tag. Männchen vorn und hinten dunkel, in der Mitte hell

Kolbenente *Netta rufina*

Diese große, ausgesprochen hübsche Ente verbindet Merkmale von Gründelenten mit denen von Tauchenten. Viele der mitteleuropäischen Kolbenenten stammen aus Gefangenschaftshaltung.
NAHRUNG Hauptsächlich Teile von Wasserpflanzen wie Laichkräuter und Algen. Nahrungserwerb gleichermaßen an der Oberfläche schnatternd, gründelnd und tauchend.
VERHALTEN UND STIMME Die Männchen verfolgen die Weibchen im Flug über den Brutplätzen, dabei sieht man ihren langen, weißen Flügelstreif. Bei der Balz sträuben sie ihre bauschig wirkenden, fuchsroten Scheitelfedern und äußern unterdrückte Nieslaute und kurze „bäht"-Rufe.
BRUT Das Nest wird gut versteckt am verschilften Ufer von Seen oder Lagunen angelegt, es enthält meist 8–10 Eier, Brutdauer rund 26–28 Tage.
ZUG Die meisten Kolbenenten überwintern im westlichen Mittelmeerraum; zunehmend trifft man auch bei uns im Winter Einzelvögel oder kleine Verbände an.
LÄNGE 53–57 cm

WANN Meist Februar bis November
WO Europa liegt westlich des geschlossenen Brutareals; brütet zerstreut in Südeuropa, selten und lokal auch in Mitteleuropa

Eine kräftig gebaute Ente, die ihre Nahrung gleichermaßen gründelnd und tauchend sucht. Männchen leicht kenntlich, Weibchen erinnern etwas an Weibchen der Trauerente

Moorente *Aythya nyroca*

Eine dunkle, kräftig gefärbte Ente mit weißem Steiß und breitem, weißem Flügelstreif. Kopf mit etwas spitzem hinterem Scheitel und flacher Stirn, die stufenlos in den langen Schnabel übergeht

In den letzten Jahrzehnten sind die Bestände dieser Ente dramatisch zurückgegangen, in Deutschland ist sie als Brutvogel ausgestorben und erscheint nur noch als seltener Gast. Ein Grund dafür ist die Vernichtung ihres Lebensraums – flache, üppig bewachsene Seen –, die häufig stark beeinträchtigt oder gar vernichtet wurden.

NAHRUNG Samen und andere Teile von Wasserpflanzen, nur wenig Kleintiere wie Insektenlarven.

VERHALTEN UND STIMME Moorenten balzen in kleinen Gruppen auf dem Wasser; dabei rufen die Männchen kurz „wi-wju"; Weibchen äußern im Flug „err err err".

BRUT Bruthabitat sind die sumpfigen Ränder von Tieflandseen mit vielen Wasserpflanzen. Die Nester stehen im dichten Uferbewuchs, im Osten oft an Fischteichen. Die 8–10 Eier werden 25–27 Tage lang bebrütet.

ZUG Seltener Wintergast im Mittelmeergebiet.

LÄNGE 38–42 cm

WANN Meist April bis Oktober
WO Brütet in Südost- und Osteuropa sowie in Ungarn; Brutvögel aus dem östlichen Mitteleuropa und aus Südosteuropa wandern im Herbst meist in den Mittelmeerraum, einige bis Afrika

Weißkopf-Ruderente *Oxyura leucocephala*

Eine gedrungene Tauchente mit steifem, spitzem Schwanz, großem Kopf und merkwürdig geschwollener Schnabelbasis. In Europa nur noch die nah verwandte Schwarzkopf-Ruderente; Hybride aus beiden Arten gefährden das Überleben der Weißkopf-Ruderente

Die Weißkopf-Ruderente ist seit einigen Jahrzehnten sehr selten und ging im Bestand bedenklich zurück; in jüngster Zeit hat sie aber in ihrer spanischen Brutheimat wieder etwas zugenommen; trotzdem ist ihre Zukunft nicht gesichert. Die mitunter in Mitteleuropa beobachteten Vögel stammen überwiegend aus Gefangenschaft.

NAHRUNG Samen und andere Teile von Wasserpflanzen, Insektenlarven; taucht ständig bei der Nahrungssuche.

VERHALTEN UND STIMME Während der Balz stelzt das Männchen den spitzen Schwanz und bewegt den Kopf schnell auf und ab, präsentiert so das Kopfmuster und den geschwollenen Schnabel. Meist wenig lautfreudig.

BRUT Brütet an flachen Seen mit offener Wasserfläche und breitem, üppigem Randbewuchs. Die großen Nester stehen gut gedeckt in dichtem Bewuchs. Das Weibchen legt bis zu 10 Eier, die es rund 25 Tage bebrütet.

ZUG Viele Brutvögel wandern wenig und weichen im Winter nur auf offene Seen in der Nähe aus. In Nordostgriechenland befindet sich ein wichtiges Winterquartier.

LÄNGE 43–48 cm

WANN Ganzjährig (Ausnahmegast)
WO Brütet in Südspanien, Südosteuropa

Schwarzkopf-Ruderente *Oxyura jamaicensis*

Die Schwarzkopf-Ruderente hat sich selbstständig in Europa als Brutvogel etabliert, nachdem sie in den 50er-Jahren in Großbritannien ausgesetzt wurde. In Südspanien ist sie zu einer Bedrohung für die Weißkopf-Ruderente geworden, denn sie verdrängt die seltene und hoch bedrohte europäische Art durch Hybridisation. Weniger problematische Fremdlinge sind die **Mandarinente** und die **Brautente**.
NAHRUNG Insektenlarven, Kleinkrebse und Samen; taucht danach.
VERHALTEN UND STIMME Männchen balzen durch Schwanzstelzen und geräuschvolles Trommeln des Schnabels auf die gesträubten Brustfedern; daneben tiefes Grunzen.
BRUT Die Nester sind Plattformen aus Stängeln, manchmal etwas überdacht; sie liegen im Schilf, oft an einem winzigen Teich. Nach 25–26 Tagen Brutdauer schlüpfen die bis zu 10 Jungen.
ZUG In England wandern die Enten meist über kurze Strecken zu großen Seen und Stauseen, um dort zu überwintern; manche ziehen bis Spanien.
LÄNGE 35–43 cm

WANN Ganzjährig (seltener Ausnahmegast)
WO Brutvogel in Südengland, Irland; in geringer Zahl in Belgien und Holland. Aus Deutschland bereits Brutnachweis

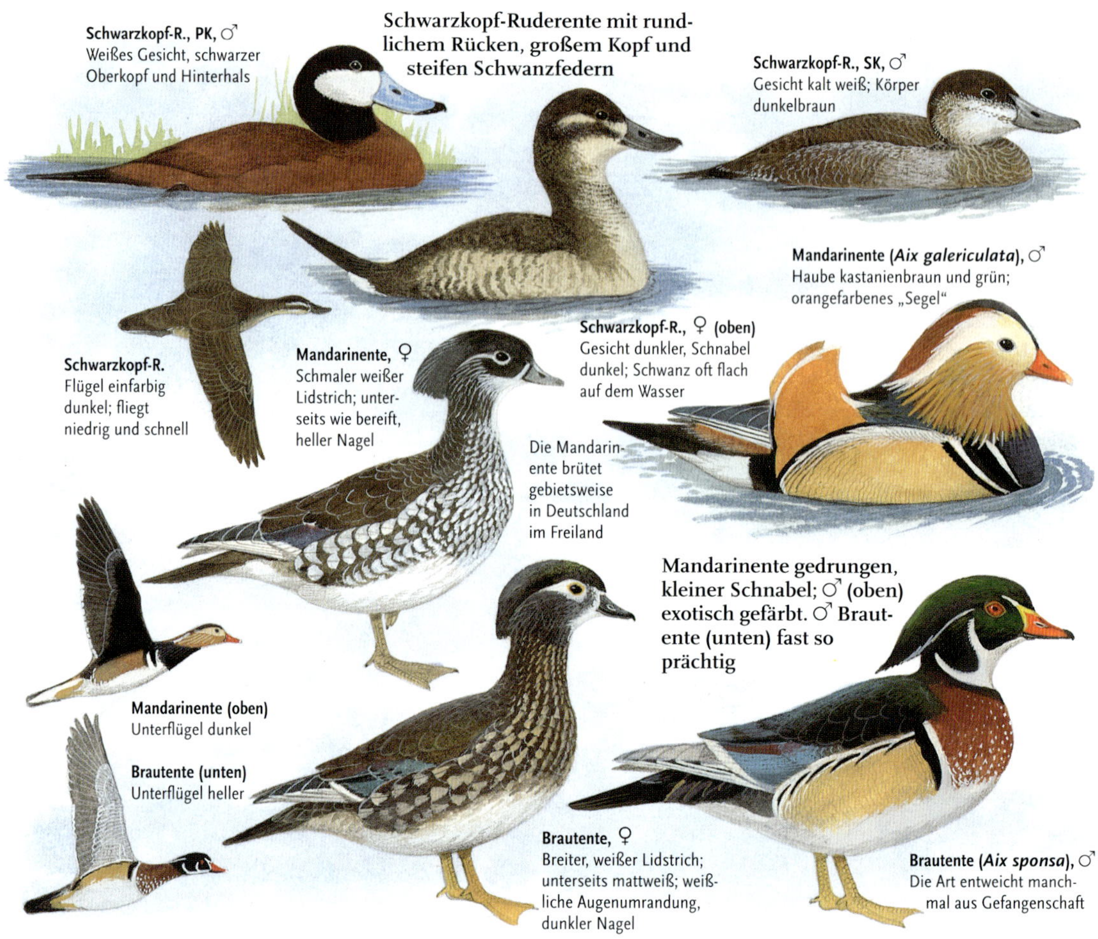

Bergente *Aythya marila*

Bergenten trifft man in ganz unterschiedlichen Situationen an: als lebhaft tauchenden Verband auf rauer See, in großen, schlafenden Gesellschaften in einem geschützten Mündungsgebiet oder als Einzelvogel mitten in einem dichten Trupp von Reiher- oder Tafelenten. Viele von ihnen überwintern an der deutschen Ostseeküste.
NAHRUNG Vorwiegend Muscheln und Wirbellose, die tauchend erbeutet werden, aber auch Getreidekörner.
VERHALTEN UND STIMME Während der Balz im Winter gruppieren sich mehrere Männchen um die Weibchen und äußern pfeifende und murmelnde Laute. Die Weibchen rufen rau „karr".
BRUT In Nordeuropa brüten Bergenten vor allem an klaren Bergseen, aber auch an der spärlich bewachsenen Küste. Nester in niedrigem Gebüsch.
ZUG Brutvögel Skandinaviens ziehen vorwiegend in die Ostseeregion, weniger an die Nordsee und noch seltener ins mitteleuropäische Binnenland.
LÄNGE 42–51 cm

WANN September bis April
WO Brutvogel in Island, Skandinavien, Finnland und Nordrussland. Im Winter an den Küsten der Britischen Inseln, der Nordsee und Ostsee; einige Trupps auch auf Seen im Voralpengebiet

Reiherente *Aythya fuligula*

Gedrungene, lebhafte Tauchente mit großem Kopf, oft im gemischten Trupp mit Tafelenten und Blässhühnern auf Binnenseen

Eine der häufigsten und bekanntesten Entenarten in Europa. Die Reiherente, im Gegensatz zur Stockente ein unverfälschter Wildvogel mit ausgeprägter Zugneigung, hat in den letzten Jahrzehnten gebietsweise Parkseen und andere Lebensräume in Menschennähe erobert. Man trifft die Art aber genauso auf ruhigen Gewässern der Flussmündungen oder auf entlegenen Seen in großen Mooren. Häufig sieht man Reiherenten in Gesellschaft von Tafelenten. In diesen Mischtrupps entdeckt man mitunter Einzelvögel von seltener im Binnenland anzutreffenden Arten wie Bergente oder auch hoch bedrohte Enten wie Moorente und sogar Ausnahmegäste, beispielsweise die nordamerikanische Ringschnabelente. Die gemischten Trupps sind für den Entenbeobachter nicht nur zum Studium der unterschiedlichen Kleider gut geeignet, sondern sorgen auch für Überraschungen in Form von Gefangenschaftsflüchtlingen und Hybridvögeln.

NAHRUNG Hauptsächlich Kleintiere wie Muscheln, Schnecken, Insektenlarven und Würmer, die tauchend erbeutet werden; Reiherenten sind im Vergleich zu Tafelenten eher tagaktiv und mehr auf tierische Nahrung spezialisiert, so dass Konkurrenz in gemischten Trupps gering ist.

VERHALTEN UND STIMME Während der Balz schwimmen die Männchen um die Weibchen herum und äußern dabei ein leises, vibrierend-pfeifendes „bip-bipp-piuh". Sonst hört man meist das tiefe, raue „kärr kärr kärr" der Weibchen, besonders, wenn der Ententrupp auffliegt.

BRUT Die Brutplätze der Reiherente liegen meist im Tiefland: in der Ufervegetation von Seen, Stauseen und großen Flüssen, zunehmend auch von Parkseen. Die Nester sind mit Pflanzenmaterial und Brustdunen des Weibchens ausgelegt. Das Weibchen bebrütet die 8–11 Eier allein und führt die Jungen bis zur Flugfähigkeit im Alter von rund 7 Wochen.

ZUG Die meisten Reiherenten überwintern in großen Trupps auf eisfreien Gewässern oder ziehen in geschützte Meeresbereiche in Küstennähe, beispielsweise zum niederländischen Ijsselmeer, wo große Mengen auftreten. Nord- und osteuropäische Brutvögel sind reine Sommervögel, die bis in den Mittelmeerraum wandern, um der Winterkälte zu entgehen.

LÄNGE 40–47 cm

WANN Ganzjährig
WO Brutvogel in weiten Teilen Europas, sogar in Island; fehlt im Mittelmeergebiet sowie in weiten Teilen der Iberischen Halbinsel und Südosteuropas. In Deutschland die zweithäufigste Ente; nord- und osteuropäische Brutvögel lassen die mitteleuropäischen Bestände im Winter anwachsen

Mittelsäger *Mergus serrator*

Die sägertypischen feinen Linien, zusammen mit prächtigen Farben und Mustern machen den Mittelsäger zu einem überaus eleganten Vogel. Anders als viele Tauchenten ist er tagsüber erfreulich aktiv und entsprechend gut zu beobachten.

NAHRUNG Wie alle Säger meist Fische; die Vögel tauchen lebhaft und bleiben längere Zeit unter Wasser.

VERHALTEN UND STIMME Während der eindrucksvollen Balz nehmen die Männchen häufig eine abgewinkelte Pose mit gesenktem Schwanz, hinten angehobenem Rücken, schräg hochgerecktem Kopf und geöffnetem Schnabel ein; dabei äußern sie merkwürdig niesende und an Schluckauf erinnernde Laute.

BRUT Die Nester stehen in dichtem, niedrigem Bodenbewuchs am Ufer. Nur das Weibchen bebrütet die bis zu 11 Eier 31–32 Tage.

ZUG Nordeuropäische Brutvögel ziehen im Winter vor allem zur Nordsee und zur Atlantikküste.

LÄNGE 51–62 cm

WANN Ganzjährig
WO Nordeuropa einschließlich Island sowie Brit. Inseln und südliche Ostsee. In Deutschland vorwiegend an der Ostsee, lokal auch im Binnenland

Eine große Ente mit schlankem Sägerschnabel, Körper lang gestreckt und elegant mit dünnem Hals; ♂ überwiegend schwarzweiß, ♀ viel unscheinbarer. Liegt tief im Wasser, taucht häufig

Gänsesäger *Mergus merganser*

Diese große, Fisch fressende Ente mit Hakenschnabel ist eine der eindrucksvollsten Vogelgestalten Europas. Obwohl gelegentlich auf dem Meer anzutreffen, ist der Gänsesäger im Vergleich zum Mittelsäger eher ein Vogel der Süßgewässer – zur Brutzeit und im Winterquartier. Beide Säger werden als Fischfresser verfolgt, obwohl ihr Einfluss auf die Fischbestände nachweislich gering ist.

NAHRUNG Tauchen von der Wasseroberfläche aus nach Fischen.

VERHALTEN UND STIMME Zur Balzzeit nehmen die Männchen verschiedene Posen ein, die an Mittelsäger erinnern; dabei äußern sie gedämpfte „drü-dro“- und unterdrückte „dorr-dorr“-Laute. Weibchen rufen „krah“.

BRUT Brütet in gewässernahen Baumhöhlen, mitunter auch am Ufer zwischen Baumwurzeln. Die bis zu 11 Jungen springen kurz nach dem Schlüpfen zu Boden; flügge mit 10 Wochen.

ZUG Brutvögel aus Nordeuropa wandern nach Mittel- und Westeuropa, um den Winter dort zu verbringen.

LÄNGE 58–66 cm

WANN Ganzjährig (meist Winterhalbjahr)
WO Brütet in Nordeuropa, einschließlich Island, gebietsweise in Mitteleuropa; in Deutschland vor allem im Nordosten und im Alpenvorland

Große, lang gestreckte Ente mit großem Kopf und langem, kräftigem Hakenschnabel; ♂ sehr auffällig, ♀ grau mit scharfer Farbgrenze zum rotbraunen Kopf

Zwergsäger *Mergus albellus*

Der gedrungene Zwergsäger ist die kleinste Sägerart; er zählt zu den lebhaftesten Enten, besonders dann, wenn größere Trupps beisammen sind; dort kommen die Vögel kaum zur Ruhe: Sie tauchen häufig, jagen einander oder fliegen ständig in kleinen Gruppen hin und her; auch wenn die Vögel einzeln oder zu zweit in den Trupps der Schellente erscheinen, wirken sie rastlos und sind oft schwer zu beobachten.

NAHRUNG Zwergsäger tauchen hauptsächlich nach Fischen, im Brutgebiet auch nach Wasserinsekten.

VERHALTEN UND STIMME Balzende Männchen trifft man nicht selten mitten unter Schellenten; dann hört man vielleicht auch die anschwellenden „gig-gig-gigarar"-Laute.

BRUT Brütet in gewässernahen Baumhöhlen und Nistkästen. 6–9 Eier.

ZUG Im Herbst wandern die europäischen Zwergsäger vorwiegend in die Ostsee und die südliche Nordsee.

LÄNGE 38–44 cm

WANN November bis März
WO Brutvogel in der Taiga Nordskandinaviens, Finnlands und Nordrusslands; in Mitteleuropa Wintergast vor allem im Ijsselmeer und im südlichen Ostseeraum

Schellente *Bucephala clangula*

Obwohl die Schellente nicht zu den Sägern gehört, erinnert sie an den seltenen Zwergsäger: Tatsächlich bastardisieren beide Arten erfolgreich. Im Winter bleiben die Schellententrupps bei der Nahrungssuche und während der Ruhephasen meist unter sich. Da sie ständig tauchen, bekommt man immer nur einen Teil der Vögel zu Gesicht und ist oft erstaunt über die großen Scharen von Schellenten, die bei einer Störung plötzlich auffliegen.

NAHRUNG Vorwiegend Muscheln, Schnecken, kleine Krebstiere und Insektenlarven.

VERHALTEN UND STIMME Meist scheu. Bei der Gesellschaftsbalz im Spätwinter werfen die Männchen ihren Kopf in den Nacken und rufen schnarrend „we-weäk".

BRUT Schellenten nisten in Baumhöhlen (oft Schwarzspecht) oder Nistkästen; die bis zu 11 Jungen springen kurz nach dem Schlüpfen zu Boden.

ZUG Ein Teil der Brutvögel Nordeuropas zieht im Herbst nach Mitteleuropa.

LÄNGE 42–50 cm

WANN Meist Oktober bis April
WO Brütet in Nordeuropa und Schottland sowie im nordöstlichen Mitteleuropa; in Deutschland überwiegend im Norden und Nordosten, im Winter jedoch bei uns auf vielen Seen und Flüssen

Trauerente *Melanitta nigra*

Trauerenten sind außerhalb der Brutzeit sehr gesellig und bilden oft große Verbände in flachen Meeresbereichen, nicht selten zusammen mit Eiderenten sowie kleinen Trupps von Samt- und Eisenten. Häufig sind sie vom Strand aus nicht mehr zu sehen.
NAHRUNG Bei ihren tiefen Tauchgängen erbeuten sie vor allem Muscheln, Schnecken, Krebstiere und Würmer.
VERHALTEN UND STIMME Die Balz verläuft wenig spektakulär, die Männchen äußern dabei pfeifende, oft weit zu hörende „pjü"-Reihen.
BRUT Die Nester werden nahe am Ufer auf trockenem Boden angelegt und sind meist durch höheren Pflanzenwuchs geschützt. 6–8 Eier.
ZUG Die Brutvögel wandern im Winter südwärts entlang der Küsten zur südlichen Ostsee. Im Frühjahr ziehen sie über Land; bereits im Juli und August versammeln sich große Männchenscharen an den traditionellen Mauserplätzen. Durch Ölpest bedroht.
LÄNGE 45–54 cm

WANN Juli bis April
WO Brütet an Bergseen auf Island und in Nordeuropa sowie auf den Britischen Inseln. Im Winterhalbjahr große Trupps vor der mitteleuropäischen Küste, im Binnenland nur ganz selten

Eine schwere, aber elegante Meeresente mit großem Kopf, aber schlankem Hals sowie spitzem Schwanz; oft in lang gezogenen Trupps weit vor der Küste

Samtente *Melanitta fusca*

An der Küste meist seltener als die Trauerente. Samtenten entdeckt man am besten, wenn man Trupps häufigerer Entenarten durchmustert und darauf wartet, dass die Enten mit den Flügeln schlagen oder auffliegen – dann ist das weiße Flügelabzeichen der Samtente auffällig. Sonst ist die Artbestimmung schwieriger.
NAHRUNG Im Brutgebiet vor allem kleine Fische und Insektenlarven; im Winterhalbjahr auf dem Meer viele Muscheln, Schnecken und Krebstiere.
STIMME Männchen rufen zur Balzzeit gedämpft „kju-ör", Weibchen „bra-a". Sonst sind Samtenten schweigsam.
BRUT Die Nester liegen an Seen der Taiga und des Fjälls oder auf größeren, dicht bewachsenen Ostsee-Inseln. Das Weibchen legt bis zu 9 Eier.
ZUG Bereits im Sommer suchen die Männchen traditionelle Rastgebiete auf, während die Weibchen das Brutgeschäft allein bestreiten; erst ab September wandern auch sie südwärts.
LÄNGE 51–58 cm

WANN Juli bis April
WO Brütet in Nordeuropa; kehrt im Mai an die Brutplätze zurück. Außerhalb der Brutzeit in küstennahen Gewässern an Nord- und Ostsee, erscheint regelmäßig auch im Binnenland

Eine große Meeresente, häufig in Gesellschaft von Trauerenten, dabei fällt ihr weißes Flügelabzeichen auf; gewöhnlich rote Beine

Brillenente *Melanitta perspicillata*

Eine große, dunkle Meeresente mit keilförmigem Schnabel; ähnlich Samtente, aber mit ganz schwarzen Flügeln; ad. ♂ mit auffälligen Kopf- und Schnabelabzeichen

Diese nordamerikanische Meeresente ist in Europa Ausnahmegast, der selten in Trauerenten-Scharen auf der Nordsee auftritt. Die Männchen sind aufgrund ihres weißen Nackenabzeichens auch aus der Ferne meist leicht zu erkennen, die Weibchen erinnern jedoch stark an weibliche Samtenten und erfordern gründliche Bestimmung.

NAHRUNG Wie andere Meeresenten taucht die Brillenente nach Muscheln, Krebsen, Seesternen und anderen Kleintieren, meist in sandigen Buchten oder über Muschelbänken vor der Küste. Ihr englischer Name „Surf Scoter" hängt mit ihrem Lebensraum zusammen – bei den oft hohen Brechern in sandigen Buchten muss die Ente häufig auf den Wellen reiten.

ZUG Einige Brillenenten halten sich vermutlich ständig in Trupps von Trauerenten auf und wandern mit ihnen im nördlichen Europa umher. So erreichen wohl jeden Herbst ein oder zwei „Neuankömmlinge" die Küsten Westeuropas; nur ganz selten wird diese Art im Binnenland festgestellt.

LÄNGE 45–56 cm

WANN Kaum in Mitteleuropa
WO Sehr selten, außer alljährlich ein bis zwei Vögel, die im Nordosten Großbritanniens beobachtet werden

Scheckente *P. stelleri* Prachteiderente *S. spectabilis*

Die Scheckente (*Polysticta stelleri*) ist eine kleine, etwas untypische Meeresente. Das Prachteiderenten-♂ (*Somateria spectabilis*) hat wirklich ein prächtiges Gefieder

Die Scheckente ist seltener Gast an der deutschen Ostseeküste, an der nordnorwegischen Küste hingegen trifft man sie das ganze Jahr über. Ihre Brutgebiete liegen weiter östlich in Nordsibirien. Die Prachteiderente brütet in Sibirien und Grönland und erscheint ausnahmsweise an der deutschen Küste. Die Männchen beider Arten sind leicht kenntlich, was für die Weibchen- und Jugendkleider nicht gilt.

NAHRUNG Beide Arten erbeuten in flachen, geschützten Küstengewässern Muscheln und andere Meerestiere.

ZUG Scheckenten sind ganzjährige Gäste an der nordnorwegischen Küste und überwintern zunehmend auf der mittleren Ostsee, sehr selten auch an der deutschen Ostseeküste. Prachteiderenten entdeckt man im Winter mitunter in großen Eiderententrupps an der deutschen Küste, manche erscheinen mehrere Jahre lang im selben Gebiet.

LÄNGE Scheckente 42–48 cm; Prachteiderente 55–63 cm

WANN Meist Januar bis April; beide Arten sind Ausnahmegäste
WO Einige Scheckenten überwintern in der mittleren Ostsee. Prachteiderenten überwintern an den Küsten Nordnorwegens, selten Islands

Eiderente *Somateria mollissima*

Die geselligen Eiderenten trifft man wie Trauer- und Samtenten häufig auf dem Meer ein gutes Stück vor der Küste an, im Vergleich zu den anderen Meeresenten halten sie sich aber viel häufiger in Häfen, Mündungsgebieten oder zwischen den unzähligen kleinen Felsinseln nordischer Küsten auf. Ein Blick auf die Trupps lohnt immer, denn die große Kleidervariation und zusätzlich geographische Unterschiede im Erscheinungsbild sind eine Herausforderung für Einsteiger und fortgeschrittene Beobachter.

NAHRUNG Ohne Sprung, aber mit halb geöffneten Flügeln tauchen die Enten weg; sie suchen nach Muscheln und anderen Weichtieren, Seesternen sowie Krebsen, die sie zum Verzehr zur Oberfläche transportieren. Nicht selten gründeln sie im Flachwasser oder sie tauchen lediglich den Kopf ins Wasser, um das Seegras zwischen den Felsen zu untersuchen.

VERHALTEN UND STIMME Während der Balz nehmen die Männchen verschiedene auffällige Posen ein, beispielsweise werfen sie den Kopf mit nach oben weisendem Schnabel auf den Rücken; dabei rufen sie laut und uhuähnlich „ohuo“ oder „hu-huo“. Von Weibchen hört man tiefe „gogogogog …“-Rufe.

BRUT Eiderenten brüten oft kolonieweise, häufig auf kleinen, der Küste vorgelagerten Inseln. Die Nester werden meist in Halbhöhlen, unter Treibholz oder auch ganz frei angelegt. Die 4–6 Eier liegen gut gepolstert auf den Dunen, die als Eiderdaunen große wirtschaftliche Bedeutung haben. Die Jungen schlüpfen nach 25–28 Tagen und sind mit rund 10 Wochen flugfähig. Brütende Weibchen sitzen sehr fest auf dem Gelege und verlassen sich mitunter auch dann noch auf ihr exzellentes Tarnkleid, wenn sie offensichtlich bereits entdeckt wurden. Die Küken mehrerer Weibchen vereinigen sich aus Schutzgründen zu großen „Kindergärten“, sie sind aber trotzdem häufig Angriffsziel von Großmöwen.

ZUG Brutvögel aus dem Norden wandern entlang der Küsten Skandinaviens und des Baltikums bis nach Nordfrankreich. In die Ostsee ziehen im Winter oft große Scharen. Manche Trupps wandern ins mitteleuropäische Binnenland und erreichen sogar das Alpenvorland, wo die Enten auf einigen Seen schon fast ganzjährig zu beobachten sind.

LÄNGE 50–71 cm

WANN Ganzjährig; in der südlichen Ostsee, meist September bis Mai
WO Brutvogel an den Küsten Islands, Skandinaviens, Finnlands und Nordrusslands sowie Schottlands und Nordenglands; in Deutschland fast ausschließlich an der Nordseeküste, dort das ganze Jahr über zu sehen

Eine große und kräftig gebaute Meeresente der Küstengewässer. Weibchen dunkel und überall gebändert, Männchen kontrastreich und ansprechend gefärbt. Kopf und Schnabel keilförmig

Eisente *Clangula hyemalis*

Eine kleine, spitzschwänzige Meeresente mit rundlichem Kopf, kurzem Schnabel und dunklen Flügeln; ad. ♂ mit auffällig langen Schwanzspießen. Pro Jahr drei Kleider, weshalb die Mauser sehr kompliziert ist. Taucht ausdauernd, auf dem Meer nicht selten mit Trauerenten vergesellschaftet

Eine von mehreren geselligen Meeresenten, die sich oft weit vor der Küste aufhalten; sie bilden nicht selten gemeinsame Verbände mit anderen Meeresenten. Die Trupps wirken sehr unruhig, denn ständig fliegen einige Vögel auf. Sie erinnern in ihren Hell-Dunkel-Kontrasten und dem rasanten Flug mit fast schwirrenden Flügelschlägen etwas an Alken. In manchen Gebieten kommen Eisenten in Küstennähe, beispielsweise wenn sie von den Gezeiten in ein Mündungsgebiet gedrückt werden; von weniger geschützten Küstenabschnitten aus sind sie jedoch kaum vom Ufer aus zu sehen. Schade, denn sie gehören zu den ansprechendsten Meeresenten – besonders das rundliche Kopfprofil mit kurzem Schnabel und die beim Männchen verlängerten, beweglichen Mittleren Steuerfedern verleihen dieser Ente einen ganz besonderen Charme.

NAHRUNG Vorwiegend kleine Schnecken und Muscheln sowie Meereswürmer und Krebstiere; am Brutplatz häufig Mückenlarven und Kleinkrebse. Leider kommen sehr viele der tief tauchenden Enten in Fischernetzen um.

VERHALTEN UND STIMME Während der Gemeinschaftsbalz auf dem Wasser nehmen die Männchen verschiedene Posen ein, um den Weibchen zu imponieren; oft richten sie ihre Schwanzspieße auf und werfen den Kopf auf den Rücken. Dabei vereinigen sich ihre lauten „auli"-Rufe zu einem eindrucksvollen, klangschönen Chor. Über dem Brutplatz finden rasante Verfolgungsflüge statt, wobei meist mehrere Männchen ein Weibchen verfolgen und es kurzzeitig zu abrupter Landung auf dem Wasser zwingen.

BRUT Im skandinavischen Fjäll ist die Eisente seltener Brutvogel; in Island und vor allem Nordrussland bestehen weitaus größere Brutvorkommen. Das Nest steht nicht weit vom Ufer entfernt an einem kleinen See in der Weiden- und Birkenregion des Fjälls oder in der Tundra. In Island brüten die Enten an Seen mit großen Insektenvorkommen. Nicht selten finden sich mehrere Paare zusammen, die ihre Nester auf kleinen, raubtiersicheren Inseln anlegen. Das Gelege aus 5–7 Eiern liegt in einer mit Pflanzenmaterial und Dunen gepolsterten Mulde. Nach 24–29 Tagen schlüpfen die Küken.

ZUG Nach der Brutzeit wandern große Scharen von Eisenten zum Bottnischen Meerbusen und von dort aus nach der Mauser zur Ostsee. Im Mai ziehen sie zurück in die Brutgebiete, dort sind die Seen oft noch vereist.

LÄNGE ♂ 58–60 cm; ♀ 37–41 cm

WANN Oktober bis April
WO Brutvogel Islands, Skandinaviens und Nordrusslands. In Mitteleuropa häufiger Wintergast der Ostsee, selten im Inland

Gänsegeier *Gyps fulvus*

Eine der eindrucksvollsten Vogelgestalten Europas, besonders im Flug. Morgens an kalten Tagen lassen sich Gänsegeier durch aufsteigende Winde an Steilhängen in die Höhe tragen. An heißen Tagen erscheinen sie später und nutzen die über Klippen und Hängen aufsteigenden warmen Luftmassen (Thermik). Beide Techniken helfen ihnen Höhe zu gewinnen, um anschließend im kräftesparenden Gleit- oder Segelflug große Distanzen zu überwinden.

NAHRUNG Tote Tiere; in Spanien greifen die Geier in Gegenden, wo es zu wenig Aas gibt, auch Lämmer an.

VERHALTEN UND STIMME Recht schweigsam, mit Ausnahme von grunzenden und zischenden Lauten. Die Balz findet meist in der Luft statt.

BRUT Gänsegeier bauen große Zweignester in Felsnischen oder auf Felsbändern, meist nisten sie kolonieweise. Der Jungvogel schlüpft nach 52 Tagen.

ZUG In den österreichischen Alpen übersommern alljährlich Gänsegeier aus den Brutgebieten des Balkans.

LÄNGE 95–105 cm; SP bis 275 cm

WANN Mai bis September (selten)
WO Brutvogel Südeuropas

Mönchsgeier *Aegypius monachus*

Mönchsgeier sind noch etwas größer als Gänsegeier, wirken aber im Flug nicht so elegant – durch die gleichmäßig breiten, sehr langen Flügel eher wuchtig wie der Seeadler. Weniger ein Vogel der Klippen, obwohl er auch in Berggegenden Nahrung sucht. In den hügeligen Waldgebieten Zentralspaniens mit Beständen von Korkeichen und offenen Gebieten mit Felsblöcken findet der Mönchsgeier gute Lebensbedingungen.

NAHRUNG Wie Gänsegeier tote Tiere; am Aas dominieren sie über die kleinere Art, mit ihren riesigen Schnäbeln durchtrennen sie die zähe Haut.

VERHALTEN UND STIMME Während der Balzzeit segeln die Paarpartner hoch über dem Brutplatz; häufig trudeln sie auch mit ineinander verhakten Krallen abwärts. Schweigsam.

BRUT Im Alter von 5–6 Jahren findet die erste Brut statt – meist in riesigem Zweignest auf einem Baum, seltener in Felshorsten. Beide Partner bebrüten das einzige Ei 50–55 Tage; das Junge fliegt im Alter von 15 Wochen aus.

ZUG Jahresvogel.

LÄNGE 100–110 cm; SP bis 280 cm

WANN Nicht in Mitteleuropa
WO Zentralspanien, selten Mallorca; auf dem Balkan nahezu verschwunden

Bartgeier *Gypaetus barbatus*

Ein spektakulärer, langschwänziger Geier, der häufig langsam an Felswänden entlang gleitet; gelegentlich tiefe, langsame Flügelschläge

Der Bartgeier, ein sehr eindrucksvoller Großvogel, wird auch „Lämmergeier" genannt, da man ihn für Lämmerraub verantwortlich machte. Er wirkt im Vergleich zum Gänsegeier weniger wuchtig, mitunter deutlich kleiner, aber seine riesige Spannweite, der lange, keilförmige Schwanz, der helle Kopf sowie die orangefarbene Unterseite lassen ihn groß erscheinen. Er ist einer der seltensten Vögel Europas.

NAHRUNG Bartgeier sind zwar fähig, Beutetiere zu schlagen, ernähren sich aber gewöhnlich von Kadavern; größere Knochen tragen sie in die Höhe, um sie auf Felsen zerschellen zu lassen.

VERHALTEN UND STIMME Im Winter verfolgen die Paarpartner einander in Nestnähe; manchmal fassen sie sich an den Füßen und trudeln abwärts, dabei äußern sie hohe Pfeiflaute.

BRUT Der riesige Horst wird in einer Nische einer unzugänglichen Felswand gebaut. Beide Partner bebrüten die 1–2 Eier 55–60 Tage ; nach 110 Tagen fliegt meist ein Jungvogel aus.

ZUG Jahresvogel.

LÄNGE 100–115 cm; SP bis 240 cm

WANN Ganzjährig (selten)
WO Alpenraum (ausgesetzte Vögel), Pyrenäen, Korsika, Kreta, Griechenland

Schmutzgeier *Neophron percnopterus*

Ein kleiner Geier; segelt auf flach gehaltenen Flügeln mit wenigen Flügelschlägen über Klippen und Müllkippen

Schmutzgeier stehen bei vielen Vogelbeobachtern nicht gerade ganz oben auf der Wunschliste, ein segelnder Schmutzgeier bietet jedoch einen prächtigen Anblick, besonders gegen den blauen Himmel, denn dann wirkt sein Gefieder fast durchscheinend.

NAHRUNG Häufig Aas und Abfälle sowie Exkremente, daneben Insekten, Jungvögel und Eier. Die Schmutzgeier Afrikas sind dafür bekannt, dass sie Steine in den Schnabel nehmen und damit die harte Schale von Straußeneiern aufbrechen.

VERHALTEN UND STIMME Nach Ankunft des Paares am Brutplatz vollführen die Partner im Frühjahr akrobatische Flugspiele. Wenig lautfreudig.

BRUT Der Horst wird aus Zweigen, Abfällen und Kot gebaut und meist in einer Felsnische angelegt. Die beiden Jungvögel schlüpfen nach 42 Tagen Brutdauer und sind nach 10–11 Wochen flugfähig.

ZUG Im August ziehen die Altvögel nach Afrika; die Jungen folgen später nach und bleiben für einige Jahre südlich der Sahara.

LÄNGE 60–70 cm; SP 155–170 cm

WANN Nicht in Mitteleuropa
WO Iberische Halbinsel, Südfrankreich, Süditalien; zieht über Gibraltar und Istanbul

Rotmilan *Milvus milvus*

Der Rotmilan, auch Gabelweihe genannt, zeichnet sich durch lebhafte Färbung und kräftige Musterung sowie elegante Gestalt und Flugweise aus. Er ist ein nahezu rein europäischer Brutvogel, der vielerorts zum Symbol des Naturschutzes wurde. Besonders Deutschland trägt große Verantwortung für die Erhaltung dieser einmaligen Vogelgestalt, denn bei uns lebt rund die Hälfte des Weltbestands.
NAHRUNG Vor allem Kleinsäuger und Vögel wie Krähen und Möwen; gebietsweise vorwiegend Feldhamster; häufig Aas und Abfälle. Rotmilane erspähen ihre Beute im Suchflug.
VERHALTEN UND STIMME Im Frühjahr vollführen die Paare Balzflüge und rufen dabei pfeifend-klagend „wie-uh wie-uh-wie-uh-wie-uh".
BRUT Die großen Baumnester, meist in Waldrandnähe, enthalten Zweige, Blätter, Erde, Lumpen und Papier. 2–4 Junge schlüpfen nach 31–32 Tagen.
ZUG Die meisten Rotmilane ziehen in den westlichen Mittelmeerraum, einige überwintern in Deutschland.
LÄNGE 60–65 cm; SP 140–165 cm

WANN Meist März bis Oktober
WO Brütet von der Iberischen Halbinsel und Sizilien bis zur Westukraine, im Norden bis Südengland, Südschweden

Schwarzmilan *Milvus migrans*

Im Süden Europas ist der Schwarzmilan vielfach häufig, so kommt er an der südspanischen Küste oder in Teilen der Pyrenäen noch zahlreich vor. In Deutschland jedoch ist er eher selten und fehlt in Gebieten mit intensiver Landwirtschaft und in Siedlungen meist völlig. Er lebt in halb offener, gewässerreicher Landschaft.
NAHRUNG Vor allem tote Fische, aber auch anderes Aas und Abfälle sowie lebend erbeutete Fische, kleine Landwirbeltiere und Insekten.
VERHALTEN UND STIMME Zur Balzzeit sieht man die Partner oft in Brutplatznähe kreisen; wiehernd-klagende Rufe ähnlich Silbermöwe: „pie-iier".
BRUT Die großen Zweignester werden oft mit Papier und Lumpen ausgelegt, sie sind meist gut versteckt in Baumkronen. 2–4 Junge.
ZUG Europäische Brutvögel ziehen nach Afrika, bei Gibraltar sieht man im August und September oft Tausende, deutlich weniger Schwarzmilane wandern über Sizilien, Malta und über den Bosporus bei Istanbul.
LÄNGE 55–60 cm; SP 130–155 cm

WANN Meist April bis August
WO Weit verbreitet in Europa, fehlt in Nord- und Nordwesteuropa nahezu ganz

Rohrweihe *Circus aeruginosus*

Unter den Weihen die größte und kräftigste und mit dem kürzesten Schwanz; Weibchen gewöhnlich leicht erkennbar, weit entfernt oder sehr hoch fliegende Vögel können jedoch mit Schwarzmilan, Bussarden und sogar Zwergadler verwechselt werden

Gewöhnlich ist die Rohrweihe unschwer von den anderen Weihenarten zu unterscheiden, denn sie ist größer und kräftiger gebaut. Meist sieht man die Weihe in niedrigem Suchflug, dabei gleitet der Vogel etwas taumelnd auf schwach v-förmig angehobenen Flügeln, mitunter segelt er aber auch in großer Höhe; dann ist Verwechslung mit einem Bussard oder Schwarzmilan möglich, wenn die Gefiederdetails der Unterseite gegen den Himmel nicht zu erkennen sind. Meist sieht man die Rohrweihe über Schilfgebieten, aber auch über anschließendem Kulturland und – auf dem Zug – sogar über sehr trockenen Gegenden.

NAHRUNG Eine Vielzahl von kleinen Vögeln und Säugetieren der Feuchtgebiete und angrenzender trockenerer Flächen, vor allem Wasserratten und andere Wühlmäuse, Maulwürfe und junge Kaninchen sowie Vögel bis zur Größe eines Blässhuhns; daneben auch Frösche, Insekten und Eier. Die Weihe stößt aus dem niedrigen Suchflug nach einer halben Seitwärtsdrehung blitzschnell zu Boden, wenn sie ein Beutetier ausgemacht hat.

VERHALTEN UND STIMME Während der Balz unternimmt das Männchen hoch über dem Nistplatz Sturzflüge, deren Ziel nicht selten das Weibchen ist; es bringt seiner Partnerin Beutetiere, die das Weibchen unter dem Männchen auf dem Rücken fliegend entgegennimmt. Diese Art der Beuteübergabe wird auch während der Jungenaufzucht beibehalten. Das Männchen ruft während der Balz kiebitzähnlich und nasal „kwi-ää"; bei Gefahr ist ein schnelles „kwe-kwe-kwe ..." zu hören. Nicht selten ist ein Männchen mit zwei oder drei Weibchen verpaart.

BRUT Das Weibchen baut im hohen, dichten Schilf ein kompaktes Nest aus Schilf und Zweigen. Das Gelege besteht aus 4–5, manchmal bis zu 8 Eiern. Nach einer Brutdauer von 31–38 Tagen schlüpfen die Jungen; sie werden mit 35–40 Tagen flugfähig; nach dem Ausfliegen werden sie noch rund 2–3 Wochen von den Altvögeln gefüttert. In Zeiten mit Nahrungsmangel stirbt nicht selten das jüngste Küken; die gesamte Brut geht oft durch Hochwasser oder Raubtiere verloren.

ZUG Rohrweihen aus nördlichen und östlichen Brutgebieten wandern im Herbst in den Mittelmeerraum, viele ziehen entlang des Nils nach Zentral- und Ostafrika; die aus dem westlichen Europa stammenden Brutvögel ziehen nach Westafrika.

LÄNGE 48–55 cm; SP 115–140 cm; ♀ größer als ♂

WANN März bis Oktober
WO Brütet in weiten Teilen des europäischen Flachlands, im Norden bis Südengland sowie Südschweden und Südfinnland

Kornweihe *Circus cyaneus*

Ein mittelgroßer, langflügeliger Greifvogel mit weißem Bürzel; fliegt niedrig und scheinbar langsam mit angehobenen Flügeln; Geschlechter völlig verschieden gefärbt, die Unterscheidung von den anderen Weihenarten ist jedoch schwierig

Jahrhundertelang hielt man Männchen und Weibchen der drei kleineren Weihen für verschiedene Arten, denn die adulten Männchen sind überwiegend grau, Weibchen und Jungvögel dagegen braun mit weißem Bürzel und gebändertem Schwanz; die Artbestimmung ist besonders bei den Weibchen- und Jugendkleidern oft sehr schwierig. Alle drei Weihen jagen niedrig über offener Landschaft wie Mooren, Dünen- und Heideflächen oder auch extensivem Kulturland. Ihr Flug ist meist etwas gaukelnd, Serien mit elastischen Flügelschlägen wechseln mit Gleitstrecken bei leicht v-förmig angehobenen Flügeln ab. Im Vergleich zu Wiesen- und Steppenweihe weniger auf einen bestimmten Lebensraum fixiert – lokal brüten Kornweihen in Nadelbaumpflanzungen.

NAHRUNG Vor allem Kleinsäuger, vielerorts ist die Feldmaus wichtigstes Beutetier; daneben Kleinvögel und Junge von bodenbrütenden Arten. Die Beutetiere werden am Boden gegriffen, meist nach einer plötzlichen Wendung während des Suchflugs. Weihen haben lange nackte Beine, damit können sie auch im hohen Bewuchs sicher zugreifen; zum Zerteilen und Fressen der Beute fliegen sie oft auf einen Erdhügel oder Pflock.

VERHALTEN UND STIMME Im Frühjahr unternehmen die Männchen eindrucksvolle Flugspiele, indem sie mit tief ausholenden Flügelschlägen aufsteigen und dann im rasanten Sturzflüge abwärts sausen. Ihr Rufe klingen hart keckernd: „tschek-ek-ek-ek-ek …“; Weibchen rufen höher.

BRUT Viele Männchen verpaaren sich mit zwei oder drei Weibchen, die sie während der Brut und Jungenaufzucht mit Nahrung versorgen. Das Nest aus Gras und Zweigen steht am Boden, oft in Hanglage zwischen Heidekraut oder anderen Zwergsträuchern. Jedes Weibchen legt 3–6 Eier; die Jungen schlüpfen nach 29–31 Tagen; nicht selten sterben die kleineren Jungen bei Nahrungsmangel, die übrigen sind nach 32–34 Tagen flugfähig. Eindringlinge werden vom Weibchen und gelegentlich vom Männchen heftig attackiert.

ZUG Kornweihen aus nördlichen und östlichen Brutgebieten wandern nach Süden und Westen. In Mitteleuropa überwintern nicht wenige von ihnen regelmäßig.

LÄNGE 43–50 cm; SP 98–118 cm; ♀ größer als ♂

WANN Meist Oktober bis April
WO Brutvogel im Norden und Nordosten Europas, dort nur im Sommer; brütet in West- und Mitteleuropa mit großen Lücken; in Deutschland sehr selten im Norden, fehlt im Süden fast völlig, überwintert aber regelmäßig. In Süd- und Südosteuropa ist die Art nur im Winterhalbjahr zu beobachten

Wiesenweihe *Circus pygargus*

Eine sehr anmutige, schmal- und spitzflügelige Weihe mit den typischen ausgeprägten Geschlechtsunterschieden; ad. ♂ leicht zu bestimmen

Wiesenweihen sind wohl die elegantesten der vier Weihenarten, sie leben in warmer offener Landschaft, in Mitteleuropa meist in Mooren und Heiden sowie Verlandungsflächen mit nicht zu hoher Vegetation. Immer mehr Nester werden in Getreidefeldern und auf anderem Kulturland angelegt.

NAHRUNG Kleinsäuger und Kleinvögel, häufig Feldmäuse; daneben Frösche, Eidechsen, kleine Schlangen und sogar Regenwürmer und Schnecken sowie gebietsweise Großinsekten.

VERHALTEN UND STIMME Zur Balzzeit vollführen die Männchen akrobatische Schauflüge über dem Brutrevier; sie äußern dabei hohe „kjeh"-Folgen. Weibchen rufen pfeifend „pji-ih".

BRUT Das dürftige Bodennest steht im Schilf, hohen Gras oder Getreide. Nach 27–30 Tagen schlüpfen die meist 4–5 Jungen. Das Männchen versorgt die Familie anfangs allein.

ZUG Die Überwinterungsgebiete liegen in Afrika südlich der Sahara.

LÄNGE 43–50 cm; SP 96–116 cm

WANN April bis September
WO In Europa hauptsächlich im Osten sowie in Spanien und Frankreich. In Deutschland sehr seltener Brutvogel, im Norden etwas häufiger

Steppenweihe *Circus macrourus*

Eine auffällige Weihe; Männchen klein und elegant, Weibchen deutlich größer als Wiesenweihe

Die Steppenweihe, im größten Teil Europas sehr seltener Gast, ist relativ klein und schlank; sie ist ein Vogel der trockenen Steppenlandschaft und extensiver Getreidefelder.

NAHRUNG Hauptsächlich Lemminge und Wühlmäuse, aber auch Echte Mäuse und Kleinvögel sowie gelegentlich Eidechsen und große Insekten. Die Jagdmethode ähnelt der anderer Weihen, jedoch kommt die Steppenweihe während des Suchflugs oft rascher vorwärts. Ihre Bestandsdichte schwankt im Takt mit der Dichte der Kleinsäuger.

VERHALTEN UND STIMME Die Balzflüge werden von scharfen, hohen „kek-kek-kek ..."-Folgen begleitet.

ZUG Im Herbst wandern die Steppenweihen nach Indien und Afrika, wo sie über der offenen Savanne jagen, oft nahe bei Großtierherden. Im Frühjahr kehren sie zurück, dabei schlagen sie eine eher westliche Route ein; trotzdem ziehen die meisten im Frühjahr und Herbst über den Nahen Osten.

LÄNGE 40–48 cm; SP 97–118 cm

WANN Meist April und September
WO Brütet in den Steppen Osteuropas. In Mitteleuropa seltener Ausnahmegast

Sperber *Accipiter nisus*

Ein kleiner, wendiger Greifvogel mit langem Schwanz und kurzen, abgerundeten Flügeln; jagt meist in niedrigem Suchflug, kreist aber bisweilen in großer Höhe

Der Sperber ist der wichtigste Jäger kleiner Waldvögel wie Meisen und Finken, er jagt aber auch über Feldern, in Gärten und sogar über Salzwiesen und anderen offenen Flächen. In den 1960er-Jahren verschwanden Sperber aus vielen Regionen, in denen sie zuvor häufig vorkamen; Grund dafür waren großflächig in der Landwirtschaft eingesetzte Gifte, die zu dünnschaligen Eiern bei mehreren Greifvogelarten führten. Heute sind vor allem Rückgänge in der Zahl der Kleinvögel Ursache für Bestandsabnahmen.

NAHRUNG Männchen erbeuten vor allem kleine Singvögel wie Meisen und Finken; die viel größeren und kräftigeren Weibchen fangen häufig drosselgroße Vögel und wagen sich sogar mitunter an Ringeltauben. Wegen dieser deutlichen Unterschiede in der Beutewahl können die Brutpaare ein relativ kleines Territorium besetzen, da die Partner nicht miteinander um die Nahrung konkurrieren müssen. Sperber fliegen bei der Jagd niedrig und nutzen Überraschungseffekte: Beispielsweise fliegt ein Sperber eine Weile auf der einen Seite einer Hecke und wechselt abrupt auf die andere Seite, um dort einen völlig ahnungslosen Kleinvogel zu ergreifen. Bei der Ansitzjagd wartet der Sperber auf ein geeignetes Beutetier, das in passender Entfernung auftaucht. Sperber sind oft sehr draufgängerisch und verfolgen Beutevögel über größere Entfernung, manchmal in beträchtliche Höhe hinauf, oder sie stoßen hinter ihnen in dichtes Buschwerk und setzen dort die Jagd „zu Fuß" im Gezweig fort. Mitunter warten Sperber im Gebüsch auf nahrungssuchende Meisentrupps. Andere „belagern" Futterhäuser im Garten und schnappen sich Blaumeisen vom Meisenknödel weg.

VERHALTEN UND STIMME Im Frühjahr sieht man Sperber über dem Brutterritorium in Weihenmanier balzfliegend; außerdem vollführen beide Partner rasante Flugspiele mit steilen „Abstürzen" und anschließendem Aufsteilen; danach sausen sie mit angelegten Flügeln in den Wald zurück. Die Rufe sind hoch und schnell „gji-gji-gji ...". Die Standortrufe der Jungvögel erinnern an junge Waldohreulen: „jih".

BRUT Brütet fast in ganz Europa außer Island. Das kleine, flache Zweignest steht in Bäumen, oft auf einem waagerechten Zweig nahe am Stamm. Die bis zu 7 Jungvögel schlüpfen nach 33–35 Tagen, flügge mit 24–30 Tagen.

ZUG Die meisten nordeuropäischen Sperber sind Zugvögel, sonst ist die Art in Europa Jahresvogel.

LÄNGE 28–38 cm; SP 58–80 cm

WANN Ganzjährig
WO In Mitteleuropa weit verbreitet

Habicht *Accipiter gentilis*

Ein großer, kräftiger, imposanter Greifvogel des Waldes mit ziemlich langen, breiten Flügeln und langem Schwanz

Der Habicht, eine größere Ausgabe des Sperbers, vermag deutlich größere Beutetiere zu überwältigen als die verwandte Art. Er ist meist viel seltener zu beobachten; selbst in Gebieten mit einem oder zwei ansässigen Brutpaaren sind Begegnungen mit dem Habicht erstaunlich rar – mit Ausnahme der Balzzeit im Frühjahr. Nicht selten wird das Sperberweibchen als Habicht fehlbestimmt, doch wenn man das erste Mal wirklich einen Habicht gesehen hat, wundert man sich über die anfängliche Verwechslung. Ein Habicht-Weibchen ist allerdings so groß und eindrucksvoll, dass man dabei kaum an den Sperber erinnert wird, sondern eher an einen Bussard oder sogar an ein übergroßes Wanderfalkenweibchen. Das kleinere Habichtmännchen kann ohne Möglichkeit zum Größenvergleich eher Bestimmungsprobleme aufwerfen.

NAHRUNG Habichtmännchen jagen vor allem mittelgroße Vögel wie Drosseln, Tauben oder Eichelhäher. Weibchen erbeuten ebenfalls viele Tauben, schlagen aber auch Krähen, Fasane und Raufußhühner sowie Watvögel und sogar andere Greifvögel und kleinere Eulen. Beide fangen auch Eichhörnchen und Kaninchen, das Weibchen auch Hasen. Der Habicht kann mit großer Geschwindigkeit von oben auf die Beute herabstoßen, ähnlich einem Wanderfalken, meist verfolgt er aber das Opfer über kurze Strecken in sehr rasantem und wendigem Flug über offenem Boden oder zwischen Bäumen.

VERHALTEN UND STIMME Das Männchen kreist mit gespreiztem Schwanz; das Brutpaar fliegt über dem Brutrevier mit auffällig gesträubten Unterschwanzdecken. Nicht selten stoßen die Vögel zum Brutplatz herab. In Nestnähe hört man oft die lauten, etwas an Grünspecht erinnernden Tonfolgen: „gik-gik-gik …“; das Weibchen ruft etwas melancholisch „pie-ieh“.

BRUT Der Horst, meist in Stammnähe auf alten Kiefern oder Eichen gebaut, wird oft jahrelang benutzt und ausgebessert. Er wird mit der Zeit zu einer großen Plattform aus Zweigen und Ästen; während der Brutsaison kommt eine Schicht aus belaubten Zweigen hinzu. Manche Habichte brüten noch im Jugendkleid, die meisten aber erst im Alter von 2–3 Jahren. Die Paare leben in Dauerehe. Das Weibchen bebrütet 35–38 Tage allein die 2–5 Eier.

ZUG Jungvögel wandern im Herbst oft über weite Strecken, Althabichte dagegen sind meist sehr standorttreu.

LÄNGE 48–61 cm; ♀ viel größer und kräftiger als ♂; SP 95–127 cm

WANN Ganzjährig
WO Brütet in fast ganz Europa, meistens aber in geringer Dichte, fehlt vielerorts

Raufußbussard *Buteo lagopus*

Im hohen Norden Europas wird der Mäusebussard durch den Raufußbussard ersetzt. Wie üblich bei Vögeln, die in kälteren Gegenden leben, ist der Raufußbussard etwas größer als die Schwesterart. In vieler Hinsicht gleichen sich beide Bussardarten, der Raufußbussard wirkt jedoch im Flug eleganter, die Flügelschläge sind etwas langsamer und elastischer; außerdem rüttelt er häufiger als der Mäusebussard, verbringt aber ebenfalls viel Zeit bewegungslos auf dem Ansitz – meist auf einem kleinen Baum, einem Pfahl oder einfach auf dem Boden. Die „rauen Füße", das heißt befiederten Läufe, sind oft schwer zu sehen.

NAHRUNG Im Sommer erbeutet der Raufußbussard meist Wühlmäuse, in Europa vor allem Berglemming, Erdmaus und Nordische Wühlmaus, daneben finden sich auch Jungtiere von Schneehase und Hermelin regelmäßig in den Beutelisten, außerdem Junge von Raufußhühnern, Enten- und Watvögeln. Im Winter spielen wie beim Mäusebussard vor allem Feldmäuse und Aas eine große Rolle.

VERHALTEN UND STIMME Die Paarbildung findet wahrscheinlich im Winter statt, da die meisten Raufußbussarde bereits verpaart am Brutplatz erscheinen. Ähnlich dem Mäusebussard kreisen die Paarpartner während der Balz ausgiebig über dem Horstgebiet und vollführen steile Abstürze, allerdings ohne laute Rufe. Die Warnrufe sind lang gezogener und stärker abfallend als beim Mäusebussard und meist nur in Nestnähe zu hören.

BRUT Wichtigste Voraussetzung für die Brut ist eine ausreichende Wühlmauspopulation. In Skandinavien fluktuieren die Nagerbestände normalerweise im Vierjahresrhythmus. Bei geringer Beutetierdichte brüten die Bussarde nicht oder wandern oft weit umher, um ein kleinsäugerreiches Brutrevier zu finden. Der Horst wird meist auf einem Absatz in einer steilen Felswand angelegt oder auf einem hohen Baum, in der Tundra häufig auf einem Torfhügel. Die bis zu 7 Eier werden 31 Tage bebrütet, überwiegend vom Weibchen. Die Jungbussarde fliegen mit 5–6 Wochen aus.

ZUG Die Brutvögel und deren Junge verlassen Skandinavien und Finnland im Herbst, um nach Süden zu wandern; die Länge der Strecke hängt aber vom Beuteangebot ab.

LÄNGE 50–60 cm; SP 123–140 cm

Ein großer, eleganter, langflügeliger Bussard mit elastischen Flügelschlägen, häufig beim Rütteln zu sehen; Gefieder meist kontrastreich, wegen der großen Variation in der Musterung aber weniger zur Bestimmung geeignet als Gestalt und Flugweise

WANN Oktober bis April
WO Brütet in der Mitte und im Norden Skandinaviens und im Norden Finnlands und Russlands. Regelmäßiger Wintergast in Dänemark, im Norden Mitteleuropas und in Osteuropa, kaum im Süden; einige ziehen bis zum Balkan und Schwarzen Meer

Wespenbussard *Pernis apivorus*

Ein recht großer, langflügeliger, bussardähnlicher Greifvogel mit hellen Augen, kleinem Kopf und ziemlich langem Schwanz mit drei dunklen Binden; Gefieder sehr variabel, aber unterseits häufig kräftig gebändert; kenntlich an typischer Silhouette und elastischen Flügelschlägen

Trotz seines deutschen Namens ist der Wespenbussard kein echter Bussard, auch wenn einige äußerliche Gemeinsamkeiten bestehen; auch sein Verhalten und seine Lebensweise sind anders als die der Bussarde. Wegen seiner großen Gefiedervariation sind vor allem Flugsilhouette und Flugweise für die Bestimmung hilfreich. Wespenbussarde sind bei der Nahrungsaufnahme und während der Brutzeit recht vorsichtig und halten sich meist im Schutz größerer Waldgebiete verborgen. Am einfachsten sind sie an den Brennpunkten des Vogelzugs oder beim Balzflug über dem Brutrevier im Spätfrühling zu beobachten.

NAHRUNG Wespenbussarde verbringen viel Zeit auf dem Ansitz innerhalb des Waldes und halten nach fliegenden Wespen und Bienen Ausschau. Wespenbussarde verzehren Imagines und Larven von Wespen und Bienen sowie Honigwaben, die sie mit den Füßen ausgraben; kurze, steife Federn schützen dabei das Gesicht vor Stichen. Sie verzehren aber auch Ameisenpuppen und verschiedene andere Insekten. Während insektenarmer Perioden im Frühjahr erbeuten sie auch Frösche, Würmer und Kleinvögel.

VERHALTEN UND STIMME Im Frühjahr balzen Wespenbussarde über dem Brutwald; dabei steilt das Männchen aus dem Kreisen heraus plötzlich hoch, reckt die Flügel senkrecht hoch und schüttelt sich ein paar Male; diese Sequenz kann sich mehrfach wiederholen. Häufigster Ruf ist ein lang gezogenes, klangvoll pfeifendes „wiii-lu“.

BRUT Das Paar baut aus belaubten Zweigen ein recht kleines Nest, meist hoch in einer Eiche, Buche oder Fichte. Die gewöhnlich 2 Eier werden 30–35 Tage bebrütet; Brutdauer 33–45 Tage.

ZUG Wespenbussarde ziehen im September nach Afrika südlich der Sahara. Wie die meisten Greifvögel vermeiden sie den Flug über das offene Meer, denn sie sind auf warme Aufwärtsströmungen angewiesen, die es nur über dem Land gibt. Daher konzentrieren sich große Scharen an bestimmten Meerengen, wie Gibraltar und Bosporus, wo während des Wegzugs im September und beim Heimzug im April und Mai an günstigen Tagen Tausende dieser Greifvögel zu beobachten sind. Weitere Schwerpunkte des Wespenbussardzugs sind Falsterbo im südlichsten Schweden und der Fehmarnsund. Leider werden viele der über Sizilien und Malta wandernden Wespenbussarde abgeschossen.

LÄNGE 52–60 cm; SP 113–135 cm

WANN April bis September
WO Brütet in weiten Teilen Europas, im Norden bis Südengland, Nordschweden und Nordfinnland; fehlt in Teilen Süd- und Westeuropas. In Deutschland weit verbreitet, meist nicht häufig

Adlerbussard *Buteo rufinus*

Ein „echter" Bussard warmer, trockener, offener Landschaft, nicht selten in Steppen und Halbwüstengebieten. Die Brutvögel des Balkans bevorzugen hügeliges Waldland und extensives Kulturland. Verwechslung mit dem Mäuse- und Falkenbussard ist möglich.
NAHRUNG Vor allem Säugetiere wie Ziesel, Hamster, Wühl- und Rennmäuse; daneben auch Kleinvögel, Eidechsen, Frösche und sogar Schlangen. Adlerbussarde jagen vom Ansitz aus, oft einem Telefonmasten, oder aus dem Segelflug über offenem Grund. Sie rütteln mehr als Mäusebussarde, typischerweise über trockenen Feldern oder spärlichem Gestrüpp.
VERHALTEN UND STIMME Während der Balz Girlandenflug mit steilem Aufstieg und anschließendem „Absturz". Weniger ruffreudig als Mäusebussard, die Rufe sind weicher.
BRUT Der Horst steht meist in einer Felswand; die 3–4 Eier werden rund 28 Tage bebrütet; flügge mit 5 Wochen.
ZUG Brutvögel aus Südosteuropa und der nordkaspischen Region ziehen im Herbst nach Afrika südlich der Sahara.
LÄNGE 50–65 cm; SP 130–150 cm

WANN März bis September (selten)
WO Brutvogel Südosteuropas; in Mitteleuropa nur in Ostungarn, sonst seltener Ausnahmegast

Ein großer, agiler Bussard mit langen, recht schmalen Flügeln, hellem Schwanz und kräftigem, an kleine Adler erinnerndem Flügelschlag; Gefieder variabel

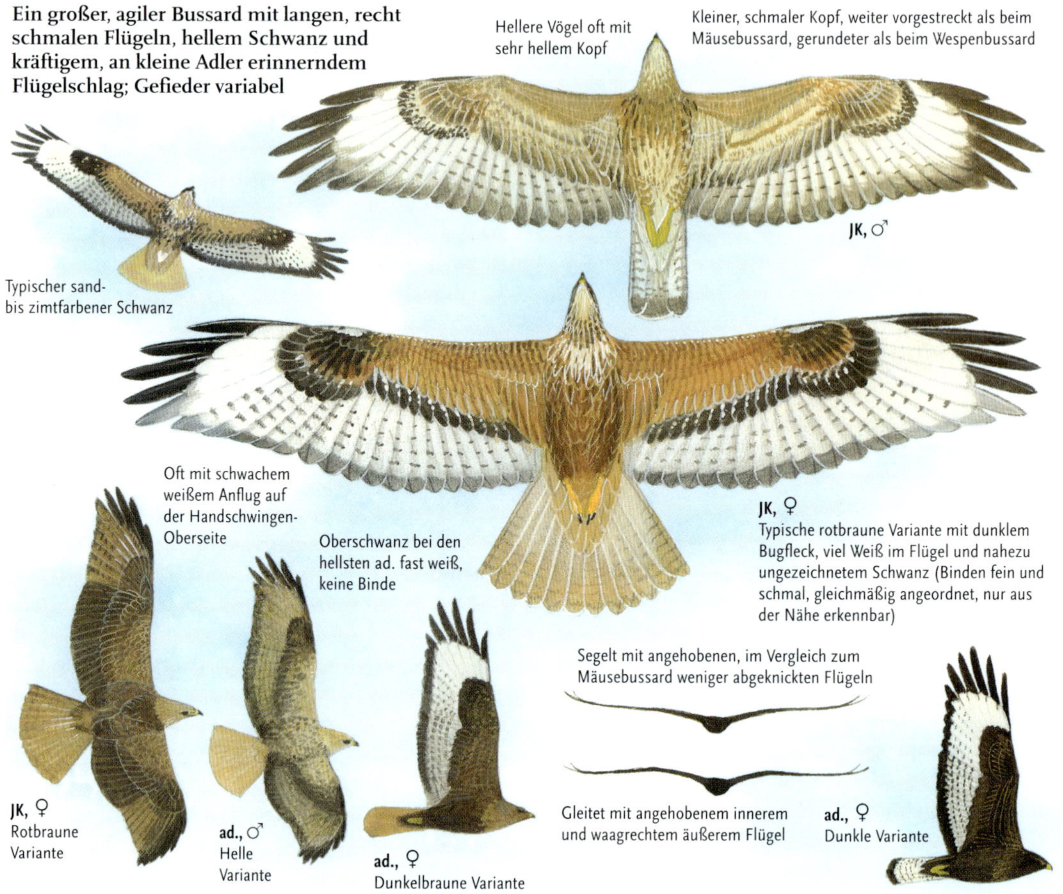

Falkenbussard *Buteo vulpinus*

Der Falkenbussard wird gewöhnlich als Unterart des Mäusebussards angesehen, unterscheidet sich aber so deutlich, dass man ihn am besten als eigenständige Art abtrennt. Status und Verbreitung dieser Form, vor allem im östlichen Europa, erfordern allerdings noch genauere Untersuchungen. In Osteuropa und im Nahen Osten ist der Falkenbussard häufiger Durchzügler, der zwischen Mitte September und Mitte Oktober in großen Scharen den Bosporus überquert.
NAHRUNG Wie Mäusebussard kleine Säugetiere, besonders Wühlmäuse.
VERHALTEN UND STIMME Balz und Stimme ähnlich wie Mäusebussard.
BRUT Das Zweignest steht in einem Baum; die 3–4 Eier werden 33–35 Tage vom Weibchen bebrütet, nach rund 7 Wochen sind die Jungen flugfähig.
ZUG Herbstzug nach Süden, meist über Meerengen; im Oktober ziehen größere Trupps durch Deutschland, dann sogar gelegentlich in Nordwesteuropa zu sehen.
LÄNGE 50–60 cm; SP 110–128 cm

WANN Meist Oktober (selten)
WO Brütet von Finnland und Osteuropa bis zum Nordkaukasus; im Winter selten in Südosteuropa

Möglicherweise eine Unterart des Mäusebussards, jedoch machen die von Finnland und Polen durch Russland bis in die kaspische Region recht konstanten Merkmale Artstatus wahrscheinlich; vermutete Hybridzone in Osteuropa

Mäusebussard *Buteo buteo*

Typische Flugbilder in Seitenansicht (links) und segelnd von vorn (rechts); ziemlich breite, mittellange Flügel mit geschwungenem Hinterrand; kurzer, runder Schwanz

Segelt mit angehobenen Flügeln in großen, wellenförmigen, langsamen Kreisen

Gleitet mit tiefer gehaltenen, gebogenen Flügeln

Typischerweise dunkel mit hellerem Schwanz, gebändertem Innenflügel und viel Weiß im Flügel

ad., ♂
Breiter dunkler Flügelhinterrand; Schwanz etwas kürzer als beim ♀

Wirkt trotz heller Partien dunkel

JK
Ohne dunklen Flügelhinterrand und dunkle Schwanzendbinde; weißes Feld auf Außenflügel beschränkt

Typische Haltung beim Gleiten (oben); fliegt mit leicht ruckartigen Flügelschlägen, abwechselnd gleitend

ad., ♀
Große Gefiedervariation von ♂ und ♀, die meisten Vögel aber mit diesem Muster; helles Brustband typisch

JK, ♀

JK
Heller Vogel; manche noch einheitlicher rahmfarben – bis auf das Schwarz von Flügelspitze und Bugfleck

JK
Hell (links), typisch (rechts)

♀
Gleitend; kompakte Flügel, recht langer, abgerundeter Schwanz; geschwungener Flügelhinterrand (♂ und ♀)

Ein weit verbreiteter, fast überall häufiger, gedrungener, mittelgroßer Greifvogel, der oft auf Pfosten, Masten und Zäunen steht oder mit flach v-förmig gehaltenen Flügeln segelt; meist unauffällig gemustert

Steuerfedern: JK (links) mit schmalen, eng stehenden Binden; ad. breite Schwanzendbinde

JK **ad.**

JK, ♀
Flügel beim ♂ länger, fast bis zur Schwanzspitze

In weiten Teilen Mitteleuropas der häufigste Greifvogel, meist noch häufiger als der Turmfalke und auf jeden Fall leichter zu beobachten als der scheue Sperber. In seinen Ansprüchen an den Lebensraum ist der Mäusebussard nicht wählerisch, sofern es wenigstens kleine Waldflächen für die Anlage des Nests und offene Flächen für die Nahrungssuche gibt. In abwechslungsreicher Kulturlandschaft mit Feldern, Weiden, Hecken und ruhigen Waldbereichen findet er gute Bedingungen; besonders in hügeliger Landschaft, die verschiedenartige Winde und Aufwärtsströmungen erlaubt, kommen seine Flugkünste bestens zur Geltung. Häufig kreist der Bussard ausdauernd in der Thermik oder er steht lange Zeit auf einem Telegrafenmasten, einem Zaunpfosten oder einfach auf einer Bodenerhebung. Trotz seiner Vorliebe für ausgewogene Kulturlandschaft ist der Mäusebussard auch ein Vogel abgelegener Moor- und Heidegebiete, die zumindest ein paar geeignete Bäume zum Horstbau aufweisen.

NAHRUNG Vor allem kleine Säugetiere wie Wühlmäuse, Waldmäuse, junge Kaninchen und Maulwürfe, daneben auch viele Regenwürmer, große Käfer und Heuschrecken; außerdem je nach Lebensraum Frösche, Kröten, Blindschleichen, Eidechsen und sogar Fische. Gebietsweise decken tote Kaninchen und andere Verkehrsopfer einen Großteil des Nahrungsbedarfs. Mäusebussarde suchen ihre Beutetiere in weiten Bögen kreisend, seltener rüttelnd – vor allem an windigen Steilhängen. Häufig sitzen sie auf hohem Ansitz, um nach Beutetieren zu spähen.

VERHALTEN UND STIMME Während der Balz vollführen die Brutpaare atemberaubende Schauflüge, wobei sie aus großer Höhe mit angelegten Flügeln herabstoßen, um gleich danach wieder fast senkrecht aufzusteigen. Häufig stößt ein Partner auf den anderen herab, worauf sich der untere auf den Rücken dreht und seine Füße dem Partner entgegenstreckt.

BRUT Das Zweignest steht auf einem hohen Baum, häufig in Waldrandnähe. Beide Partner bebrüten die 2–4 Eier. Die Jungen schlüpfen nach 33–38 Tagen und sind mit 50–55 Tagen flügge.

ZUG Brutvögel Nordeuropas ziehen im Herbst nach Südwesten – in Südschweden werden alljährlich Tausende von Durchzüglern gezählt. In Mitteleuropa sind Mäusebussarde meist Jahresvögel und bekommen Zuzug aus dem Norden und Nordosten.

LÄNGE 51–57 cm; SP 113–132 cm

WANN Ganzjährig
WO Brütet in fast ganz Europa mit Ausnahme von Island, des westlichen und nördlichsten Skandinaviens sowie des größten Teils von Irland und weiter Teile Ostenglands

Zwergadler *Hieraaetus pennatus*

Der kleinste Adler ist Sommervogel vor allem im Südwesten und Südosten Europas, wo er zusammen mit einer Reihe anderer Greifvögel vorkommt. Obwohl er vieles mit den Bussarden gemein hat, erinnern manche Merkmale an Milane und mitunter sogar an Weihen. Er tritt in zwei Morphen auf, einer hellen und einer (selteneren) dunklen. Zwergadler werden oft von anderen Greifvögeln, von Kolkraben oder Krähen attackiert; meist ziehen sie bei diesen Luftkämpfen den Kürzeren, auch wenn sie sich oft auf den Rücken drehen und den Kontrahenten die Krallen entgegenstrecken. Der kleine Adler kommt meist in denselben Lebensräumen vor wie Weihen und Bussarde, besonders aber in Gebieten mit offenem Eichenwald, der Hügellandschaft überzieht, und anschließender Macchia. In vielen Gegenden haben die Bestände in den letzten Jahrzehnten abgenommen – aufgrund von Vergiftung und Abschuss sowie von Störungen, vor allem aber durch Vernichtung der Laubwälder und durch Pflanzung von Koniferen.

NAHRUNG Zwergadler kreisen oft hoch über Wäldern oder buschreichen Hügelflanken und halten Ausschau nach Beutetieren: Eidechsen, Schlangen, Fröschen, Kleinsäugern und jungen Kaninchen sowie Vögeln und sogar großen Insekten. Meist stürzen sie auf Beutetiere herab, mitunter jagen sie Vögel in kurzem Verfolgungsflug.

VERHALTEN UND STIMME Im Frühjahr und Sommer finden oft Balzflüge statt: Die Partner stürzen immer wieder mit angelegten Flügeln in atemberaubendem Tempo aus großen Höhen herab. Zu dieser Zeit hört man häufig die an Regenpfeifer erinnernden Rufreihen: „wi-wi-jükjükjük …“; ruft sonst laut pfeifend „tschi-die“, oft wiederholt.

BRUT Am Bau des recht ausladenden, aus Zweigen und Wurzeln gefertigten Baumhorsts beteiligen sich beide Partner; Neststandort ist meist ein Trockenhang, der locker mit Eichen bestanden ist. Die 2 Eier werden 36–38 Tage bebrütet, überwiegend vom Weibchen. Nach 50–60 Tagen fliegt jedoch meist nur ein Junges aus.

ZUG Brütet in Spanien, Portugal, Süd- und Zentralfrankreich, Balkan und Osteuropa. Den Winter verbringen Zwergadler in Afrika gleich südlich der Sahara; im Herbst überqueren sie in nur geringen Zahlen den Bosporus, dagegen wandern im September über Gibraltar erheblich mehr. Junge Zwergadler, die noch nicht brüten, ziehen oft weit umher, erreichen Deutschland aber nur ausnahmsweise.

LÄNGE 45–50 cm; SP 110–135 cm

WANN April bis September (sehr selten)
WO In Mitteleuropa nur im äußersten Südosten; brütete in den 90er-Jahren in Norddeutschland

Habichtsadler *Hieraaetus fasciatus*

Ein großer, eindrucksvoller Greifvogel, der bei der Jagd an einen riesigen Habicht erinnert, aber auch lange Zeit auf dem Ansitz verbringt

Dieser imposante Greifvogel ist im Allgemeinen selten zu sehen. Er trägt seinen deutschen Namen zurecht, denn er verbindet die Größe und Kraft eines Adlers mit der Geschwindigkeit, Wendigkeit und dem Draufgängertum des Habichts. Leider ist der Habichtsadler fast überall selten, die Bestände nehmen weiter ab aufgrund von Verfolgung, Störungen in den einst abgelegenen Brutrevieren sowie von Lebensraumverlust. Die Adler bevorzugen die Randbereiche von Gebirgen mit felsigen Klippen und Schluchten, bewaldeten Steilhängen und ausgedehnten Macchiaflächen; dieses für die Mittelmeerregion so typische Buschland wird immer mehr durch Kulturland und dichte Stangenforste ersetzt. Die Brutpartner fliegen oft zu einer bestimmten Tageszeit über dem Brutfelsen, sonst leben sie sehr zurückgezogen und sind daher leicht zu übersehen.

NAHRUNG Habichtsadler jagen oft paarweise, indem sie dicht an Hängen patrouillieren und nach geeigneter Beute Ausschau halten – Kaninchen und mittelgroße Vögel wie Dohlen, Rothühner und Tauben; diese Grundnahrung wird durch andere Vögel von Lerchen- bis Entengröße und Säugetiere wie Hasen und Ratten ergänzt. Bei der Verfolgungsjagd offenbaren Habichtsadler erstaunliche Kraft, Wendigkeit und Ausdauer; die meisten Beutetiere werden jedoch im kurzen Überraschungsangriff geschlagen.

VERHALTEN UND STIMME Passend zum sehr frühen Bruttermin finden die Balzflüge bereits vor der Jahreswende statt und dauern etwa bis zur Eiablage im Februar oder März. Die Schauflüge zeigen das für Adler und Bussarde übliche Muster aus Segeln, steilen Abstürzen mit angelegten Flügeln und anschließendem Aufsteilen; im Gegensatz zum Zwergadler spielen dabei aber die Lautäußerungen kaum eine Rolle.

BRUT Die Paarbildung der in Dauerehe lebenden Adler erfolgt im Alter von 3–4 Jahren. Der Horst aus Zweigen und Ästen wird im oberen Drittel einer unzugänglichen Steilwand errichtet. Überwiegend das Weibchen bebrütet die 2 Eier 37–40 Tage; in zwei von drei Fällen überlebt bis zum Ausfliegen nur ein Jungvogel.

ZUG Altvögel sind sehr standorttreu; auch Jungvögel, die naturgemäß weiter umherziehen, erscheinen nur ganz selten nördlich des Verbreitungsareals. Manche unausgefärbte Vögel wandern über das Mittelmeer und können sogar in Nordafrika beobachtet werden.

LÄNGE 70–74 cm; SP 145–165 cm

WANN Nicht in Mitteleuropa
WO Vor allem Iberische Halbinsel, selten in Südfrankreich, Sardinien, Sizilien und Griechenland

Fischadler *Pandion haliaetus*

Ein mittelgroßer, eindrucksvoller Greifvogel mit langen, abgewinkelten Flügeln; ernährt sich von Fischen, die er im Sturzflug mit angelegten Flügeln erbeutet

Der Fischadler, der innerhalb der Greifvögel eine eigenständige Familie bildet, brütet in verschiedenen Unterarten auf mehreren Kontinenten. Die europäischen Bestände gelten als gefährdet, auch wenn es bei manchen Populationen in den letzten Jahren wieder aufwärts geht. Heute brüten Fischadler in vielen Teilen Mittel- und Südeuropas nicht mehr regelmäßig, doch die Art tritt auch dort zu beiden Zugzeiten als regelmäßiger Durchzügler auf. Nicht selten sind auch Einzelvögel zu beobachten, die länger an einem See oder Stausee jagen. In Deutschland gibt es zur Zeit berechtigte Hoffnung auf eine Süd- und Westausbreitung der Art.

NAHRUNG Der Nahrungserwerb des Fischadlers ist spektakulär: Der Vogel fliegt mit flachen Flügelschlägen in größerer Höhe und sucht die Wasserfläche ab; hat er einen Fisch entdeckt, rüttelt er wie ein riesiger Turmfalke und steigt dabei stufenweise abwärts. Dann stürzt er mit angelegten Flügeln und erst kurz vor dem Eintauchen weit nach vorn gestreckten Füßen zum Wasser, um den anvisierten Beutefisch mit seinen nadelscharfen Krallen zu packen. Die innere Zehe ist drehbar, so kann er den Haltegriff optimieren; an Lauf- und Zehenunterseite sind die Schuppen mit kleinen rauen Dornen besetzt, damit der glitschige, heftig zappelnde Fisch nicht entkommen kann. Mit der Beute in den Fängen startet der Fischadler von der Wasseroberfläche, schüttelt kurz das Wasser aus dem Gefieder und versucht dann oft, den gefangenen Fisch in eine strömungsgünstige Lage (Kopf voran) zu bringen, damit er die Beute leichter transportieren kann.

VERHALTEN UND STIMME Während der Balz im Frühjahr vollführen die Paarpartner Schauflüge mit steilen Abstürzen über dem Brutplatz; dabei hört man die melodischen Rufreihen: „djüpp-djüpp-djüpp ...“.

BRUT Der meist auf einer alten, oben abgeflachten Kiefer errichtete Horst wird in aufeinander folgenden Jahren von verschiedenen Fischadlern benutzt und jeweils ausgebaut, so dass er mit der Zeit stattliche Ausmaße annimmt. In Schottland stehen manche Horste auf Ruinen, in Norddeutschland dienen vielen Fischadlerbruten Strommasten als Horstunterlage. Die 2–3 Jungvögel schlüpfen nach 37 Tagen und fliegen mit 44–59 Tagen aus.

ZUG Die Fischadler Mittel- und Nordeuropas sowie Schottlands überwintern im westlichen Afrika.

LÄNGE 55–65 cm

WANN April bis Oktober
WO Brütet In Schottland, Nord- und Osteuropa sowie im nördlichen Mitteleuropa; lokal in Südeuropa. In Deutschland fast ausschließlich im Osten, breitet sich aber allmählich nach Westen aus

Schlangenadler *Circaetus gallicus*

Ein großer, heller Greifvogel mit breitem Kopf und gelben Augen sowie unbefiederten Läufen; Unterflügel hell, ein schwarzer Bugfleck und schwarze Flügelspitzen fehlen

Der Schlangenadler ist in vielen Gegenden Südeuropas einer der imposantesten Greifvögel. Häufiger als andere große Greifvögel sieht man ihn von nahem, dann fallen vor allem die kräftige, klare Unterseitenbänderung und die großen, stechend gelben Augen auf. Der Schlangenadler ist der einzige europäische Vertreter einer in Afrika weit verbreiteten Greifvogelgruppe, deren Gemeinsamkeit die stattliche Größe, der rundliche, eulenartige Kopf, die gelben Augen und die kräftigen, unbefiederten Läufe sind.

NAHRUNG Während der Jagd fliegt der Schlangenadler in größerer Höhe über offenem Boden und warmen, buschigen Hügelflanken und rüttelt immer wieder, um den Boden abzusuchen: Mit gespreizten Steuerfedern und abwärts gehaltenem Schwanz und je nach Wind ausgebreiteten Schwingen oder lockeren Flügelschlägen bleibt er in der Luft „stehen" und lokalisiert die Beute – eine Schlange oder Eidechse, bei ungünstiger Witterung auch ein kleines Säugetier. Manchmal stürzt er auch aus großer Höhe auf ein Beutetier, indem er rasant mit vorgestreckter Brust und zurückgezogenem Kopf abwärts saust. Nicht selten wartet er auch auf einem Strommasten oder einem anderen Ansitz auf passende Beute wie Zorn- und andere Nattern, aber auch Giftschlangen, die er mit den Fängen hinter dem Kopf packt und zu seinem Fressplatz transportiert.

VERHALTEN UND STIMME Wie andere Greifvögel vollführen Schlangenadler zur Balzzeit wellenförmige Schauflüge mit steilen Abstürzen; oft sieht man die Paarpartner zusammen fliegen, dabei ist der Schwanz geschlossen, der Kopf vorgeschoben und die Flügel sind flach und gerade gehalten in Form eines Kreuzes. Die unterschiedlichen Rufe erinnern an Möwen.

BRUT Im Frühjahr kehren die Adler stets zum angestammten Brutplatz zurück, die Paare leben daher in Dauerehe. Gemeinsam bauen sie einen recht kleinen Horst aus Zweigen und Ästen in einer Felsnische oder hoch in einem Baum. Das einzige Junge schlüpft nach 45–47 Tagen. Nach rund 10 Wochen ist es flugfähig.

ZUG Im Herbst ziehen die europäischen Schlangenadler nach Zentralafrika; dabei kann man an den Brennpunkten des Zuges über Gibraltar und dem Bosporus im August und September mitunter große Scharen dieser seltenen Adler beobachten.

LÄNGE 62–67 cm; SP 162–178 cm

WANN April bis Oktober (selten)
WO Brütet in Süd- und Osteuropa; in Mitteleuropa nur noch im äußersten Südosten. Am Alpenrand seltener, aber regelmäßiger Durchzügler

Seeadler *Haliaeetus albicilla*

Ein riesiger Greifvogel mit breiten, flach gehaltenen Flügeln, mächtigem, gelbem Schnabel, nackten Läufen und kurzem Schwanz

In vielen Teilen Europas haben die Bestände des Seeadlers durch Verfolgung, Zerstörung von Feuchtgebieten, durch Störungen in vormals unberührter Seenlandschaft sowie Gewässerverschmutzung stark gelitten. In manchen Ländern starb die Art ganz aus oder überlebte in minimalen Anzahlen. Heute zeigt sich der Seeadler in mehreren europäischen Ländern in leichtem Aufwind, beispielsweise in Nordeuropa. In Norwegen zählt man heute wieder rund 1500 Paare, norwegische Vögel lieferten den Grundstock für die erfolgreiche Einbürgerung in Schottland. In Deutschland brüten Seeadler fast ausschließlich im Nordosten; sie sind heute vor allem durch Störungen am Brutplatz bedroht. Im Gegensatz zum scheuen Steinadler kann der Seeadler an der Küste oder an Seen auch in der Nähe von Siedlungen leben, wenn die Horstumgebung unbeeinträchtigt bleibt.
NAHRUNG Vorwiegend Fische, die hauptsächlich tot aufgenommen werden; der Seeadler fängt aber auch viele lebende Fische, die er in Seen und in ruhigen Küstengewässern erbeutet, gelegentlich geht er im Flachwasser sogar „zu Fuß“ auf Fischfang. Daneben schlägt er Säugetiere bis Rehgröße. Vor allem im Winter fängt er Wasservögel wie Enten und Blässhühner, die er häufig durch Angriffe zu ständigem Tauchen zwingt, bis sie erschöpft sind und sich mühelos greifen lassen.
VERHALTEN UND STIMME Die Paare halten sich meist das ganze Jahr in ihren Territorien auf. Sie segeln gemeinsam, manchmal in flachen Wellenbahnen und stoßen spielerisch aufeinander herab. Nicht selten dreht sich der unten fliegende Vogel auf den Rücken und ergreift die Füße des Partners, so dass beide abwärts trudeln. Die schwarzspechtähnlichen Rufreihen im Frühjahr sind häufiger zu hören als beim Steinadler, die bis zu 20 Einzelrufe klingen beim Männchen höher.
BRUT Der riesige Horst aus Knüppeln und Zweigen wird in der Krone eines alten Baums, meist einer Kiefer, oder an felsigen Klippen gebaut; in Norwegen nisten die meisten Seeadler auf kleinen Felsinseln vor der Küste. Die bis zu 3 Eier werden 34–42 Tage bebrütet; meist fliegen aber nach rund 10 Wochen Nestlingsdauer nur ein Junges, seltener zwei und ausnahmsweise drei Junge aus. Erst im Alter von fünf Jahren brüten Seeadler das erste Mal.
ZUG Seeadler sind sehr standorttreu, immature Vögel wandern weit umher.
LÄNGE 77–92 cm; SP 190–240 cm

WANN Ganzjährig
WO Brütet in Island, Schottland, Nord- und Osteuropa sowie in Nordostmitteleuropa; lokal auch in Südosteuropa. In Deutschland fast ausschließlich Brutvogel im Nordosten

Schelladler *Aquila clanga*

Ein mittelgroßer Adler mit kurzem Schwanz, der recht schwer und breitflügelig wirkt; Färbung gewöhnlich sehr dunkel, im Handflügel ein mehr oder weniger deutlicher heller Halbmond

In Europa sehr selten und hochbedroht. Kleiner als der viel weiter verbreitete Steinadler, in mancher Hinsicht aber ähnlich dem viel größeren und weniger nah verwandten Seeadler. Der Schelladler kommt meist in Gewässernähe vor, braucht aber im Sommer ausgedehnte Wälder.

NAHRUNG Vor allem Wühlmäuse wie die Schermaus und andere Kleinsäuger; bei Mangel an Mäusen vermehrt Vögel, vor allem Nestlinge von Reihern, Möwen, Saatkrähen und Tauben, aber auch adulte Vögel wie Blässhühner und Enten, die er auf dem Wasser schlägt. In geringerem Umfang werden Eidechsen, Frösche, Fische und sogar Insekten gefangen.

STIMME Am Brutplatz oft schrille „kjäck-kjäck-kjäck ..."-Folgen.

ZUG Die Brutplätze werden im März und April besetzt, im September und Oktober ziehen Schelladler in ihre Winterquartiere vom südlichen Balkan bis nach Afrika, wo die Jungvögel die ersten drei Jahre bleiben.

LÄNGE 62–74 cm; SP 153–177 cm

WANN März bis Oktober (selten)
WO Brütet vom östlichen Finnland und Ostpolen bis ins Ussuriland; im Winter sehr seltener Gast im östlichen Mitteleuropa

Schreiadler *Aquila pomarina*

Recht kleiner, brauner Adler, gewöhnlich heller als der Schelladler, am besten anhand der Gestalt (erfordert aber Erfahrung und Sorgfalt) sowie der oft helleren Flügeldecken zu bestimmen

Der Schreiadler hat im Vergleich zum größeren Schelladler ein viel kleineres Verbreitungsgebiet, er ist auch viel eher ein typischer Brutvogel Europas. Er bewohnt große, ursprüngliche Waldgebiete mit Lichtungen, Moorflächen und nassen Wiesen.

NAHRUNG Eher die eines Bussards: Kleinsäuger, vor allem Wühlmäuse, aber auch Hamster und Hermeline sowie Kleinvögel. Meist entdeckt der Schreiadler seine Beutetiere aus dem Segelflug oder von einem Baumansitz aus; oft jagt er auch „zu Fuß" Frösche und Insekten.

STIMME Schreiadler sind zur Brutzeit sehr stimmfreudig: „jück-jück-jück ...".

BRUT Beide Partner bauen einen recht großen Horst, meist im unteren Kronenbereich eines alten Laub- oder Nadelbaums. Nach 38–41 Tagen Bebrütung durch das Weibchen schlüpfen meist 2 Junge; aber nur eines davon wird nach rund 8 Wochen flügge.

ZUG Im September und Anfang Oktober ziehen Tausende von Schreiadlern über den Bosporus nach Ostafrika.

LÄNGE 57–64 cm; SP 145–168 cm

WANN April bis September
WO Brütet vom östlichen Mitteleuropa bis Westrussland (35° Ost), im Süden bis Griechenland. In Deutschland seltener Brutvogel im Nordosten

Steinadler *Aquila chrysaetos*

Ein majestätischer, kraftvoller, sehr eleganter Adler, der auf langen Flügeln segelt und im Winter spektakuläre Schauflüge unternimmt; einer der eindrucksvollsten Vögel Europas

Die Kombination von bedeutender Größe, Kraft und Wildheit mit harmonischem Flugbild und Eleganz ist in der europäischen Vogelwelt einmalig. Leider wurde diese imposante Vogelgestalt wie viele andere Greifvögel auch unter anderem Opfer von jahrhundertelanger Verfolgung. Die bemerkenswert große weltweite Verbreitung teilt er mit Fischadler und Wanderfalke. Gegenwärtig beobachtet man Aufwärtstrends in Schottland, Spanien und Südschweden. In Mitteleuropa brüten Steinadler nur noch in den Alpen und Karpaten; im Tiefland Mitteleuropas sind sie als Brutvögel verschwunden. Sie benötigen ausgedehnte, nicht zu dichte Wälder mit Mooren und anderen großen Freiflächen; heute sind sie vielerorts in Gebirgsgegenden zurückgedrängt.

NAHRUNG Steinadler patrouillieren oft paarweise in niedriger Höhe an Berghängen entlang und suchen ihr Revier nach Beutetieren ab; dabei gelingt es oft dem hinterherfliegenden Adler, das vom Partner aufgeschreckte Beutetier zu überwältigen. Die meisten Nahrungstiere des Steinadlers sind aber Totfunde – häufig Hirsche, Gämsen und Schafe, die abgestürzt sind oder den Winter nicht überlebt haben. Sonst jagt er meist mittelgroße Vögel und Säugetiere, beispielsweise Hasen, Kaninchen, junge Füchse und Dachse sowie Raufußhühner, in den Alpen vor allem Murmeltiere, an der Küste auch Watvögel und Möwen.

VERHALTEN UND STIMME Im Winter und Frühjahr vollführen die Paare eindrucksvolle Schauflüge mit steilen Abstürzen und anschließendem Aufsteilen (Girlandenflug). Die Stimme ist nicht oft zu hören, außer von den kreisenden, gerade ausgeflogenen Jungadlern, die sich mit anhaltenden „kjök"-Folgen bemerkbar machen.

BRUT Brütet in abgelegenen Waldgebieten und Gebirgen Europas, vor allem im Norden; im Tiefland weitgehend ausgerottet. Bereits im Spätwinter beginnen die Brutvorbereitungen: Zunächst wird der Horst, der sich in einer unzugänglichen Felswand oder hoch auf einer alten Kiefer befindet, gründlich instand gesetzt und erweitert; mit der Zeit wächst er zu einem imposanten Gebilde aus Zweigen und Ästen an. Gewöhnlich bebrütet das Weibchen die 2 Eier 43–45 Tage; meist überlebt nur das größere Junge bis zum Ausfliegen, das kleinere geht üblicherweise durch die ständigen Attacken des Geschwisters zugrunde.

ZUG Altvögel sind meist standorttreu, Jungvögel wandern umher.

LÄNGE 76–89 cm; SP 190–225 cm

WANN Ganzjährig
WO Kommt in Mitteleuropa fast nur in den Alpen und im Südosten vor

Kaiseradler *Aquila heliaca*

Die beiden Formen des Kaiseradlers sind wohl bereits eigenständige Arten, wenn noch nicht, so sind sie auf dem besten Weg dorthin. In Spanien brüten kaum 150 Paare des seltenen Spanischen Kaiseradlers (*adalberti*) – im waldreichen Flachland und am Rand von Feuchtgebieten an der Küste. Im Südosten Europas bewohnt der ebenfalls bedrohte Kaiseradler (Nominatform) unterschiedliche Lebensräume von den Steppen und Waldsteppen bis zu waldbestandenen Hügelflanken und Mündungsgebieten. Ob zusammen oder jede Form für sich gesehen sind sie wohl die seltensten Adler Europas – vor allem durch Verfolgung, Gift, Störungen und Lebensraumverlust. Kaiseradler sehen Steinadlern recht ähnlich und sind auf der Ansitzwarte gleichermaßen eindrucksvoll.

NAHRUNG Vor allem kleine bis mittelgroße Säugetiere wie Ziesel und Hamster, aber auch Junghasen, Kaninchen und Murmeltiere; daneben auch verschiedene Vögel, besonders junge Wasservögel und Reiher. Vögel werden gewöhnlich überrumpelt und geschlagen, wenn sie aufzufliegen versuchen. Nicht selten jagen die Adler zu zweit, der eine scheucht das Beutetier auf, während der Partner eine günstige Position für den Angriff einnimmt und im richtigen Moment zustößt. Säugetiere ergreifen die Adler nach kurzer Verfolgungsjagd, nachdem sie das Tier im Segelflug oder von einem Ansitz aus geortet haben.

VERHALTEN UND STIMME Die Paare beginnen zur Jahreswende mit ihren Balzflügen, indem sie stundenlang über dem Brutterritorium kreisend laut rufen; die dunkel bellenden Tonfolgen erinnern an Kolkraben.

BRUT Das große Nest aus Ästen und Knüppeln wird von beiden Partnern auf der breiten Krone eines alten Baums gefertigt. Beide Altvögel bebrüten die 2–3 Eier 43 Tage. Wie andere Adler beginnen sie damit nach Ablage des ersten Eis, so dass die Jungen aus den später gelegten Eiern auch später schlüpfen und daher kleiner und schwächer sind als das Geschwister aus dem ersten Ei; trotzdem werden oft 2, mitunter sogar 3 Junge flügge.

ZUG Spanische Kaiseradler sind Jahresvögel in Zentral- und Südwestspanien. In Südosteuropa wandern die meisten Jungvögel im Herbst südwärts, um den Winter in Afrika oder im Nahen Osten zu verbringen. Ein kleiner Teil der Altvögel wandert bis zum Rand des Verbreitungsareals, viele bleiben aber ihren Brutterritorien ganzjährig treu.

LÄNGE 74–84 cm; SP 175–205 cm

WANN Meist März bis Oktober (sehr selten)
WO Spanien; östliches Mitteleuropa (Ungarn, Slowakei) und Südosteuropa bis Mittelsibirien

Rotfußfalke *Falco vespertinus*

Nicht alle Falken sind beherzte, einzelgängerische Vogeljäger, so auch der Rotfußfalke, trotzdem ist er ein echter Falke. Er kann, wenn nötig, mit hoher Geschwindigkeit und Präzision fliegen. Den geselligen Rotfußfalken trifft man häufig in kleinen Verbänden an, die Brut spielt sich oft in großen Kolonien ab. In mancher Hinsicht erinnert der Rotfußfalke vor allem an Rötel-, Baum- und Eleonorenfalke.

NAHRUNG Dieser kleine Falke jagt Insekten über offener Landschaft wie Grassteppen, großen Waldlichtungen und Rändern von Feuchtgebieten. Häufig dient wie bei einem Würger ein dürrer Ast, Telefonmast oder Leitungsdraht als Ansitz; von dort aus startet er zu kurzen Jagdflügen. Häufig fängt er Insekten im Luftraum – ähnlich Baumfalken, mit denen er nicht selten gemeinsam jagt. Die Nahrungssuche findet vor allem morgens und abends statt, dabei werden Heuschrecken, Käfer, Raupen, Ameisen und Spinnen auf dem Boden erbeutet; Libellen, Bienen, Wespen, Eintagsfliegen und Schnaken fangen die Falken mit den Füßen in der Luft und führen die Beute noch im Flug zum Schnabel.

VERHALTEN UND STIMME Die Paarpartner segeln im Frühjahr gemeinsam, nicht selten stößt das Männchen spielerisch auf die Partnerin herab; außerdem unternimmt das laut rufend über der Brutkolonie fliegende Männchen rasante Sturzflüge auf das im Nest sitzende Weibchen. Die Rufe, schnell wiederholte rhythmische „gjä-gjä-gjä …"-Folgen, klingen meist weniger energisch als bei Turm- und Baumfalke.

BRUT Rotfußfalken brüten meist in den Nestern von Saatkrähen, wobei sie die Krähen aus der Kolonie vertreiben; wenige bis mehrere Dutzend Paare besetzen eine Krähenkolonie. Heute gelten bereits 50 Paare als große Kolonie, während früher in Osteuropa bis zu 500 Paare eine Brutkolonie ausmachen konnten. Das Weibchen legt 3–4 Eier, die 28 Tage von beiden Partnern bebrütet werden; die Jungen fliegen nach rund einem Monat aus.

ZUG Alle Rotfußfalken sind Zugvögel, die den Winter in Angola, Namibia, Zimbabwe und Botswana verbringen. Im Frühjahr und Sommer tritt die Art alljährlich westlich des Brutareals in Deutschland auf; meist sind diese seltenen Gäste unausgefärbte Vögel. Gelegentlich sind die Feststellungen so zahlreich, dass man von regelrechten Einflügen sprechen kann.

LÄNGE 28–31 cm; SP 65–75 cm

WANN April bis Oktober (selten)
WO Brütet vom südöstlichen Mitteleuropa, Ost- und Südosteuropa bis Mittelsibirien. Hat bereits in Süddeutschland gebrütet; in Deutschland seltener Gast vor allem im Mai und im Spätsommer

Ein ansprechend gefärbter, leichtgewichtiger Falke mit kleinem Schnabel, gewöhnlich auf einem Ansitz oder bei der Luftjagd auf Insekten zu sehen; vereint einige Merkmale von Turm- und Baumfalke; Gefieder von ♂ und ♀ sehr unterschiedlich, aber leicht kenntlich

Baumfalke *Falco subbuteo*

Ein eleganter, langflügeliger Falke mit kurzem Schwanz; kontrastreiches Kopfmuster und dunkler Körper; beschleunigt aus dem entspannten Streckenflug zu erstaunlichem Tempo

Wie der Rotfußfalke ist der Baumfalke ebenfalls vorwiegend Insektenjäger, er ist jedoch rasanter, kraftvoller und schlägt zeitweise viele Vögel. Nur wenige Greifvögel erreichen diesen Grad an Eleganz und Perfektion im Flug; es ist immer wieder fesselnd zu beobachten, mit welcher Leichtigkeit er lange Strecken fast ohne Flügelschlag zurücklegt, um plötzlich mit wenigen elastischen Schlägen Höhe zu gewinnen und ein Insekt zu greifen.

NAHRUNG Zur Hälfte Großinsekten wie Libellen, Wespen, Bienen, Käfer sowie Schmetterlinge. Der Baumfalke verzehrt auch mit Vorliebe fliegende Ameisen, im afrikanischen Winterquartier vor allem die viel größeren Termiten. Ebenso erbeutet er Kleinvögel, vor allem im Flug: Lerchen, Schwalben, Sperlinge und Finken; häufig greift er die Vögel, wenn sie in der Abenddämmerung ihre Schlafplätze aufsuchen. Im Herbst ziehen die gemeinsamen Übernachtungsplätze von Schwalben und Stelzen im Schilf oft Baumfalken an. Erbeutete Vögel trägt der Falke zu einem Fressplatz im Baum. Große Insekten frisst er in der Luft, indem er sie in den Fängen hält und bei gesenktem Kopf mit dem Schnabel Stücke abtrennt.

VERHALTEN UND STIMME Wie bei diesem Luftakrobaten nicht anders zu erwarten, balzen Baumfalken mit großer Eleganz und Leichtigkeit: Die Paare segeln gemeinsam, das Männchen stößt immer wieder auf das etwas größere Weibchen herab oder fängt Beutetiere, die es der Partnerin im Luftraum anbietet. Daraufhin dreht sich das unter ihm fliegende Weibchen auf den Rücken und streckt die Fänge aus – das Geschenk ist akzeptiert. Die Rufe sind laut und werden in schneller Folge gereiht: „kjä-kjä-kjä ...", nicht unähnlich dem Reviergesang des Wendehalses; trotz ihrer auffallenden Lautäußerungen sind Baumfalken in Horstnähe schwer zu beobachten.

BRUT Als Unterlage für das Gelege aus meist 3 Eiern dient das alte Nest einer Krähe, seltener einer Elster, Ringeltaube oder sogar eines Reihers oder Greifvogels; Brutbaum ist häufig eine Kiefer oder Fichte. Die Jungen schlüpfen nach rund 28–31 Tagen und sind nach 28–34 Tagen flügge. Den Bruterfolg machen oft schlechtes Wetter und Eierraub durch Krähen zunichte.

ZUG Die Baumfalken verlassen Europa zwischen August und Oktober, um ins südliche und westliche Afrika zu ziehen. In Mitteleuropa meist seltener Brutvogel, aber weit verbreitet.

LÄNGE 28–35 cm; SP 70–85 cm

WANN April bis Oktober
WO Fast in ganz Europa außer Island, Dänemark, Nord- und Westskandinavien, Britische Inseln

Rötelfalke *Falco naumanni*

Trotz großer Ähnlichkeit mit dem Turmfalken ist der Rötelfalke wesentlich seltener und auf das warme Südeuropa beschränkt. Er ist im gesamten Verbreitungsgebiet Zugvogel. Die Art ist besonders in den nördlichen Teilen ihres Areals durch die Intensivierung der Landwirtschaft und den dadurch bedingten Rückgang der Großinsekten stark betroffen – so verschwand sie als regelmäßiger Brutvogel aus Mitteleuropa, wo früher im Südosten und in Südösterreich viele Brutkolonien bestanden. Der Rötelfalke lebt in offener, extensiver Kulturlandschaft mit einzelnen Bäumen, alten Gebäuden oder Felswänden.

NAHRUNG Im Vergleich zum Turmfalken viel mehr Insekten, vor allem Heuschrecken, Grillen, Maikäfer und andere Käfer, aber auch große Spinnen; in Afrika hauptsächlich Termiten. Gelegentlich erbeuten Rötelfalken Eidechsen, seltener Mäuse und nur ausnahmsweise Vögel. Meist erspäht der Falke seine Beute vom Ansitz aus, mitunter auch rüttelnd. Zur effektiven Beutejagd benötigt der Rötelfalke lückige, kurze Vegetation und Bereiche mit Rohboden; außerdem müssen in der Nähe der Jagdgebiete sichere Nistplätze vorhanden sein: in einer Stadt, in Ruinen oder Felsen.

VERHALTEN UND STIMME Die Männchen erscheinen im Frühjahr eher an den Brutplätzen als die Weibchen und suchen nach geeigneten Nistmöglichkeiten. Nach Ankunft der Weibchen balzen die Männchen über der Kolonie kreisend und unternehmen Scheinattacken auf die Partnerin. Rötelfalken sind viel geselliger als Turmfalken und stimmfreudiger: Sie rufen häufig heiser „tschä-tschä-tschä" und watvogelähnlich „wiwiwiwi".

BRUT Rötelfalken sind Koloniebrüter, oft nisten bis zu 100 Paare, an günstigen Stellen manchmal sogar 200 Paare gemeinsam. Die 3–5 fast kugelförmigen Eier liegen ohne Nistmaterial auf einem Felsband oder in einer Nische innerhalb einer Höhle oder Ruine, seltener in einem hohlen Baum. Beide Partner bebrüten das Gelege 28–29 Tage lang, die Jungen fliegen im Alter von 28 Tagen aus. Die Paarbindung hält nur eine Brutsaison.

ZUG Nur ganz wenige Altvögel verbringen die Wintermonate im äußersten Süden Europas oder in Nordafrika; sonst ziehen Rötelfalken im September in die weiten Ebenen südlich der Sahara oder in den Süden der Arabischen Halbinsel. Hat früher auch in Österreich gebrütet.

LÄNGE 29–32 cm; SP 63–72 cm

WANN Brütet nicht mehr in Mitteleuropa
WO Spanien, Portugal (abnehmend), Südfrankreich, Sardinien (selten); Süditalien, SO-Europa

Turmfalke *Falco tinnunculus*

Der häufigste und bekannteste Falke, in Dörfern und Städten ebenso anzutreffen wie in entlegenen Mooren und Heiden, an der Felsküste oder im Hochgebirge; rüttelt oft und ausdauernd

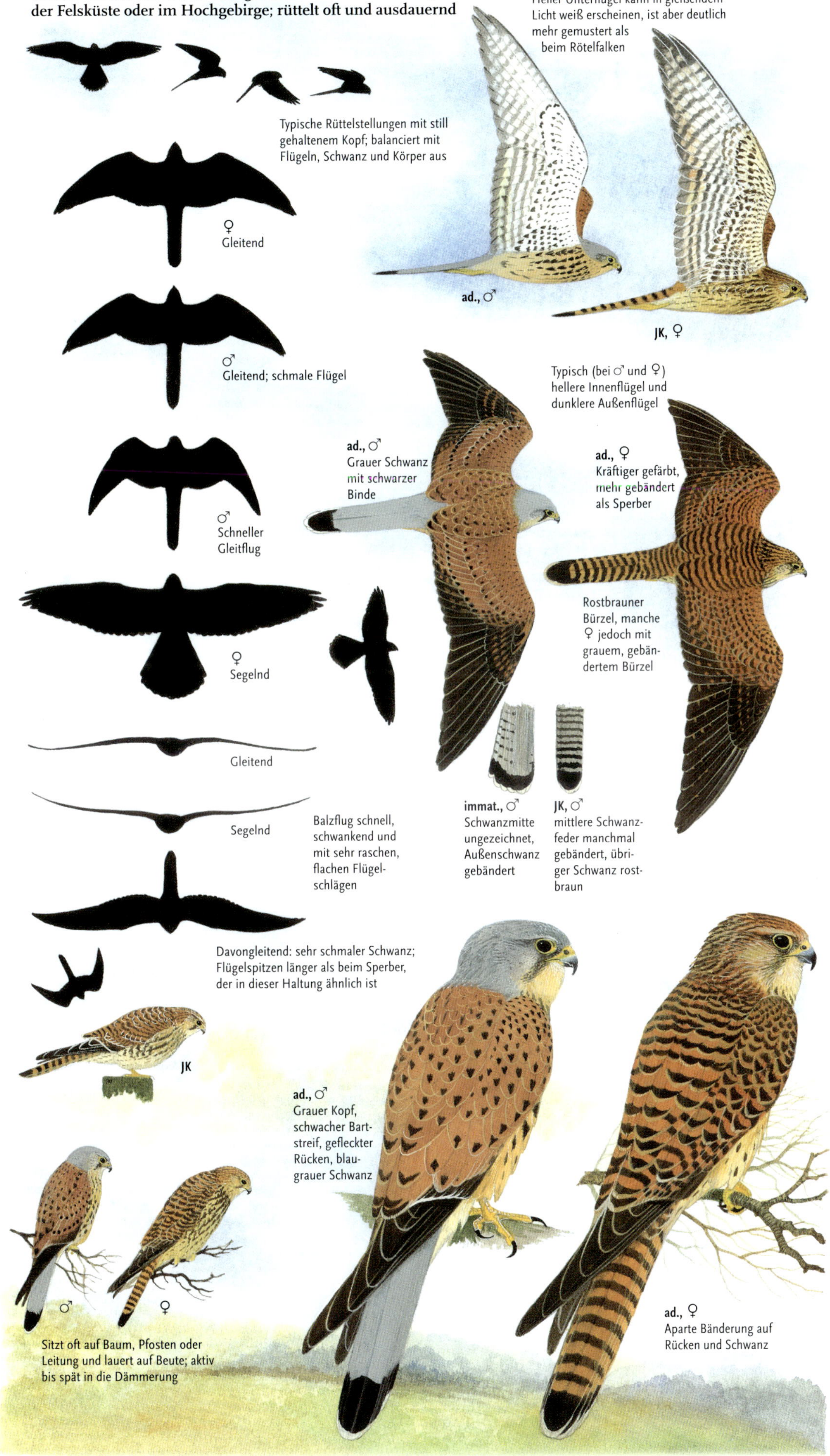

Der Turmfalke ist einer der kleineren, weniger draufgängerischen Falken, kann aber trotzdem durch seine Flugkünste beeindrucken, besonders wenn er bei starkem Wind an einer Felswand manövriert – dann segelt er, stößt abwärts und steilt wieder auf, fast wie ein Wanderfalke. Häufig sieht man Turmfalken am Straßenrand, wenn sie auf Büschen, kleinen Bäumen oder Masten geduldig auf Beutetiere lauern; nicht selten rütteln sie mit dem Kopf gegen den Wind über dem Gras einer Straßenböschung.

NAHRUNG Vorwiegend Feldmäuse und andere Wühlmäuse, aber auch Wald- und Spitzmäuse. Turmfalken sind auch fähig, Ratten zu erbeuten, vermeiden aber zu große Beutetiere. Gelegentlich fangen sie auch Kleinvögel wie Sperlinge, Finken und Stare, wenn ihnen ein Überraschungsangriff gelingt. Einen kleinen Teil ihrer Nahrung bilden auch Heuschrecken, Käfer, Eidechsen sowie die Jungen bodenbrütender Vögel. Beim Rütteln bleibt der Kopf bewegungslos „stehen", die Bewegungseffekte des Winds gleicht der Falke mit Flügeln und Schwanz sowie durch Änderung des Anstellwinkels aus. Viele Beutetiere lokalisieren Turmfalken von einem Ansitz aus, ihre Jagdaktivitäten kann man häufig bis in die späte Dämmerung beobachten.

VERHALTEN UND STIMME Turmfalken kreisen zur Brutzeit niedrig über dem Brutterritorium und vollführen immer wieder Seitwärtsdrehungen; bei diesen Schauflügen sind die Flügelschläge flach und fast schwirrend. Außerdem stößt das Männchen auf seine Partnerin herab. Die Rufe, nicht nur zur Balzzeit zu hören, sind hoch und schnell: „kikikiki ...".

BRUT Wie bei allen Falken baut auch das Turmfalken-Weibchen kein Nest, vielmehr legt es die Eier auf den nackten Boden; Nistplatz kann die Nische in einer Felswand oder einem hohen Gebäude sein, aber auch ein Nistkasten oder das Nest eines größeren Vogels, der auf einem Baum am Waldrand brütet. Die Gelegegröße beträgt 3–6 Eier, selten auch bis zu 9; nach 27–29 Tagen schlüpfen die Jungen, die nach weiteren 27–32 Tagen flugfähig sind.

ZUG Die Turmfalken Nord- und Osteuropas sind Zugvögel, die im Herbst nach Süden und Westen wandern und dabei bis Zentralafrika gelangen können. Die meisten anderen Turmfalken Europas sind mehr oder weniger Jahresvögel, jedoch wandern Jungvögel dieser Populationen im Winter im Allgemeinen südwärts.

LÄNGE 33–39 cm; SP 68–78 cm

WANN Ganzjährig
WO Brütet in ganz Europa außer Island und dem höchsten Norden Nordeuropas. Häufigster Falke Mitteleuropas

Eleonorenfalke *Falco eleonorae*

Schnittige Gestalt, eindrucksvolles Flugvermögen und die Vorliebe für felsige Inseln und Küsten des Mittelmeeres machen den Eleonorenfalken zu einer außergewöhnlichen Vogelgestalt. Dieser große Falke zeigt aber auch einige Merkmale der kleineren Arten wie des Baumfalken; er ist gleichermaßen Insekten- wie Vogeljäger. Es gibt ihn in zwei unterschiedlichen Farbmorphen.

NAHRUNG Die Nahrungsgrundlage außerhalb der Brutzeit bilden verschiedene Insekten, die nach Art der Baum- und Rotfußfalken im Luftraum gefangen werden. Die Falken haben einen eleganten, flüssigen Flugstil, wenn sie Libellen, Schmetterlinge oder auch fliegende Ameisen jagen; daneben erbeuten sie auch bodenlebende Insekten wie Heuschrecken und Käfer. Während der Brutzeit ernähren sie sich jedoch fast ausschließlich von Kleinvögeln; damit die Versorgung mit passenden Beutetieren stets optimal ist, finden Brut und Jungenaufzucht im Spätsommer und Herbst statt, zu einer Zeit also, in der riesige Scharen von nachtziehenden Kleinvögeln an den Küsten und Inseln des Mittelmeeres eintreffen. Die Wahl der Beutevögel richtet sich nach deren Häufigkeit. So fangen die Falken auf einer bestimmten Insel fast nur kleine Laubsänger, während ihre Artgenossen woanders vor allem den Würgern nachstellen; alle Kleinvögel werden im Flug erbeutet – oft draußen über dem Meer, wenn sie in der Morgendämmerung festen Boden erreichen wollen. Häufig „stehen" mehrere Eleonorenfalken im Wind und erwarten die ankommenden Zugvögel, um sie zu schlagen. Für die Kleinvögel bedeutet es das vorzeitige Ende des Zugs, für die Falken aber eine sehr effiziente Möglichkeit, ihre Jungen großzuziehen.

VERHALTEN UND STIMME Nicht selten starten die Brutvögel einer Insel zu gemeinsamen Beuteflügen, was wohl dem sozialen Zusammenhalt dient. Sie rufen meist nur bei Störungen in Nestnähe, die Lautäußerungen sind falkentypisch und liegen im Klang zwischen den nasalen Rufreihen des Wanderfalken und den klangvollen Serien des Baumfalken.

BRUT Die Falken brüten in Kolonien von 20–200 Brutpaaren. Die 2–3 Eier des Vollgeleges liegen in einer Felsnische oder zwischen Steinen.

ZUG Im Herbst ziehen alle Eleonorenfalken (auch die aus Nordafrika und von den Kanaren) zum Roten Meer, dann nach Süden bis Madagaskar.

LÄNGE 36–42 cm; SP 86–104 cm

WANN Nicht in Mitteleuropa
WO Brütet auf den Balearen, Sardinien, auf den Inseln vor Italien und der Adria, der Ägäis und auf Zypern sowie auf den Kanarischen Inseln

Ein großer, eleganter, langflügeliger Falke der Küsten und Inseln des Mittelmeeres; seine Jungen zieht er mit im Herbst wandernden Kleinvögeln auf

Merlin *Falco columbarius*

Ein kleiner kompakter Falke der offenen Landschaft, ähnlicher dem Sperber als dem Turmfalken; fliegt nicht so elegant wie der Baumfalke. Zur Brutzeit in Fjäll- und Moorgebieten, im Winterhalbjahr oft an der Küste, über offenem Kulturland und Feuchtgebieten; Ansitz auf dem Boden, einem Felsen oder Zaunpfahl

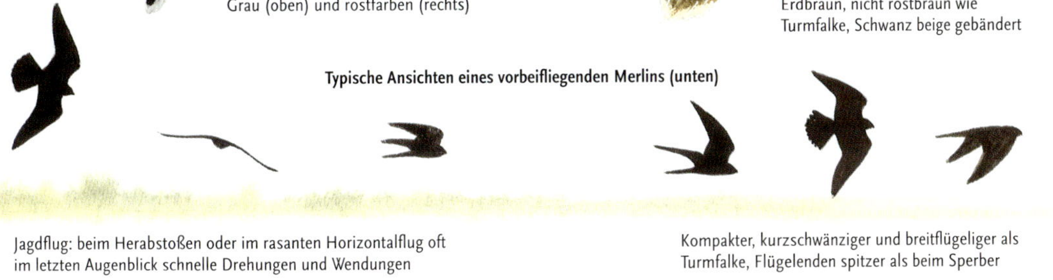

Trotz seiner geringen Größe ist der Merlin ein rasanter und draufgängerischer Vogeljäger der offenen Landschaft, den man oft nur kurz „als Silhouette" vorbeisausen sieht, bevor er gleich darauf knapp über dem Boden aus dem Blickfeld verschwindet – eine typische Begegnung im Winter. Im Sommer greift er oft Eindringlinge am Nest beherzt und mit lauten Rufen an. Neben der Faszination, die der Falke selbst ausübt, begeistert die Wildheit seines Lebensraums.

NAHRUNG Obgleich gelegentlich auch große Insekten und Kleinsäuger auf den Beutelisten erscheinen, ist der Merlin ein typischer Kleinvogeljäger. Meist startet er von einem niedrigen Ansitz aus, versucht das erspähte Beutetier zu überraschen und steilt dann kurz vor dem Ziel etwas hoch, um vehement herabzustoßen. Hat er den Vogel verfehlt, versucht er oft in niedrigem, wendigem Jagdflug sein Glück, was aber weniger zum Erfolg führt. Häufige Beutevögel sind Wiesenpieper, Feldlerchen, Steinschmätzer und Braunkehlchen; auch Ammern und Finken, die am Rand von Büschen oder Bäumen Nahrung suchen, werden erbeutet. Die Falken jagen auch regelmäßig Junge von Bodenbrütern wie Wiesenpiepern und Watvögeln.

VERHALTEN UND STIMME Die recht unspektakuläre Balz umfasst Schauflüge in geringer Höhe und lautes Rufen auf dem Ansitz. Die Rufreihen der Männchen sind schneidend, ansteigend und schnell: „ki-ki-ki-ki-ki …", die etwas tieferen Lautäußerungen der Weibchen klingen mürrisch.

BRUT Die Brutpaare in Skandinavien wählen als Unterlage für das Gelege das alte Nest einer Nebelkrähe, seltener eines Raufußbussards oder Fischadlers; Nistbäume sind meist Kiefern, Lärchen und Birken. In Nordwesteuropa sind dagegen Bodenbruten die Regel – oft eine geschützte Stelle zwischen Zwergsträuchern oder Farnen an einem Steilhang mit Aussicht, gelegentlich nisten die Falken auch in hohen Büschen, Hecken und sogar im Dünengelände an der Küste. Die 3–5 Eier werden von beiden Altvögeln 28–32 Tage bebrütet; nach etwa der gleichen Zeit sind die Jungen flügge.

ZUG Die Brutvögel Nordwesteuropas wandern im Herbst meist zur Küste, die nordeuropäischen Merline sind Zugvögel mit Winterquartier von Südschweden und Südrussland bis nach Nordafrika. In Deutschland ist der Merlin regelmäßiger Durchzügler und seltener Wintergast.

LÄNGE 25–30 cm; SP 55–70 cm

WANN September bis Mai
WO Brütet in Island, Großbritannien, Irland, in Skandinavien, Finnland und Nordrussland sowie im Baltikum und im Norden Weißrusslands

Wanderfalke *Falco peregrinus*

Der deutsche Name dieses relativ zur Größe stärksten Falken bezieht sich auf die ausgeprägte Wanderfreudigkeit immaturer Vögel; dann kann der Falke für ein paar Tage zur Vogeljagd an einem See, Stausee oder in einem Moorgebiet erscheinen, um danach wieder zu verschwinden. Nur wenige Vögel lösen so viel Enthusiasmus aus wie der Wanderfalke; für Menschen, die wilde, ungebändigte Natur lieben, gehört der Anblick eines in hohem Tempo jagenden Wanderfalken zu den absoluten Höhepunkten. Er ist aber nicht nur sehr kraftvoll und rasant, sondern vermag auch durch seine vollendete Eleganz im Flug zu begeistern.

NAHRUNG Dieser Vogelspezialist ignoriert Insekten, Säugetiere und Reptilien nahezu völlig. Seine Beutewahl hängt von den örtlichen Gegebenheiten ab, aber vielfach dominieren die Tauben seine Nahrung – vor allem Straßen- und Zuchttauben, weniger häufig Ringel- und Hohltauben; daneben erbeuten Wanderfalken im Sommer vor allem viele Drosseln, Stare, Krähen, Kiebitze und kleinere Möwen, während im Winter eher Enten geschlagen werden; in Schottland und Finnland spielen auch Raufußhühner eine Rolle. Häufig greift der Wanderfalke im einfachen Horizontalflug an, manchmal auch nach einem präzise ausgeführten Aufwärtsschwenk. Spektakulärer ist jedoch der klassische Sturzflug; dazu muss der Falke oft erst eine größere Flugstrecke zurücklegen, um von einer günstigen Position über dem anvisierten Beutevogel aus zum atemberaubenden Herabstoßen mit halb angelegten Flügeln anzusetzen.

VERHALTEN UND STIMME Zur Balzzeit kreisen die Partner oft in größerer Höhe und vollführen gemeinsame Sturzflüge und akrobatische Drehungen. Dabei rufen sie laut „rääk rääk rääk ...", die Lautäußerungen des Weibchens sind etwas tiefer; bei Störungen am Horst zetert das Weibchen nasal „ehk-ehk-ährk-ährk ...".

BRUT Brutplatz ist meist eine Nische oder Halbhöhle in steilen Felsen oder Steinbrüchen, ein altes Greifvogel- oder Krähennest oder, wie im Norden, eine trockene Stelle im Moor. In manchen Städten brüten Wanderfalken heute in Nistkästen an hohen Gebäuden. Die 3–4 Eier werden 29–32 Tage lang bebrütet, die Jungen fliegen nach weiteren 35–42 Tagen aus.

ZUG Nord- und nordosteuropäische Populationen sind Zugvögel, die übrigen Jahresvögel; Jungvögel wandern oft weit umher.

LÄNGE 39–50 cm; SP 90–112 cm

WANN Ganzjährig
WO Brütet weltweit, in Europa inselartige Verbreitung; in Deutschland und Österreich trotz beachtlicher Bestandserholung immer noch selten

Ein mittelgroßer, spitzflügeliger Falke mit breiten „Schultern" und kräftigem Körperbau; außergewöhnliches Flugvermögen, verbringt aber oft lange Zeit auf dem Ansitz. Kontrastreiches Kopfmuster kennzeichnend

Gerfalke *Falco rusticolus*

Ein großer, schwerer, breitflügeliger Falke, der in mehreren Morphen auftritt; weiße Vögel sind leicht zu bestimmen, andere erfordern große Sorgfalt; stets sind gestaltliche Merkmale wichtig

Selbst im Vergleich zu den meisten Wanderfalken ist der Gerfalke enorm groß und schwer. Er ist zwar bemerkenswert kräftig gebaut, lässt aber meist die Eleganz und Wendigkeit des Wanderfalken vermissen: Er wirkt manchmal sogar schwerfällig und vermag mit den Flugkünsten der kleineren Falken nicht zu konkurrieren. Trotzdem ist der Gerfalke eine eindrucksvolle Vogelgestalt – besonders die Altvögel der weißen Morphe. Während der Wanderfalke eher ein Vogel des Luftraums ist, auch wenn er oft Stunden auf dem Ansitz verbringt, ist der Gerfalke ein Vogel des Bodens, der stets auf dem gleichen Felsen oder Torfhügel in der Tundra steht und auf Beute wartet.

NAHRUNG Hauptsächlich Schneehühner, aber auch andere Vögel; nur in Jahren mit Massenvorkommen von Kleinsäugern wie Lemmingen oder Zieseln (Alaska) werden diese vermehrt geschlagen. Vor allem an der Küste brütende Gerfalken erbeuten viele Möwen, Enten, Alken und Watvögel; im Winter können Entenvögel eine große Rolle spielen. Meist jagt der Gerfalke von einer niedrigen Warte aus oder kreisend; die Beute wird oft kilometerweit in geringer Höhe verfolgt, bis sie sich schließlich ermattet greifen lässt. Versucht der gejagte Vogel, Höhe zu gewinnen, folgt der Falke oft im geradlinigen Steigflug, übersteigt das Opfer und stößt herab, oder er greift von unten an und packt den Vogel nach einer plötzlichen Drehung. Der Gerfalke mag plump und schwer wirken, im Horizontalflug schafft er es jedoch, einen Wanderfalken einzuholen.

VERHALTEN UND STIMME Die Männchen beginnen früh im Jahr, ein Territorium zu verteidigen, die Weibchen stoßen schon bald dazu. Oft schrauben sich beide in die Höhe und unternehmen laut rufend Sturzflüge in Richtung auf den Horst. Die Rufe sind für einen Falken tief und rau: „kräeh-kräeh-kräeh …".

BRUT Das Weibchen bebrütet die 3–5 Eier in einer Felsnische, häufiger aber im Felshorst eines Kolkraben, Raufußbussards oder Steinadlers, gelegentlich auch in einem alten Baumhorst. Nach weiteren 7–8 Wochen sind die Jungen flugfähig.

ZUG Die Adulten der europäischen Gerfalken sind Jahresvögel, nordrussische Brutvögel ziehen teilweise nach Süden und Westen. Unausgefärbte Gerfalken wandern im Winter oft weit umher und erscheinen dann mitunter an der deutschen Küste.

LÄNGE 55–60 cm; SP 110–135 cm

WANN Brütet nicht in Mitteleuropa
WO Brutvogel Islands, Nord- und Westskandinaviens, Nordrusslands

Lannerfalke *Falco biarmicus*

Ein großer, eindrucksvoller Falke, der genauso häufig auf einem Masten oder Felsen stehend zu sehen ist, wie in vollem Tempo bei der Verfolgung einer Beute. Der Lanner, aufgrund von Vergiftung, Aushorstung und Abschuss in Europa selten geworden, ist eher ein Vogel Afrikas, wo er Halbwüsten, Savannen und Ränder trockener Bergregionen bewohnt. In Sizilien brütet er an steilen Felsen, die an extensives Kulturland oder steppenartig bewachsene Hänge an der Küste grenzen.
NAHRUNG Fast nur Vögel bis zur Größe einer Dohle oder Stockente, vorwiegend jedoch kleinere Arten wie Lerchen, Tauben und kleine Falken; daneben Kleinsäuger und Reptilien. Oft jagen die Paarpartner gemeinsam.
STIMME Raue Rufreihen variieren im Rhythmus: „krihek-krihek-krihek ...".
ZUG Die meisten Lannerfalken bleiben ganzjährig im Brutrevier; einige suchen in kalten Wintern tiefere Lagen auf. Jungvögel streifen etwas umher, erscheinen aber kaum in Mitteleuropa.
LÄNGE 43–52 cm; SP 95–105 cm

WANN Nicht in Mitteleuropa
WO In Europa selten und bedroht, nur wenige Paare in Italien, auf dem Balkan und in der Ägäis

Ein großer, recht schlanker, langflügeliger Falke, im Flugbild ähnlich einem großen Turmfalken; Gefieder erinnert an Wanderfalken, jedoch mit hellerem Kopfmuster und dunkleren Unterflügeldecken

Würgfalke *Falco cherrug*

Einer der größten Falken – kräftig gebaut und eindrucksvoll. Obwohl der seltene Würgfalke inzwischen sogar in Deutschland gebrütet hat, leben in Europa außerhalb Russlands und der Ukraine weniger als 200 Paare. Er ist Steppenbewohner, jagt aber auch über trockenem, extensivem Kulturland und an Rändern von Feuchtgebieten.
NAHRUNG Vorwiegend Säugetiere wie Ziesel, seltener Ratten, Wühlmäuse, Lemminge, Murmeltiere und Hasen; gebietsweise (Deutschland) viele Tauben und Bodenvögel; mitunter auch Reptilien, Amphibien und Großinsekten. Meist jagt der Würgfalke vom Ansitz aus, um sich im Tiefflug an ein Beutetier heranzupirschen.
STIMME Ähnlich den anderen Großfalken, im Vergleich zum Wanderfalken rauer: „krek-krek-krek ...".
BRUT In Baumnestern von Reihern oder Greifvögeln oder in Felswänden.
ZUG Viele Populationen ziehen bis in den Nahen Osten und Ostafrika, die Brutvögel Mitteleuropas bleiben jedoch meist ganzjährig in Brutplatznähe.
LÄNGE 48–57 cm; SP 105–129 cm

WANN Ganzjährig (sehr selten)
WO Östliches Europa; in Mitteleuropa vor allem in Ungarn und der Slowakei, selten in Österreich

Ein kräftiger Falke, fast so groß wie der Gerfalke; Flügel weniger spitz als Lanner- oder Wanderfalke

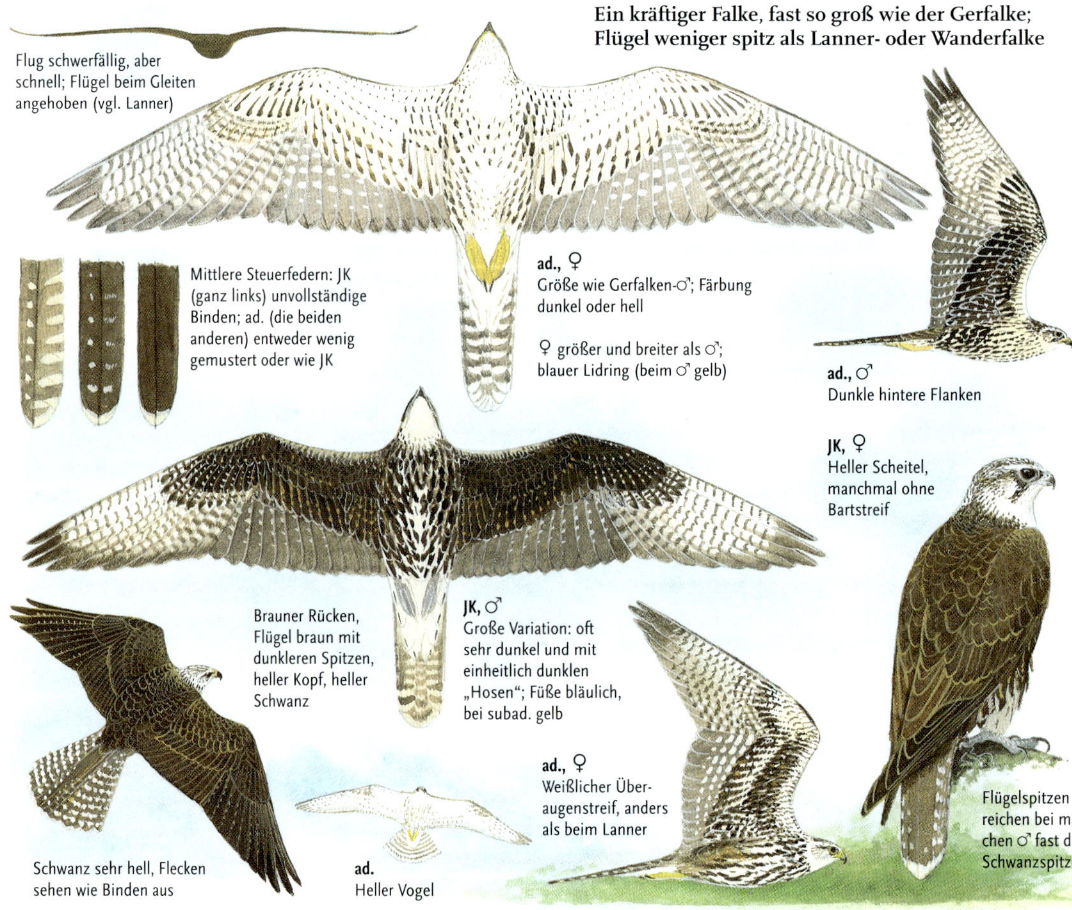

Kurzfangsperber *Accipiter brevipes*

Für einen *Accipiter* recht kurzschwänzig und spitzflügelig; lebt zur Brutzeit zurückgezogen, zieht aber oft in großen Scharen

Den Kurzfangsperber sieht man meist über bewaldeter Landschaft fliegen; am ehesten trifft man ihn aber zur Zugzeit an, dann tritt er oft in großen Schwärmen auf. Mit Vorliebe besiedelt er Tieflandgegenden, der sehr ähnliche Sperber hingegen bewohnt in Südosteuropa eher Bergregionen.
NAHRUNG Eidechsen, aber auch Mäuse, Wühlmäuse und Fledermäuse sowie Kleinvögel und Großinsekten, die der Kurzfangsperber in niedrigem, rasantem Flug erbeutet. Häufig stellt sich Jagderfolg nach langem, geduldigem Ansitz ein.
BRUT Das Zweignest steht meist in einem Laubbaum. Die 3–5 Eier werden 30–35 Tage bebrütet, die Jungen sind nach 40–45 Tagen flugfähig.
ZUG Im Herbst ziehen alle Kurzfangsperber nach Ostafrika. Sie überqueren von August bis Mitte Oktober den Bosporus und kehren im April zurück. Dann sieht man an den Brennpunkten des Vogelzugs jeweils für wenige Tage große Scharen von ihnen.
LÄNGE 33–38 cm; SP 63–75 cm

WANN April bis Oktober (sehr selten)
WO Selten in SO-Europa, vor allem Griechenland, Ukraine, Russland; in Mitteleuropa nur Ostungarn

Gleitaar *Elanus caeruleus*

Ein untersetzter, breitflügeliger, sehr ansprechend gefärbter, kleiner Greifvogel, der oft mit schnellen Flügelschlägen rüttelt

Der Gleitaar, ein kleiner, gedrungener, aber überaus eleganter Greifvogel, ist eher typisch für die grünen Streifen beiderseits des Nils in Ägypten als für Europa. Jedoch ist die kleine isolierte Population auf der Iberischen Halbinsel recht erfolgreich. Gewöhnlich sieht man den Gleitaar auf einem Baum oder Leitungsdraht stehend oder wie ein gedrungener Turmfalke über einem Feld oder Feuchtgebiet rüttelnd. Meist trifft man die Art im offenen Tiefland mit einzelnen Bäumen oder Windschutzstreifen an.
NAHRUNG Vor allem große Insekten, kleine Reptilien und Kleinsäuger, daneben auch Kleinvögel.
VERHALTEN UND STIMME Während der Balz gewinnt der wendige Gleitaar mit schnellen Flügelschlägen kreisend an Höhe, danach gleitet er mit v-förmig angehobenen Flügeln und oft herabbaumelnden Füßen abwärts. Dabei ruft er pfeifend „küit"- oder „piiu".
BRUT Nistplatz ist meist ein flachkroniger Baum. Gelegegröße 3–4 Eier.
ZUG Jahresvogel. Brütet in Portugal und Westspanien, selten in Südwestfrankreich.
LÄNGE 31–34 cm; SP 70–85 cm

WANN Nicht in Mitteleuropa
WO Brutvogel in Portugal und Westspanien

Fasan *Phasianus colchicus*

Vor rund 2000 Jahren wurden bereits Fasane aus Asien nach Griechenland gebracht; in Europa ist der Fasan ursprünglich nur in Transkaukasien beheimatet. Heute werden vielerorts in Europa große Mengen von gezüchteten Fasanen in Freiheit entlassen, um sie bereits nach kurzer Zeit wieder abzuschießen. Viele der ausgesetzten Vögel sind recht zahm und lassen sich gebietsweise in Parks und Anlagen beobachten. Weit weniger Fasane leben in offenen Waldgebieten, am Rand von Auwald- und Sumpfgebieten, wo die wärmeliebenden Vögel besonders in den Wintermonaten Schutz und Nahrung finden. Wegen ihrer Herkunft aus verschiedenen Teilen Asiens und der in den Zuchtbetrieben üblichen Vermischung der Formen treten die Männchen der „wilden" Fasane in mehreren Farbvarianten auf.

NAHRUNG Hauptsächlich Getreide, Früchte, Samen, Beeren und grüne Pflanzenteile, daneben Schnecken, Würmer und Insekten, gelegentlich auch kleine Wirbeltiere. Fasane scharren manchmal mit ihren kräftigen Füßen in weicher Erde und im Laub. Der gedrungene, etwas gebogene Schnabel befähigt den Fasan, regelrecht im Boden zu graben sowie Käfer, Eidechsen und mitunter kleine Schlangen zu töten und zu verzehren.

VERHALTEN UND STIMME Das imponierende Männchen präsentiert sich dem Weibchen von der „besten" Seite, denn so kommen die prächtigen Gefiederfarben und der lange Schwanz voll zur Geltung: Der dem Weibchen zugewandte Flügel ist gesenkt und gespreizt (Seitwärtsbalzen); in dieser Haltung läuft das Männchen auch im Bogen um das Weibchen herum. Der Verteidigung des Territoriums dient ein lauter, explosionsartig einsetzender Ruf des Männchens („gögock"), auf den ein geräuschvolles Flügelschlagen erfolgt. Der Warnruf klingt ähnlich: ein gepresstes „gögök", das nicht selten zu einer durchdringenden „Schluckauf-Serie" gereiht wird. Die Rufe der Weibchen sind meist leiser, sie äußern verschiedene purrende Laute und ein weiches „kia kia".

BRUT Wild lebende Fasanenhennen ziehen jedes Jahr nur eine Brut auf – ohne Hilfe des Männchens. Das Nest, eine flache, mit etwas Pflanzenmaterial ausgelegte Mulde, wird zwischen altem Laub oder im Schutz von dichtem Bewuchs angelegt. Das Vollgelege besteht aus bis zu 15 olivbraunen Eiern, die das Weibchen 23–28 Tage bebrütet. Die Jungen können bereits im Alter von 12 Tagen fliegen.

LÄNGE ♂ 75–90 cm; ♀ 52–64 cm

WANN Ganzjährig
WO Europa außer Teilen N- und S-Europas

Ein auffallender, langschwänziger Hühnervogel mit kräftigem Körper; noch nicht lange freigelassene Fasane sind oft vertrauter als im Freiland geborene

♀ ♂ ♂

Fliegt niedrig und zielstrebig mit Serien schneller Flügelschläge und eingeschobenen Gleitstrecken. Bei Störung starten Fasane sehr geräuschvoll und laut rufend

♂ Variante ohne weißen Halsring

♂ Variabel (oft Mischlinge verschiedener Unterarten): die meisten mit weißem Halsring (*torquatus*), andere sind heller oder dunkler, mit eher beigefarbenem Körpergefieder oder sogar mit braunem Kopf

♂ Seltene Variante mit glänzend grünschwarzem Gefieder (*versicolor*)

Ruht in Bäumen, sonst aber Bodenvogel

♂ Typischer, prächtig bunt gefärbter Vogel mit kupferfarbenen Flanken sowie dunkelbraunem, grauem oder grünlichem Bürzel

♀ Im Vergleich zu Raufußhühnern sowie Reb- und Steinhühnern mit längeren Beinen, längerem Schwanz und mehr haushuhnähnlich

JK
Zunächst kleiner und kurzschwänziger als ♀, Jungvögel fliegen bereits geschickt, lange bevor sie Erwachsenengröße erreicht haben

Auerhuhn *Tetrao urogallus*

Ein großer Vogel des Waldes, selten und bedroht. Meist nur im Auffliegen zu sehen, wobei der Beobachter nicht selten durch die polternden Abfluggeräusche stark erschrickt; Flug schnell und direkt mit kraftvollen Flügelschlägen und eingeschobenen Gleitstrecken

♂
Gleitet mit steif gehaltenen, gebogenen, stark gefingerten Flügeln, Schwanz lang und gerundet

♂
Wirkt bei schlechter Sicht oder aus der Ferne einfach nur schwarz

JK, ♀
Kräftig gefärbt und ansprechend gemustert mit weißer Bänderung der frischen Federn; breiter, gerundeter, rotbrauner Schwanz mit schwarzer Bänderung, kontrastreich grau abgesetzter Bürzel

Größerer Maßstab als ♂, um Details zu verdeutlichen

♀ (rechts)
Kräftig rostfarbener Vorderhals- und Brustfleck, unterseits viel Weiß

♂ mit großem, weißem Unterflügelfeld, gerundeter Schwanz im Flug geschlossen

Ruht auf Bäumen mit Möglichkeit zu rascher Flucht

♂
Groß, truthahnartig mit dunklem, weiß gebändertem Schwanz, weißen Schulterflecken und grünem Glanz auf der Brust; balzt mit halbkreisförmig gefächertem Schwanz (♀ im selben Maßstab)

♀
Oberseits grau, Schwanz und Brust kontrastreich rostbraun; weißliche Beine

JK, ♀
Oberseite und Beine dunkler

♀ im Vergleich zur Birkhenne größer, mit mehr gerundetem, rötlicherem Schwanz und ungemusterter rostbrauner Brust sowie kräftigerer Flankenbänderung

♂
Braune Flügel, heller Schnabel; große Steuerfedern mit breitem Ende und weißen Flecken, findet man relativ häufig im Auerhuhnwald

Das Zusammentreffen mit einem „liebestollen“ Auerhahn im Frühjahr hinterlässt bleibende Erinnerung – dabei beeindruckt weniger die Pracht des sich präsentierenden großen Waldhuhns, als vor allem der überaus kräftige Schnabel des Hahns, der alles attackiert, was er für bekämpfenswert hält. In sehr seltenen, aber zweifelsfrei belegten Fällen wurden Spaziergänger in Auerwildgebieten von einzelnen Hähnen angegriffen und durch Schnabelhiebe verletzt. Sonst sind Auerhühner scheu und leben sehr zurückgezogen, so dass man sie nicht so leicht zu Gesicht bekommt; meist scheucht man den großen Vogel auf einer Waldlichtung auf und sieht ihn nur kurz, bevor er augenblicklich wieder in der Tiefe des Waldes verschwindet.

Heute ist das große Waldhuhn in West- und Mitteleuropa nur noch inselartig verbreitet; in Mitteleuropa ist es außerhalb der Alpen und einiger Mittelgebirge verschwunden. Als Ursache dafür nennen Experten die Waldbewirtschaftung und die Zerschneidung von ehemals ruhigen Waldgebieten durch Straßen und Wege, aber auch vielfältige Störungen durch Menschen, vor allem zur Balz- und Brutzeit. Möglicherweise spielen auch Witterungsfaktoren eine Rolle sowie in früheren Zeiten die Jagd, der häufig die stärksten Hähne zum Opfer fielen.

NAHRUNG Vor allem Knospen und Triebe von Bäumen und Sträuchern sowie Beeren und Blätter der Heidelbeere und anderer Beeren im Wald und auf Mooren. Im Winter spielen Kiefernnadeln, die auf Bäumen verzehrt werden, eine wichtige Rolle; die Jungen sind auf Insekten angewiesen.

VERHALTEN UND STIMME Der Hahn balzt mit hängenden Flügeln, aufgestellten, halbkreisförmig gefächerten Steuerfedern und gesträubtem Kehlbart – eine Pose, die man an Präparaten in unzähligen Wirtshausstuben studieren kann. Während der rund sieben Minuten dauernden Balzstrophe produziert der Hahn schleifende, wetzende, knallende und glucksende Laute. Die Weibchen rufen „kok-kok“.

BRUT Meist legt die Henne ihr Nest am Fuß eines Baums in schützendem Zwergstrauchbewuchs an. Aus den 5–8 Eiern schlüpfen nach 24–26 Tagen anfangs sehr nässeempfindliche Küken, die bereits nach 14 Tagen ungeschickt fliegen können, aber erst nach 10–12 Wochen unabhängig sind.

ZUG Vor allem Männchen sind sehr standorttreu, von Weibchen sind Wanderungen von bis zu 40 km belegt.

LÄNGE ♂ 86 cm; ♀ 60 cm

WANN Ganzjährig
WO Brütet in Waldgebieten Nord- und Osteuropas, Schottlands, Nordspaniens, der Pyrenäen, Alpen und des Balkans

Alpenschneehuhn *Lagopus mutus*

Das ganze Jahr über bewohnt das Alpenschneehuhn eines der unwirtlichsten und lebensfeindlichsten Gebiete der Erde, die kalte, steinige Tundra des hohen Nordens. Wo Tundrabedingungen im Hochgebirge herrschen, siedelt dieses Raufußhuhn auch viel weiter im Süden, etwa in den Alpen, Pyrenäen und den „Highlands“ von Schottland; im Gebirge lebt es oberhalb der Baumgrenze auf felsigen Hängen und Blocksteinhalden mit Zwergsträuchern und wenigen Gräsern und Kräutern.
NAHRUNG Hauptsächlich Triebe, Knospen und Beeren von Zwergsträuchern und Kräutern, verschiedene Samen; vor allem die Jungen verzehren viele Insekten.
VERHALTEN UND STIMME Im Frühjahr gleiten die Männchen im Schauflug auf steif gehaltenen Flügeln abwärts und rufen laut knarrend „arr-arr-ka-karr“, danach „rrrrrrk k k k“.
BRUT Das Nest, vom Weibchen zwischen Steinen oder Felsblöcken angelegt, enthält bis zu 9 Eier, die 21–26 Tage bebrütet werden.
LÄNGE 34–36 cm

WANN Ganzjährig (nur Alpen)
WO Island, Schottland, Nord- und Westskandinavien, Nordrussland, in den Pyrenäen und Alpen

Birkhuhn *Tetrao tetrix*

Leider gehört das prächtige Birkhuhn in vielen Teilen Europas zu den stark bedrohten Arten und ist bereits aus vielen Gegenden seines Brutareals verschwunden. In Deutschland (wie im übrigen Mitteleuropa) gibt es außerhalb der Alpen nur noch kleine Restbestände in der Rhön und in der norddeutschen Tiefebene. Der Lebensraum des Birkhuhns umfasst weite Moor- und Heidegebiete mit verstreuten Gehölzgruppen, die ihnen Schutz und im Winterhalbjahr Nahrung bieten, sowie Krummholzbestände und Zwergstrauchheiden der Alpen.
NAHRUNG Triebe, Knospen, Blätter und Früchte von Heidel- und Preiselbeere, aber auch Triebe von Wacholder und Heidekraut sowie der Alpenrose. Die Jungen verzehren vor allem Käfer.
VERHALTEN UND STIMME Im zeitigen Frühjahr versammeln sich die Hähne zur Gemeinschaftsbalz auf traditionellen Balzplätzen. Sie äußern ein weit hörbares, an- und abschwellendes Kullern und umkreisen einander.
BRUT Die 6–10 Eier werden 23–27 Tage bebrütet. Die Küken können bereits im Alter von 10–14 Tagen fliegen.
LÄNGE 40–55 cm

WANN Ganzjährig
WO Großbritannien, Nord- und Osteuropa, in den Alpen und Teilen Mitteleuropas

Moorschneehuhn *Lagopus lagopus*

Ein gedrungenes, kurzschwänziges Huhn nordischer Moore, Bergwälder und Tundren. Flügel weiß; im Winter ganz weiß bis auf schwarze Steuerfedern (vgl. Alpenschneehuhn)

Das Moorschneehuhn, ein Charaktervogel nordischer Moore und Fjällbirkenwälder, sucht im Winter offene Nadelwälder auf; im äußersten Norden Europas besiedelt es die mit Zwergsträuchern bestandene Strauchtundra. Im Winter wird das Gefieder wie beim Alpenschneehuhn weiß, jedoch fehlt der schwarze Zügel des Alpenschneehahns. Beide Arten verbringen im Winter viel Zeit in wärmenden Schneehöhlen, um ihre kostbaren Energiereserven zu sparen.

NAHRUNG Hauptsächlich Triebe, Blätter, Knospen und Beeren von Heidel- und Preiselbeere, aber auch von anderen Zwergsträuchern; im Winter viele Knospen von Birken und Weiden.

VERHALTEN UND STIMME Im Frühjahr präsentieren die Hähne ihre angeschwollenen roten Hautlappen über dem Auge und äußern ihren lauten, nasal gackernden Reviergesang: „kr-rrrr r r kuk-kuk-ku kuk ko-wek ko-wek ko-wek-wek wek".

BRUT 6–9 Eier in einer flachen Bodenmulde; Brutdauer 19–25 Tage.

LÄNGE 37–42 cm

WANN Nicht in Mitteleuropa
WO Brütet in Skandinavien (ohne Südschweden) sowie von Finnland, Estland nordostwärts

Schottisches Moorschneehuhn *Lagopus lagopus scoticus*

Dem Moorschneehuhn der Highlands Großbritanniens und Irlands fehlt neben weißen Flügeln auch ein weißes Winterkleid; ganzjährig einheitlich dunkel rostbraunes Gefieder

Die ganzjährig dunklen Schneehühner der Britischen Inseln werden meist als Unterart des Moorschneehuhns (*scoticus*) betrachtet. Typischer Lebensraum sind fast baumlose Heidemoore; diese eigentlich unnatürlichen Lebensräume werden für die Vögel, eine begehrte Jagdbeute, durch Biotopmanagement gepflegt. Einige wenige „Moorhühner" bewohnen natürlichere, mit Heide bewachsene Lichtungen in offenen Wäldern des Hochlands sowie auf noch höher gelegenen, offenen Flächen bis zu den alpinen Bereichen, die das Alpenschneehuhn besiedelt.

NAHRUNG Vor allem Blätter, Triebe und Beeren wie Heidel-, Krähen-, Preiselbeere, das ganze Jahr spielt das Heidekraut eine große Rolle. Kükennahrung sind Käfer und andere Insekten.

VERHALTEN UND STIMME Im Frühjahr stehen die Männchen auf exponierten Plätzen und fordern ihre Kontrahenten heraus durch lauten explosiv einsetzenden Reviergesang.

BRUT Die Weibchen legen 6–9 Eier in eine ausgescharrte, flache Bodenmulde und bebrüten sie 19–25 Tage.

LÄNGE 37–42 cm

WANN Nicht in Mitteleuropa
WO Schottland, Nordengland, selten in Südwestengland, Wales; Irland

Steinhuhn *Alectoris graeca*

Dieses seltene und bedrohte Huhn kommt nur in Europa vor; es lebt an sonnigen, felsigen Hängen mit einem Mosaik von Sträuchern, Zwergsträuchern und Kräutern sowie offenem Boden; meist oberhalb der Baumgrenze. Das schwer zu beobachtende Huhn macht sich meist erst dann bemerkbar, wenn es vor dem Bergwanderer auffliegt. Neben Klimafaktoren werden für den Rückgang des Steinhuhns vor allem Veränderungen im Lebensraum angesehen, die mit Tourismus und Aufgabe traditioneller Landbewirtschaftung zusammenhängen.

NAHRUNG Vorwiegend Gräser und Kräuter sowie Samen und Beeren; das ganze Jahr über Insekten.

STIMME Häufiger Ruf ist ein raues „pitschi-pitschi-pitschi witu", die Balzstrophe ein in Abständen wiederholtes „tschitti-ti-tok".

BRUT Das Weibchen bebrütet die 8–14 Eier 25 Tage in einem im Bodenbewuchs versteckten Nest; die Jungen sind mit ca. 8 Wochen ausgewachsen.

LÄNGE 32–35 cm

WANN Ganzjährig (selten)
WO Brutvogel der Alpen, des Apennins, Siziliens sowie der Balkanhalbinsel bis Bulgarien; in Deutschland vermutlich ausgestorben

Chukarhuhn *Alectoris chukar* Felsenhuhn *Alectoris barbara*

Im Osten der Balkanhalbinsel, in Kleinasien und im Nahen Osten ist das **Chukarhuhn** stellenweise häufig auf warmen, offenen Flächen und trockenem Kulturland, aber auch an kahlen Hängen der Gebirge. Die Art wurde in Gebieten eingebürgert, in denen sie ursprünglich nicht heimisch war; so ist sie heute entweder in „Reinform" oder als Mischling mit dem Rothuhn in manchen Gegenden der Alpen zu finden. Das **Felsenhuhn** ist ein Vogel der felsigen Hänge Sardiniens und Gibraltars.

NAHRUNG Wie das Steinhuhn vor allem Triebe, Samen und Beeren sowie viele Insekten; Nahrungsuche auf offenem Boden, manchmal scharrend.

STIMME Eine Folge schnell gereihter, heiserer Laute: „ga-ga-ga-ga-gakscha-gschakera-gschakera-gschakera …".

BRUT Das Weibchen scharrt eine flache Bodenmulde und legt bis zu 12 Eier, die es 25 Tage bebrütet. Die Jungen sind bereits flugfähig, wenn sie die Hälfte oder Dreiviertel der Erwachsenengröße erreicht haben.

LÄNGE 32–34 cm

WANN Ganzjährig (Alpen; selten)
WO Chukarhuhn: Südostbulgarien, Ostgriechenland, Ägäis, Kreta; Alpen (ausgesetzt). Felsenhuhn: Gibraltar und Sardinien

Rothuhn *Alectoris rufa*

Von den *Alectoris*-Arten ist das Rothuhn am attraktivsten gefärbt, es ist wie das Steinhuhn durch Hybridisierung mit dem Chukarhuhn bedroht; im Vergleich zum Rebhuhn größer und schwerer und am Kopf kräftiger gemustert

Das Rothuhn hat ehemals in Südwestdeutschland und der Schweiz gebrütet; als westlicher Repräsentant der Gattung *Alectoris* vertritt es im größten Teil der Iberischen Halbinsel das Rebhuhn. Auf den Britischen Inseln wurde es als Jagdwild eingebürgert und hybridisiert dort mit dem ebenfalls eingeführten Chukarhuhn.

NAHRUNG Hauptsächlich Blätter, Triebe, Wurzeln und Samen von Gräsern, krautigen Pflanzen und Bäumen, beispielsweise Bucheckern; daneben Insekten und Würmer.

VERHALTEN UND STIMME Die Hähne tragen von erhöhter Warte wie Pfählen und Dächern aus ihren Reviergesang vor: „kok-tschek-kok-tschek-kok-tschek …". Ruft „tschok-tschokorr".

BRUT Das Männchen scharrt eine flache Mulde an einer gedeckten Stelle und legt das Nest mit etwas Pflanzenmaterial aus. Vorwiegend das Weibchen bebrütet die 10–16 Eier; manchmal zeitigt es ein zweites Gelege, das vom Männchen bebrütet wird.

LÄNGE 32–34 cm

WANN In Mitteleuropa ausgestorben
WO Brütet auf der Iberischen Halbinsel, in Frankreich und Norditalien, auf den Balearen, Korsika und in Großbritannien

Rebhuhn *Perdix perdix*

Ein kleines, gedrungenes Feldhuhn mit kurzem Schwanz, rundlichem Kopf und überwiegend grauer Gefiederfärbung; typisch ist der hufeisenförmige Fleck auf der Unterseite (bei ♀ schwächer oder fehlend)

Früher ein vertrauter Anblick in der abwechslungsreichen Feldflur, ist das Rebhuhn heute im westlichen Europa vielerorts verschwunden, denn es kommt wie viele andere Vögel auf den häufig eintönigen Agrarflächen nur schlecht zurecht; es fehlt an genügend Deckung sowie an Nahrung in Form von Wildkräutern und Insekten. Rebhühner sind gesellig und treten oft in Trupps von 10–20 Vögeln auf.

NAHRUNG Hauptsächlich verschiedene Wildkräuter und deren Samen, Klee, Getreide. Die Küken verzehren Insekten, deren Larven und Spinnen.

VERHALTEN UND STIMME Männchen und Weibchen tragen ihren Reviergesang, ein durchdringendes, heiseres „girrek", meist in der Abenddämmerung vor. Aufgescheuchte Rebhühner warnen scharf „ker-ik krrip-krrip".

BRUT Die 10–20 Eier liegen in einer flachen Bodenmulde in dichtem Bewuchs, sie werden 23–25 Tage bebrütet. Mit nur 10 Tagen können die Jungen bereits fliegen, sind aber erst mit 14 Wochen ausgewachsen.

LÄNGE 29–31 cm

WANN Ganzjährig
WO Brütet in Europa außer Island, dem größten Teil Nordeuropas, der Iberischen Halbinsel und der Alpen; in Mitteleuropa starker Rückgang

Haselhuhn *Bonasa bonasia*

Das Haselhuhn, ein kleines Raufußhuhn unterholzreicher, naturnaher Misch- und Nadelwälder, bekommt man höchstens einmal kurz im Flug zu Gesicht, wenn es aufgescheucht mit burrendem Flügelgeräusch einem deckungsbietenden Baum zustrebt. Nur selten gelingt die Annäherung an den scheuen Vogel. Im Sommer leben die Hühner hauptsächlich am Boden, im Winter verbringen sie viel Zeit mit der Nahrungssuche auf Bäumen. In Mitteleuropa selten und bedroht.
NAHRUNG Ganzjährig überwiegend pflanzliche Kost: Triebe, Beeren, Samen; im Winter viele Knospen und Kätzchen von Hasel, Birke und Erle; im Sommer zusätzlich Insekten.
VERHALTEN UND STIMME Männchen singen sehr hoch, goldhähnchenartig „tsiih-üiih si si-si-si-si".
BRUT Die Paare leben in Dauerehe. Das Nest, eine flache Mulde unter einem Busch oder Baum, wird vom Weibchen angelegt. Die bis zu 11 nach 25 Tagen schlüpfenden Jungen sind mit 2–3 Wochen bereits flugfähig.
LÄNGE 35–37 cm

WANN Ganzjährig
WO Vorwiegend in N- und O-Europa sowie in den Alpen; ferner in Ostfrankreich und SO-Europa

Ein scheues, ringeltaubengroßes Waldhuhn des Unterholzes; fliegt bei Annäherung früh auf; generell nur schwer zu beobachten; Nahrungssuche häufig in Bäumen

♀

Brutvögel Nord- und Osteuropas (oben rechts) eher grau als die in Mittel- und Südosteuropa (rechts)

♂ fliegt mit gebogenen Flügeln; Bürzel/Schwanz grau mit breiter, schwarzer Endbinde

Kurze Federhaube

♂
Langer Schwanz mit schwarzer Endbinde; viele weiße Flecken, Schulterflecken ähnlich „Hosenträgern" angeordnet; Schäfte und Außenfahnen der Handschwingen hell

♂
Schwarzer Kehlfleck typisch

Gefieder mit zunehmender Abnutzung weniger rostbraun; Musterung mit viel geringerer individueller Variation

Laufhühnchen *Turnix sylvatica*

Laufhühnchen sind kleine, wachtelartige Bodenvögel aus der Kranich-Verwandtschaft. Sie sind in Afrika südlich der Sahara weit verbreitet; in Europa ist die Art nach anhaltendem Rückgang während der letzten 150 Jahre nahezu ausgestorben – bis auf einen winzigen Restbestand im Nationalpark Doñana in Südspanien. Früher war das Laufhühnchen im trockenen Küstenstreifen Südspaniens, vor allem in Gebieten mit Zwergpalmen, recht häufig; außerdem kam es in Sizilien vor.
NAHRUNG Samen und Insekten, die das Laufhühnchen vom Boden pickt.
VERHALTEN UND STIMME Bei den Laufhühnchen balzen die Weibchen; sie locken mit tiefen, nebelhornartigen Lauten die Männchen an.
BRUT Das Paarungssystem der sukzessiven Polyandrie (Vielmännerei) ist unter Europas Vögeln außergewöhnlich; für jeden der aufeinander folgenden Partner zeitigt das Weibchen ein Gelege, damit dieser es bebrütet (12–14 Tage) und später die Jungen betreut.
ZUG In Europa und Nordafrika wahrscheinlich Jahresvogel.
LÄNGE 15–16 cm

WANN Nicht in Mitteleuropa
WO Südspanien, Nationalpark Doñana, möglicherweise schon ausgestorben

Ein kleiner, sehr zurückgezogen lebender Bodenvogel in trockener Heidevegetation mit Zwergpalmen und anderem, ähnlich hohem Bewuchs; in Europa ausgesprochen selten (und vielleicht schon verschwunden), in Afrika weit verbreitet

Beim (seltenen) Auffliegen sichtbar: breites, diffuses, helles Flügelfeld und etwas dunklere Schwungfedern

Etwas kleiner und kurzflügeliger als Wachtel; fliegt ebenfalls selten auf, rennt eher in horizontaler Haltung davon

ad., ♂
Heller, mehr ingwerbraun als ♀, Flanken kräftiger gefleckt

ad., ♀
Dunkler als ♂, besonders auf dem Rücken

Wegen der zurückgezogenen Lebensweise sind Kenntnisse über Verhalten und Habitatansprüche der Art gering; sie könnte daher anderswo in Spanien und in Sizilien noch existieren – außerhalb der Siedlungen gibt es riesige Flächen, vielleicht wurde das Laufhühnchen einfach nur übersehen

Wachtelkönig *Crex crex*

Ein ausgesprochen versteckt in dichter Vegetation lebender Vogel; selten zu sehen, aber am Brutplatz oft zu hören

Da der Wachtelkönig die meiste Zeit im hohen Gras der Feuchtwiesen verborgen ist, bekommt man ihn nur selten zu Gesicht, dafür aber oft zu hören. Im Frühjahr singen die Männchen mitunter auf kleinen Freiflächen. Fast überall in Deutschland wie im westlichen Europa sind die Bestände vorwiegend durch Lebensraumverlust sehr stark zurückgegangen.

NAHRUNG Vor allem verschiedene Insekten, daneben Würmer und Schnecken sowie kleine Frösche.

VERHALTEN UND STIMME Die Männchen singen mit hochgerecktem Kopf: ein zweisilbiges, im Sekundentakt vorgetragenes, trocken und hölzern klingendes „rrerrp-rrerrp“.

BRUT Bodennest in dichtem Bewuchs; die 8–12 Eier werden 16–19 Tage lang bebrütet.

ZUG Wachtelkönige sind Langstreckenzieher mit Winterquartieren in den Tropen bis Südostafrika; ihr Schleifenzug führt sie im Frühjahr über Marokko.

LÄNGE 27–30 cm

WANN Mai bis September
WO In Europa vorwiegend im Osten; westwärts bis Britische Inseln, nach Norden bis Südskandinavien; in Mitteleuropa vor allem in Polen

Wachtel *Coturnix coturnix*

Ein nur starengroßes, gedrungenes Feldhuhn, nur selten zu sehen; am Brutplatz im Sommer ist der dreisilbige „Wachtelschlag“ den ganzen Tag über zu hören, im hohen Gras- und Kräuterbewuchs aber schwer zu orten

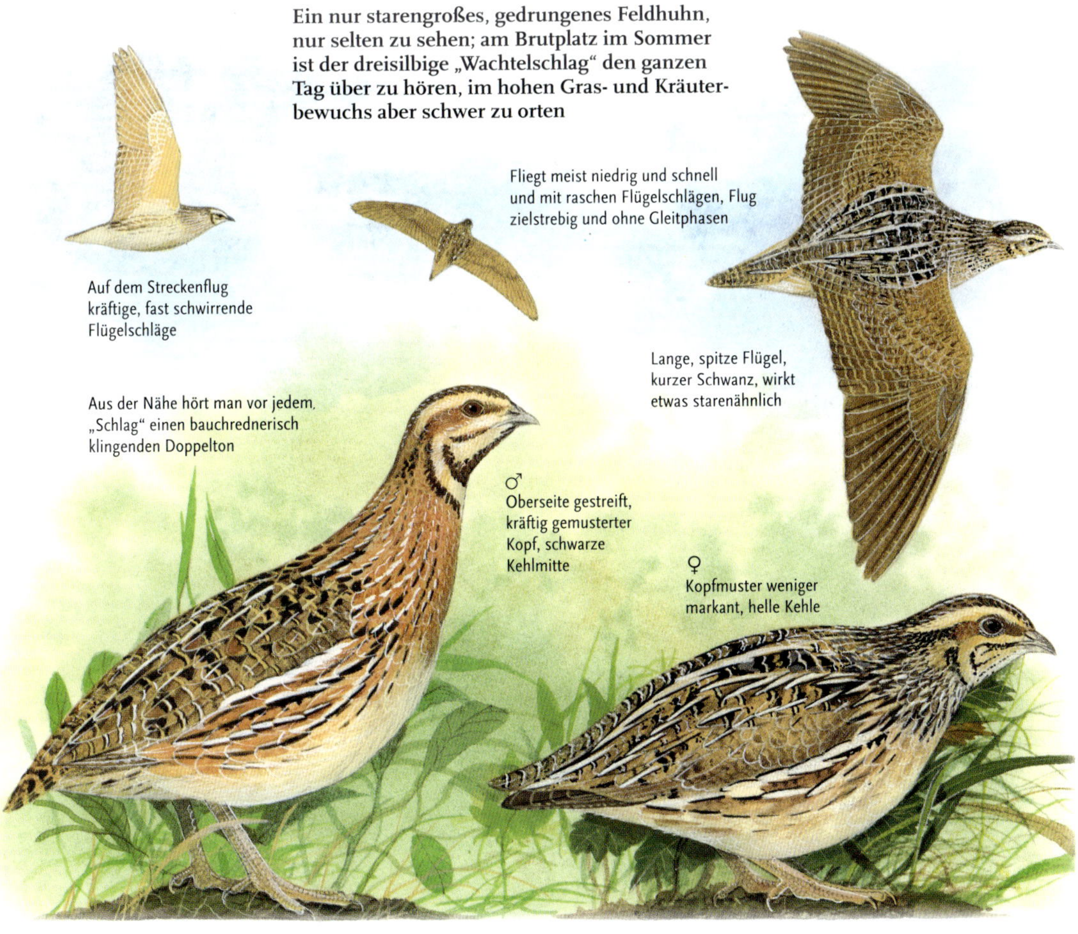

Die Wachtel führt ein verborgenes Leben in hohen Wiesen und auf nicht zu trockenen Feldern. Typisch für die Art sind starke Schwankungen der Bestandsdichte, was unter anderem mit dem Fruchtwechsel auf den Feldern zusammenhängt. Häufig findet man die Hühner in Klee- und Luzernefeldern sowie in Wintergetreide und auf Brachflächen. Intensivierung der Landwirtschaft und Abschuss auf dem Zug haben die Wachtel im Norden ihres Areals selten werden lassen.

NAHRUNG Samen von Wildkräutern, Getreide; Insekten.

VERHALTEN UND STIMME Bei der Balz umkreist das Männchen mit gesträubten Kehlfedern das Weibchen. Weittragender Reviergesang, ein rhythmisch wiederholtes „Pick-werwick“.

BRUT Bodennest, vom Weibchen gescharrt; meist 8–13 Eier, die Jungen schlüpfen nach 17–20 Tagen.

ZUG Der einzige Langstreckenzieher unter den Hühnervögeln Europas.

LÄNGE 16–18 cm

WANN Mai bis Oktober
WO In Europa weit verbreiteter Brutvogel, im Norden selten, fehlt in Nordeuropa ganz. Früher zur Zugzeit Tausende an den Küsten des Mittelmeers, heute dagegen viel weniger

Wasserralle *Rallus aquaticus*

Die Wasserralle lebt in Schilfgebieten und Süßwassersümpfen, doch man trifft sie auch in anderen Feuchtgebieten, so an feuchten Grabenrändern und an manchen kleinen Tümpeln, sofern genügend Deckung vorhanden ist. Sie überwintert auch an eisfreien Gewässerrändern und kann dort gelegentlich ganz frei beobachtet werden, denn sie ist nicht sehr scheu. Von der Seite her wirkt sie rund und gedrungen, von hinten jedoch sehr schmal.
NAHRUNG Vor allem Wasserinsekten, aber auch Würmer, Schnecken und Egel, gelegentlich Fische; im Winter auch Beeren und Samen.
STIMME Die meisten Rufe sind laut und erinnern an Schweinequieken. Balzgesang des Männchens ein tiefes, rhythmisches „köpp köpp köpp ...“.
BRUT Tiefmuldiges Nest aus Schilf und Blättern, oft im dichten Röhricht über dem Wasser. Die bis zu 11 Eier werden 19–22 Tage bebrütet.
LÄNGE 22–28 cm

WANN Ganzjährig
WO Brutvogel Europas mit Ausnahme von Nordskandinavien und Nordrussland. Winterquartiere in West- und Südeuropa sowie in Nordafrika; viele überwintern auch in Mitteleuropa

Tüpfelsumpfhuhn *Porzana porzana*

Das Tüpfelsumpfhuhn ist nicht ausgesprochen scheu, aber sehr schwer zu Gesicht zu bekommen, denn es lebt im deckungsreichen Pflanzengewirr der Verlandungszonen. Gelegentlich steht es aber nur ein paar Meter entfernt und ganz frei auf einer Schlammfläche am Gewässerrand und lässt sich beobachten. Typischer ist der kurze Anblick eines aufgescheuchten Tüpfelsumpfhuhns, das schon bald wieder vom dichten Bewuchs verschluckt wird.
NAHRUNG Vorwiegend Insekten und Spinnen, Würmer, Samen und Beeren, die meist vom Schlamm oder in geringer Höhe von Halmen gepickt werden.
STIMME Der Balzgesang, vorwiegend vom Männchen vorgetragen, ist ein peitschenartiges, im Sekundentakt wiederholtes „huitt“.
BRUT Das dickwandige Nest steht in dichtem, feuchtem Bewuchs, meist über zentimetertiefem Wasser. Die 8–12 Eier werden 18–19 Tage bebrütet.
ZUG Diese Rallen sind Zugvögel, sie wandern im Herbst meist nach Afrika; manche bleiben im Mittelmeerraum.
LÄNGE 22–24 cm

WANN April bis November
WO Brütet in Europa vor allem im Osten; nach Westen und Süden zu eher zerstreut. In Mitteleuropa vor allem in Polen, fehlt vielerorts

Kleines Sumpfhuhn *Porzana parva*

Ein sehr kleiner, spitzschwänziger Sumpfvogel, wirkt gewöhnlich schlank und zierlich wegen der sehr langen, schlanken Zehen; ♂ sehr ansprechend gefärbt

Viel Glück und Geduld sind nötig, um ein Kleines Sumpfhuhn zu Gesicht zu bekommen – vielleicht aus einem Versteck heraus in einem Feuchtgebiet, etwa am Neusiedler See, wo die nur wasseramselgroße Ralle recht häufig ist. Ein ansprechend gefärbter Vogel, dessen Gefieder wie poliert wirkt und der meist zu sehen ist, wenn er eine Lücke im Schilf überquert. Verglichen mit den verwandten Arten schwimmt das Kleine Sumpfhuhn häufiger.

NAHRUNG Vorwiegend Insekten und Spinnen sowie kleine Schnecken und Würmer, gelegentlich Samen von Wasserpflanzen. Nahrungssuche oft zwischen Rohrkolben oder am Schilfrand.

STIMME Der Gesang des Männchens ist nur nachts zu hören: eine beschleunigte, nasale, quäkende Tonfolge, die an Froschquaken erinnert.

BRUT Das Nest ist tiefmuldig und wird in dichtem Bewuchs über dem Wasser angelegt; häufig sind die Halme über dem Nest zusammengezogen.

LÄNGE 18–20 cm

WANN April bis September
WO Europa hauptsächlich im Osten; im Westen (auch in Deutschland) nur wenige Brutplätze. Überwinterungsgebiete im Mittelmeerraum und in Afrika

Zwergsumpfhuhn *Porzana pusilla*

Eine winzige, rundliche Ralle mit kurzem Schwanz; ähnlich dem ♂ des Kleinen Sumpfhuhns, aber Oberseite ausgedehnter weiß mit Ringeln und Kritzeln sowie mit mehr schwarzen Flecken; Schnabel grün, ganz ohne Rot

Von den Sumpfhühnern ist dies die kleinste Art, wenn auch kaum kleiner als das Kleine Sumpfhuhn. Es ist weder leicht zu beobachten, noch einfach von der Schwesterart zu unterscheiden – hier hilft vor allem die Prüfung von Gestaltsmerkmalen. Außerhalb von Südspanien und Osteuropa ist die Art äußerst selten. In Deutschland haben Zwergsumpfhühner bereits ausnahmsweise gebrütet.

NAHRUNG Hauptsächlich wasserlebende Insekten, aber auch Samen und Triebe. Nahrungssuche oft unter Rohrkolben, Seggen und anderen Sumpfpflanzen. Durchzüglern genügen kleine Gräben oder Drainagedurchlässe.

STIMME Die Balzstrophe des Männchens ist weniger weit zu hören als die anderer Rallen: eine hart knarrende Tonfolge, die rund 2–3 Sekunden anhält und etwas an- und abschwillt, erinnert an den Wasserfrosch.

ZUG Die Überwinterungsgebiete liegen im Mittelmeerraum sowie in Afrika, südlich der Sahara. In Mitteleuropa rechnet man mit Durchzüglern kaum vor Ende Mai.

LÄNGE 17–19 cm

WANN Mai bis September (sehr selten)
WO Vorwiegend im Osten und Südosten Europas sowie in Südspanien, sonst nur sehr spärlich

Blässhuhn *Fulica atra*

Blässhühner gehören zu den bekanntesten Wasservögeln, man trifft sie auf Parkseen mitten in der Großstadt und an Dampferstegen genauso wie auf großen Stauseen und auf Uferwiesen an Flüssen, besonders im Winter auch an der Küste. Mit Ausnahme der unscheinbaren Jungvögel sind sie eigentlich kaum zu verwechseln.
NAHRUNG Vor allem Wasserpflanzen, Algen, Schilfsprossen sowie Insekten, Schnecken, Würmer und Kaulquappen; die meiste Nahrung erlangt das Blässhuhn tauchend – mit einem kleinen Sprung, häufig sieht man es an Land Gras rupfen.
STIMME Blässhühner rufen kurz „köw", stimmlos „tsk" und hart „pix".
BRUT Die Nester sind große Haufen aus Pflanzenmaterial, am Ufer oder über flachem Wasser angelegt. 6–9 Eier, Brutdauer 21–24 Tage.
ZUG Im Winter wechseln viele der heimischen Blässhühner zu großen Seen und Stauseen.
LÄNGE 36–38 cm

WANN Ganzjährig
WO Brütet in fast ganz Europa außer Island und weiten Teilen Nordeuropas. Im Winter in MItteleuropa Zuzug aus nordöstlichen Brutgebieten

Purpurhuhn *Porphyrio porphyrio* Kammblässhuhn *Fulica cristata*

Das **Purpurhuhn** ist ein imposanter Sumpfvogel, der die üppig bewachsenen Randzonen von Seen bewohnt (in Afrika auch an Flüssen). In Europa ist die Art selten und kommt nur lokal vor. Das **Kammblässhuhn** hat in Europa nur noch ein isoliertes Brutvorkommen im südspanischen Andalusien.
NAHRUNG Purpurhühner verzehren vor allem Stängel und Wurzeln von Wasserpflanzen (besonders das Mark von Binsen), indem sie den Fuß zu Hilfe nehmen und gleichsam aus der „Faust" fressen. Kammblässhühner tauchen wie Blässhühner vorwiegend nach Pflanzenteilen.
STIMME Purpurhühner rufen ganz unterschiedlich, oft hört man die trompetenden Alarmrufe; Kontaktruf „tschuk". Die Rufe des Kammblässhuhns sind meist tiefer als die des Blässhuhns: „kluckock" oder „kru-uk".
ZUG Beide Rallenarten sind eigentlich Jahresvögel, sie wandern aber etwas, um ungünstigen Lebensbedingungen auszuweichen.
LÄNGE Purpurhuhn 45–50 cm; Kammblässhuhn 38–42 cm

WANN Beide Arten nicht in Mitteleuropa
WO Purpurhuhn: extremer Südwesten Spaniens, Südportugal; Sardinien. Kammblässhuhn: Südwestspanien

Teichhuhn *Gallinula chloropus*

Ein recht bekannter Vogel der Flussufer, Dorfteiche und Parkseen; meist zu sehen, wenn die Ralle in die Deckung rennt oder schwimmend dem Uferbewuchs zustrebt – jeweils mit intensivem Schwanzzucken; weiße Flankenlinie ebenfalls kennzeichnend

In vielen Siedlungen lebt das scheue Teichhuhn an Bächen und Dorfteichen nahezu unbemerkt. Gelegentlich sieht man es aber flügelschlagend über das Wasser „rennen“. Obwohl in Europa weit verbreitet und meist häufig, haben die Bestände vielerorts abgenommen, vor allem aufgrund von Begradigung und Ausbau der Flüsse und Vernichtung der Ufervegetation. Anders als Blässhühner benötigen Teichhühner Gewässer mit dichter, deckungsbietender Ufervegetation. Manchmal trifft man die Rallen auch in Gärten und auf Feldern und sogar auf Wiesen und Weiden, wo sie zusammen mit Kühen oder Schafen Nahrung suchen. Mitunter klettern Teichhühner auch in Büsche und niedrig in alte, knorrige Bäume und legen bisweilen sogar ihr Nest in luftiger Höhe an. Teichhühner sind stimmfreudig und sehr territorial und vertreiben jeden Eindringling augenblicklich aus dem Revier, besonders im Frühjahr.

NAHRUNG Vor allem Triebe, Samen, Knospen und Beeren von Wasser- und Uferpflanzen, ferner Wasserkäfer und andere Wasserinsekten, Schnecken, Kaulquappen und Würmer. Teichhühner tauchen nicht zur Nahrungssuche.

VERHALTEN UND STIMME Bei den häufigen territorialen Auseinandersetzungen werden die langen, mit scharfen Krallen versehenen Zehen als wirksame Waffen eingesetzt. Während der Balz präsentieren die Männchen ihre weißen Abzeichen an den Flanken und vor allem am Unterschwanz, was durch breites Abspreizen der Steuerfedern besonders betont wird. Häufig hört man von Teichhühnern ein plötzlich einsetzendes, scharf rollendes „kürrk“ oder durchdringendes „kittik“. Der Reviergesang, vor allem nachts vorgetragen, ist ein ständig wiederholtes „krek-krek-krek ...“.

BRUT Das Teichhuhnnest ist klein und sauber aus vorjährigen Sumpf- und Wasserpflanzen zusammengefügt – häufig im Schutz von überhängenden Zweigen in der Ufervegetation oder über seichtem Wasser. Die Nestmulde, mit trockenen Halmen und Blättern gepolstert, enthält bis zu 11 Eier; die Jungen schlüpfen nach 21–22 Tagen, nach 40–50 Tagen sind sie flugfähig. Im Spätsommer werden die Jungen der zweiten Brut oft von ihren Geschwistern der ersten Brut gefüttert.

ZUG Die meisten mitteleuropäischen Brutvögel bleiben ganzjährig im Bereich der Brutplätze.

LÄNGE 32–35 cm

WANN Ganzjährig
WO Brütet in fast ganz Europa – mit Ausnahme Islands und des größten Teils von Nordeuropa. Ein Teil der mitteleuropäischen Brutvögel im Winter (zusammen mit Artgenossen aus Osteuropa) im Mittelmeerraum und in Westeuropa

Großtrappe *Otis tarda*

Einer der imposantesten Großvögel Europas, leider auch einer der bedrohtesten; die Großtrappe braucht viel Platz und kommt mit der heutigen intensiven Landwirtschaft nicht gut zurecht. Die Zukunft dieses Steppenvogels hängt von der Einrichtung großer, extensiver Kulturflächen ab.

NAHRUNG Vor allem pflanzlich; grüne Teile und Samen, häufig Luzerne und Klee, daneben Insekten, Würmer und kleine Wirbeltiere, besonders Mäuse, wenn es viele gibt.

VERHALTEN UND STIMME Die eindrucksvolle Balz findet am Boden statt, dabei verwandelt sich das Männchen in eine weiße, sich schüttelnde Riesenblüte, indem es den Hals aufbläst und Flügel und Schwanz nach außen wendet. Wenig lautfreudig.

BRUT Die flache Mulde, in niedrigem Bewuchs angelegt, enthält 2–3 Eier.

ZUG In Südwest- und Mitteleuropa Jahresvogel, weiter im Osten zunehmend Zugvogel; in harten Wintern mitunter Einflüge nach Mitteleuropa.

LÄNGE ♂ 90–105 cm; ♀ 75–85 cm

WANN Ganzjährig (sehr selten)
WO Brütet auf der Iberischen Halbinsel; in Mitteleuropa vor allem in Ungarn, bedrohter Restbestand in Nordostdeutschland

Zwergtrappe *Tetrax tetrax*

Im Vergleich zur Großtrappe ist die Zwergtrappe deutlich kleiner und in ihren Bewegungen viel schneller, vor allem im Flug. Im Winterhalbjahr bilden die Trappen häufig kleine Trupps und erinnern dann nicht nur wegen ihrer Größe an Hühnervögel. Im Flug fällt das kontrastreiche Schwarz-Weiß-Muster der Flügel auf. Obwohl die Zwergtrappe gebietsweise häufiger ist als die Großtrappe, sind ihre Bestände trotzdem fast überall rückläufig.

NAHRUNG Hauptsächlich Blätter, Blüten, Samen und Früchte verschiedener Steppenpflanzen, auch von Kulturpflanzen; außerdem viele Insekten wie Käfer und Heuschrecken.

VERHALTEN UND STIMME Der Hahn sträubt während der Balz sein schwarzweißes Halsgefieder; zusätzlich ruft er hölzern schnarrend „prrrt" und macht kurze, senkrechte Luftsprünge.

BRUT Die 3–4 Eier werden in einer Bodenmulde 20–22 Tage bebrütet.

ZUG Die Brutvögel im nördlichen Frankreich sind Zugvögel, die Südfrankreichs und der Iberischen Halbinsel dagegen Jahresvögel.

LÄNGE 40–45 cm

WANN In Mitteleuropa ausgestorben
WO Iberische Halbinsel, Frankreich, Sardinien, Ukraine. Ehemaliger Brutvogel Ostdeutschlands

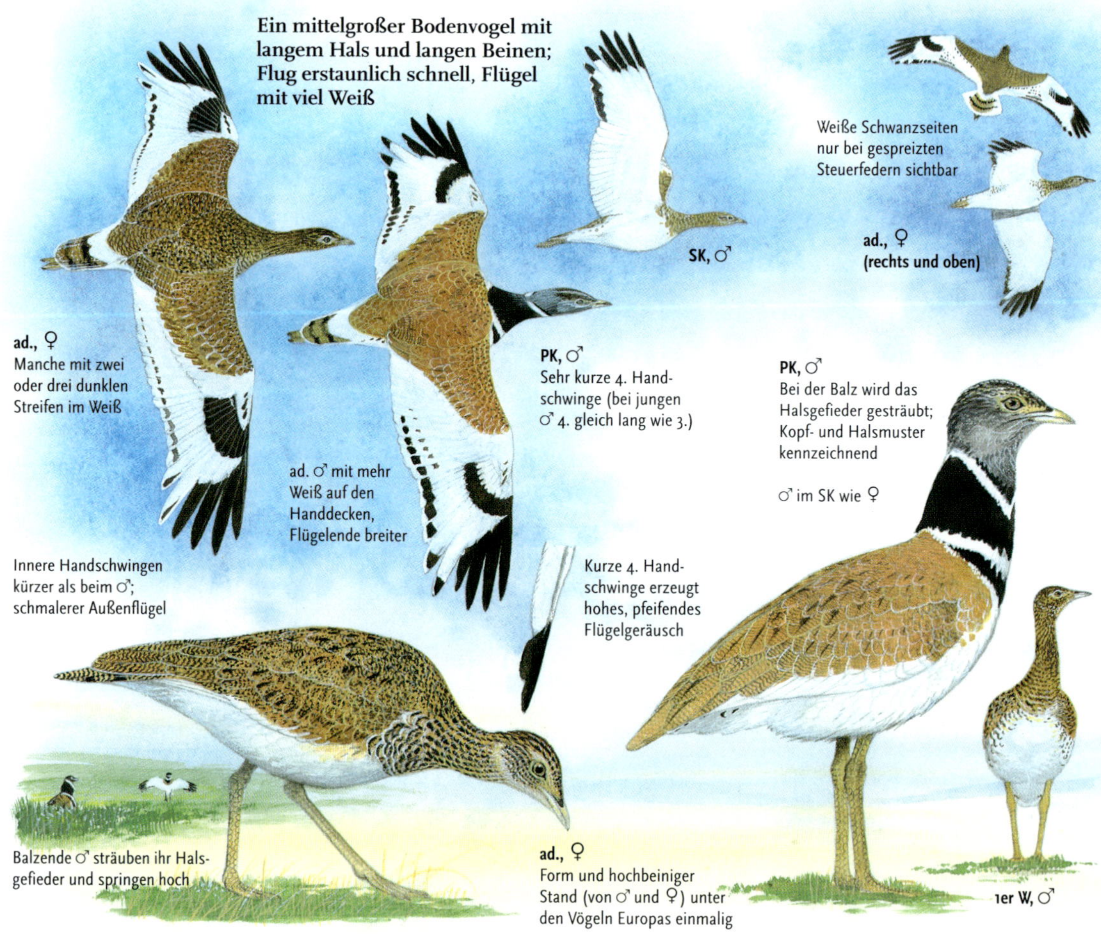

Triel *Burhinus oedicnemus*

Ein heller, sandbräunlicher Vogel mit auffallend heller Schnabelbasis und hellem Streif unter dem Auge; im Flug auffällig gemustert (ähnlich Zwergtrappe); tagsüber schwer zu entdecken, dann ist er meist nur zu hören; ruft häufig am Boden und im Flug, oft nachts

Dieser große, kräftig gebaute Watvogel lebt in sandigen Heidegebieten und steinigen Steppen. Früher war er Brutvogel Deutschlands auf den Kiesflächen der großen Flüsse. Triele sind meist dämmerungsaktiv und drücken sich tagsüber an den Boden, wo sie in ihrem Tarngefieder kaum zu entdecken sind. Meist wird man durch die Rufe auf den Triel aufmerksam.

NAHRUNG Hauptsächlich große Insekten, Schnecken und Würmer.

VERHALTEN UND STIMME Bei der Balz springt das Männchen mit geöffneten Flügeln in die Höhe und präsentiert sein schwarzweißes Flügelmuster. Die rau flötenden „krürrieh"-Rufe sind meist nachts zu hören.

BRUT Das Nest ist eine flache, mit etwas Pflanzenmaterial ausgelegte Mulde; die 2 Jungen sind im Alter von 36–42 Tagen flugfähig. Nach der Brutzeit schließen sich Triele truppweise zusammen.

LÄNGE 40–44 cm

WANN März bis Oktober
WO Vor allem West- und Südeuropa sowie Russland. In Mitteleuropa nur noch in Ungarn nennenswerte Bestände. Brutvögel nördlicher Gebiete überwintern im Mittelmeerraum und in Nordafrika

Rotflügel-Brachschwalbe *Glareola pratincola*

Ein Watvogel mit großen Augen, kleinem Schnabel und kurzen Beinen; erinnert in der Gestalt an Schwalben und Seeschwalben. Flug leicht und wendig, ähnlich einer Trauerseeschwalbe, aber kraftvoller; auch die rauen Rufe sind seeschwalbenartig

Obwohl ein Watvogel, verhält sich dieser elegante Vogel bei der Nahrungssuche eher wie eine Schwalbe; die rauen Rufe erinnern an Seeschwalben. Im Streckenflug fällt der kraftvolle Flügelschlag auf. Die Vögel stehen oft in kleinen Trupps mit den Köpfen in einer Richtung und sind auf trockenem Boden oder kurzem Bewuchs schwer auszumachen; Brachschwalben wirken stehend viel rundlicher als im Flug.

NAHRUNG Fluginsekten.

VERHALTEN UND STIMME Balz und Paarbildung setzen in den spätwinterlichen Trupps ein; am Brutplatz angekommen vollführen die Paare rasante Flugmanöver und werben am Boden umeinander mit Verbeugungen. Der Balzgesang ist rollend-vibrierend, außerdem verschiedene raue Rufe wie „kitt" oder „kirrik".

BRUT Das flache Bodennest liegt meist am Gewässerrand; die 3 Jungen können nach 25–30 Tagen fliegen; bei Störungen am Nest ausgeprägtes Verleiten der Altvögel.

ZUG Überwintert in Afrika.

LÄNGE 23–26 cm

WANN Mai bis September (selten)
WO Brütet in Südeuropa, in Mitteleuropa nur in Ungarn regelmäßiger Brutvogel

Stelzenläufer *Himantopus himantopus*

Die extrem langen Beine dieses Watvogels fallen stets ins Auge – egal, was er gerade tut; den sehr feinen Schnabel nimmt man nur von nahem wahr. Der Stelzenläufer ist ein typischer Vogel der Steppenseen und Salinen; in Deutschland ist die Art Ausnahmegast, jedoch kommt es mitunter zu Bruten.
NAHRUNG Hauptsächlich Wasserinsekten, Kleinkrebse und Kaulquappen. Der Stelzenläufer pickt kleine Wirbellose von der Oberfläche von Süß- und Salzgewässern und kann in bauchtiefem Wasser Futterquellen nutzen.
VERHALTEN UND STIMME Während der Balz unternehmen die Partner atemberaubende Flugjagden, fliegen im „Schmetterlingsflug“ mit angehobenen Flügeln und stehen am Boden eng beieinander. Häufig schrille, quäkende Lautfolgen: „kjick-kjick ...“.
BRUT Das Nest liegt meist auf einer kleinen Erhöhung auf getrocknetem Schlamm. Die 4 Jungen sind mit 30 Tagen flugfähig.
ZUG Die Überwinterungsgebiete liegen in Afrika, südlich der Sahara.
LÄNGE 35–40 cm

WANN April bis September (selten)
WO Vor allem in Süd- und Westeuropa; in Mitteleuropa nur in Ungarn regelmäßiger Brutvogel

Dieser schlanke, elegante Vogel ist durch die extrem langen, lebhaft roten Beine kaum zu verwechseln; Oberseite schwarz, Hals, Rumpf und Schwanz weiß; Kopf mit variablem Anteil an Schwarz

Säbelschnäbler *Recurvirostra avosetta*

Ein Säbelschnäbler, der zwischen Möwen Nahrung sucht, ist leicht zu übersehen; von nahem fällt jedoch der weiße Körper mit dem ansprechenden schwarzen Muster auf. Im Sommer trifft man diese Watvögel an flachen Küsten und an Steppenseen.
NAHRUNG Kleine Krebstiere und Würmer, auch Wasserinsekten. Bei der Nahrungssuche durchpflügen die Vögel das Wasser oder den Schlamm mit seitlichen Pendelbewegungen des leicht geöffneten Schnabels.
VERHALTEN UND STIMME Bei der Balz beobachtet man gegenseitige Gefiederpflege und synchrones Verbeugen der Partner. Stimmfreudig, häufige Rufe sind „plütt“ oder „plüit“.
BRUT Die Nestmulde wird von beiden Partnern in festen Schlamm oder Sand gescharrt. Die meist 4 Jungen sind im Alter von 35–42 Tagen flugfähig.
ZUG Zur Zugzeit sind Säbelschnäbler sehr gesellig; die meisten ziehen an die Küsten von Westeuropa bis nach Westafrika; fast alljährlich überwintern einige Vögel an der Nordseeküste.
LÄNGE 42–45 cm

WANN März bis November
WO Küsten der Nord- und Ostsee; selten am Mittelmeer; im südöstlichen Mitteleuropa und in Südeuropa gebietsweise auch im Binnenland

Ein kontrastreich schwarzweißer Watvogel mit kleinem Kopf und dünnem, aufwärts gebogenem, schwarzem Schnabel

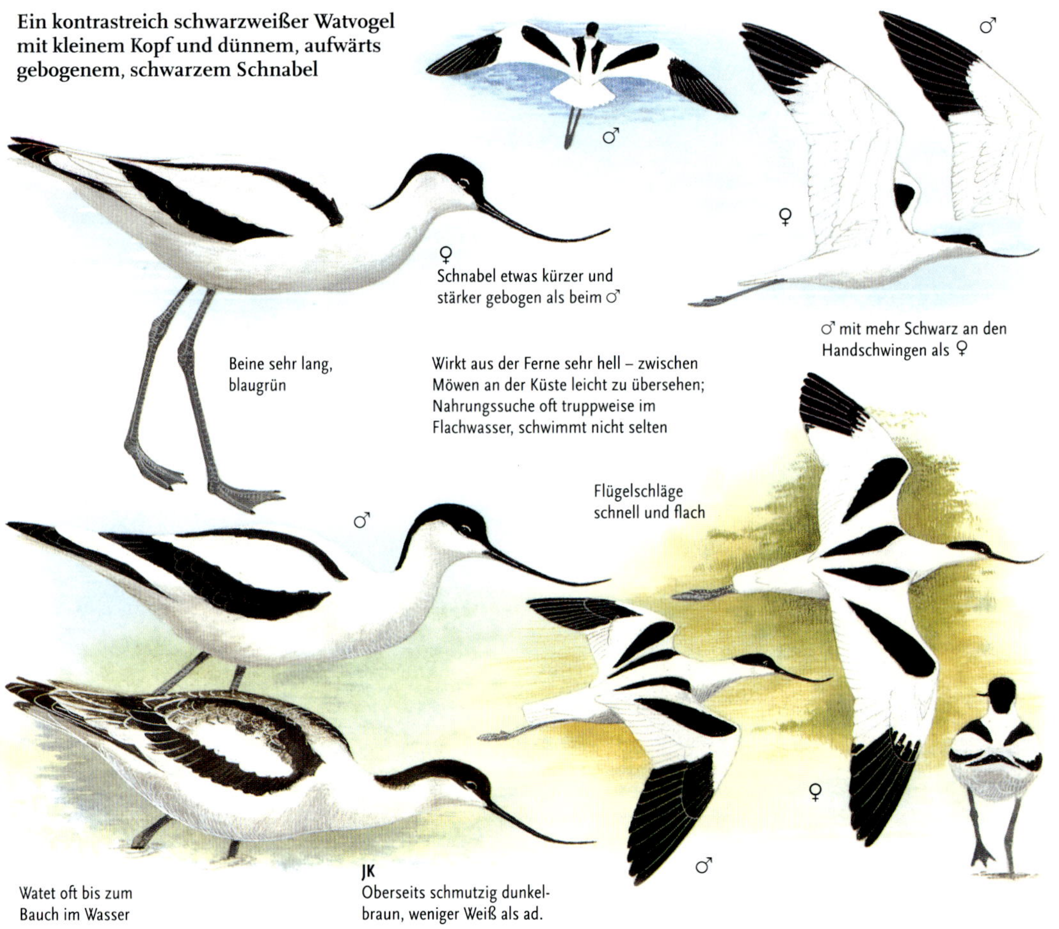

Austernfischer *Haematopus ostralegus*

Ein auffälliger, schwarzweißer Küstenvogel mit langem, rotem Schnabel und roten Beinen sowie lauter Stimme

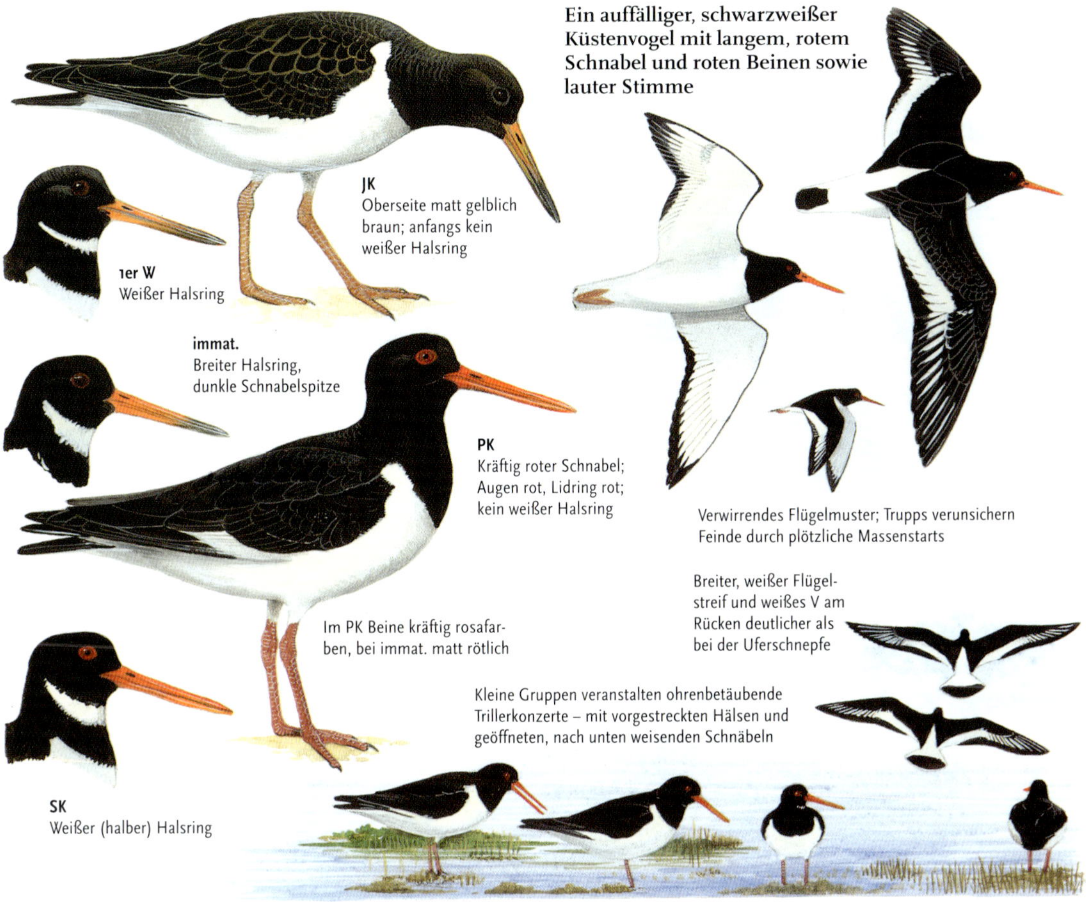

Austernfischer brüten an Küsten und entlang großer Flüsse im Binnenland; wahrscheinlich gehen die Paare lebenslange Bindungen ein. Außerhalb der Brutzeit sind die Vögel sehr gesellig und treten oft in großen Trupps auf, die man auch im Winter im Wattenmeer beobachten kann.

NAHRUNG Hauptsächlich Meereswürmer, kleine Krebse, Schnecken sowie Muscheln, die Austernfischer durch Aufhämmern oder – eleganter – durch Aufstemmen des Schlosses öffnen; auf strandnahen Feldern erbeuten sie Regenwürmer und Käfer.

VERHALTEN UND STIMME Zur Balzzeit veranstalten kleine Gruppen lautstarke „Trillerkonzerte", die häufig in Schauflügen fortgesetzt werden. Ruft schrill „kliep" oder „kliliep".

BRUT Die meist 3 Eier liegen in einer flachen Bodenmulde und werden von beiden Partnern 24–27 Tage bebrütet.

ZUG Die Überwinterungsgebiete reichen von Skandinavien bis Nordwestafrika.

LÄNGE 40–45 cm

WANN Ganzjährig
WO Nördliches Europa, im Norden Mitteleuropas und in Osteuropa auch im Binnenland

Mornellregenpfeifer *Charadrius morinellus*

Ein rundlicher, langbeiniger, kurzschnäbeliger „Landvogel" mit auffälligen weißen Überaugenstreifen und weißem Brustband (manchmal nur angedeutet). Oft in kleinen Trupps, besonders auf dem Frühjahrszug

Mornellregenpfeifer brüten auf trockenen, steinigen Hochflächen des skandinavischen Fjälls, auf der Flechtentundra, den höchsten Bergen Schottlands und lokal in den Ostalpen. Auf dem Frühjahrszug treten sie in geringer Zahl in Mitteleuropa auf, vor allem an traditionellen Rastplätzen in den Niederlanden und in Ungarn.

NAHRUNG Hauptsächlich Insekten (häufig Stechmücken) und Spinnen; außerhalb der Brutzeit viele Würmer und Schnecken.

VERHALTEN UND STIMME Die Geschlechterrollen sind vertauscht: Die Weibchen balzen und kämpfen um die Männchen. Nicht selten sind die Weibchen mit zwei oder mehr Männchen verpaart. Rufe weich „pjürr" oder „dir".

BRUT Die 3 Eier des Vollgeleges werden oft allein vom Männchen bebrütet (24–28 Tage); viele Weibchen zeitigen mehr als ein Gelege – für jeden Partner ein eigenes – und helfen teilweise bei der Bebrütung.

ZUG Die Überwinterungsgebiete liegen in Nordafrika und Vorderasien.

LÄNGE 20–22 cm

WANN April bis September (sehr selten)
WO Brütet in Schottland, West- und Nordskandinavien; lokal in den Ostalpen sowie in den Karpaten und Abruzzen

Sandregenpfeifer *Charadrius hiaticula*

Ein rundlicher, starengroßer Küstenvogel mit rein weißer Unterseite; Altvögel mit kontrastreich schwarz-weißem Kopfmuster, Schnabel und Beine kräftig gefärbt; weich flötende, zweisilbige Rufe kennzeichnend

Den Sandregenpfeifer trifft man an sandigen, kiesigen und schlammigen Küsten; er fällt schon von weitem auf, denn er rennt ein Stück, hält nach vorn geneigt inne, schaut nach Beute aus und pickt schließlich. Im Sommer sind die Paare an den Stränden über große Flächen verteilt. Im Winterhalbjahr schließen sich die Regenpfeifer zu Trupps zusammen, die bei Flut mehrere Hundert ausmachen können.
NAHRUNG Vorwiegend Insekten wie Käfer und Fliegen, auch Ringelwürmer, Muscheln oder kleine Krebse.
VERHALTEN UND STIMME Ein aggressiv gestimmter Sandregenpfeifer läuft etwas nach vorn geneigt und mit leicht geöffneten Flügeln auf einen Artgenossen zu und sträubt die Brustfedern, um das kontrastreiche schwarze Band zur Geltung zu bringen; zusätzlich fächert er immer wieder den erhobenen Schwanz, wobei in Abständen das Schwarz-Weiß-Muster aufblitzt. Während des fledermausartigen Schauflugs fliegt das Männchen oft in größerer Höhe in Schlangenlinien mit verlangsamten, steif wirkenden Flügelschlägen und singt „tiliä-tiliä-tiliä …“. Die Rufe sind meist weich und zweisilbig, auf der zweiten Silbe betont: „tü-ip“ – entsprechend der Funktion als Warn-, Angriffs- oder Lockruf jeweils leicht abgewandelt.
BRUT Das Nest ist eine flache Mulde, die vom Männchen in den Sand oder zwischen Kieseln gedreht wird; die 3 bis 4 hervorragend getarnten Eier liegen auf einer Unterlage aus kleinen Muschelschalen oder Steinchen. Beide Partner bebrüten das Gelege 23–24 Tage. Die anfangs winzigen Jungen sind schnell auf den Beinen und fliegen bereits mit 24 Tagen. Durch Störungen an den Brutplätzen gehen alljährlich viele Bruten verloren. In Großbritannien beobachtet man immer mehr Bruten in binnenländischen Kiesgruben; die Paare erscheinen dort im Frühjahr zeitiger als die ebenfalls dort brütenden Flussregenpfeifer und besetzen die besten Nistplätze.
ZUG Sandregenpfeifer sind Zugvögel; auf dem Zug sind sie regelmäßig auf Schlammflächen des Binnenlands anzutreffen. Skandinavische Brutvögel gelangen oft bis Nordwestafrika, während ihre Artgenossen im hohen Norden von Europa und Asien sowie von Grönland und der kanadischen Arktis am weitesten wandern – teilweise bis Südafrika.
LÄNGE 18–20 cm

WANN Ganzjährig
WO Brütet in Fjäll- und Tundragebieten Islands und Skandinaviens sowie an den Küsten von Nordeuropa, der Britischen Inseln und von Mitteleuropa. Die mitteleuropäischen Brutvögel überwintern hauptsächlich an der Atlantikküste Frankreichs und der Iberischen Halbinsel

Seeregenpfeifer *Charadrius alexandrinus*

Ein kleiner, sehr heller Regenpfeifer mit dunklen Brustseitenflecken; lange, dunkle Beine, dunkler Schnabel

Mit seinen langen Beinen, dem rundlichen Körper und der oft aufrechten Haltung erinnert dieser lebhafte und anmutige, sehr helle, kleine Regenpfeifer etwas an das Junge einer größeren Art. Typischer Lebensraum sind warme, salzhaltige Böden von Sandstränden, an Lagunen und Salinen, häufig in Mündungsbereichen, aber auch Ufer von Salzseen wie am Neusiedler See in Österreich.

NAHRUNG Vor allem kleine Ringelwürmer und Kleinkrebse, aber auch kleine Muscheln und Schnecken.

VERHALTEN UND STIMME Während der Balzflüge über dem Nistareal äußern die Männchen scharfe „tjecke-tjecke-tjecke …"-Serien und trillernd-rollende Lautfolgen. Häufige Rufe sind ein scharfes „kip" und ein leises flötendes „tü-iet".

BRUT Das Männchen legt die einfache Bodenmulde an. Das Gelege besteht nur aus 3 Eiern; Brutdauer 24–27 Tage.

ZUG Überwinter vom Mittelmeerraum bis Westafrika.

LÄNGE 15–17 cm

WANN April bis Oktober
WO Brütet vorwiegend in Südeuropa; nordwärts bis Südengland und Südschweden. In Mitteleuropa an der Nordsee und im Südosten

Flussregenpfeifer *Charadrius dubius*

Ein kleiner Regenpfeifer mit dunklem, schlankem Schnabel und im Stehen gestrecktem Hinterende; Lidring, Schnabelfärbung und Flügelmuster sind kennzeichnend

Der schlanke, hochbeinige Flussregenpfeifer wirkt weniger gedrungen als der Sandregenpfeifer; der zitronengelbe Lidring ist auffällig. Anders als die Schwesterart ist er ein Binnenlandvogel und nur im Sommerhalbjahr in Europa anzutreffen. Sein ursprünglicher Lebensraum sind spärlich bewachsene Flächen an Flüssen und Seen; heute ist der Flussregenpfeifer für die Brut häufig auf Kies- und Sandgruben angewiesen.

NAHRUNG Hauptsächlich Insekten wie Käfer, Fliegen und Ameisen sowie Spinnen, daneben auch Kleinkrebse.

VERHALTEN UND STIMME Während der Flugbalz fliegen die Paare mit steifen Flügeln und von einer Seite auf die andere taumelnd über dem Brutrevier; das Männchen singt dabei laut „grigrigrigrigriägriägriä …". Häufiger Ruf einsilbig, pfeifend „piu".

BRUT Die 4 recht großen Eier liegen direkt auf dem Boden; sie werden von beiden Altvögeln 24–25 Tage bebrütet.

ZUG Alle Flussregenpfeifer verlassen im Herbst Europa und wandern nach Afrika.

LÄNGE 14–15 cm

WANN April bis September
WO Brütet fast überall in Europa außer in Island, Irland und Teilen Nordeuropas

Sanderling *Calidris alba*

Außerhalb der Brutzeit ist der Sanderling ein Vogel der Sandstrände, der mit eiligen Trippelschritten an der Wasserlinie entlangläuft oder in dichten, bewegungslosen Trupps das Zurückweichen der Flut abwartet. Im Sommerhalbjahr (selten im Juni) sind in Mitteleuropa viele Durchzügler besonders in den Wattenmeergebieten der Nordsee zu erwarten; im Binnenland selten.
NAHRUNG Insekten, kleine Würmer, Schnecken und Kleinkrebse; dabei stochert der Vogel mit schnellen, flachen Bewegungen im Boden.
VERHALTEN UND STIMME Beim Singflug über dem Nistareal äußern Sanderlinge froschartige Trillerfolgen. Häufigster Ruf ist ein scharfes „klit" oder „twik", oft mehrfach wiederholt.
BRUT Das kleine Bodennest wird zwischen Silberwurz und Kriechweiden angelegt und enthält 4 Eier.
ZUG Nach der Brutzeit in der Arktis ziehen Sandregenpfeifer an viele Küsten weltweit – bis zur Südspitze von Afrika, Südamerika und Australien.
LÄNGE 20–21 cm

WANN Ganzjährig (meist Sommerhalbjahr)
WO Arktische Tundra. Durchzügler an den europäischen Küsten, häufig im Wattenmeer

Ein anmutiger Watvogel, etwas größer als der Alpenstrandläufer und mit kürzerem, geraderem Schnabel, ferner mit schwarzen Beinen und stets weißem Bauch

Sumpfläufer *Limicola falcinellus*

Verglichen mit den meisten anderen kleinen Strandläufern ist der Sumpfläufer eher dunkel und bekassinenartig. Im Frühjahr ist das frische Gefieder recht hell und wirkt überfroren, die hellen Federränder nutzen sich jedoch bald ab.
NAHRUNG Im Brutgebiet vorwiegend Käfer und Mücken; im Wattenmeer verzehren Sumpfläufer Kleinkrebse, Schnecken und Ringelwürmer. Nahrungssuche im Flachwasser (bedächtig) stochernd, oft mit kurzen Sprints, meist zusammen mit Alpenstrandläufern oder in kleinen Trupps.
VERHALTEN UND STIMME Die Männchen äußern im Singflug rhythmisch trillernde und hell surrende Lautfolgen. Typischer Flugruf ist ein trocken trillerndes „kriiiet", anders als der Alpenstrandläufer-Ruf.
BRUT Das Männchen legt mehrere Nester in den weiten Mooren der nordischen Brutheimat an; 3–4 Eier.
ZUG Die skandinavischen Brutvögel ziehen Richtung Südosten und gelangen bis Ostafrika und Südasien.
LÄNGE 16–17 cm

WANN Mai im Frühjahr. Juli bis September
WO Brütet in Mooren Nordeuropas; auf dem Durchzug hauptsächlich in Osteuropa, in Deutschland mitunter an der Ostsee, seltener im Binnenland

Ein kurzbeiniger, dunkler Strandläufer mit dickem Schnabel und streifigem Kopf, kleiner als Alpenstrandläufer

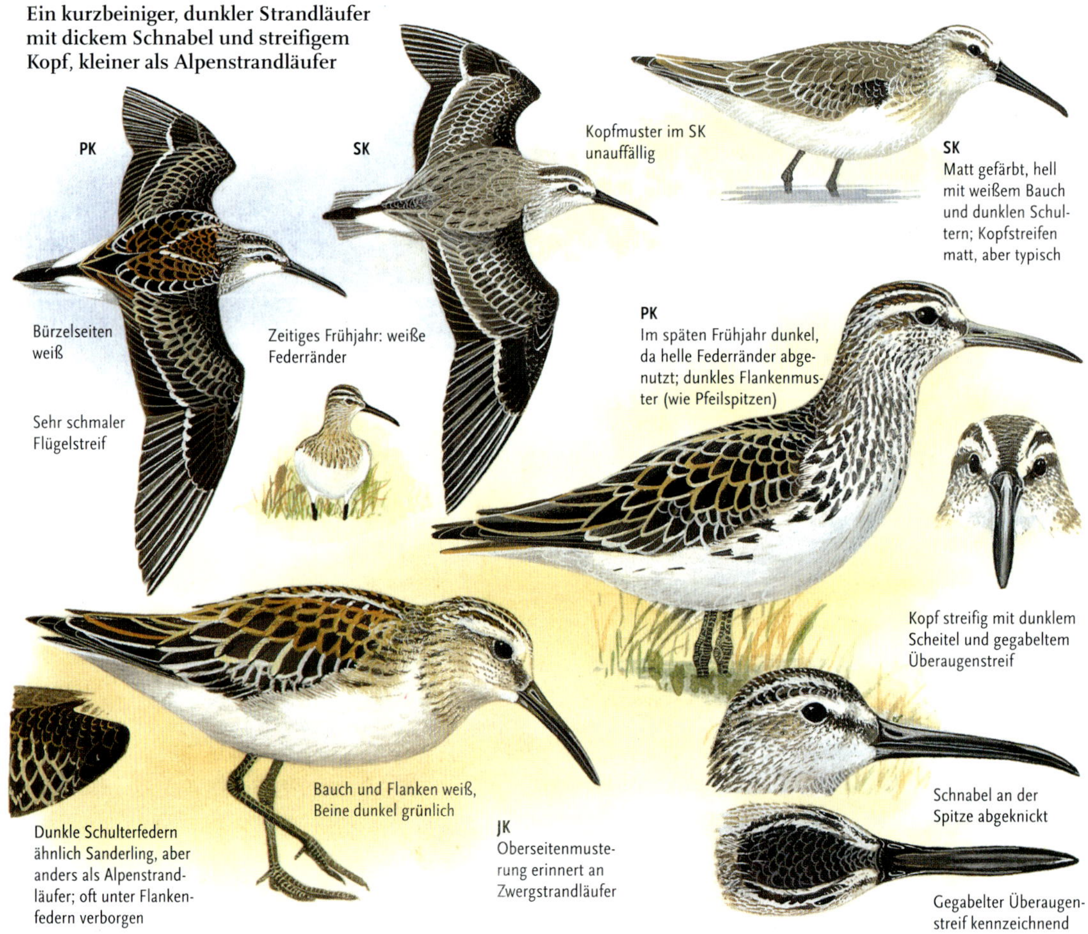

Temminckstrandläufer *Calidris temminckii*

Ein sehr kleiner, kurzbeiniger, unscheinbar graubrauner Strandläufer mit kleinem Schnabel, hellen Beinen und weißen Schwanzseiten sowie kurzem, trillerndem Ruf; hält sich an Süßgewässern auf; bedächtige Bewegungen bei der Nahrungssuche auch von weitem erkennbar

Temminckstrandläufer sind Brutvögel der Tundra und des skandinavischen Fjälls im Bereich der Weiden- und Birkenzone, wo sie in der Nähe sandiger Fluss- und Seeufer nisten. Auf dem Zug erscheinen sie an binnenländischen, deckungsreichen Schlammflächen Mitteleuropas.

NAHRUNG Insekten wie Käfer und Schnaken, kleine Würmer und Krebstiere. Bei der Nahrungssuche wirken die Vögel geduckt, fast kriechend.

VERHALTEN UND STIMME Während des Singflugs steht das Männchen rüttelnd, mit schwirrenden Flügelschlägen in der Luft; die trillernden Strophen schwellen immer wieder an. Ruft kurz trillernd „tirr“, oft wiederholt.

BRUT Das Nest steht meist in dichtem Bodenbewuchs und im Schutz von Weiden oder ganz frei in Wassernähe. 4 Eier, Brutdauer 21–22 Tage; manchmal bebrüten ein bis zwei Männchen und ein Weibchen je ein Gelege.

LÄNGE 13–15 cm

WANN Mai bis September (Juni selten)
WO Brütet im skandinavischen Fjäll, in Schottland und an den Nordküsten Europas; nicht häufiger Durchzügler im Binnenland Deutschlands an deckungsreichen Schlammflächen. Die Winterquartiere liegen in Afrika und Südasien

Zwergstrandläufer *Calidris minuta*

Ein sehr kleiner, lebendiger Strandläufer des Süß- und Salzwassers; stets mit schwarzen Beinen und weißem Bauch; im JK und PK auffällige weiße V-Zeichnung auf der Oberseite

Im westlichen Europa ist der Zwergstrandläufer von August bis Oktober häufig als Durchzügler auf Schlammflächen der Küste und des Binnenlands anzutreffen; dabei sind die Jungvögel stark in der Überzahl. Im Frühjahr (Mai) ziehen deutlich weniger Vögel durch. Nicht selten schließen sich die Trupps nahrungssuchenden Alpenstrandläufern an, mitunter auch Sichelstrandläufern.

NAHRUNG Hauptsächlich Insekten und deren Larven, im Watt vor allem Würmer und Kleinkrebse.

VERHALTEN UND STIMME Männchen und Weibchen unternehmen gaukelnde Singflüge, die Strophen bestehen aus dünnen „swie-swie-swie“-Folgen. Ruft hoch und scharf „pit“ oder „pit-it“.

BRUT Die Nistplätze liegen in der Berg- und Küstentundra.

ZUG Im Spätsommer ziehen die europäischen Brutvögel nach Afrika, dabei treten sie vor allem an den Küsten, aber auch im Binnenland auf, im Mai aber vor allem in Südosteuropa.

LÄNGE 12–14 cm

WANN Mai (selten); August bis Oktober
WO Hochland und Küstentundra des nördlichsten Norwegens und Russlands. In Mitteleuropa häufiger Durchzügler, auch im Binnenland

Alpenstrandläufer *Calidris alpina*

Sieht man an einem flachen Küstenstreifen kleine, kurzbeinige Watvögel, die bei Ebbe geschäftig im Boden stochern, so sind dies in der Regel Alpenstrandläufer. Sie sind keineswegs in den Alpen heimisch, sondern treten vor allem an der Küste auf; dort sind sie die häufigsten und am weitesten verbreiteten der kleineren Watvögel. Im Sommerhalbjahr halten sie sich in großer Zahl im Wattenmeer auf. Im Frühjahr und Herbst besuchen sie nicht selten auch binnenländische Schlammflächen an Seen und Stauseen, allerdings nur in kleinen Trupps. Selbst im Winter lassen sich die kleinen Strandläufer an den mitteleuropäischen Küsten beobachten, wesentlich mehr Alpenstrandläufer überwintern jedoch an den Küsten Westeuropas. Wegen seines häufigen Auftretens ist der Alpenstrandläufer der „Standard-Strandläufer", mit dem sich die selteneren kleinen Watvögel, wie Zwergstrandläufer, Sichelstrandläufer und Knutt, vergleichen lassen. Der Alpenstrandläufer ist klein und kurzbeinig mit mittellangem Schnabel und recht gedrungenem Körper; die „Schultern" wirken rundlich. Ihm fehlen die Eleganz und langen Beine des Sichelstrandläufers, aber auch die Behendigkeit und hektische Schnelligkeit des Zwergstrandläufers. Dennoch hat auch der Alpenstrandläufer dem Vogelbeobachter einiges zu bieten: im Prachtkleid ein sehr ansprechendes Gefieder sowie interessante Verhaltensweisen. Häufig bilden größere Trupps „Wolken", die wie Starenschwärme rasante, wendige Flugmanöver unternehmen. Alpenstrandläufer zeigen die Kleiderabfolge, wie sie bei allen kleinen Strandläufern der Gattung *Calidris* zu beobachten ist. Abgesehen von recht großer individueller Variation unterscheiden sich die Prachtkleider der einzelnen Unterarten (siehe gegenüberliegende Seite) mehr oder weniger deutlich voneinander: Brutvögel Mittel- und Westeuropas sowie Südskandinaviens *(schinzii)* haben große, schwarze Federzentren, wodurch sie oberseits kräftig gefleckt, aber nur schwach rotbraun aussehen, während Vögel der nordeuropäischen Nominatform *(alpina)* kleinere, schwarze Federmitten und auf der Oberseite ein ausgedehntes, kräftiges Kastanienbraun aufweisen, sobald die hellgrauen Federränder abgenutzt sind.

NAHRUNG Am Brutplatz in Mooren, Feuchtwiesen, im Fjäll und in der Tundra hauptsächlich Insekten, gern Larven von Schnaken und Mücken; außerhalb der Brutzeit vor allem kleine Ringelwürmer und Weichtiere sowie Kleinkrebse. Den weichen Schlamm sondieren sie mit raschen Stocherbewegungen, auf härterem Untergrund orten sie die Beutetiere eher visuell.

(Fortsetzung Seite 117)

Ein kleiner, kurzbeiniger, gedrungener Watvogel mit mittellangem Schnabel; im SK graubraun, im PK überwiegend kastanienbraun mit kennzeichnend schwarzem Bauchfleck; manchmal in riesigen Schwärmen

Alpenstrandläufer *Calidris alpina*

VERHALTEN UND STIMME Außerhalb der Brutsaison schließen sich Alpenstrandläufer oft zu großen Schwärmen zusammen. Im Frühjahr sondern sich die Paare ab und die Männchen fangen an, Brutreviere zu etablieren. Ihre Singflüge beginnen mit einem schnellen, spiraligen Aufstieg, gefolgt von Rütteln mit schwirrenden Flügelschlägen und und enden mit kurzen Gleitstrecken. Auf diese Weise umkreisen die Männchen ihr Revier in großen Bögen, wobei sie gepresst schnurrende und hart trillernde Tonfolgen äußern; Teile des Gesangs hört man gelegentlich auch von rastenden Trupps im Frühjahr. Typischer Ruf ist ein trillernd-surrendes „trrrrü" oder „kirrrp".
ZUG Brutvögel Mitteleuropas ziehen meist an den Küsten entlang nach Südeuropa und Nordwestafrika, ihre nordeuropäischen und westrussischen Artgenossen wandern nach Mittel- und Westeuropa und erscheinen auf dem Zug nicht selten im Binnenland.
LÄNGE 16–18 cm

WANN Ganzjährig
WO Weit verbreitet in der Tundra, auf Strandwiesen und in feuchten Berggebieten des nördlichen Europas einschließlich Islands, der Britischen Inseln und des Baltikums. In Deutschland brüten nur wenige Paare an der Küste

Sichelstrandläufer *Calidris ferruginea*

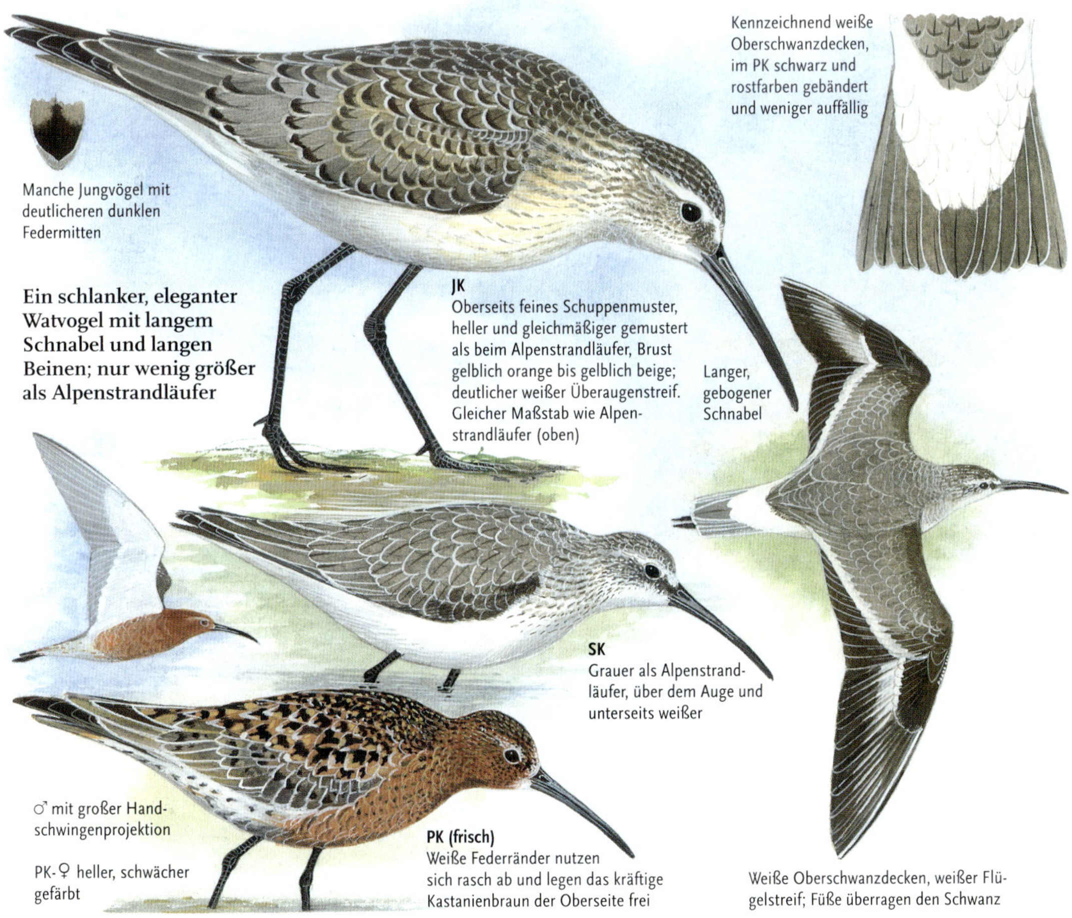

Ein schlanker, eleganter Watvogel mit langem Schnabel und langen Beinen; nur wenig größer als Alpenstrandläufer

Von den vielen Strandläuferarten, die dem Alpenstrandläufer ähnlich sehen, ist der Sichelstrandläufer der eleganteste. Wie größere Arten der Gattung, etwa der Knutt, legt er im Frühjahr ein ziegelrotes Prachtkleid an.
NAHRUNG Am Brutplatz vorwiegend Insekten; auf dem Zug kleine Würmer, Weichtiere und Krebstiere.
STIMME Flugruf anders als der des Alpenstrandläufers: weniger surrend, sondern angenehm zwitschernd und rollend „kirrit".
BRUT Brütet in der Tundra Nordsibiriens; Bodennest mit 4 Eiern.
ZUG Der Sichelstrandläufer tritt als Durchzügler in nahezu allen europäischen Ländern auf. Meist sieht man die Strandläufer im Wattenmeer, wo im Sommer viele Altvögel mausern; in geringerer Zahl treten sie an binnenländischen Schlammflächen auf. Im August/September erscheinen bei uns an der Küste und (seltener) im Binnenland vorwiegend Jungvögel, der Zug der Altvögel findet bereits im Juli und Anfang August statt. Vögel im SK sieht man bei uns kaum.
LÄNGE 18–23 cm

WANN April bis Oktober
WO Brütet nicht in Europa; auf dem Durchzug an den meisten Küsten

Steinwälzer *Arenaria interpres*

Steinwälzer halten sich meist nah am Wasser auf und suchen zwischen Steinen und Seegras geschäftig nach Nahrung; sie forschen entlang der Strandlinie nach Kleintieren und drehen dabei auch kleinere Steine oder Muscheln um.

NAHRUNG Am Brutplatz vielfach Zuckmückenlarven, sonst vor allem kleine Krebstiere, aber auch Muscheln, Schnecken und Ringelwürmer.

VERHALTEN UND STIMME Die typischen Rufe klingen stotternd und nasal: „tük-tük-i-tük-tük" oder „kitititit tük-i-tük". Häufig jagen Steinwälzer einander und rufen dabei laut, dazwischen halten sie in geduckter Pose mit gespreizten Steuerfedern inne.

BRUT Die Nester liegen auf dem nackten Boden einer kleinen Felsinsel oder im Bodenbewuchs der Moos- und Flechtentundra, oft in der Nähe brütender Möwen oder Seeschwalben.

ZUG Steinwälzer ziehen im Herbst zu den mittel- und westeuropäischen Küsten sowie nach Afrika.

LÄNGE 22–24 cm

WANN Ganzjährig
WO Brütet an den Küsten Skandinaviens und Finnlands. An den Küsten Mitteleuropas ganzjährig, aber selten; sehr selten auch an der deutschen Küste (Schleswig-Holstein)

Ein dunkler, geschäftiger, kurzbeiniger und gedrungener Watvogel der steinigen Küste; auf seegrasbedeckten Felsen gut getarnt, jedoch beim Abfliegen durch weiße Abzeichen sehr auffällig

Meerstrandläufer *Calidris maritima*

Meerstrandläufer halten sich am äußersten Rand der Küste auf, wo sie vor den Wellen flüchten müssen. Sie sind typische Strandläufer der Felsküste, die zwischen Seegräsern und Entenmuscheln Nahrung suchen. Häufig trifft man sie mit Steinwälzern an.

NAHRUNG Im Brutgebiet vor allem Insekten und Spinnen, an der Küste kleine Schnecken und Kleinkrebse.

VERHALTEN UND STIMME Flugruf kurz und scharf „pwit" oder „pwittit". Das singfliegende Männchen äußert flötende und trillernde Tonfolgen. Bei der wenig spektakulären Balz am Brutplatz wird häufig die weiße Flügelunterseite durch steiles Hochrecken zur Schau gestellt.

BRUT Das Weibchen wählt eine der vom Männchen in der Flechtentundra angelegten Nestmulden für das Gelege aus 4 Eiern; Brutdauer 21 Tage.

ZUG Im Herbst wandern die Vögel von ihrer Brutheimat, steinigen Hochflächen und Küstentundra, zu nahe gelegenen Küsten oder nach Mittel- und Westeuropa bis Nordspanien; bei uns nicht im Binnenland.

LÄNGE 20–22 cm

WANN August bis Mai
WO Island, Fjäll- und Tundragebiete Skandinaviens. In Deutschland Durchzügler und Wintergast

Ein kleiner, rundlicher Watvogel, wirkt meist dunkel, außer zwischen sehr dunklem Seegras an der Felsküste; apart gezeichnetes Gefieder in Verbindung mit gelber Schnabelbasis und gelblichen Beinen

Knutt *Calidris canutus*

Ein gedrungener, mittelgroßer Watvogel mit recht kurzem, geradem Schnabel, Beine mittellang; meist sehr gesellig; kennzeichnend grauer Bürzel; für einen Watvogel wenig stimmfreudig, ohne laute Warnrufe; Einzelvögel oft erstaunlich vertraut

Von den Watvögeln, unter denen sich viele Langstreckenzieher befinden, ist der Knutt einer der bemerkenswertesten Globetrotter: Er bewältigt zweimal im Jahr – jeweils im Frühjahr und im Herbst – riesige Distanzen von seinen hochnordischen Brutgebieten in die südlichen Winterquartiere. Der 24-Stunden-Tag und das immense Nahrungsangebot des arktischen Sommers sind offensichtlich Grund genug, dass sich die kleinen Vögel den Strapazen der gefahrvollen Wanderungen aussetzen und vor dem kalten, arktischen Winter fliehen.

Die überaus geselligen Knutts suchen oft in riesigen Schwärmen auf offenen Schlammflächen, beispielsweise im Wattenmeer, Nahrung. Dabei hält der Trupp, der in der Regel aus mindestens mehreren hundert Vögeln besteht, ähnlich einem grauen Teppich dicht zusammen. Die Vögel sondieren den Schlamm mit raschen Stocherbewegungen, was jedoch nicht so hektisch wirkt wie bei vielen kleineren Strandläufern.

NAHRUNG Am Brutplatz Insekten und Samen; im Wattenmeer hauptsächlich kleine Schnecken, Muscheln und Kleinkrebse, die sie aus dem meist feuchten Schlamm knapp unter der Oberfläche hervorholen.

VERHALTEN UND STIMME Viele Knutts erreichen ihre Nistplätze bereits verpaart, andere kommen als „Single“ an. Besonders die verpaarten Männchen beginnen sofort mit der Revierbehauptung, sobald der Boden aufgetaut ist (spät im Juni): Beim Singflug kreist das Männchen langsam und mit vibrierenden Flügeln über dem Brutrevier; dann gleitet es mit steifen, v-förmig gehaltenen Flügeln erst abwärts, in normaler Flügelhaltung ein Stück in der Horizontalen, um gleich danach wieder Höhe zu gewinnen und den Schwirrflug fortzusetzen. Während der Gleitflug-Phasen hört man flötende, brachvogelartige Tonfolgen.

BRUT Die flache Bodenmulde wird mit wenigen Blättern, Halmen und Flechten ausgelegt. Die 3 Jungen schlüpfen nach 21–22 Tagen.

ZUG Brutvögel des äußersten Nordens von Kanada und Grönland überwintern in Westeuropa. Knutts aus dem mittleren Nordsibirien wandern durch Europa bis nach West- und Südafrika, ihre Artgenossen aus Nordostsibirien nach Australien und Neuseeland. Während der langen Flüge können sie bis zu 80 Prozent ihres Körpergewichts verlieren.

LÄNGE 23–29 cm

WANN Nahezu ganzjährig (Wattenmeer)
WO Brütet in Europa nur auf Spitzbergen. Zur Zugzeit an den nord- und westeuropäischen Küsten sowie oft in riesigen Mengen im Wattenmeer; im Binnenland selten

Terekwasserläufer *Xenus cinereus*

Terekwasserläufer sind eher plump und kurzbeinig, jedoch bei der Nahrungssuche erstaunlich agil: Sie rennen in gekauerter Haltung mit vielen Starts und Stopps und raschen Richtungswechseln hin und her, im Flachwasser auch ähnlich Säbelschnäblern.
NAHRUNG Hauptsächlich Insekten und deren Larven, aber auch Würmer, kleine Schnecken und Kleinkrebse sowie Samen.
STIMME Der melodisch trillernde und flötende Gesang wird im Singflug – mit schrägem Aufstieg, anschließender Rüttelphase und Abwärtsgleiten – oder von einer Warte aus vorgetragen. Die ebenfalls trillernden Flugrufe erinnern an eine weichere, melodischere Version des Regenbrachvogel-Rufs.
BRUT Die Brutplätze liegen an Flussufern in sumpfigen Tälern, in Finnland an der brackigen Meeresküste.
ZUG Die Überwinterungsgebiete erstrecken sich über die Küsten Afrikas, Asiens und Australiens. Erscheint in Deutschland ganz selten an der Küste oder im Binnenland.
LÄNGE 22–24 cm

WANN Kaum in Mitteleuropa
WO Brütet in Nordfinnland (selten und lokal) und Nordrussland

Ein breitflügeliger und kurzbeiniger Watvogel mit kurzem Schwanz und langem, deutlich aufgeworfenem Schnabel sowie weißem Flügelhinterrand; viel kleiner als Rotschenkel

Flussuferläufer *Actitis hypoleucos*

Diesen Watvogel erkennt man leicht daran, dass er fast pausenlos mit dem Hinterkörper wippt und nachdrücklich mit dem Kopf nickt. Auch im Flug ist er ganz typisch: Serien hastiger Flügelschläge wechseln mit kurzen Gleitphasen ab, in denen die Flügel steif nach unten gehalten werden.
NAHRUNG Insekten, Spinnen, Kleinkrebse und Würmer, die die Vögel meist an Fluss- und Seeufern nah am Wasser erbeuten.
VERHALTEN UND STIMME Während des Singflugs über klaren Flüssen mit Kiesufern äußert das Männchen lange Trillerstrophen, die aus gereihten Flugrufen („hididi-hididi“) bestehen.
BRUT Das Nest liegt meist im Uferbereich zwischen Treibgut oder im Pflanzenwuchs versteckt. Die 4 Eier werden 21–22 Tage bebrütet. Die Jungen sind mit 28 Tagen flugfähig.
ZUG Die meisten Flussuferläufer verbringen den Winter in Afrika; zur Zugzeit sind sie bei uns an vielen Fluss- und Seeufern zu beobachten.
LÄNGE 19–21 cm

WANN April bis Oktober
WO Brütet in weiten Teilen Europas, in Mitteleuropa sind die Brutvorkommen weitgehend auf die Mittelgebirgs- und Alpentäler beschränkt

Ein olivbrauner und leuchtend weißer Watvogel mit kurzen, unauffällig gefärbten Beinen und mittellangem, geradem Schnabel; Flugweise und Nahrungssuche typisch

Bruchwasserläufer *Tringa glareola*

Ein eleganter Watvogel mit mittellangem, geradem Schnabel, langen Beinen und oberseits hellem Fleckenmuster; Flügelunterseite hell

Der elegante Bruchwasserläufer ist zur Zugzeit einer der häufigsten Watvögel. Er wippt viel mit dem Körper und nickt mit dem Kopf – aber nicht so auffällig wie der Flussuferläufer. Oft fliegt er hoch, schnell und recht unruhig, seine ständig geäußerten Rufe sind das beste Merkmal zur Unterscheidung vom Waldwasserläufer.

NAHRUNG Vorwiegend Insekten und deren Larven; Muscheln, Schnecken und Würmer. Nahrungssuche meist am Rand von flachen Gewässern.

VERHALTEN UND STIMME Zur Brutzeit vollführen Männchen und Weibchen hohe Singflüge mit Gleit- und Schwirrflugphasen und äußern heidelerchenartige Strophen. Rufen laut, durchdringend „giffgiffgiff".

BRUT Das Nest liegt meist am Boden zwischen Moorpflanzen. Die 4 Eier werden 22–23 Tage bebrütet.

ZUG Während des Zugs nach Afrika sieht man sie bei uns häufig in kleinen Trupps an der Küste und in binnenländischen Feuchtgebieten.

LÄNGE 19–21 cm

WANN April bis Oktober
WO Dänemark, Skandinavien, Finnland und Baltikum ostwärts; in Mitteleuropa nur noch in Polen

Waldwasserläufer *Tringa ochropus*

Ein rundlicher Watvogel mit dunkler Oberseite, dunkler Brust und weißem Bauch; wirkt im Flug schwarzweiß, Flügel oben und unten dunkel

Dieser Wasserläufer wirkt auf dem Boden recht dunkel, im Flug aber kontrastreich, denn das strahlende Weiß von Unterseite und Bürzel hebt sich deutlich von den schwärzlichen Flügeln ab. Bei Störung fliegen Waldwasserläufer meist hoch und weit davon.

NAHRUNG Hauptsächlich Insekten und deren Larven, aber auch Würmer, Kleinkrebse und Schnecken; sucht im Schlamm und Flachwasser Nahrung, ist aber stets auf Deckung bedacht.

VERHALTEN UND STIMME Unternimmt zur Brutzeit hohe Singflüge mit rhythmischen Gesangsstrophen: „gegärljuit-gegärljuit ...". Typischer Ruf ist ein helles „klüit-wit-wit".

BRUT Die Brutplätze liegen meist in lockeren Baumbeständen an Moorrändern und im Bruchwald. Das Weibchen wählt für das Gelege meist ein vorjähriges Vogelnest, oft das einer Drossel.

ZUG Die Überwinterungsgebiete liegen vor allem in Südeuropa und Afrika, manche Waldwasserläufer überwintern auch in Mitteleuropa.

LÄNGE 21–24 cm

WANN Ganzjährig (im Winter selten)
WO Brutvogel von Skandinavien, Ostdeutschland und Tschechien ostwärts. In Mitteleuropa vor allem in Polen und Nordostdeutschland

Rotschenkel *Tringa totanus*

Rotschenkeln begegnet man sowohl an sandigen oder schlammigen Küsten als auch an Fels- oder Kiesstränden sowie auf Schlammflächen und an Gewässerufern im Binnenland; sie suchen ihre Nahrung meist im Schlick oder Flachwasser. Beim geringsten Anzeichen von Gefahr beginnen sie zu warnen.
NAHRUNG Hauptsächlich Insekten, im Watt vor allem kleine Krebse, Würmer, Schnecken und Muscheln.
STIMME Zur Brutzeit äußern die Männchen jodelnde Gesangsstrophen, oft in girlandenförmigem Schauflug. Der typische Ruf ist ein flötendes „djühü" oder „djü-hühü", der Warnruf ein nervtötendes „tjipp-tjipp-tjipp ...".
BRUT Das Bodennest ist unter einer Bulte oder langem Gras gut versteckt. Meist 4 Junge, Brutdauer 24 Tage.
ZUG Die Überwinterungsgebiete reichen von Dänemark bis ins westliche Afrika. Zur Zugzeit sind Rotschenkel vor allem an der Küste zahlreich, treten aber auch häufig in kleinen Trupps im Binnenland auf.
LÄNGE 27–29 cm

WANN Ganzjährig
WO Brütet in weiten Teilen Europas, im Mittelmeerraum selten; in Mitteleuropa vorwiegend an der Küste, im Süden und Westen selten und lokal

Ein langbeiniger, langschnäbliger Watvogel, der auf dem Boden dunkel wirkt, im Flug aber durch weiße Abzeichen an Rücken und Flügelhinterrand auffällt; fliegt selten ohne laut scheltende oder melodisch flötende Lautfolgen. Außerhalb der Brutzeit meist an der Küste

Grünschenkel *Tringa nebularia*

Grünschenkel brüten in weiten Moor- und Heidegebieten in der Taiga sowie in der Birkenregion des Fjälls und in der Tundra. Wie der Rotschenkel tritt er zu den Zugzeiten an der Küste und an binnenländischen Schlammflächen und Gewässerufern auf, wobei er nicht selten ein paar Tage Rast einlegt.
NAHRUNG Im Brutgebiet vor allem Wasserinsekten, aber auch kleine Fische, Amphibien und Kaulquappen; auf dem Zug viele Kleinkrebse und Ringelwürmer.
VERHALTEN UND STIMME Über dem Brutrevier unternehmen die Männchen ausgedehnte Singflüge in Bogen- und Girlandenform; die dabei rhythmisch geäußerten Gesangsstrophen klingen melodisch flötend „klüviklüvi ...". Typischer Ruf ist ein hartes, dreisilbiges „tjütjütjü".
BRUT Das am Moorrand oft hervorragend versteckte Nest enthält 4 Eier, die 24–25 Tage bebrütet werden.
LÄNGE 30–33 cm

WANN April bis Oktober
WO Schottland, Skandinavien (ohne Südschweden), Finnland, Estland und Nordrussland. Überwinterungsgebiete hauptsächlich in Afrika, einige Vögel im Winter auch in West- und Südwesteuropa

Ein überaus eleganter, langbeiniger Watvogel; im Flug durch dunkle Flügel und kontrastreich abgehobenen weißen Rückenkeil auffällig. Meist recht scheu

Dunkler Wasserläufer *Tringa erythropus*

Ein großer, lebhafter Watvogel, oft bis zum Bauch im Wasser, gründelt und schwimmt nicht selten; packt Kleintiere mit seinem langen, feinen Schnabel, stochert aber kaum im Schlamm

Besonders die Männchen des Dunklen Wasserläufers sind im Prachtkleid wirklich sehr dunkel, auch die Beine. Die meisten in Mitteleuropa erscheinenden Dunklen Wasserläufer sind aber entweder recht helle Vögel im SK oder unscheinbare Jungvögel, die vor allem der dünne, lange Schnabel und die typischen Rufe kennzeichnen.

NAHRUNG Meist wasserlebende Insekten, Kaulquappen, Würmer, Kleinkrebse, kleine Weichtiere sowie Fische.

VERHALTEN UND STIMME Während des Singflugs oder auf einer Warte trägt das Männchen den Gesang vor: rhythmisch „kjürrewi-kjürrevi ...". Die zweisilbigen Rufe sind scharf und klar: „tjü-it" – ohne ständige Wiederholung.

BRUT Brutlebensraum sind Moore am Nordrand der Taiga und die Waldtundra. Die 3–4 Eier werden fast ausschließlich vom Männchen bebrütet.

ZUG Zur Zugzeit in kleinen Trupps an flachen Gewässern und an der Küste.

LÄNGE 29–31 cm

WANN April bis Oktober
WO Brütet im Norden von Skandinavien, Finnland und Russland. Überwinterungsgebiete vor allem in Afrika, einige Vögel bleiben auch in West- und Südeuropa

Teichwasserläufer *Tringa stagnatilis*

Ein Watvogel mit kleinem Körper und sehr langen Beinen sowie feinem, geradem Schnabel; Beine und Flügel dunkel, weißer Keil auf dem Rücken ähnlich Grünschenkel

Im westlichen Europa ist der Teichwasserläufer eine Rarität, sein Brutgebiet liegt hauptsächlich in der Steppen- und Waldsteppenzone Mittelasiens; er dringt auch etwas in die offene südliche Taiga vor. Häufig sind die in Mitteleuropa selten erscheinenden Durchzügler ungewöhnlich vertraut.

NAHRUNG Vorwiegend Insekten, Schnecken und Kleinkrebse, die im Flachwasser erbeutet werden.

VERHALTEN UND STIMME Über das Brutverhalten ist noch wenig bekannt. Die Männchen vollführen Singflüge über dem Brutrevier; der melodisch jodelnde, weit tragende Gesang erinnert an Rotschenkel und Dunklen Wasserläufer.

BRUT Die Paare brüten in feuchten Flusstälern und Sumpfgebieten, oft in kleinen, lockeren Kolonien.

ZUG Teichwasserläufer ziehen von Osteuropa und Mittelasien durch den Nahen Osten, die meisten überwintern in Afrika und Indien. Auf dem Zug selten auch in Deutschland.

LÄNGE 22–24 cm

WANN April bis September (selten)
WO Brütet in Osteuropa westwärts bis in den Norden der Ukraine; selten in Rumänien, Lettland; neue Brutvorkommen in Polen und Finnland durch Westausbreitung. Bei uns seltener Durchzügler

Thorshühnchen *Phalaropus fulicarius*

Dieser kleine, zarte Vogel aus der Familie der Wassertreter scheint nicht gerade für das Leben auf der Hochsee geschaffen; doch verbringt er die meiste Zeit des Jahres mitten im Ozean – wie ein Korken auf den Wellen reitend.
NAHRUNG Im Brutgebiet Insekten und Samen; die meiste Nahrung wird schwimmend aufgenommen. Auf der Hochsee Kleinkrebse aus schwimmenden Seegrasteppichen oder von Walrücken, mitunter im turbulenten Wasser inmitten der Walschulen.
VERHALTEN UND STIMME Die Geschlechterrollen sind vertauscht: Die Weibchen sind größer und prächtiger gefärbt und unternehmen die kreisenden Singflüge. Rufe kurz, schrill „pit" oder „bip-bip ...".
BRUT Nistet oft in kleinen Kolonien in der küstennahen Tundra. Die Männchen brüten und führen die Jungen.
ZUG Die meisten Thorshühnchen verbringen den Winter auf der Hochsee vor Westafrika.
LÄNGE 20–22 cm

WANN Oktober bis November (sehr selten)
WO Brütet auf Island und Spitzbergen, auf dem Zug in geringer Zahl vor den Küsten Norwegens und der Britischen Inseln. Nach Herbststürmen gelangen wenige an die deutsche Nordseeküste, selten auch ins Binnenland

Ein kleiner Schwimmvogel mit recht langem Schnabel, gewöhnlich im überwiegend grauen Schlichtkleid zu sehen; wirkt unterseits blendend weiß, Flügelspitzen und Maske kontrastreich schwarz abgesetzt

Odinshühnchen *Phalaropus lobatus*

Odinshühnchen brüten nicht ganz so weit nördlich wie Thorshühnchen: an kleinen Seen in der Birken- und Weidenzone des skandinavischen Fjälls, in Mooren am Nordrand der Taiga und in der Tundra. Im Vergleich zum Thorshühnchen trifft man sie in höheren Lagen und weiter im Binnenland.
NAHRUNG Wasserlebende Insekten und Kleinkrebse. Bei der Nahrungssuche drehen sich Odinshühnchen rasch um die eigene Achse.
VERHALTEN UND STIMME Wie bei allen Wassertretern hat das Weibchen die Führungsrolle und unternimmt Singflüge über dem Territorium. Ruft häufig „kritt-kritt" oder „kerrek".
BRUT Das Nest liegt meist von Wasser eingeschlossen auf einer Seggenbulte. Das Männchen bebrütet die 3–4 Eier.
ZUG Die meisten Odinshühnchen überwintern auf See weit vor der Küste Arabiens; die skandinavischen Brutvögel überqueren dabei das osteuropäische Binnenland; in Deutschland selten auf dem Zug auf küstennahen Gewässern und im Binnenland.
LÄNGE 18–19 cm

WANN Mai bis Oktober (selten)
WO Island, Färöer, Nordschottland (selten), Skandinavien, Finnland, Nordrussland

Ein winziger Wasservogel mit nadelfeinem Schnabel und kontrastreicher Musterung im Flug; farbenfrohes Prachtkleid, besonders ♀; in Mitteleuropa seltener Durchzügler

Kampfläufer *Philomachus pugnax*

Ein mittelgroßer Watvogel mit rundlichem Körper, langen Beinen und recht kurzem Schnabel; Gefieder typischerweise oberseits mit beigefarbenem Schuppenmuster. ♂ im Frühjahr außerordentlich prächtig

Im Prachtkleid zählt das Männchen des Kampfläufers zu den eindrucksvollsten und auffallendsten Vogelarten Europas; allerdings sehen die meisten Vogelbeobachter diese Art vor allem im Herbst, wenn die Vögel das weit unscheinbarere Jugend- und Schlichtkleid tragen. Kampfläufer zeigen nicht nur eine bemerkenswerte Gefiedervariation im männlichen Prachtkleid, sondern auch ungewöhnliche Größenunterschiede: Weibchen sind meist viel kleiner als Männchen. Kampfläufer reihen sich innerhalb der Schnepfenvögel zwischen den kleineren Strandläufern und den großen Arten wie Brachvögeln und Uferschnepfen ein; auch Schnabel- und Beinlänge passen zu diesem „Mittelmaß“. Sie dienen wegen fehlender besonderer Merkmale außerhalb der Brutzeit als Bestimmungskriterium.

NAHRUNG Hauptsächlich Insekten, Muscheln, Schnecken und Würmer sowie (im Winterquartier) Samen und Körner. Kampfläufer sind Watvögel des Süßwassers und suchen Nahrung meist auf binnenländischen Schlammflächen und überschwemmten, nicht drainierten Wiesen; mitunter erscheinen sie auch zusammen mit Goldregenpfeifern auf Feldern und Äckern.

VERHALTEN UND STIMME Im Frühjahr sind kaum zwei Männchen eines Trupps gleich. Solche mit weißem Kragen werden von dominanten Männchen geduldet und unterstützen diese bei der Revierbehauptung und beim Anlocken der Weibchen; sie werden aber von den Weibchen nur selten zur Begattung ausgewählt. Die Männchen laufen auf dem Balzplatz umher und präsentieren ihren Kopf- und Halsschmuck; immer wieder kommt es zu Scheinkämpfen, die eher der Demonstration von Stärke als der Beschädigung des Gegners dienen. Nur die Weibchen kümmern sich um die Jungenaufzucht. Kampfläufer sind nahezu stumm, sie äußern gelegentlich tiefe „gru“- oder „kurr“-Laute, verfügen aber im Gegensatz zu den meisten Watvögeln über keinen speziellen Flugruf.

BRUT Nach der Paarung baut das Weibchen an einer trockenen Stelle ein gut verstecktes Nest unter einem Grasbüschel. Die 4 Jungen schlüpfen nach 20–21 Tagen Brutdauer und sind nach 25–28 Tagen flugfähig.

ZUG Die meisten Kampfläufer Europas verbringen den Winter in Afrika, einige auch in Westeuropa und im Mittelmeerraum.

LÄNGE ♂ 26–32 cm; ♀ 20–25 cm

WANN März bis Oktober
WO Brutvogel von Skandinavien, Dänemark und Polen ostwärts; kleine Vorkommen in Norddeutschland, Holland, Ostengland sowie an der Nord- und Westküste Frankreichs. Zur Zugzeit häufig in binnenländischen Feuchtgebieten

Pfuhlschnepfe *Limosa lapponica*

Die Pfuhlschnepfe ist eine von mehreren Watvogelarten, die im Brutgebiet überwiegend kupferrot gefärbt sind; außerhalb der Brutzeit sind sie dagegen unscheinbar bräunlich. Die Jungvögel zeigen jedoch warme Beigefärbung, was etwas an die Prachtkleidfärbung der Altvögel erinnert. Anders als die Uferschnepfe der gemäßigten Breiten zieht die Pfuhlschnepfe im Frühjahr weit in den Norden, die meisten ein gutes Stück nördlich des Polarkreises. Trotz der Länge des Zugwegs müssen sie sich nicht beeilen, denn erst im Juni lassen die Schneeverhältnisse am Nordrand der Taiga und in der Tundra Brut und Jungenaufzucht zu. Außerhalb der Brutzeit trifft man Pfuhlschnepfen oft in großen Trupps im Wattenmeer; bei der Nahrungssuche sind sie oft mit anderen Watvögeln wie Rotschenkeln und Brachvögeln vergesellschaftet. Bei Flut fliegen sie, meist in Formation, zu ihren Ruheplätzen.
NAHRUNG Pfuhlschnepfen sondieren mit ihrem langen, aufwärts gebogenen Schnabel im feuchten Sand und sandigem Schlick und machen zunächst mehrere Versuchsbohrungen. Haben sie ein Beutetier mit der Schnabelspitze geortet, wird der Schnabel unter kreisenden Körperbewegungen regelrecht in das Substrat gedreht, dadurch fördern die Schnepfen Ringelwürmer, Weichtiere und kleine Krebse zutage. Im Brutgebiet verzehren sie vor allem Schnakenlarven und Käfer.
STIMME Zur Balzzeit fliegen die Männchen hoch über dem Brutrevier – entweder hämmernd „kwükwükwü …" oder eher weich, nasal „küweh-küweh-küweh …" singend. Flugrufe nasal „gähgähgäh" oder „kivik".
BRUT Das Nest steht auf einem kleinen, trockenen Hügel in der feuchten Küstentundra oder in einem Moor in der Taiga. Die Altvögel halten nicht selten auf einem der vereinzelten Bäume nach Nestfeinden Ausschau. Die 3–4 Jungen schlüpfen nach 3 Wochen und sind mit rund 4 Wochen flügge.
ZUG Die Brutvögel Nordeuropas und Westsibiriens ziehen in das mitteleuropäische Wattenmeer, die meisten aber weiter in die Mündungsgebiete und Buchten Westeuropas bis Nordwestafrika, wenige erreichen die Mittelmeerküste, das Rote Meer und den Arabischen Golf. Große Scharen überwintern in Mauretanien. Im Frühjahr findet starker Durchzug an der mitteleuropäischen Nordsee und über der südschwedischen Ostsee statt.
LÄNGE 37–39 cm

WANN Ganzjährig
WO Brutvogel im hohen Norden Skandinaviens, Finnlands und Russlands. Überwintert an der Nordseeküste und an den Küsten Westeuropas bis Nordwestafrika; nur wenige Trupps verschlägt es in das Binnenland Mitteleuropas

Ein brachvogelartiger Watvogel mit auffallend langem Schnabel, aber nur mittellangen Beinen. Erinnert am Boden an die Uferschnepfe, unterscheidet sich im Flug aber deutlich durch ganz anderes Flügel- und Schwanzmuster

Uferschnepfe *Limosa limosa*

Ein großer, aufrecht stehender, eleganter Watvogel; ausgesprochen lange Beine und langer Schnabel, selbst für einen Watvogel. Auffällige Muster von Flügeln und Schwanz sind nur beim Flügelstrecken oder im Flug sichtbar

Von den eleganten und anmutigen Schnepfenvögeln ist die Uferschnepfe eine besonders imposante langbeinige und langschnäblige Erscheinung, auch wenn sie in ihren Bewegungen nicht die gleiche grazile Leichtigkeit wie einige kleinere Schnepfen zeigt. Im Flug überragen die Beine den Schwanz deutlich. Die Brutbestände sind in weiten Teilen des früheren Verbreitungsareals zurückgegangen, vor allem wegen der Veränderungen in der Landnutzung und Zerstörung von Feuchtflächen. Auf dem Zug trifft man Uferschnepfen auf Schlammflächen und an Teichen des Binnenlands.

NAHRUNG Die Beute wird mit dem Gesichts- oder dem Tastsinn lokalisiert, indem der Vogel die berührungsempfindliche Spitze des langen Schnabels in weichen Schlamm oder seichtes Wasser taucht; die Sondierungsbohrungen erfolgen nahezu senkrecht und recht nachdrücklich mit mehreren tiefen Stößen, sobald ein Beutetier entdeckt ist. Dieses wird sofort herausgezogen und gewöhnlich im Ganzen verschluckt. Uferschnepfen suchen oft im tieferen Wasser Nahrung, so dass Kopf und Hals dabei untertauchen. Am Brutplatz fressen sie oft Regenwürmer, Käfer und Heuschrecken.

VERHALTEN UND STIMME Die Singflüge des Männchens im Frühjahr beschreiben eine komplizierte Flugbahn mit ständigem Auf und Ab, gekonnten Seitwärtsrollen und rasanten Sturzflügen; dabei äußert der Vogel gellende, taktfeste „grutte-grutte …"- und „dewäide-dewäide …"-Folgen.

BRUT Die Brutplätze der isländischen Unterart liegen in weiten Moorflächen mit Zwergbirken und auf Feuchtwiesen; sonst brüten Uferschnepfen auf Niedermooren sowie Heide- und Grassteppengebieten in Gewässernähe. Heute ist die Uferschnepfe in Deutschland überwiegend Wiesenbrüter und kommt nach starkem Rückgang fast nur noch in der Norddeutschen Tiefebene vor. Das Nest aus trockenen Halmen und Stängeln wird in eine Bodenmulde gebaut. Die 3–4 Eier werden 22–24 Tage bebrütet. Die Küken sind Nestflüchter und suchen von Anfang an selbstständig nach Nahrung.

ZUG Die isländischen Uferschnepfen überwintern vor allem an der Atlantikküste Westeuropas bis Nordafrika und gelangen ausnahmsweise an die deutsche Küste. Brutvögel Mitteleuropas ziehen ins Binnenland Westafrikas, beim Durchzug besuchen sie vorwiegend binnenländische Feuchtgebiete.

LÄNGE 40–44 cm

WANN März bis August
WO Island; lokal in Norwegen, Südschweden, Finnland, auf den Britischen Inseln und in Frankreich; in Holland, Dänemark, Norddeutschland weit verbreitet; von Polen ostwärts bis hinter Ural

Goldregenpfeifer *Pluvialis apricaria*

Im Sommer vorwiegend ein Vogel weiter, einsamer Moor- und Heideflächen sowie der Tundra und der Bergtundra im skandinavischen Fjäll; seine weitreichenden, wehmütigen Rufe passen gut zur Abgeschiedenheit des Brutlebensraums. Im Winter oft in großen Schwärmen auf Wiesen, Weiden und Feldern, besonders in Küstennähe.

NAHRUNG Am Brutplatz vorwiegend Insekten und Spinnen; zur Zugzeit Würmer und Schnecken.

VERHALTEN UND STIMME Zur Brutzeit unternehmen die Männchen Singflüge in hohem, schmetterlingsartig gaukelndem Singflug; der Gesang ist laut und klingt etwas melancholisch: „dü-dih-u-dü-dih-u ...“. Typische Rufe klagend „düh“ oder „tlie“.

BRUT 4 Eier, Brutdauer 28–31 Tage.

ZUG Im Herbst ziehen große Mengen durch das mitteleuropäische Binnenland, oft mit Kiebitzen rastend. Überwintert von den Britischen Inseln und Dänemark bis Nordafrika.

LÄNGE 26–29 cm

WANN Ganzjährig
WO Island, Großbritannien, Nordeuropa, Baltikum. In Mitteleuropa bis auf winzigen Rest in Norddeutschland als Brutvogel ausgestorben. Überwintert bis Nordafrika

Ein mittelgroßer Watvogel mit rundlichem Kopf und kurzem Schnabel, ist am Boden oft unauffällig; die gelblich und schwarz gemusterte Oberseite wirkt von weitem einheitlich goldbraun

Kiebitzregenpfeifer *Pluvialis squatarola*

Der Kiebitzregenpfeifer ist größer als der Goldregenpfeifer und brütet weiter nördlich, in Europa ausschließlich in der nordrussischen Moos- und Flechtentundra. Von Herbst bis Frühjahr trifft man ihn auf Schlammflächen der Küste, in Deutschland vorwiegend im Wattenmeer.

NAHRUNG Am Brutplatz Insekten und Spinnen; im Watt Würmer, Weichtiere und Kleinkrebse. Im Wattenmeer pickt er meist kleine Krabben vom Schlamm auf, sucht aber auch im seichten Wasser nach Kleintieren.

STIMME Im Watt erkennt man diese Regenpfeifer an ihren weittragenden Rufen – dreisilbig und traurig „tlü-e-wie“, die mittlere Silbe etwas tiefer.

BRUT Das flache Bodennest befindet sich meist auf einer kleinen Erhebung vor Schnee und Schmelzwasser geschützt. 4 Eier, Brutdauer 26–27 Tage.

ZUG Die meisten Kiebitzregenpfeifer ziehen nach Westeuropa und Westafrika; einige Trupps überwintern auch im Wattenmeer, seltener auf Schlammflächen im Binnenland.

LÄNGE 27–30 cm

WANN Ganzjährig
WO Brütet im hohen Norden Russlands, westwärts bis zur Kaninhalbinsel. In Mitteleuropa nahezu ganzjährig im Watt, seltener im Binnenland

Ein gedrungener, mittelgroßer Watvogel mit dickem Schnabel und großen Augen; wirkt im Wattenmeer oft recht dunkel, im Flug werden die kennzeichnenden dunklen Achselflecken sichtbar

Kiebitz *Vanellus vanellus*

Flugweise etwas unruhig und schwankend mit langsamen, recht tiefen Flügelschlägen

Weißer Bürzel kontrastiert mit schwarzer Schwanzbinde

♂ ♀

♂ hat breiteren, mehr gerundeten Außenflügel als ♀; oft akrobatische Flugmanöver

Weiße Unterflügeldecken kontrastieren mit dem Schwarz des übrigen Flügels

Drohendes Flügelstrecken zur Revierverteidigung

JK
Oberseitenfedern mit hellen Rändern, kurze Holle; Vögel im SK ähnlich, aber mit längerer Holle

PK, ♂
Schwarze Kehle, beim ♀ mit weißen Flecken durchsetzt

Ein sehr geselliger, überwiegend schwarzweiß wirkender Watvogel mit kurzem Schnabel und kennzeichnender langer, dünner, beweglicher Federholle; schwarzes Brustband, das mit dem Weiß von Unterseite und Flügeln kontrastiert. Im Flug unverkennbar durch breite Flügel und typische unstete Flugweise. Einzelvögel sind nicht ungewöhnlich

JK

♀ ♂

SK
Weiße Kehle; Oberseitenfedern mit hell beigefarbenen Rändern

♂ im SK mit breiterem, dunklerem Brustband, mehr Schwarz im Gesicht und längerer Holle als ♀

Der Kiebitz ist einer der bekanntesten Watvögel und in Europa weit verbreitet. Er ist ursprünglich ein Charaktervogel von Moor- und Sumpflandschaften; heute ist er wegen der Zerstörung seiner Lebensräume vielfach auf Wiesen und Felder ausgewichen, wo der Bruterfolg jedoch meist gering ist. Im Frühjahr vollführen die Männchen atemberaubende Schauflüge, während zur Zugzeit große Trupps, die manchmal in die Tausende gehen, auf Wiesen und Weiden des Tieflands zu sehen sind. Früher wurden vielerorts Kiebitzeier als Delikatesse gesammelt.

NAHRUNG Häufig suchen Kiebitze in der Gruppe Nahrung, auch im Sommer; sie konkurrieren aber um die Beute mit den Artgenossen, im Winterhalbjahr auch mit Goldregenpfeifern und Möwen. Kiebitze verzehren vorwiegend Insekten und deren Larven sowie Würmer und Schnecken; Regenwürmer ziehen sie oft mit großer Mühe aus der Erde. Mitunter sieht man Kiebitze mit einem Fuß rasch auf den Boden klopfen („Fußtrillern"), wodurch Regenwürmer schneller aus der Erde hervorkommen.

VERHALTEN UND STIMME Der Schauflug des Kiebitzes gehört zu den sehenswerten Naturereignissen, die das Frühjahr in der offenen Landschaft zu bieten hat. Die Männchen beginnen im Horizontalflug unter heiseren „wie-ip"-Lauten, fliegen ein Stück taumelnd im Horizontalflug und stürzen dann wie außer Kontrolle und mit lauten Flügelgeräuschen zu Boden, um gleich wieder Höhe zu gewinnen; beim Sturzflug äußern sie „tchiäwitt-witt-witt-tchiäwie". Ruft häufig heiser „wie-ip", „pie-wie" oder „tschuech".

BRUT Das Nest besteht aus einer einfachen, vom Männchen gekratzten Bodenmulde. Das Gelege aus 4 Eiern ist oft bereits im März vollständig. Die Jungen sind mit 35–40 Tagen flugfähig. Der Brutplatz muss kurzes Gras und Bereiche mit Rohboden sowie gute Rundumsicht aufweisen; leider ist das Gras oder Getreide zum Schlupftermin häufig bereits viel zu hoch, so dass die Küken in ihrer Bewegung behindert werden und bei Regenwetter rasch verklammen.

ZUG Außerhalb der Brutzeit sind Kiebitze an der Küste und auf binnenländischen Schlammfächen sowie auf Grünland und gepflügten Feldern anzutreffen. Bei plötzlichen Kälteeinbrüchen findet oft Massenflucht Richtung Süden statt.

LÄNGE 28–31 cm

WANN Ganzjährig
WO Brütet in weiten Teilen Europas, in Südeuropa eher spärlich. In Mitteleuropa vor allem im Norden; besonders im Süden katastrophaler Rückgang. Überwintert vor allem in West- und Südeuropa

Spornkiebitz *Vanellus spinosus*

Dieser prächtige und oft laute Watvogel besiedelt Afrika in einem breiten Gürtel von Westafrika bis Kenia und den Nahen Osten; er kommt in Europa nur in Ostgriechenland vor. In Gebieten mit größerer Bestandsdichte brüten Spornkiebitze wie Kiebitze in kleinen, lockeren Kolonien. Lebensraum sind Flächen mit spärlichem Bewuchs an Gewässern und Salzwiesen.

NAHRUNG Insekten, die vorwiegend auf trockenem Schlamm oder kleinen vegetationslosen Flächen von Salzwiesen aufgepickt werden.

VERHALTEN UND STIMME Bei der Balz der in Dauerehe lebenden Spornkiebitze laufen die Partner nach vorn geneigt und präsentieren das auffällige Kopf- und Brustmuster. Ruft scharf, metallisch „kitt-kitt-kitt …“, außerdem schnell „tick-tick …“ und rau kratzend „krierick“.

BRUT Die 4 Eier werden 22–24 Tage in einem Bodennest bebrütet.

LÄNGE 25–27 cm

WANN Nicht in Mitteleuropa
WO Brütet in der Türkei und in Europa nur in Griechenland. Die Vögel dieser kleinen Populationen ziehen im September nach Nordafrika; im März oder April findet der Rückzug statt

Ein auffallend kontrastreicher Watvogel offener, trockener Gebiete in Wassernähe; dunkle Kappe, weiße Kopf- und Halsseiten und das breite, weiße Oberflügelband sind kennzeichnend; die scharfen Rufe machen zusätzlich auf den Vogel aufmerksam

Regenbrachvogel *Numenius phaeopus*

Während man Große Brachvögel das ganze Jahr über in Mitteleuropa antreffen kann, halten sich Regenbrachvögel bei uns nur zu den Zugzeiten auf; im Binnenland, das sie dabei regelmäßig überfliegen, sieht man sie nur selten. An der Küste verraten sich die oft sehr hoch ziehenden Trupps nur durch ihre wimmernden Rufe. Im Vergleich zu Großen Brachvögeln sieht man Regenbrachvögel eher an felsigen Küsten.

NAHRUNG Vorwiegend Insekten, die vom Boden und von Pflanzen abgesammelt werden; im Sommer viele Beeren. Auf dem Zug kleine Krebse, Würmer und Weichtiere.

VERHALTEN UND STIMME Die Gesangsstrophen ähneln denen des Großen Brachvogels, sind aber kürzer, härter trillernd und nicht abfallend. Ruft lachend-wimmernd „bibibibi …“.

BRUT Das Nest steht oft zwischen Zwergsträuchern in einem Taigamoor, Fjällgebiet oder in der Tundra. Die 3–4 Eier werden 27–28 Tage bebrütet.

ZUG Die Winterquartiere liegen an den afrikanischen Küsten.

LÄNGE 40–42 cm

WANN April bis September
WO Brütet auf Island, den Färöern, in Nordschottland, Skandinavien, Finnland, Lettland, Estland, Weißrussland und Russland

Ähnlich dem Großen Brachvogel, aber kleiner, dunkler und mit Kopfstreifung sowie etwas kürzerem Schnabel; im Flug wirkt der Regenbrachvogel kompakter, schneller und dunkler

Großer Brachvogel *Numenius arquata*

Der Große Brachvogel ist ein stattlicher Watvogel mit bemerkenswert langem Schnabel. Seine überaus stimmungsvollen Rufe und Gesänge verzaubern die oft abgelegenen Landstriche seines Brutlebensraums. Er ist im nördlichen Europa weit verbreitet und kommt außer an der Küste heute in unterschiedlichen Landschaftstypen des Binnenlands vor – von weiten Moorgebieten und feuchten Heidelandschaften bis zu Mähwiesen und Ackerland, die als Ersatzlebensräume dienen. In Mitteleuropa ist der Große Brachvogel längst zu einem Symbol des Natur- und Artenschutzes geworden, denn nicht nur seine ursprünglichen Lebensräume sind nahezu verschwunden, auch die Kulturflächen, die der Art früher gute Lebensbedingungen boten, sind durch die Intensivierung der Landnutzung nicht mehr für seine Existenz geeignet.

NAHRUNG Welchen Vorteil der gekrümmte Schnabel des Brachvogels hat, ist nicht ganz geklärt; möglicherweise gewährt er bessere Sicht zur Schnabelspitze und dadurch effektiveres Stochern und Picken. Am Brutplatz ernähren sich die Vögel hauptsächlich von Regenwürmern und Insektenlarven im Boden oder von oberirdisch aufgefundenen Insekten. An der Küste werden vor allem Wattwürmer, kleine Muscheln und Krebstiere erbeutet.

VERHALTEN UND STIMME Im Frühjahr unternehmen die Brachvögel eindrucksvolle Singflüge über den Brutterritorien, indem sie zunächst mit langsamen Flügelschlägen aufsteigen und danach singend abwärts gleiten. Die Gesangsstrophen beginnen mit einigen langsamen, gezogenen Flötentönen und steigern sich zu einem ekstatischen melancholischen Triller, der schließlich allmählich „erstirbt". Diese Strophen sind in verkürzter Form mitunter auch außerhalb der Brutzeit zu hören. Typisch sind die verschiedenen klangvollen Rufe, beispielsweise ein lautes, klares „kür-lüi" oder ein wehmütiges „gügügui" – sie tragen zum Charakter der Küstenlandschaft bei.

BRUT Das Männchen legt die Bodenmulde für das Nest an, die das Weibchen mit etwas Pflanzenmaterial auskleidet. Die 4 Eier werden 27–29 Tage bebrütet; die Jungen sind nach rund 5 Wochen flugfähig.

ZUG Einige Brachvögel ziehen nach der Brutzeit nur zur Küste, andere nach West- und Südeuropa. Im Binnenland Mitteleuropas überwintern nur wenige Trupps.

LÄNGE 50–60 cm

WANN Ganzjährig
WO Von den Britischen Inseln und Westfrankreich über Mittel- und Nordeuropa ostwärts; in Deutschland nur noch im Norden größere Bestände

Waldschnepfe *Scolopax rusticola*

Die verborgen lebende Waldschnepfe nimmt unter den Watvögeln eine Sonderstellung ein, denn ihr Lebensraum ist feuchter Laub- und Nadelwald und ihre aktive Phase fällt hauptsächlich in die Dämmerung und Nacht. Im Vergleich zur Bekassine ist sie gedrungener, hat einen kräftigeren Schnabel und breitere Flügel.

NAHRUNG Hauptsächlich Regenwürmer, aber auch Insekten und deren Larven, die im feuchten Boden leben.

VERHALTEN UND STIMME Zur Balzzeit fliegen die Männchen in Baumwipfelhöhe und äußern abwechselnd hohe, scharfe „pisst"-Laute und tiefe, quorrende Töne.

BRUT Die einfache Bodenmulde enthält nur wenig Pflanzenmaterial als Unterlage für die 4 Eier. Bereits nach 15–20 Tagen können die Jungen fliegen. Weibchen brüten mit einem Jahr, Männchen erst mit 2 Jahren.

ZUG Viele Waldschnepfen ziehen nach West- und Südeuropa. In Deutschland überwintern sie nur in warmen Gegenden.

LÄNGE 33–35 cm

> **WANN** Ganzjährig (im Winter selten)
> **WO** Brütet in weiten Teilen Europas, im Süden jedoch nur sehr spärlich. In Deutschland weit verbreitet, aber meist selten

Ein sehr gedrungener, kurzbeiniger Vogel des Waldes mit langem Schnabel und überwiegend braunem Tarngefieder; bei Störung fliegen Waldschnepfen geräuschvoll auf und flüchten rasch und niedrig zwischen den Bäumen

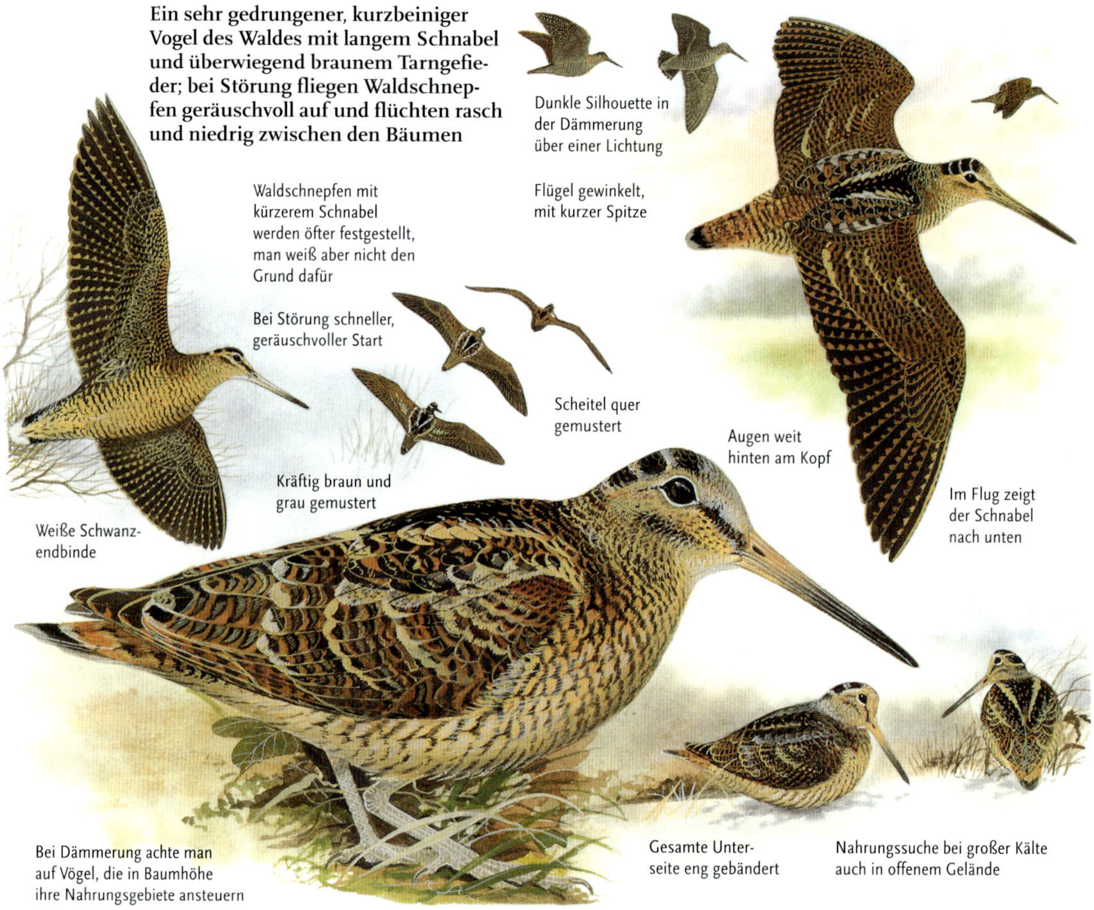

Doppelschnepfe *Gallinago media*

Diese seltene, recht kompakt gebaute Schnepfe hat einen ziemlich kräftigen Schnabel, erinnert aber sonst stark an die Bekassine, auch wenn sie deutlich schwerer und breitflügeliger ist. Aufgescheuchte Doppelschnepfen fliegen eher niedrig und gerade davon, nicht im rasanten „Zickzack" wie die Bekassine. Früher brütete die Doppelschnepfe in den weiten norddeutschen Mooren; heute ist sie weltweit bedroht.

NAHRUNG Würmer in feuchter Erde oder nassem Schlamm; daneben Insekten (Käfer) und Schnecken.

VERHALTEN UND STIMME Im Frühjahr balzen die Männchen gemeinschaftlich auf einer traditionellen „Arena". Dabei nehmen sie verschiedene Posen ein, springen in die Höhe und äußern merkwürdige zwitschernde, klickende und wimmernde Laute.

BRUT Das Nest steht im offenen Niedermoor, in Skandinavien an einer trockenen Stelle an nassen Fjällhängen. 4 Eier, Brutdauer 22–24 Tage.

LÄNGE 27–29 cm

> **WANN** April bis September (sehr selten)
> **WO** Brütet in Westskandinavien sowie von Polen und dem Baltikum ostwärts. Die Winterquartiere liegen in Afrika; in Deutschland ist die Art sehr seltener Durchzügler

Eine dunkle Schnepfe mit 3 weißen Binden auf dem geöffneten Flügel, recht schwachen Rückenstreifen und kräftig gebänderter Unterseite; Muster von Schwanz und Oberflügel sind für die Bestimmung wichtig

Bekassine *Gallinago gallinago*

Ein Brutvogel der Feuchtgebiete, fliegt oft kurz vor den Füßen hoch und ruft meist kurz und heiser; streifiger Rücken und dunkle Flügel kennzeichnend, aber beim rasanten Zickzackflug oft nicht zu sehen

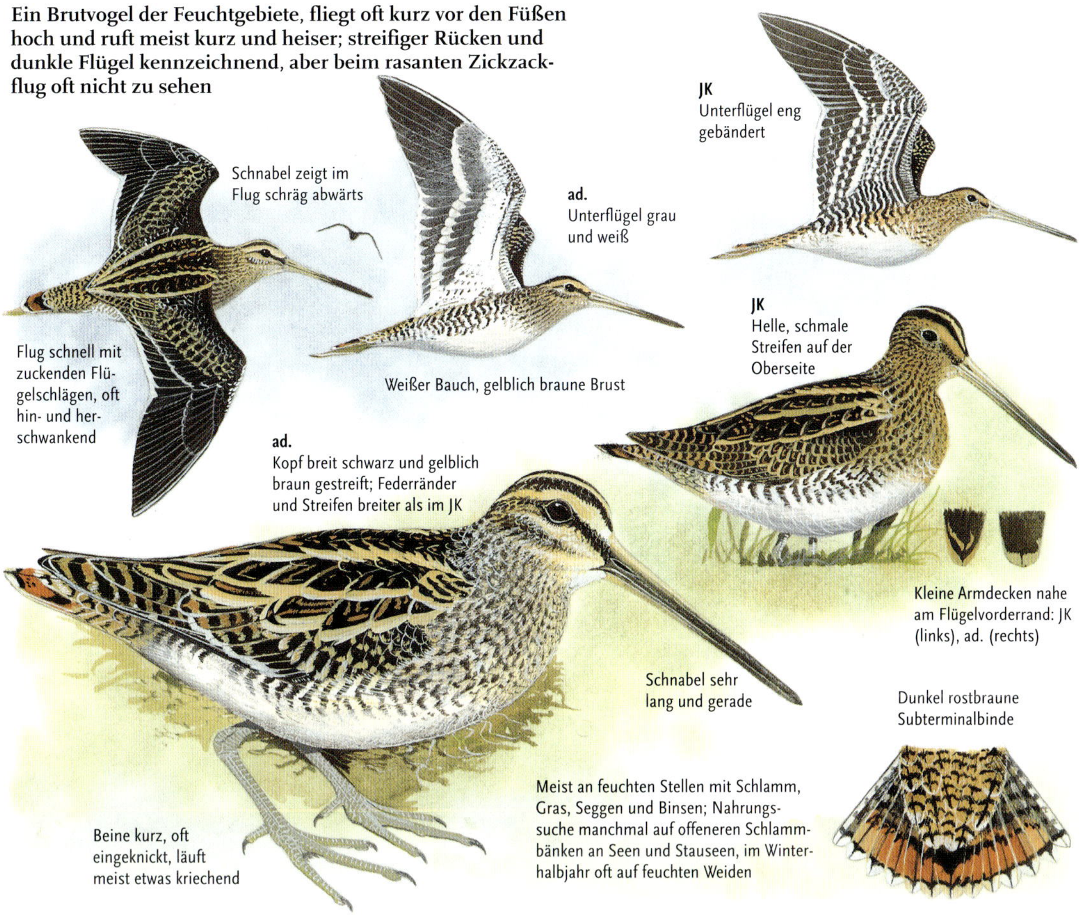

Die Bekassine ist am Boden schwer zu entdecken, wenn sie sich zwischen niedrigem Pflanzenwuchs duckt; beim Auffliegen, oft direkt vor dem Beobachter, verrät sie sich jedoch durch den rasanten Zickzackflug („himmeln").

NAHRUNG Würmer, Schnecken, Insektenlarven, kleine Krebse.

VERHALTEN UND STIMME Am leichtesten entdeckt man sie im Frühjahr, wenn die Männchen im hohen, auf- und absteigenden Balzflug ein anschwellendes Summen durch Vibrieren der äußersten Steuerfedern hervorbringen. Der Gesang, ein taktfestes „tücke-tücke-tücke …", wird meist im Flug oder auf einem Pfosten vorgetragen. Ruft beim Auffliegen oft „ätsch".

BRUT Brütet in Feuchtwiesen und Mooren mit kurzem Bewuchs. Die 4 Eier werden 18–20 Tage bebrütet.

ZUG Die meisten europäischen Bekassinen ziehen nach West- und Südeuropa sowie ins nördliche Afrika. Im Nordseeraum, auch von Deutschland, überwintern viele Bekassinen.

LÄNGE 25–27 cm

WANN Ganzjährig (im Winter selten)
WO Brütet weit verbreitet in der Nordhälfte Europas, auch in fast ganz Deutschland, jedoch Bestände stark abnehmend

Zwergschnepfe *Lymnocryptes minimus*

Eine kleine, relativ kurzschnäbelige, oberseits dunkle Schnepfe, die in nassen, wollgras- und binsenreichen Feuchtgebieten lebt; typischerweise bemerkt man den Vogel nur, wenn er direkt vor den Füßen auffliegt

Im Vergleich zur Bekassine ist die Zwergschnepfe noch heimlicher und am Boden entsprechend schwerer zu beobachten; man sieht sie meist erst, wenn sie fast unter der Schuhsohle aufgeflogen ist.

NAHRUNG Vor allem Insekten und Insektenlarven, aber auch Schnecken sowie Samen und andere Pflanzenteile. Nahrungssuche stochernd und pickend.

VERHALTEN UND STIMME Bei Störung fliegt die Zwergschnepfe meist stumm auf; während des Balzflugs äußert das Männchen dreiteilige Gesangsstrophen mit merkwürdig klingenden Lautfolgen, die an galoppierende Pferde erinnern.

BRUT Brütet in weiten, nassen Mooren und in der Strauchtundra. 4 Eier, Brutdauer 17–24 Tage.

ZUG Die Überwinterungsgebiete liegen in West- und Südeuropa sowie in Afrika. In Mitteleuropa überwintern Zwergschnepfen in geringer Zahl bis zum Alpenrand.

LÄNGE 17–19 cm

WANN Ganzjährig (selten)
WO Brütet im Norden von Skandinavien und Finnland, in Südschweden, in Nordrussland und Estland; sporadisch in Polen. Ehemaliger Brutvogel Norddeutschlands

Skua *Stercorarius skua*

Die größte und schwerste Raubmöwe mit oft atemberaubenden, rasanten Flugmanövern und großer Schnelligkeit; im normalen Streckenflug wirkt die Skua oder Große Raubmöwe eher gemächlich. Sie kann sogar einen Basstölpel zum Notwassern zwingen, indem sie ihn am Flügel packt.

NAHRUNG Vorwiegend Fische, die sie selbst fängt oder anderen Seevögeln abjagt, etwa Möwen, Seeschwalben und Eissturmvögeln. Sie tötet auch andere Vögel wie Alken.

VERHALTEN UND STIMME Während der Bodenbalz recken Skuas die Flügel hoch, um die auffallenden weißen Flecken zu präsentieren; dabei äußern sie kurze, rollende „tschirr"-Laute.

BRUT Brütet auf entlegenen Inseln und Mooren an der Küste. Eier und Junge werden vehement verteidigt.

ZUG Die nordatlantischen Skuas ziehen im Herbst südwärts, teilweise in den Südatlantik.

LÄNGE 53–58 cm

WANN Oktober bis März (sehr selten)
WO Von Nordschottland über die Färöer bis Island; Spitzbergen, Bäreninsel; wenige Paare in Norwegen. Im Winterhalbjahr selten an der deutschen Nordseeküste, kaum im Binnenland

Ein dunkler, sehr kräftiger, möwenähnlicher Seevogel mit breiten Flügeln und großem, weißem Flügelfeld; fliegt meist niedrig über dem Meer – einzeln oder paarweise. Größe, gedrungener Körperbau und lange, breite Flügel (vor allem lange Armflügel) unterscheiden die Skua von den kleineren Raubmöwen

Spatelraubmöwe *Stercorarius pomarinus*

Eine große Raubmöwe, fast so groß und kräftig gebaut wie die Skua sowie mit ähnlicher Gefiedervariation wie die Schmarotzerraubmöwe. Die Spatelraubmöwe ist meist die seltenste der drei kleineren Raubmöwen; zur Zugzeit erscheint sie in geringer Zahl, aber regelmäßig an der deutschen Nordseeküste, im Binnenland jedoch kaum.

NAHRUNG Zur Brutzeit Lemminge, Jungvögel und gelegentlich sogar Aas. Jagt auf dem Meer wie andere Raubmöwen Seevögeln die gefangenen Fische ab, tötet auch selbst häufig Möwen und Alken.

VERHALTEN UND STIMME Über dem Brutplatz atemberaubende Balzflüge; auf See stumm.

BRUT Das Bodennest in der nassen, küstennahen Tundra steht meist auf einem kleinen Torfhügel; besonders in Lemmingjahren kleine Kolonien. 2 Eier. Greift am Nest Tiere und Menschen beherzt an.

ZUG Die Vögel ziehen einzeln oder truppweise über das nördliche und westliche Europa an die Gewässer vor der Küste Westafrikas.

LÄNGE 46–51 cm

WANN Oktober, November; Mai (selten)
WO Brütet in der Tundra Nordrusslands, westwärts bis zur Kaninhalbinsel

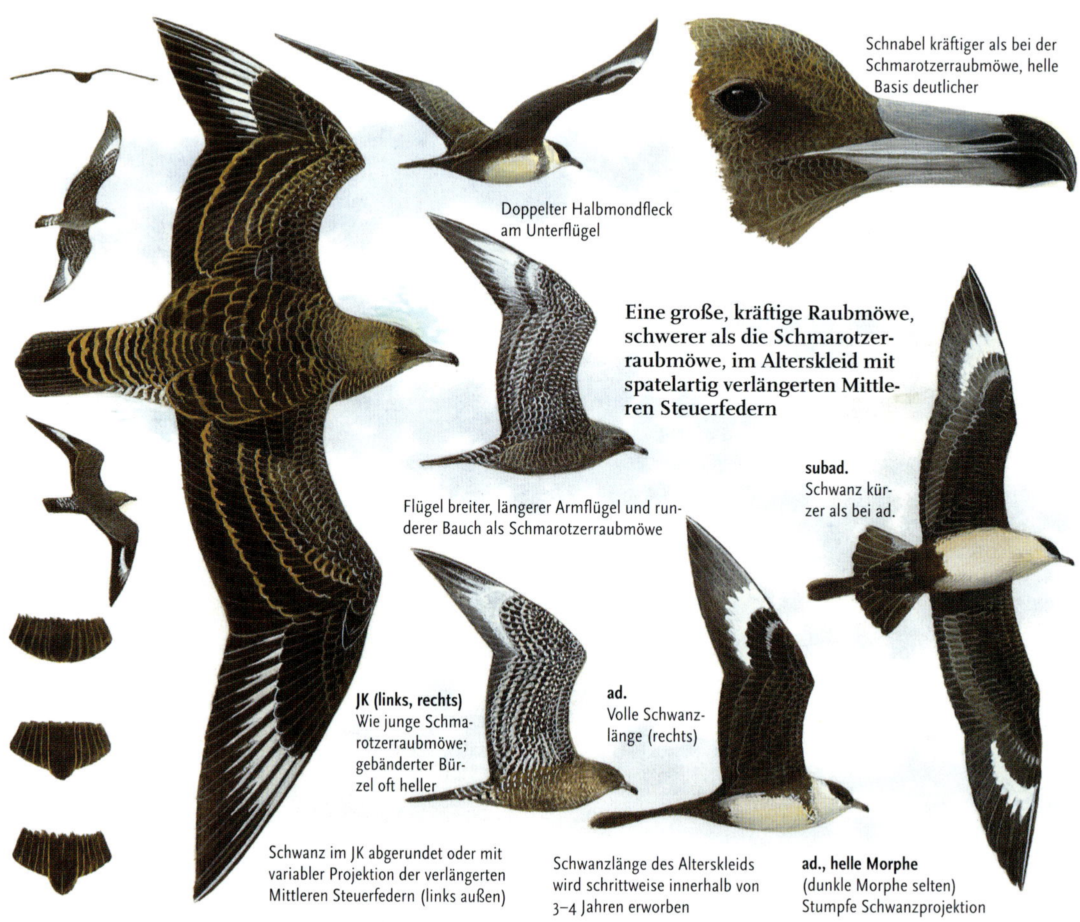

Eine große, kräftige Raubmöwe, schwerer als die Schmarotzerraubmöwe, im Alterskleid mit spatelartig verlängerten Mittleren Steuerfedern

Schmarotzerraubmöwe *Stercorarius parasiticus*

Ein eleganter Freibeuter des Meeres mit langen, schmalen Flügeln und im Alterskleid langen Schwanzspießen. Fliegt niedrig über dem Wasser in gleichmäßigem, entspanntem Flug, beschleunigt aber augenblicklich, um Seeschwalben und Möwen in akrobatischer Attacke zu bedrängen

Schmarotzerraubmöwen sind sehr wendige und draufgängerische Piraten des Meeres, die häufig anderen Vögeln die gerade gefangene Beute abjagen. Auf dem Zug fliegen die Raubmöwen niedrig über dem Ozean, ihre Flügelschlagweise wirkt entspannt und geschmeidig. Ungewöhnlicherweise tritt die Art in 2 oder 3 unterschiedlichen Morphen auf, einer dunklen, hellen und einer intermediären.

NAHRUNG Vor allem Fische, die die Raubmöwe Möwen, Seeschwalben und Alken abjagt; jagen oft paarweise.

VERHALTEN UND STIMME Am Brutplatz hört man ein lautes, nasales „iä-glu“ sowie ein miauendes „i-i-i-iäär“, das die rasanten Balzflüge begleitet.

BRUT Die Nester, flache, mit etwas Pflanzenmaterial ausgelegte Mulden, sind in küstennahen Moorgebieten oder auf kahlen Felsinseln angelegt.

ZUG Wandert im Herbst durch die Nordsee und entlang der Atlantikküste.

LÄNGE 41–46 cm

WANN Meist August bis Oktober
WO Brütet in Island, Skandinavien, Nordschottland; wandert im Herbst durch die Nordsee und erscheint nicht selten an der mitteleuropäischen Küste, gelegentlich auch im Binnenland

Falkenraubmöwe *Stercorarius longicaudus*

Eine kleine, grazile Raubmöwe mit kurzem Schnabel und langen, schmalen Flügeln, die den Vogel im Flug größer erscheinen lassen; Altvögel mit langen, flatternden Schwanzspießen; der Flug wirkt auf See leicht, fast seeschwalbenartig: der Körper schwingt im Vergleich zur schwereren Schmarotzerraubmöwe mehr auf und ab

Die Falkenraubmöwe ist schlank und wirkt oft seeschwalbenartig leicht, ihre Schwanzspieße sind im Alterskleid sehr lang, dünn und spitz. Im Sommer ist sie Kleintierjäger in der Tundra und Bergtundra, auf See ist sie viel weniger Beuteparasit als die Schmarotzerraubmöwe. An der deutschen Nord- und Ostseeküste erscheinen gelegentlich einzelne Jungvögel, im deutschen Binnenland nur ausnahmsweise.

NAHRUNG Im Sommer vorwiegend Lemminge, von deren Häufigkeit der Bruterfolg abhängt. Auf See erbeuten sie Fische, Krebstiere und Tintenfische und jagen anderen Seevögeln Beute ab.

STIMME Am Brutplatz weinerlich „klii-äh“, „pliu“ oder „kriek-kriek“.

BRUT Brütet in der Bergtundra des skandinavischen Fjälls und in der trockenen, küstennahen Tundra. Die 2 Eier werden 23–25 Tage bebrütet.

ZUG Die Winterquartiere liegen vor allem auf der Hochsee im Südatlantik; auf dem Durchzug erscheint die Art gelegentlich in geringer Zahl an den Küsten Westeuropas.

LÄNGE 35–58 cm

WANN September (sehr selten)
WO Brutvogel in Westskandinavien und an der Küste Nordrusslands

Lachmöwe *Larus ridibundus*

Lachmöwen brüten gleichermaßen an der Küste und im Binnenland, sie nisten meist an Seeufern des Flachlands und bilden nicht selten große Brutkolonien. Im Herbst sieht man sie häufig auf Feldern, wo sie dem Pflug folgen; das Weiß ihres Gefieders leuchtet weithin und kontrastiert mit der dunklen, frisch umgebrochenen Erde. Im Winter sind viele Lachmöwen immer noch auf den Feldern und suchen nach Würmern, die sie manchmal auch Kiebitzen abjagen. Zu dieser Zeit kommen große Schwärme in die Städte, wo sie vielerorts bereits zum vertrauten winterlichen Bild gehören. Häufig „belagern" Lachmöwen auch die Wasservogelfütterungen in Parks und an den Dampferstegen der umliegenden Seen. Wer sich für seltenere Möwenarten interessiert, sollte die Einzelvögel in den Trupps genau studieren, denn nicht selten verbirgt sich darunter eine Rarität, etwa eine Ringschnabelmöwe.

NAHRUNG Im Brutgebiet hauptsächlich Insekten und Regenwürmer, die häufig auf benachbarten Wiesen und Feldern erbeutet werden; Insekten wie fliegende Ameisen werden auch im Flug gefangen. Daneben jagen Lachmöwen auch kleine Fische, Taumelkäfer und andere Wasserinsekten, indem sie die Beute im Flug vom Wasser aufpicken oder in kurzem Stoßtauchen schnappen.

VERHALTEN UND STIMME Im Sommer dient die dunkle Kapuze als Signal für Dominanz und Aggression, häufig sieht man die Möwen in aufrechter Haltung mit gesenktem Kopf oder in einer flachen Vorwärtspose drohen. Die Lautäußerungen spielen bei der Balz eine große Rolle: Die meisten sind recht hoch und durchdringend: „krii-ärr", „chärrr" oder kurz „kick"; die Einzelstimmen summieren sich zu einem ohrenbetäubenden Lärm. Bei der Nahrungssuche rufen Lachmöwen ebenfalls viel, aber gedämpfter.

BRUT Lachmöwen brüten in Kolonien bis zu mehreren hundert Paaren. Das locker zusammengefügte Nest kann wenig Material enthalten oder ein ansehnlicher Haufen aus Schilf- und Binsenteilen sein. Die 3–4 Eier werden 23–26 Tage bebrütet, die Jungen sind mit rund 35 Tagen flugfähig.

ZUG Nach der Brutzeit wandern viele auf der Suche nach lohnenden Nahrungsgebieten und sicheren Ruheplätzen oft weit im Binnenland und an der Küste umher.

LÄNGE 34–37 cm

WANN Ganzjährig
WO Brütet in fast ganz Europa; fehlt im größten Teil Südeuropas sowie im Gebirge. Im Winter wandern oft große Scharen aus nordöstlichen Brutgebieten nach Mitteleuropa ein. Unausgefärbte Vögel oft bis in den Sommer hinein in den Wintergebieten

Eine helle, kleine Möwe mit braunschwarzer Kapuze im PK; sehr gesellig und lärmend; im Binnenland die häufigste Möwe, oft an Flüssen und Teichen in der Stadt sowie auf Kulturland

Schwarzkopfmöwe *Larus melanocephalus*

Eine kräftig gebaute Möwe mit großem Schnabel und „missbilligendem" Gesichtsausdruck sowie langen Beinen und etwas stolzierendem Gang; Flügel im Flug recht gerade, steif und abgerundet; das Gefieder ist wunderbar perlgrau und weiß

Mit ihrer tiefschwarzen Kapuze, den großen, weißen „Augenlidern" sowie dem kräftig roten Schnabel und den zeichnungslosen Unterflügeln ist die Schwarzkopfmöwe im Prachtkleid sehr ansprechend – auch für Menschen, die Möwen sonst eher als langweilig empfinden. Allerdings ist diese Möwe oft aggressiv und tritt im gemischten Trupp sehr selbstbewusst auf, was durch die „Piratenmaske" oft verstärkt wird. Früher befürchtete man noch, die Schwarzkopfmöwen könnten langsam aussterben, doch in den letzten Jahrzehnten haben die Bestände deutlich zugenommen, und die Art hat sich neue Areale erschlossen – so kommen Schwarzkopfmöwen inzwischen in weiten Teilen Deutschlands vor, wo meist einzelne Paare in Lachmöwenkolonien brüten. Anfänglich waren die „neuen" Möwen in Mitteleuropa so selten, dass sie häufig Mischpaare mit Lachmöwen bildeten.

NAHRUNG Im Sommer vor allem Insekten und deren Larven, aber auch Würmer und Schnecken; gelegentlich überwältigt sie auch kleine Nagetiere und stellt den Jungen von Möwen und Seeschwalben nach. Auf Feldern und Müllkippen im Inland sieht man die Vögel im Vergleich zu Lachmöwen selten Nahrung suchen, dafür aber häufig an der Küste, wo sie Kläranlagen aufsuchen, über dem flachen Meer Abfälle aufnehmen und verschiedene wirbellose Tiere wie Schnecken und Muscheln sowie kleine Fische erbeuten.

VERHALTEN UND STIMME Wie bei anderen dunkelköpfigen Möwen spielt auch bei der Schwarzkopfmöwe die auffällige Kapuze eine wichtige Rolle bei der Balz und Revierverteidigung. Im Winterhalbjahr sind die Möwen meist stumm, vor allem im Frühjahr hört man die typischen nasal-klagenden „geäää"- oder „kie-er"-Rufe, die anders klingen als Lachmöwenrufe.

BRUT Einzelpaare, wie in Mitteleuropa bisher üblich, nisten in Lachmöwenkolonien, im südöstlichen Europa bilden Schwarzkopfmöwen artreine Kolonien. Die 3 Eier liegen in einem Bodennest in spärlichem Bewuchs; die Jungen schlüpfen nach 23–25 Tagen, mit 35–45 Tagen sind sie flugfähig.

ZUG Die Brutvögel der ursprünglichen Schwarzmeer-Population verbringen den Winter im Mittelmeerraum.

LÄNGE 36–38 cm

WANN April bis September
WO Brütet vor allem an der Schwarzmeerküste und in Südosteuropa; nach Ausdehnung des Verbreitungsareals im letzten Jahrhundert auch in Mittel- und Westeuropa, nordwärts bis zum Baltikum und bis Südskandinavien. Die meisten mitteleuropäischen Vögel ziehen in den Mittelmeerraum, ein Teil auch an die Küsten der Nordsee und Westeuropas

Dünnschnabelmöwe *Larus genei*

Bis auf die fehlende Kapuze ähnelt die Dünnschnabelmöwe im Aussehen der Lachmöwe. Sie ist allerdings erheblich seltener, denn sie brütet nur an Lagunen, auf kleinen Inseln und an flachen Steppenseen des Mittelmeerraums. Auch im Winter ist sie selten und nur an der Küste anzutreffen.
NAHRUNG Vor allem Fische, aber auch Insekten und meeresbewohnende Kleintiere, die häufig von der Wasseroberfläche abgesammelt werden.
VERHALTEN UND STIMME Erinnert in ihrem Balz- und Brutverhalten an die Lachmöwe. Die Rufe sind tiefer und klingen nasaler und rauer als die der Schwesterart.
BRUT Die meisten Brutkolonien sind klein, sie liegen häufig in der Nähe einer Lagune an einem Steppensee oder auf einer flachen, kahlen Insel. Die 2–3 Eier werden 22 Tage bebrütet.
ZUG Im Winter fast ausschließlich an den Küsten des Mittelmeers; einige wandern nach Westafrika, manche östliche Brutvögel zum Roten Meer.
LÄNGE 42–44 cm

WANN Nicht in Mitteleuropa
WO Brütet in kleinen, verstreuten Kolonien am Mittelmeer und Schwarzen Meer, weiter nördlich erscheint die Art kaum

Eissturmvogel *Fulmarus glacialis*

Im 20. Jahrhundert haben die Bestände des Eissturmvogels stark zugenommen, vor allem wegen der riesigen Mengen von toten Fischen und Abfällen, die von den Fischfangflotten über Bord gehen. Die Vögel haben inzwischen ihre Brutkolonien auch auf recht niedrigen Klippen gegründet und geben sich sogar mit Grashängen und Ruinen als Nistplatz zufrieden.
NAHRUNG Hauptsächlich tote Fische, aber auch Tintenfische und Krebstiere sowie alle Arten von schwimmenden Abfällen von Schiffen; Nahrungssuche ausschließlich auf dem Meer.
STIMME Die Paare sind am Nest recht laut und äußern häufig heiser schnarrende, quakende und gackernde Laute.
BRUT Erst im Alter von 7 Jahren brüten Eissturmvögel das erste Mal. Das einzige Ei wird 52–53 Tage bebrütet; das Junge ist erst mit 7 Wochen flügge.
ZUG Nach der Brutzeit wandern die meisten Eissturmvögel weit auf dem Atlantik umher, nur wenige bleiben das ganze Jahr an der Küste.
LÄNGE 45–50 cm

WANN Ganzjährig
WO Inseln und Küsten des Nordatlantiks, vor allem Island, Britische Inseln, Nordfrankreich und Norwegen; in Mitteleuropa nur auf Helgoland

Zwergmöwe *Larus minutus*

Eine aparte, seeschwalbenartige Möwe; Altvögel jedoch mit stumpf wirkenden Flügeln, kurzem Schwanz und kurzem Schnabel; Jungvögel mit spitzeren Flügeln, aber ähnlich „freundlichem" Gesichtsausdruck. Fliegt niedrig über dem Wasser, stößt häufig zur Wasseroberfläche herab

1er S
Wie 1er W, aber mit variabler schwarzer Kapuze; schwarze Flügelmarkierung bleicht aus und wird schrittweise heller und brauner; oft noch deutlichere weiße Striche auf den Innenfahnen der äußeren Handschwingen

1er W
Oberseits schwarzes Zickzackmuster, schwarze Schwanzendbinde; dunkle Kappe und dunkle Ohrdecken

2es KJ
Manche wie ad.; andere mit variabler Ausdehnung von Schwarz auf den äußeren Handschwingen (oft weniger als Abb.), seltener auf den Handdecken

2er S
Dunkler Unterflügel manchmal wie bei ad., Unterflügeldecken jedoch oft viel heller

1er W, Herbst (rechts)
JK wird ersetzt durch 1. Winterkleid mit einheitlich grauem Rücken; dunkle Flügelbänder oft noch über dem Bürzel vereinigt, nie bei jungen Dreizehenmöwen; dunklere Zeichnung am Hinterflügel

SK (links)
Klar grau oberseits mit gleichmäßig breitem Rand um den Hinterflügel, Flügelspitze weiß; Oberflügel ohne Schwarz

PK (oben)
ad. stets mit dunklem Unterflügel und weißem Hinterrand, zur Spitze hin breiter; auch auf große Entfernung sieht man den Hell-Dunkel-Kontrast der niedrig über dem Wasser fliegenden Möwe

Flügelspitzen weiß, jedoch dunkle Flügelunterseite oft sichtbar

PK
Schwarze Kapuze, Schnabel rot oder schwarz

SK
Graue Kappe, schwärzlicher Ohrfleck, schwarzer Schnabel

JK, spät (unten)
Während des Wechsels zu 1er W zieht das Schwarz des Mantels wie ein Schal auf die Brustseiten

2es KJ
Im zeitigen Frühjahr entwickelt sich die Kapuze rasch vom Hinterrand nach vorn, kann im Sommer komplett sein; dunkle Flügelspitzen bei schwimmenden oder stehenden Vögeln können verwirren

JK (links)
Oberseite zuerst dunkelbraun; Braun des Hinterhalses und der Brustseiten verschwindet bald; Grau der Oberseite entwickelt sich im Herbst, wenn das 1. Winterkleid ausgebildet wird; Beine hell rosa

Dies ist die kleinste und seeschwalbenähnlichste Möwe, sie ist elegant und leicht und scheint schutzlos Wind und Wellen preisgegeben zu sein. Doch vermag sie selbst schwere Stürme auf See zu überstehen. Man sieht sie häufig an der Küste, ständig stößt sie leicht und wendig zur Oberfläche hinab, um etwas aufzupicken, oder sie streitet sich mit anderen Möwen um die Reste in einer Kläranlage. Zwergmöwen wandern entlang der Küsten, kleinere Trupps erscheinen auch auf Binnenseen Mitteleuropas, wo sie wie Trauerseeschwalben niedrig über dem Wasser fliegen und ständig zur Wasseroberfläche hinabstoßen.

NAHRUNG Im Brutgebiet vor allem Insekten wie Mücken, Libellen und Köcherfliegen, die teilweise im Flug erbeutet werden, aber auch Wasserkäfer, Wasserwanzen und Libellenlarven, die in Seeschwalbenmanier von der Oberfläche eines Sees aufgesammelt werden. Besonders im Winter auf dem Meer fangen Zwergmöwen auch kleine Fische, die nahe der Oberfläche schwimmen. Die Möwe unternimmt niedrige Suchflüge gegen den Wind, den Schnabel hält sie schräg nach unten; meist greift sie blitzschnell im Vorbeifliegen zu, manchmal landet sie kurz und taucht ihren Kopf unter oder sie trippelt kurz auf der Oberfläche, bevor sie wieder auffliegt. Diese Art der Nahrungssuche ist ein gutes Bestimmungskriterium, auch aus größerer Entfernung. Nicht selten teilen Zwergmöwen einen Nahrungssee mit Seeschwalben, die in ähnlicher Weise Beute machen.

VERHALTEN UND STIMME Im Vergleich zu anderen Möwen ist die Art wenig stimmfreudig, außer im Bereich der Brutkolonie. Häufigster Ruf ist ein recht tiefes, nasales „kek-kek-kek", bei Gefahr äußern Zwergmöwen ein seeschwalbenartiges oder auch quäkendes Zetern. Die Rufe zur Revierverteidigung haben ähnlichen Klangcharakter. Die Verhaltensweisen am Brutplatz erinnern an die der Lachmöwe.

BRUT Die Nistplätze der Koloniebrüter liegen meist in der feuchten Vegetation direkt an Seen oder an kleinen Gewässern mitten in Sümpfen. Die 2–3 Eier liegen in einem flachen, mit Schilf oder Gras ausgelegten Bodennest. Die Jungen schlüpfen nach 23–25 Tagen und sind mit gut 3 Wochen flugfähig.

ZUG Die Wanderbewegungen sind kompliziert, die meisten Brutvögel Nord- und Osteuropas ziehen zur Nordsee, zum Atlantik oder in den Mittelmeerraum.

LÄNGE 25–27 cm

WANN Ganzjährig (selten)
WO In Europa vor allem Finnland und Baltikum, seltener in Nordschweden, Weißrussland, Polen. Brütet in Deutschland nur ausnahmsweise

Dreizehenmöwe *Rissa tridactyla*

Die Dreizehenmöwe hält sich meistens auf dem offenen Meer auf, sie ist unter den Möwen der ausgeprägteste Hochseevogel. Mit ihrem fantastischen Flugvermögen kann sie sogar kräftigen Orkanen im Nordatlantik trotzen – sie reitet auf den Aufwinden und lässt sich von ihnen in großen Bögen emportragen, wobei mal der eine, mal der andere Flügel nach oben zeigt; so legt sie ohne Anstrengungen große Strecken zurück. Nur wenige Menschen haben die Dreizehenmöwe als Hochseevogel erlebt, viele kennen sie als typischen Brutvogel der steilen nordischen Vogelberge, wo sie mit Lummen und Alken oft in riesigen Zahlen nistet.

NAHRUNG Dreizehenmöwen ernähren sich hauptsächlich von Fischen, im Sommer meist Sandaalen, außerhalb der Brutzeit werden viele Kleinkrebse, Schnecken und marine Würmer erbeutet. Im Gegensatz zu anderen Möwen besuchen sie keine küstennahen Abfallplätze und suchen auch nicht an der Küste Nahrung. Ihr Nahrungsraum ist das offene Meer, hier stoßen sie zur Oberfläche herab und nehmen Kleintiere auf, oder sie tauchen aus geringer Höhe ins Wasser, um etwas tiefer schwimmende Fische zu ergreifen. Nicht selten schnappen sie hinter Fangschiffen nach allem, was als Abfall über Bord geht. In arktischen Breiten bilden oft Kleinkrebse (Krill) einen großen Teil ihrer Nahrung.

VERHALTEN UND STIMME An den Brutplätzen herrscht oft ohrenbetäubender Lärm. Sie rufen ständig nasal ihren englischen Namen Kittiwake: „kitti-wääik" oder „kitt-i-äwä-äák", daneben äußern sie verschiedene miauende und weinerliche Laute; abseits der Brutfelsen sind sie stumm. Am Nest lassen sich verschiedene Verhaltensweisen beobachten, die meist mit Drohen und Beschwichtigen zu tun haben; oft füttert das Männchen das Weibchen.

BRUT Die kleinen Nester aus Erde, Schlamm und Algen sind an die oft sehr schmalen Simse oder winzigen Vorsprünge der Brutklippen „geklebt". Nach 27 Tagen schlüpfen 2 Junge, die nach 42 Tagen ausfliegen.

ZUG Nach der Brutzeit ziehen Dreizehenmöwen weit im Nordatlantik umher, manche gelangen bis in die Gewässer vor Westafrika. Das ganze Jahr über kann man die Möwen an der deutschen Nordseeküste beobachten, vor allem rund um Helgoland; an der Ostsee sind sie bereits viel seltener, im Binnenland erscheinen nur vom Sturm verdriftete Vögel.

LÄNGE 38–40 cm

WANN Ganzjährig
WO Küsten und Inseln des Nordatlantiks, vor allem Island, Norwegen, Britische Inseln, Spitzbergen und Färöer. Brütet in Mitteleuropa nur auf Helgoland

Eine mittelgroße Möwe des offenen Meeres, bildet aber spektakuläre, lärmende Brutkolonien an Klippen. Gleiten bei starkem Wind oft in großen Bögen ähnlich Sturmtauchern. Altvögel überwiegend mattgrau, Kopf und Schwanz sind lang und einheitlich weiß; Flügelspitzen schwarz (wie in Tinte getaucht)

Eismöwe *Larus hyperboreus*

Die Eismöwe, Brutvogel rund um die Arktis, ist ein alljährlicher, aber seltener Wintergast an der deutschen Nordseeküste; sie dringt mitunter auch ein Stück weit ins Binnenland vor, wo sie meist an Müllplätzen angetroffen wird. Außerdem besucht sie auch Fischereihäfen und Kläranlagen; oft ruht sie zusammen mit anderen Möwen.
NAHRUNG Vor allem Fische, Fischabfälle sowie andere Abfälle und Aas von Robben und Walen, auch Krebstiere und Vögel; zur Brutzeit hauptsächlich Eier und Junge der Küstenvögel.
VERHALTEN UND STIMME Ähnelt im Verhalten den anderen Großmöwen; im Vergleich zur Silbermöwe sind die Rufe etwas rauer und tiefer.
BRUT Das Nest steht meist auf einer kleinen Insel. Die 3 Eier werden 27–28 Tage bebrütet; die Jungen sind nach rund 7 Wochen flügge.
ZUG Die europäischen Brutvögel überwintern vom Südrand der Hocharktis bis in den Norden der Britischen Inseln, Südskandinavien und Finnland.
LÄNGE 63–68 cm

WANN Oktober bis April (selten)
WO In Europa Island, Spitzbergen, Jan Mayen, Büreninsel; Nordrussland westwärts bis zur Kaninhalbinsel; im Winter am Atlantik und an der Nordsee bis Frankreich

Polarmöwe *Larus glaucoides*

Die Polarmöwe tritt in Europa, wo sie nicht brütet, viel seltener auf als die Eismöwe. Sie brüten in Grönland sowie auf arktischen Inseln nördlich von Kanada. Im Winter besuchen sie Island und die Färöer, seltener auch Nordwesteuropa, manche von ihnen im „Schlepptau" von Fischkuttern.
NAHRUNG Hauptsächlich Fische und Krebstiere, die stoßtauchend erbeutet werden; häufig Aas und Abfälle. Im Brutgebiet auch Junge von Seevögeln.
VERHALTEN UND STIMME Die Rufe sind schriller und höher als die der Silbermöwe, Verhalten sonst ähnlich.
BRUT Die Nester sind meist in steilen Felswänden am Meer angelegt. Die 2–3 Eier werden 28–30 Tage bebrütet.
ZUG Die Brutvögel Westgrönlands wandern meist kleinräumig umher, manche ziehen jedoch weiter. Die Brutvögel Ostgrönlands überwintern auf Island und den Färöern; auf den Britischen Inseln und in Irland überwintern einige wenige bis zu mehrere hundert Polarmöwen.
LÄNGE 52–60 cm

WANN Oktober bis April (sehr selten)
WO Im Winter Island, Färöer, Britische Inseln. In Mitteleuropa viel seltener als die Eismöwe, ausnahmsweise im norddeutschen Binnenland

Sturmmöwe *Larus canus*

Die Sturmmöwe kommt hauptsächlich ganzjährig an der Küsten vor. Sie brütet in kleinen Kolonien auf Strand- und Moorwiesen, in Dünengelände und auf kleinen, küstennahen Felsinseln; doch in Nordeuropa nistet sie häufig auch im Binnenland, nicht selten brüten dort einzelne Paare weitab vom nächsten Gewässer auf einem Kahlschlag oder großen Moor. Auch im mitteleuropäischen Binnenland ist die Sturmmöwe gebietsweise (seltener) Brutvogel; die meisten dieser Vorkommen, die bis zum Alpenrand reichen, bestehen erst wenige Jahrzehnte. Im Winterhalbjahr gesellen sich unter die Lachmöwen, die an Dampferstegen und Parkteichen um Futter betteln, mitunter auch ein paar Sturmmöwen; sie sind aber deutlich zurückhaltender.

NAHRUNG Vorwiegend Fische und Fischabfälle, Krebse, Würmer und andere kleine Meerestiere; auf Feldern suchen Sturmmöwen nach Regenwürmern, Insektenlarven oder Mäusen und betätigen sich nicht selten als Beuteschmarotzer bei anderen Möwen und bei Kiebitzen. Mitunter fangen sie sogar fliegende Insekten. Gebietsweise sind sie auch in Parks und Gärten der Städte auf Nahrungssuche.

VERHALTEN UND STIMME Die meisten Rufe sind hoch und etwas lachend „klii-ä-kliii-ä-kjea-kjea-kjea …“, manche Rufe erinnern an die der Silbermöwe, sind aber meist höher. Auch im Verhalten erinnern Sturmmöwen an die größere Schwesterart: Das Weibchen bettelt und wird vom Männchen gefüttert, worauf beide Kopf und Schnabel senkrecht hochrecken und rufen; nicht selten sieht man die Möwen mit nach vorn gerecktem Kopf drohen, bei stärkerer Intensität werden zusätzlich die Flügel etwas abgespreizt.

BRUT Die Nester bestehen aus Seegras, Gras und Halmen und sind häufig in eine flache Mulde auf einem Felsen gebaut oder sie liegen auf einem dicken Pfosten oder einem Steinwall, nicht selten auch auf sandigem oder moorigem Untergrund. Gelegentlich nisten Sturmmöwen sogar auf Dächern verfallener Gebäude. Das Gelege besteht meist aus 3 Eiern, die 22–28 Tage bebrütet werden.

ZUG Die Sturmmöwen Nord- und Nordosteuropas ziehen im Herbst nach Süden und Westen; die Vögel Mitteleuropas ziehen nur kurze Strecken.

LÄNGE 40–43 cm

WANN Ganzjährig
WO Brütet in der Nordhälfte Europas einschließlich Island und der Britischen Inseln. In Mitteleuropa vor allem an der Küste und im Osten. Bei uns im Winter an der Küste und in geringerer Zahl auch an Seen und auf Feldern anzutreffen

Eine elegante Möwe mit rundlichem Kopf und dunklen Augen; erinnert im Gefieder an die größere Silbermöwe, hat aber nicht deren „grimmigen“ Gesichtsausdruck; ebenso fehlen die rosa Beinfärbung, der rote Schnabelfleck und die gelben Augen der Silbermöwe

Ringschnabelmöwe *Larus delawarensis*

Mitte des 20. Jahrhunderts war die Ringschnabelmöwe in Europa weitgehend unbekannt; heute erscheint diese amerikanische Möwe alljährlich in geringer Zahl in Nordwesteuropa. In Deutschland tritt sie sehr selten an der Küste und im Binnenland auf.

NAHRUNG Wie andere große Möwen hauptsächlich Fische und Weichtiere, aber auch Aas und Abfälle aller Art. Ringschnabelmöwen halten sich häufig in Fischereihäfen und an Kais auf, wo sie sich mit anderen Möwen um die Abfälle streiten.

STIMME Die Rufe ähneln Silbermöwenrufen, sind aber meist höher und klingen deutlich nasaler.

ZUG Altvögel erscheinen an den Küsten Nordwesteuropas im Spätherbst und bleiben dort häufig den Winter über; in den Monaten März und April steigen die Nachweise von überwinternden Ringschnabelmöwen an – zu einer Zeit, in der die Sturmmöwen bereits nach Norden ziehen.

LÄNGE 43–47 cm

WANN In Mitteleuropa Ausnahmegast
WO Nordamerika. Alljährlich im Winter in Irland und Großbritannien; in vielen anderen Ländern von Island bis Spanien Ausnahmegast

Korallenmöwe *Larus audouinii*

Eine der am meisten spezialisierten Möwen und bis vor kurzem auch eine der seltensten. In den 1960er-Jahren waren nur noch rund 1000 Paare der Korallenmöwe übrig, doch haben die Bestände durch die Erschließung neuer Futterquellen deutlich zugenommen – Ende des 20. Jahrhunderts umfassten einzelne Kolonien bereits wieder mehrere Tausend Brutpaare.

NAHRUNG Fische, vor allem aus der Gruppe der Heringsfische, die knapp unter der Oberfläche schwimmen. Eine zunehmende Rolle spielen Abfälle von Fischerbooten.

VERHALTEN UND STIMME Im Verhalten ähnlich der Mittelmeermöwe; die Rufe sind tief und klingen besonders rau.

BRUT Korallenmöwen nisten kolonieweise auf kleinen Felsinseln. Die 2–3 Eier liegen in einem stabilen Bodennest aus Pflanzenteilen.

ZUG Die meisten Altvögel wandern nach der Brutzeit im Mittelmeeraum umher, manche ziehen wie die Jungvögel zur Atlantikküste Marokkos.

LÄNGE 48–52 cm

WANN Nicht in Mitteleuropa
WO Küsten und Inseln des Mittelmeers, vor allem Spaniens

Mittelmeermöwe *Larus michahellis*

Vor nicht allzu langer Zeit wurden alle in Europa brütenden Großmöwen mit heller Oberseite und gelbem Schnabel als Silbermöwen bezeichnet. Jedoch stellte man bald fest, dass die in Südeuropa brütenden Populationen anders aussahen als die der Nord- und Ostsee; ähnliche Unterschiede beobachtete man bei den „Silbermöwen" Nordamerikas, des Nahen Ostens und des nördlichen und mittleren Asiens. Der Status dieser Formen ist immer noch nicht restlos geklärt. Später fasste man die Mittelmeermöwe mit der Steppenmöwe (*cachinnans*), Brutvogel am Schwarzen Meer und Wintergast in Deutschland, zu einer Art, Weißkopfmöwe (*Larus cachinnas*), zusammen. Heute werden beide meist als eigenständige Arten angesehen. Die Mittelmeermöwe ist inzwischen regelmäßiger Brutvogel an einigen großen Seen Süddeutschlands, die Steppenmöwe dagegen brütet bei uns nur ausnahmsweise, ist aber regelmäßiger Wintergast.

Mittelmeermöwen gleichen oberflächlich den Silbermöwen, sind aber mit etwas Übung sicher zu unterscheiden. Die Möwen sind in manchen Städten recht vertraut, in vielen Gebieten des Mittelmeerraums sind sie aber selten und in der flimmernden Hitze in sandigen Buchten und an Salzseen nicht so leicht zu beobachten.

NAHRUNG Wie die Silbermöwe Fische, Abfälle aller Art und Aas; sucht aber im Vergleich zur Schwesterart weniger in der Gezeitenzone, sondern häufig an Land Nahrung.

VERHALTEN UND STIMME Im Verhalten gleicht die Mittelmeermöwe der Silbermöwe, einige Details erinnern mehr an die Heringsmöwe. Auch die Rufe sind denen der Heringsmöwe ähnlich und klingen tief und nasal. Das „Jauchzen" ist schneller, länger und gutturaler als bei der Silbermöwe.

BRUT Mittelmeermöwen brüten kolonieweise auf Felsinseln, viel seltener auf Gebäuden und anderen künstlichen Unterlagen als Silbermöwen. Die 3–4 Eier werden 27–31 Tage bebrütet. Junge mit 35–40 Tagen flügge.

ZUG Nach der Brutzeit wandern manche Mittelmeermöwen nordwärts und gelangen durch Mitteleuropa entlang der großen Flüsse bis zur Nordsee. Dieses Zugverhalten ist in den 1970er-Jahren entstanden, davor waren die Populationen eher sesshaft. Die Brutvögel Marokkos und in vielen anderen Teilen des Mittelmeerraums halten sich immer noch ganzjährig im Brutgebiet auf.

LÄNGE 59–67 cm

WANN Ganzjährig (im Winter seltener)
WO Brutvogel an den Küsten Südwesteuropas und im Mittelmeerraum bis nach Südosteuropa; selten im Süden Mitteleuropas

Silbermöwe *Larus argentatus*

Für die meisten Küstenbewohner ist die Silbermöwe die „Seemöwe“ schlechthin. Für wissenschaftlich interessierte Beobachter ist sie eine sehr komplexe Art mit einem großen Maß an Variation, was für Verwirrung und Uneinigkeit unter den Fachleuten sorgt. Eine Möglichkeit, den „Silbermöwen-Komplex“ in Europa in den Griff zu bekommen, ist, die Mittelmeermöwe (hauptsächlich Mittelmeerraum) als *Larus michahellis* und die östlichere Steppenmöwe als *Larus cachinnans* abzutrennen, so dass die rosafüßigen Möwen Nord- und Westeuropas übrig bleiben. In Europa brütet in Skandinavien die Nominatform *argentatus*; sie ist größer als die Unterart *argenteus*, die auf Island und den Britischen Inseln vorkommt. Im Winter, wenn beide Formen gemeinsam auftreten, sieht man mitunter zwei Silbermöwen mit deutlich unterschiedlichem Aussehen.
Bei uns ist die Silbermöwe ganzjährig und häufig an der Küste anzutreffen. Sie brütet auch vorwiegend an der Küste, dringt aber immer mehr ins Binnenland vor, wie es etwa in Finnland der Fall ist. Im südlichen Mitteleuropa tritt die Art nur selten auf.

NAHRUNG Silbermöwen fressen fast alles, was sie an der Küste, in Häfen, an der Uferpromenade oder auf einer Müllkippe ergattern können; in der Gezeitenzone haben sie es auf Krebse, Muscheln und Ringelwürmer abgesehen, sie suchen aber auch auf Wiesen und Äckern Nahrung; zur Brutzeit spielen Eier und Junge von anderen Seevögeln eine große Rolle.

VERHALTEN UND STIMME Die Balz der Silbermöwe ist recht vielfältig und umfasst eine Reihe verschiedener Posen und Verhaltensweisen. Häufig sieht man das „Jauchzen“, ein Ausdruck der Dominanz: Zunächst sind Kopf und Schnabel unter „kjiiih“-Rufen tief und bogenförmig zum Boden gerichtet, dann reckt der Vogel Kopf und Schnabel schräg nach oben und äußert laute „kjau“-Folgen ; daneben hört man „kija“-Serien, bei Gefahr am Brutplatz ein dunkles „gagaga“.

BRUT Die recht großen Nester bestehen aus Gras, Tang und allerlei Strandgut; häufig nisten Silbermöwen auf Klippen und am Strand, auf kleinen Inseln, gern auch im Dünengelände, gebietsweise auch auf Hausdächern.

ZUG Vögel aus nordöstlichen Brutgebieten wandern im Winter süd- und westwärts. Die Brutvögel der Nordseeküste sind Kurzstreckenzieher.

LÄNGE 59–67 cm

WANN Ganzjährig
WO Island, Spitzbergen, Britische Inseln, Nordfrankreich, Mitteleuropa, Skandinavien, Finnland und westliches Nordrussland; in Mitteleuropa Mischpopulation der beiden Unterarten

Mantelmöwe *Larus marinus*

Die größte Möwe der Welt, die Mantelmöwe, ist sehr ansprechend gefärbt, wirkt aber nicht selten bedrohlich. Altvögel gehören zu den kontrastreichsten Möwen, im frischen Gefieder sind sie nahezu schwarzweiß. Immature Vögel sind kräftig gefleckt, oft erkennt man sie vor allem an ihrer Größe und an ihrem mächtigen Schnabel.
Die Mantelmöwe hat andere Ansprüche an den Lebensraum als die viel weiter verbreitete Silbermöwe. Während Silbermöwen oft zahlreich auf Simsen und Vorsprüngen der oberen Stockwerke von Vogelbergen nisten, brüten die Mantelmöwen viel verstreuter, wobei jedes Paar eine exponierte Erhebung, beispielsweise ganz oben auf einer hohen, spitzen Felsinsel, verteidigt. Manchmal brüten die Paare auch auf Felsbändern und sogar auf flacherem Grund. Seit kurzem brüten sie in wenigen Paaren auch an der deutschen Küste.
Außerhalb der Brutzeit trifft man Mantelmöwen an ganz unterschiedlichen Küsten, auch in Hafengebieten und sandigen Buchten. Besonders in Nordwesteuropa besuchen sie dann vielfach auch binnenländische Müllkippen, was sie in Mitteleuropa kaum tun. An der deutschen Nord- und Ostseeküste ist die Art ganzjährig anzutreffen.
NAHRUNG Mantelmöwen töten mehr Vögel und Säugetiere als die meisten anderen Großmöwen – besonders zur Brutzeit; sie stellen dann nicht nur den Jungen anderer Seevögel nach, sondern überwältigen auch erwachsene Papageitaucher und Sturmtaucher und erbeuten sogar Kaninchen an Land. Die kleinen Krabbentaucher fangen sie im Flug und verschlingen sie sofort. Daneben verzehren sie auch große Mengen Fische und belagern nicht selten Fischkutter, um von den Fischabfällen zu profitieren. Außerdem betätigen sie sich als Müll- und Aasverwerter an der Küste.
VERHALTEN UND STIMME Im Verhalten ähneln sie den Silbermöwen. Ihre Lautäußerungen sind jedoch meist anders. Im Vergleich zu den anderen Großmöwen rufen sie tief, rau und heiser, z.B: „krau-krau-krau".
BRUT Das Nest ist ein Haufen von Seetang, Gras und anderen Pflanzenteilen. Die 3 Eier werden 27–28 Tage bebrütet; die Jungen sind im Alter von 7–8 Wochen flugfähig.
ZUG Nördliche Mantelmöwen wandern im Winter nach Südwesten. Brutvögel der Nord- und Ostseeküste sind höchstens Kurzstreckenzieher, nur wenige wandern bis ins Mittelmeer.
LÄNGE 64–78 cm

WANN Ganzjährig
WO Island, Spitzbergen, Färöer, Britische Inseln, Nordfrankreich, Baltikum, Skandinavien, Finnland, Nordrussland

Die größte Möwe, stets massig mit sehr kräftigem Schnabel; heller Kopf und kontrastreiches Gefieder typisch. In Deutschland erst seit wenigen Jahrzehnten Brutvogel

Heringsmöwe *Larus fuscus*

Eine große, im PK weißköpfige Möwe; Altvögel mit grauer, dunkelgrauer oder schwarzer Oberseite und kleinen, weißen Handschwingenspitzen, gelbem Schnabel mit rotem Fleck und leuchtend gelben Beinen

Eine Heringsmöwe im Frühsommer ist eine prächtige Erscheinung: Der dunkelgraue Mantel kontrastiert mit dem reinen Weiß von Kopf und Unterseite und dem kräftigen Gelb von Beinen und Schnabel. In ihrer Ernährungsweise erscheint sie uns jedoch weniger liebenswert: Nicht selten jagt sie anderen Möwen die Beute ab. Heringsmöwen brüten häufig in vegetationsreichem Dünengelände oder auf kleinen, der Küste vorgelagerten Inseln. In Finnland und Schottland ist die Art auch Binnenlandbrüter an Moortümpeln und auf Inseln in größeren Seen. Die an der deutschen Nordseeküste, in Dänemark und Südskandinavien brütenden Heringsmöwen der Unterart *intermedius* werden nicht selten in Großbritannien und Frankreich festgestellt. Die britische Unterart *graellsii* hat in Großbritannien ihr Zugverhalten geändert: Während die Brutvögel früher im Winter geschlossen nach Afrika zogen, blieben sie seit Mitte des vorigen Jahrhunderts allmählich immer mehr ganzjährig zu Hause. Wahrscheinlich waren das verbesserte Nahrungsangebot, unter anderem durch Müllhalden, sowie die sicheren Übernachtungsplätze an Stauseen für diese Verhaltensänderung ausschlaggebend. Brutvögel des Baltikums, Finnlands und (selten) der Nordostküste Deutschlands, *fuscus*, sind Langstreckenzieher, die auf ihrem Weg in die ostafrikanischen Winterquartiere im September das östliche Mitteleuropa überqueren.

NAHRUNG Das ganze Jahr über Fische, denen Heringsmöwen mitunter auch stoßtauchend nachstellen; daneben auch Würmer und Insekten sowie Wirbellose des Meeres und Aas. Abfälle werden weniger häufig selbst gesucht, sondern eher anderen Möwen abgejagt. Geht weniger „zu Fuß" auf Nahrungssuche als die Silbermöwe.

VERHALTEN UND STIMME Im Verhalten erinnert die Heringsmöwe stark an die Silbermöwe. Die Rufe sind tiefer und klingen recht heiser, manchmal etwas unterdrückt, was man an gemischten Möwenrastplätzen heraushören kann.

BRUT Heringsmöwen sind Bodenbrüter und nisten gern auf flachen Stränden mit üppiger Vegetation. Nicht selten schließen sie sich brütenden Silbermöwen an, meiden aber große Kolonien der Schwesterart. Die 3 Eier werden 24–27 Tage bebrütet, die Jungen sind nach 30–40 Tagen flügge.

LÄNGE 52–64 cm

WANN März bis Dezember
WO Island, Färöer, Britische Inseln; Küsten Frankreichs und Nordspaniens sowie Mitteleuropas, Skandinaviens und Finnlands. Die meisten europäischen Heringsmöwen sind Zugvögel

Fluss-Seeschwalbe *Sterna hirundo*

Seeschwalben sind gewöhnlich kleiner, zierlicher und schnittiger als Möwen und haben längere Flügel und einen längeren Schwanz. Die Arten der Gattung *Sterna*, zu denen auch unsere beiden häufigsten Arten, Fluss- und Küstenseeschwalbe, zählen, werden auch als weiße Seeschwalben bezeichnet. Gemeinsames Merkmal dieser Gruppe sind hellgraue Flügel, weiße bis hellgraue Unterseite, tief gegabelter Schwanz und schwarze Kappe.
An der Küste brüten Fluss-Seeschwalben auf flachen Inseln, an ungestörten Lagunen und Sandbänken, manchmal auch auf ganz schmalen Kiesstränden. In Mitteleuropa nisteten sie ursprünglich auch an Kiesstränden und auf Kiesinseln der großen Flüsse sowie an geschützten Ufern von Seen und Teichen. In Deutschland sind die Flussbrüter bis auf kleine, stark bedrohte Restbestände im Voralpenraum und Nordosten des Landes verschwunden.
NAHRUNG Obwohl Fluss-Seeschwalben gelegentlich Kleinkrebse und Insekten fangen, sind Fische, die sie oft stoßtauchend erbeuten, die Hauptnahrung. Vor dem Tauchstoß rütteln die Seeschwalben häufig kurz in Turmfalkenmanier. Im Binnenland sind meist kleine Fische und Insekten der Wasseroberfläche Ziel der Beuteflüge.
VERHALTEN UND STIMME Fluss-Seeschwalben sind Koloniebrüter; zur Balzzeit fliegen die Paare oft in synchroner Flugweise hoch über dem Brutplatz. Während der Legeperiode überreicht das Männchen seiner Partnerin häufig einen Fisch. Die Rufe sind kratzend und schrill, aber wohlklingend, die meisten etwas tiefer als die der Küstenseeschwalbe: „chriiär" (Warnruf, auf der ersten Silbe betont) oder kurz „kit", am Brutplatz hört man oft ein schnelles „kirikirikiri ...".
BRUT Die 2–3 Eier liegen in einem flachen Bodennest oder einfach auf dem nackten Sand oder zwischen Kieseln. Im Binnenland brüten Fluss-Seeschwalben heute meist auf künstlichen Nistflößen. Die Brutdauer beträgt 21–22 Tage, die Jungen sind im Alter von 25–26 Tagen flugfähig.
ZUG Fluss-Seeschwalben ziehen im Herbst südwärts und erscheinen dann an vielen Binnengewässern und Küsten, an denen sie nicht brüten. Auf dem Zug ins afrikanische Winterquartier umrunden einige Fluss-Seeschwalben sogar das Kap und wandern an der Ostküste Afrikas zurück nach Norden.
LÄNGE 31–35 cm

WANN April bis September
Wo In Europa die am weitesten verbreitete Seeschwalbe; fehlt auf Island, im Inneren Skandinaviens und in weiten Teilen des Mittelmeerraums; im deutschen Binnenland seltener Brutvogel. Europäische Brutvögel überwintern an den Küsten Afrikas südlich der Sahara, vorwiegend vor der Westküste

Küstenseeschwalbe *Sterna paradisaea*

Die grazilste und leichteste der weißen Seeschwalben, mit sehr hellen Flügeln und durchscheinenden Schwungfedern sowie sehr langem Schwanz; der runde Kopf und kürzere Schnabel stehen deutlich weniger vor als bei der Fluss-Seeschwalbe

Schlank und elegant – das gilt zwar auch für die Fluss-Seeschwalbe, doch die Küstenseeschwalbe übertrifft die Schwesterart in dieser Hinsicht noch etwas, denn sie ist langschwänziger und hat längere, noch schmalere und spitzere Flügel.

Küstenseeschwalben sind viel seltener im Binnenland anzutreffen. Sie brüten an der Küste und ziehen meist auch an der Küste; in Mitteleuropa lassen sich gelegentlich im Mai Durchzügler beobachten, die für wenige Stunden auf einem See oder Stausee rasten. Als Brutlebensraum wählen Küstenseeschwalben meist kleine, felsige Inseln oder ruhige Buchten mit Sand- oder Kiesstrand, besonders an abgelegenen Küsten. Da manche Küstenseeschwalben den Sommer in der Hocharktis und den Winter auf dem antarktischen Meer verbringen, haben sie von allen Arten die meisten Sonnenstunden.

NAHRUNG Kleine Fische wie Sandaale sind die wichtigste Nahrungsquelle; in vielen Brutgebieten spielen Stichlinge eine große Rolle, bei Binnenlandbrütern Insekten. In manchen Jahren herrscht Mangel an geeigneten Beutefischen, wahrscheinlich, weil die Fischfangflotten zu viel entnommen haben; dann verhungern viele junge Küstenseeschwalben. Manche Brutpaare können dann zwar den Mangel durch Kleinkrebse etwas ausgleichen, doch werden weniger Junge flügge.

VERHALTEN UND STIMME Im Verhaltensrepertoire gleichen sich beide Seeschwalben. An der Stimme hingegen kann man sie recht gut unterscheiden: Die meisten Rufe der Küstenseeschwalbe sind etwas höher als die der Schwesterart, der scharfe Warnruf „kri-ärrr" ist etwas härter und wird auf der zweiten (nicht ersten) Silbe betont; am Brutplatz hört man von streitenden Vögeln ein ratterndes „kt-kt-kt-krrr". Am Brutplatz sollte man den zeternden Warnrufen Beachtung schenken, denn die Vögel greifen auch Menschen beherzt an und können mitunter blutende Kopfwunden verursachen.

BRUT Bis zu 3 Eier liegen in einem dürftigen Nest, oft auf Sand oder Kies oder in einer Mulde im Fels. Nach 20–24 Tagen schlüpfen die Jungen, die nach 21–24 Tagen flugfähig sind und meist erst mit 4 Jahren selbst brüten.

ZUG Im Oktober wandern die europäischen Küstenseeschwalben meist entlang der Küsten in ihre Winterquartiere, die sich zwischen Südafrika und der Antarktis befinden.

LÄNGE 33–35 cm

WANN April bis Oktober
WO Brütet zirkumpolar; in Europa Island, Färöer, Spitzbergen, Britische Inseln, Mittel- und Nordeuropa, im Norden Skandinaviens und Finnlands auch im Binnenland. In Deutschland recht häufig an der Nordsee, bedeutend seltener an der Ostsee

Rosenseeschwalbe *Sterna dougallii*

In Europa kommt diese prächtige, nur an Küsten brütende Seeschwalbe nur noch in Irland häufiger vor. Aus Mitteleuropa, wo die Art schon seit längerem ausgestorben ist, wurden in den letzten Jahrzehnten mehrmals Mischpaare mit der Fluss-Seeschwalbe gemeldet, vor allem aus Holland.
NAHRUNG Fische, die stoßtauchend erbeutet werden; dabei „fliegen" die Seeschwalben regelrecht ins Wasser.
VERHALTEN UND STIMME Während des Balzflugs wirken die Seeschwalben überaus elegant; im Gegensatz dazu stehen die recht tiefen, krächzenden Rufe: „krrääk"; das zweisilbige „tschüwrik" ist oft in den Kolonien zu hören.
BRUT Die Nester sind oft in der hohen Vegetation von Felsinseln versteckt. In manchen Kolonien versucht man den Bruterfolg durch Nisthilfen zu steigern. 1–2 Eier, Brutdauer 21–26 Tage.
ZUG Die Brutvögel Westeuropas überwintern vor der Küste Westafrikas.
LÄNGE 33–38 cm

WANN Kaum in Mitteleuropa
WO In Europa nur Britische Inseln, vor allem Irland; Bretagne und Azoren. In Deutschland inzwischen seltener Ausnahmegast an der Küste, hat aber bereits gebrütet

Typischerweise extrem hell, ähnlich Brandseeschwalbe, aber die meiste Zeit des Jahres mit Rot am Schnabel, ferner relativ langen, roten Beinen und im Frühjahr sehr langen Schwanzspießen. Flug meist etwas steifflügelig und schnell, außer während des Balzflugs

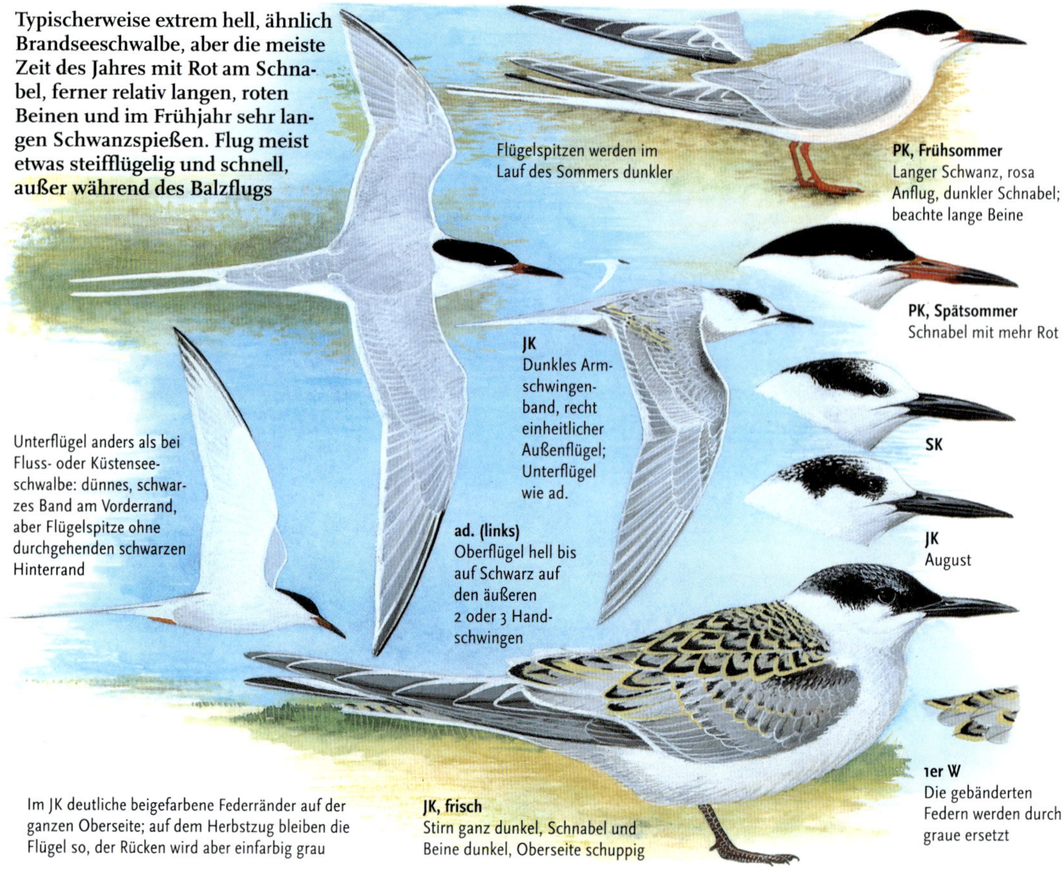

Lachseeschwalbe *Sterna nilotica*

Im Gegensatz zu anderen Seeschwalben fangen Lachseeschwalben ihre Beute oft über Wiesen und Marschland, wo sie Insekten in der Luft verfolgen; nur selten erbeuten sie Fische stoßtauchend. Früher nistete die Art an einigen Flüssen des Voralpenlands.
NAHRUNG Viele Insekten wie Käfer und Libellen, aber auch Frösche, Eidechsen, Kleinvögel und Wühlmäuse. Im Winter jagen sie von Großtierherden aufgescheuchte Insekten.
VERHALTEN UND STIMME Das Verhalten entspricht weitgehend dem anderer Seeschwalben. Ruft häufig recht tief und nasal „käwäck". Der Warnruf „käwikäwikäwi..." klingt etwas lachend (deutscher Artname).
BRUT Lachseeschwalben brüten an flachen Küstenabschnitten und Brackwasserlagunen, aber auch an wenig bewachsenen Ufern von Binnenseen. 2–3 Eier, Brutdauer 22–23 Tage.
ZUG Ziehen ab August nach Afrika und kehren im April zurück.
LÄNGE 35–38 cm

WANN April bis September
WO Vor allem im Küstenbereich des Mittelmeerraums und Schwarzen Meers; die meisten Vorkommen in Spanien (auch im Binnenland). In Mitteleuropa nur noch eine Kolonie an der Küste Schleswig-Holsteins, im Binnenland ausgestorben

Eine kräftig gebaute, langflügelige Seeschwalbe mit kurzem Schnabel und langen Beinen. Im PK sind die rundliche Kappe und der ganz schwarze Schnabel kennzeichnend; wirkt im SK trotz des grauen Bürzels und des variablen grauen oder schwarzen Flecks hinter dem Auge sehr hell

Brandseeschwalbe *Sterna sandvicensis*

Eine große, langflügelige Seeschwalbe mit langem Schnabel; im Vergleich zu den kleineren Seeschwalben rasant und eindrucksvoll. Wirkt neben Fluss- oder Küstenseeschwalben sehr hell, vor allem unterseits. Schwarze Beine, Schnabel schwarz (im PK gelbe Spitze)

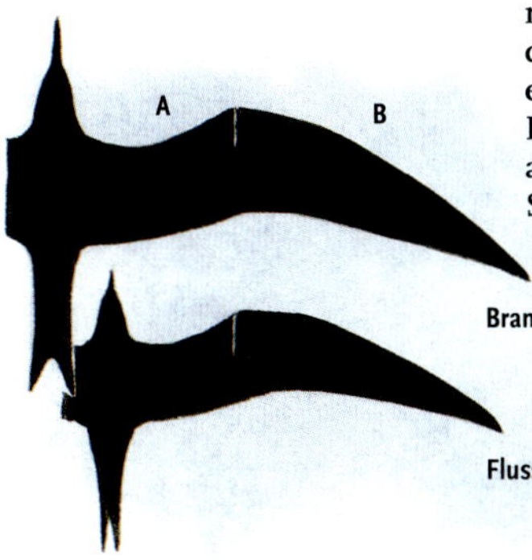

Brandseeschwalbe hat längeren Armflügel (A) im Vergleich zum Handflügel (B) im Vergleich zur Flussseeschwalbe und besonders zur Küstenseeschwalbe – bewirkt andere Flugweise und langflügelige, etwas „schlaksige" Erscheinung

In den meisten Teilen Europas ist dies die größte Seeschwalbe (die Lachseeschwalbe brütet viel verstreuter, die riesige Raubseeschwalbe hat in Europa nur ein kleines Areal). Die Brandseeschwalbe ist schlank und elegant, weniger möwenähnlich als die Lachseeschwalbe. Ihr sehr helles Gefieder kontrastiert mit dem Schwarz der Kappe und des langen, schlanken Schnabels. Auf größere Entfernung über dem Meer fällt das blendende Weiß besonders auf; dadurch ist sie gut von der graueren Fluss-Seeschwalbe zu unterscheiden, außerdem anhand der unterschiedlichen Technik des Fischfangs: Die Brandseeschwalbe stößt aus größerer Höhe und vehementer sowie mit größerem Platsch ins Meer. Das blendende Weiß des Gefieders fällt an sonnigen Tagen, wenn alle Möwen und Seeschwalben über dem Wasser sehr hell wirken, kaum auf; doch an trüben Tagen sticht die Brandseeschwalbe aus dem düsternen Meer heraus.

NAHRUNG Brandseeschwalben stoßen senkrecht ins Meer und erbeuten vor allem Sandaale, Sprotten und Heringe.

VERHALTEN UND STIMME Die Verhaltensweisen entsprechen überwiegend denen der anderen Seeschwalben; so unternehmen sie Verfolgungsflüge über dem Brutterritorium und präsentieren sich am Boden stehend in verschiedenen Balzposen, etwa in der Reckhaltung: Dazu drücken sie ihre gewinkelten Flügel (mit dem Bug voraus) stark nach vorn, so dass sich die Flügelspitzen über dem Schwanz kreuzen; die Scheitelfedern sind dabei zu einer stacheligen Haube gesträubt. Die Rufe sind laut, rau und kratzig: etwas rebhuhnartig „kirräk".

BRUT Brandseeschwalben nisten oft in großen Kolonien auf Sandstränden, möglichst ohne Muschelschalen; sie wechseln häufig den Standort der Kolonie, besonders wenn sie gestört wurden. Nicht selten wählen sie als Neststandort die Außenbereiche von Kolonien anderer Seeschwalben und von Lachmöwen, von deren aggressiverer Nestverteidigung sie profitieren. Die 1–3 Jungen schlüpfen nach 21–29 Tagen und sind mit 28–30 Tagen flugfähig. Für Brutverluste sind häufig Füchse und Igel verantwortlich.

ZUG Die meisten europäischen Brandseeschwalben ziehen an die afrikanischen Küsten, manche sogar bis Südafrika; einige bleiben aber den Winter über im Mittelmeergebiet.

LÄNGE 36–41 cm

WANN März bis Oktober
WO Britische Inseln, Frankreich, Mitteleuropa, Dänemark, Südschweden, Baltikum; im Mittelmeerraum und am Schwarzen Meer nur wenige Kolonien. In Deutschland vor allem an der Nordseeküste

Trauerseeschwalbe *Chlidonias niger*

Eine kleine, zierliche, kurzbeinige Seeschwalbe mit feinem, spitzem Schnabel, rundlichem Kopf und langen Flügeln. Im Frühjahr rußschwarz; im Herbst ist der dunkle Brustseitenfleck kennzeichnend

Die drei *Chlidonias*-Seeschwalben werden auch als Sumpfseeschwalben bezeichnet, da sie oft in Sumpfgebieten zu beobachten sind; sie brüten an flachen, schilfumstandenen Teichen, vegetationsreichen, oft fast zugewachsenen Seen und Altwässern. Die weißen Seeschwalben *(Sterna)* sind hingegen an offene Wasserflächen und Küstenlebensräume gebunden. Die Flugweise der Sumpfseeschwalben wirkt leicht und oft etwas schaukelnd. Ziehende Trauerseeschwalben trifft man häufig auf großen Seen und Stauseen, wo oft Trupps von einem Dutzend, manchmal bis zu mehreren Hundert Vögeln Nahrung suchen; zu dieser Zeit kann man sie auch an Landzungen der Küste antreffen. Im Winter erinnern sie eher an Fluss-Seeschwalben, denn sie bilden dann größere Trupps, fliegen schneller und rütteln häufiger. Trauerseeschwalben sind sehr elegant, besonders wenn sie zur Wasseroberfläche herabstoßen, um ein Insekt aufzupicken (ziehende Fluss- und Küstenseeschwalben sowie Zwergmöwen tun dies ebenfalls); dagegen sieht man sie nur selten stoßtauchen.

NAHRUNG Im Sommerhalbjahr vorwiegend Insekten wie Eintagsfliegen und Libellen, aber auch Kaulquappen und kleine Frösche, im Winterhalbjahr meist knapp unter der Wasseroberfläche schwimmende Fische. Zur Nahrungssuche fliegen die Seeschwalben möglichst gegen den Wind, gehen tiefer und höher und rütteln auch kurz vor dem Herabstoßen.

VERHALTEN UND STIMME Im Frühjahr fliegen oft mehrere Paare über dem Brutgewässer in hohem Schauflug mit ruckartigen Schlägen der nach hinten gewinkelten Flügel und rufen ständig „krierk". Die Rufe sind relativ leise und einfach aufgebaut: ein nasales, scharfes „kik" oder „kikik" sowie ein durchdringendes „kjäh".

BRUT Trauerseeschwalben brüten in Kolonien von 20–30 Paaren; oft nisten sie in Nachbarschaft zu anderen Seeschwalben oder zu Lachmöwen. Die 2–4 Eier werden 21–22 Tage bebrütet. In Deutschland sind sie seltene Brutvögel, vorwiegend im Nordosten.

ZUG Trauerseeschwalben überwintern in Afrika, teilweise südlich bis Namibia. Alljährlich sammeln sich vor dem Wegzug (ab Juli) in den Niederlanden Tausende von ihnen, z. B. am holländischen Ijsselmeer, wo die Vögel auch mausern. Trauerseeschwalben können tagsüber, aber auch in großer Höhe und nachts ziehen.

LÄNGE 22–24 cm

WANN April bis September
WO Weite Teile Europas, im Norden bis Südschweden und Finnland; vor allem Osteuropa; nach Westen zu ist das Areal sehr zerstreut. In Mitteleuropa vorwiegend Nordwesten und Nordosten

Weißflügel-Seeschwalbe *Chlidonias leucopterus*

Im Prachtkleid ist die Weißflügel-Seeschwalbe kontrastreich schwarzweiß. Diese östliche Art (in Mitteleuropa vor allem in Polen) erscheint alljährlich in Deutschland in geringer Zahl im Mai, meist in Trauerseeschwalben-Trupps; sie hat bereits ausnahmsweise gebrütet (im äußersten Nordosten).

NAHRUNG Vorwiegend Insekten wie Käfer, Zuckmücken und Libellen.

VERHALTEN UND STIMME Das Balzverhalten erinnert an das der Trauerseeschwalbe; ihre Rufe sind weniger durchdringend als die der Schwesterart: „krek", „kwerek" oder „kwek".

BRUT Brutverhalten und Neststandort wie die Trauerseeschwalbe. Die stabilen Nester liegen meist auf dem Schwimmblatt-Teppich. Gelege aus 2–3 Eiern, das 18–22 Tage bebrütet wird.

ZUG Die meisten Brutvögel wandern (ab Ende Juli) ins Binnenland Afrikas südlich der Sahara; sie bilden oft große Trupps an ostafrikanischen Seen. Auf dem Meer trifft man sie nur auf dem Zug über das Mittelmeer.

LÄNGE 20–23 cm

WANN Mai bis September
WO Hauptsächlich Osteuropa; isoliertes Vorkommen in Nordwestitalien. Im Norden bis Estland, im Süden bis Rumänien

Weißbart-Seeschwalbe *Chlidonias hybridus*

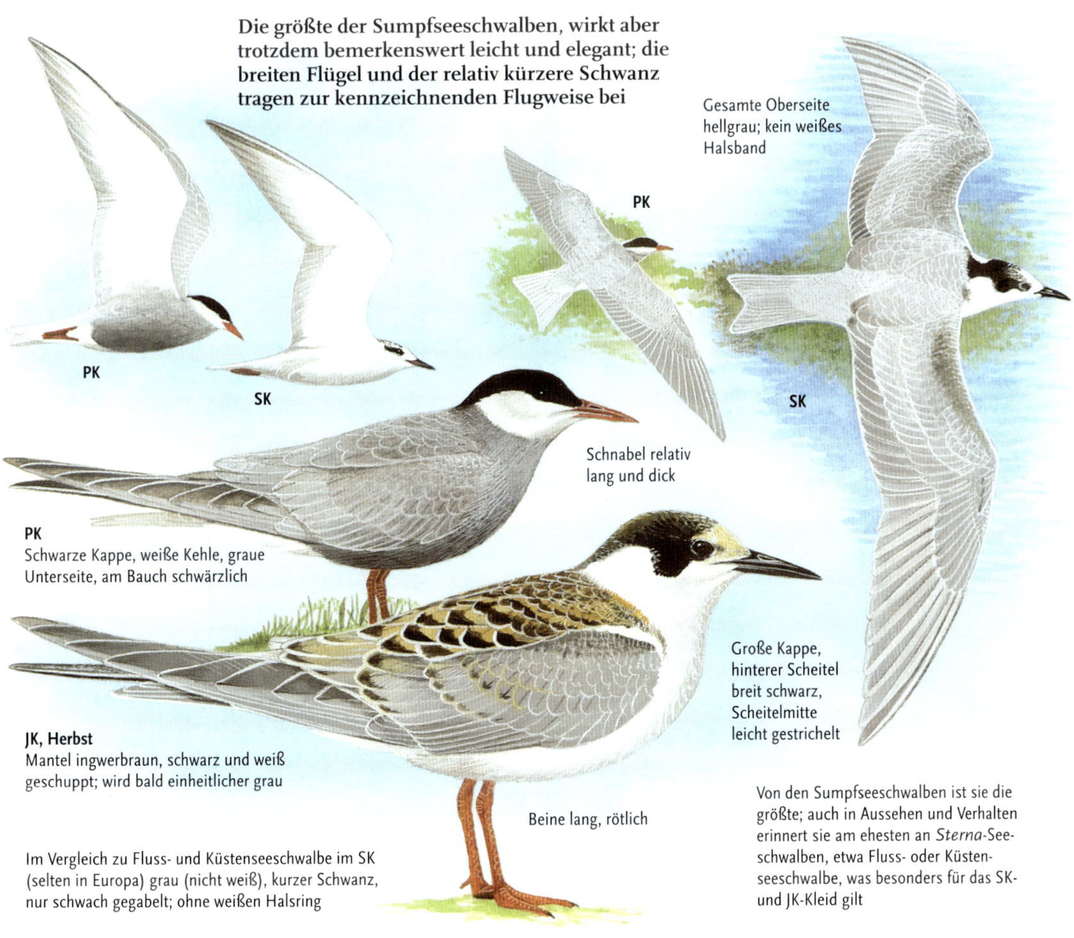

Die Weißbart-Seeschwalbe brütet in wärmeren Gegenden als die beiden schwarzköpfigen Arten, in Süßwassersümpfen mit vielen kleinen und flachen Stillgewässern und Teppichen von Schwimmblattpflanzen, die für die Nestanlage wichtig sind.

NAHRUNG Insekten, Kaulquappen und kleine Fische der Wasseroberfläche. Flugweise bei der Nahrungssuche weniger flatternd als die der beiden Schwesterarten, erinnert mehr an weiße Seeschwalben.

STIMME Stimmfreudiger als Trauerseeschwalbe; die Rufe sind lauter und rauer: „krrt" oder „gschrää".

BRUT Das recht große Nest besteht aus Halmen und Stängeln. Die 2–3 Eier werden 18–20 Tage bebrütet.

ZUG Die Winterquartiere liegen in Westafrika, zunehmend auch im Mittelmeerraum. Im Frühjahr und Frühsommer erscheinen Weißbart-Seeschwalben spärlich, aber alljährlich in Deutschland, doch nur selten zusammen mit Trauerseeschwalben.

LÄNGE 23–25 cm

WANN April bis September
WO Iberische Halbinsel, Frankreich, Ost- und Südosteuropa. In Mitteleuropa nur in Polen und Ungarn; hat ausnahmsweise in Deutschland gebrütet

Zwergseeschwalbe *Sterna albifrons*

Die kleinste europäische Seeschwalbe wirkt fast zu klein für einen Seevogel, ihre Flugweise ist jedoch energisch und schnell. Sie brütet an Kiesstränden, vor allem an den auch bei erholungssuchenden Menschen beliebten offenen Sandstränden, wo der Seeschwalbe natürlich oft der Bruterfolg versagt bleibt. In Deutschland ist sie seltener Brutvogel der Küste und an der Oder (winziges Vorkommen).
NAHRUNG Kleine Fische, die in schnell aufeinander folgenden Tauchstößen erbeutet werden; Krebstiere.
VERHALTEN UND STIMME Zur Balzzeit oft lautstarke Verfolgungsflüge, an denen bis zu 6 Vögel beteiligt sind. Die Rufe klingen scharf und kratzend: „krit-krit“ oder „kirri-kit“.
BRUT Kleine Kolonien, oft am Rand anderer Seeschwalbenkolonien. In der spärlich mit Nistmaterial ausgelegten Mulde liegen 2–3 Eier.
ZUG Die europäischen Brutvögel überwintern in West- und Südafrika.
LÄNGE 22–24 cm

WANN Mai bis September
WO In Europa weit verbreitet, aber zerrissenes Vorkommen mit Schwerpunkten in Italien und Russland. Früherer Brutvogel der großen mitteleuropäischen Flüsse

Raubseeschwalbe *Sterna caspia*

Diese riesige Seeschwalbe erreicht die Größe einer Heringsmöwe, ist aber schlanker und zierlicher. Die bedeutende Größe und der mächtige Schnabel erlauben eine sichere Bestimmung – allerdings nicht auf größere Entfernung, wenn kleinere Vergleichsarten fehlen. Erinnert mit ihren langen, gewinkelten Flügeln und den unterseits dunklen Flügelspitzen an Basstölpel.
NAHRUNG Fängt Fische in eindrucksvoll vehementen Tauchstößen; von den Kolonien vor der Küste fliegen die Seeschwalben zum Fischen eher zu Süß- oder Brackgewässern als auf das Meer.
VERHALTEN UND STIMME Bei der Balz werden der große Schnabel sowie der schwarze Scheitel präsentiert. Ruft tief, heiser „krää-är“ oder „tschää-grä“.
BRUT Raubseeschwalben brüten auf entlegenen und möglichst unzugänglichen Halbinseln und Inseln vor der Küste. 2–3 Eier, Brutdauer 20–25 Tage.
ZUG Die an der Ostsee (vor allem Finnland und Schweden) brütenden Raubseeschwalben überwintern im Mittelmeerraum und in Afrika.
LÄNGE 22–24 cm

WANN April bis Oktober
WO In Europa nur an der Ostsee und am Schwarzen Meer (Ukraine). In Deutschland nur noch ein kleiner Restbestand an der Küste Mecklenburgs

Krabbentaucher *Alle alle*

Ein sehr kleiner, rundlicher Alk mit schwarzweißem Gefieder; in Mitteleuropa der häufigste im Binnenland (nach Stürmen) auftretende Alk

Obgleich überaus häufig auf einigen arktischen Inseln, erscheint der Krabbentaucher in der südlichen Nordsee recht selten. Nach Herbststürmen können aber auch an der deutschen Küste Trupps dieser kleinen, pummeligen Alken beobachtet werden; dann verschlägt es Einzelvögel mitunter sogar weit ins Binnenland.

NAHRUNG Vor allem schwimmende Kleinkrebse (Krill), seltener Fische.

VERHALTEN UND STIMME Zur Balzzeit sieht man häufig Kopfschütteln. Zwei einander imponierende Vögel gehen mit hängenden Flügeln, gestelztem Schwanz und in aufrechter Haltung ein Stück nebeneinander her. Rufe trillernd, glucksend und gackernd, ergeben gewaltigen Chor.

BRUT Riesige Kolonien. Die Nester werden hoch auf Klippen angelegt, meist geschützt in Felsspalten. Ein Junges schlüpft nach 29 Tagen und ist schon mit 27–28 Tagen flugfähig.

ZUG Außerhalb der Brutzeit auf dem offenen Meer, oft am Packeisrand.

LÄNGE 17–19 cm

WANN Oktober bis April (selten)
WO Küsten und Inseln der Arktis, in Europa Spitzbergen, Jan Majen, Bäreninsel, Franz-Joseph-Land; eine Kolonie vor der Küste Nordislands

Papageitaucher *Fratercula arctica*

Ein kleiner, überwiegend schwarzweißer Alk, im PK mit farbenfrohem, dreieckigem Schnabel

Die meisten Seevogelkolonien beherbergen auch Papageitaucher, sofern es auf ihnen steile Grashänge für die Nestanlage gibt. Er ist ehemaliger Brutvogel Deutschlands (Helgoland), heute erscheint er bei uns nur noch ausnahmsweise.

NAHRUNG Vor allem kleine Fische wie Sandaale und Sprotten, auch Krebse und andere Wirbellose des Meeres.

VERHALTEN UND STIMME Eine Rolle im Balzgeschehen spielt der groteske, dreieckige Schnabel, den die Partner nicht selten in schneller Folge gegeneinander schlagen. In den Kolonien herrschen knurrende „arr"-Laute vor.

BRUT Die 1–2 m langen Brutröhren, von beiden Partnern gemeinsam gegraben, liegen oft inmitten farbenfroher Blumenpracht an einem steilen Hang. Der einzige Jungvogel schlüpft nach 39 Tagen. Mit rund 7 Wochen fliegt er auf das Meer hinaus und ist damit selbstständig.

ZUG Die Kolonien sind von März bis höchstens September besetzt, danach leben die Alken auf dem Meer.

LÄNGE 26–29 cm

WANN In Mitteleuropa Ausnahmegast
WO Island, Färöer, Spitzbergen, Jan Majen, Bäreninsel, Britische Inseln, Nordfrankreich, Norwegen, Kola-Halbinsel, Nowaja Semlja

Trottellumme *Uria aalge*

Trottellummen sind ausgesprochen gesellig; sie brüten oft in großen Kolonien auf schmalen Simsen steiler Felsen und tragen zur Faszination der nordischen Vogelberge, aber auch zum dortigen Lärmpegel einiges bei.
NAHRUNG Fische wie Sprotten und Sandaale; unter Wasser fliegen sie wie andere Alken, sie können tief tauchen.
VERHALTEN UND STIMME Dem Aggressionsabbau dienen Verhaltensweisen wie Verbeugung, Hochrecken des Schnabels und „Hinabstarren". Ruft hart, kehlig und grummelnd.
BRUT Das große, birnenförmige Ei liegt ganz offen und vom Absturz bedroht auf einem meist schmalen Sims. Die Jungen springen, noch nicht flugfähig, im Alter von 2–3 Wochen hinab ins Meer; dort werden sie noch viele Wochen betreut.
ZUG Die Brutvögel sind von März bis August auf den Brutklippen, sonst sind sie auf der Hochsee – von der Iberischen Halbinsel bis zur Arktis.
LÄNGE 38–41 cm

WANN Ganzjährig (Helgoland)
WO In Europa an den Küsten von Portugal und Frankreich über die Britischen Inseln, Norwegen und Island; mehrere Kolonien auch an der Ostseeküste. In Mitteleuropa nur auf Helgoland

Ein schlanker, eleganter Alk; Oberseite bräunlich, Unterseite weiß. Auf den Brutsimsen aufrechte Haltung; schwimmt tief mit erhobenem Kopf, Schwanz kurz und breit

Dickschnabellumme *Uria lomvia*

Das nordische Gegenstück zur Trottellumme ist etwas größer und dickschnäbeliger, aber sonst in Aussehen und Lebensweise sehr ähnlich. Dickschnabellummen halten sich außerhalb der Brutzeit meist am Rand des Packeises auf.
NAHRUNG Vor allem Fische, bei deren Mangel viele Krebstiere und Meereswürmer; vor den tiefen Tauchgängen halten die Lummen unter Wasser Ausschau nach Beutetieren.
VERHALTEN UND STIMME Das aggressive Verhalten auf den Brutsimsen erinnert an Trottellummen, jedoch sind die Verhaltensweisen der Paarbindung weniger auffällig. Die Rufe klingen krächzend.
BRUT Die Lummen nisten auf schmalen Simsen, aber nicht auf offenen Plateaus oder flachen, kahlen Inseln wie die Schwesterart. In manchen Kolonien Hunderttausende von Paaren.
ZUG Von April bis August an den Brutfelsen, sonst auf dem Meer, meist in arktischen, weniger salzhaltigen Gewässern als Trottellummen.
LÄNGE 39–43 cm

WANN Nicht in Mitteleuropa
WO Island, der Bäreninsel, Spitzbergen, Franz-Joseph-Land und Nowaja Semlja. Brüten oft in riesigen Kolonien auf hohen Klippen

Ein nordischer Alk, dickschnäbliger und breitflügeliger als die Trottellumme, auf See aber schwer zu unterscheiden

Tordalk *Alca torda*

Ein massiger, untersetzter Alk mit dickem Hals; Oberseite schwarz. Aufrechte Haltung, steht auf ganzer Länge des Laufs; schwimmt niedrig mit erhobenem Kopf und oft angehobenem, spitzem Schwanz

Tordalken gehören zu den Seevögeln, die am tiefsten tauchen können. Gewöhnlich sind sie auf den Vogelbergen weniger zahlreich als die beiden Lummenarten.

NAHRUNG Vorwiegend Fische wie Sandaale und Lodden, daneben auch Krebstiere; bei jedem Tauchgang werden mehrere Fische erbeutet.

VERHALTEN UND STIMME Die Paare festigen ihre Beziehung durch gegenseitige Gefiederpflege und Verbeugen; manchmal starten sie zu einem abwärts führenden Schauflug mit stark verlangsamten Flügelschlägen. Rufen knarrend und grunzend „göärrr“.

BRUT Nistet eher an geschützten Plätzen auf dem Vogelfelsen, z. B. unter Felsvorsprüngen oder in Höhlungen, weniger auf offenen, schmalen Simsen wie die Trottellummen. Das einzige Junge schlüpft nach 36 Tagen; mit 18 Tagen flattert es bereits zum Meer.

ZUG Die Kolonien sind von März bis August oder September besetzt.

LÄNGE 37–39 cm

WANN Ganzjährig (Helgoland)
WO Island, Färöer, Britische Inseln, Bretagne, Norwegen, Nordwestrussland, Südschweden; Ostseeküste Schwedens und Finnlands. Wenige Paare auf dem Helgoländer Lummenfelsen

Gryllteiste *Cepphus grylle*

Ein gedrungener, schwarzweißer Seevogel; gewöhnlich sieht man Gryllteisten vor der Küste auf den Wellen schaukeln oder niedrig über das Meer fliegen

Während andere Alken in großen Kolonien auf steilen Klippen brüten und oft zu Hunderten unterhalb der Felsen auf dem Meer schwimmen, sieht man Gryllteisten meist nur einzeln oder zu zweit; man trifft sie meist in der Nähe von flachen Inseln oder in geschützten Buchten an der Felsküste.

NAHRUNG Im Süden des Areals eher Fische, im Norden Krebstiere, die auf dem Meeresboden erbeutet werden.

VERHALTEN UND STIMME Bei der Balz präsentieren Gryllteisten ihre roten Füße, den roten Rachen sowie die weißen Abzeichen auf Ober- und Unterflügel. Die Männchen rufen grillenartig zirpend-pfeifend „ssiii“.

BRUT Die Nester werden meist in Höhlungen angelegt, die von Felsblöcken gebildet werden, gelegentlich auch unter Strandgut wie Treibholz oder Fischkisten.

ZUG Im Winter wandern die Gryllteisten meist nur wenig, außer die Vereisung zwingt sie dazu. Seltener, aber regelmäßiger Wintergast an der deutschen Ostsee.

LÄNGE 30–32 cm

WANN Oktober bis April (selten)
WO Island, Spitzbergen, Britische Inseln, Färöer, Dänemark, Skandinavien, Finnland, Estland, Nordrussland

Sandflughuhn *Pterocles orientalis*

Typischer Lebensraum des Sandflughuhns sind die trockene, oft steinige Steppe mit wenig Bewuchs sowie trockene Weiden und Brachen; auf Sand trifft man diese Art weniger an. Am besten sind die Vögel morgens zu beobachten, wenn sie in kleinen Trupps zu Wasserstellen fliegen, um zu trinken. Flughühner können in extrem trockenen Gegenden leben, wenn sie Zugang zu Wasserstellen haben, die sie im täglichen Turnus anfliegen.

NAHRUNG Vor allem winzige Samen von Hülsenfrüchten, die sie ähnlich Tauben vom Boden, seltener von den Pflanzen picken; daneben auch grüne Pflanzenteile und Blüten.

STIMME Die Flugrufe erinnern an Turteltaube und Birkhuhn: rollend „tschürr-err-err“.

BRUT Die 2–3 Eier liegen in einer flachen Mulde, die mit wenigen Pflanzenteilen ausgelegt ist; die Jungen schlüpfen nach 23–28 Tagen.

ZUG Die Brutvögel der Iberischen Halbinsel unternehmen nur ausnahmsweise größere Wanderungen.

LÄNGE 33–35 cm

WANN Nicht in Mitteleuropa
WO Weit verbreitet, aber zerstreut in Spanien und Portugal; Steppen an der Wolga

Spießflughuhn *Pterocles alchata*

Obwohl das Spießflughuhn wie die Schwesterart auch in trockenen Steppengebieten leben kann, bevorzugt es ausgetrocknete Schlammflächen und Dünengelände mit wenigen Büschen, gebietsweise lebt es auf sehr trockenen Kulturflächen. Wo die Art noch häufig ist, schließen sich die Vögel zu großen Schwärmen zusammen, die morgens, seltener abends, zum Trinken fliegen.

NAHRUNG Fast nur Samen, die sie vom Boden aufpicken, nur selten grüne Pflanzenteile wie Knospen.

VERHALTEN UND STIMME Während der Balz- und Paarungszeit unternehmen die Paare oft atemberaubende Verfolgungsflüge in großer Höhe mit plötzlichen „Abstürzen“. Weit tragende, hart und nasal klingende Flugrufe, wenn der Schwarm an die Wasserstelle fliegt: „katar-katar“.

BRUT Die 2–3 Jungen schlüpfen nach 19–20 Tagen in einer flachen Bodenmulde, die meist kein Nistmaterial enthält. Die Jungen fliegen bereits im Alter von 4 Wochen, wenn sie ein Drittel der Größe ihrer Eltern haben.

ZUG Jahresvogel.

LÄNGE 31–39 cm

WANN Nicht in Mitteleuropa
WO Vorwiegend Spanien (zerstreut); kleine Restvorkommen in Südostfrankreich und Portugal

Palmtaube *Streptopelia senegalensis*

Dies ist eine Taube des Nahen Ostens, Nordafrikas sowie Südasiens; in Europa ist sie auf den äußersten Südosten beschränkt. Sie ist vielfach sehr vertraut und sucht nicht selten unter Tischen von Straßencafés Nahrung. Sie besiedelt fast überall Kulturland, Siedlungen und Städte, kommt aber auch in offenen, naturnahen Wäldern vor.

NAHRUNG In typischer Taubenmanier sucht sie am Boden Samen, Insekten, Spinnen und kleine Schnecken.

VERHALTEN UND STIMME Zur Revierbehauptung und zum Anlocken von Weibchen vollführen die Männchen Schauflüge mit Gleitphasen. Die Gesangsstrophen klingen etwas stotternd: „do-do-do-do-do" (Betonung auf der 3. und 4. Silbe) und erinnern im Chor an Birkhahnbalz.

BRUT Das etwas fragile, flache Zweignest ist meist in einem Busch oder Baum, nicht selten auch an einem Gebäude angelegt. Die 2 Eier werden 12–14 Tage bebrütet. Die Jungen können mit 2 Wochen bereits fliegen.

ZUG Jahresvogel.

LÄNGE 25–27 cm

WANN Nicht in Mitteleuropa
WO In Europa nur Istanbul, Georgien, Armenien

Felsentaube *Columba livia*

Die Felsentaube lebt heute noch als Wildform, jedoch hat die Bastardierung mit Haustauben verschiedener Musterungen und Farben eine verwirrende Vielfalt von Mischformen entstehen lassen. Die Tauben der meisten Brutgebiete sind daher keine reinrassigen Felsentauben mehr, auch wenn die Klippenbrüter an der Küste stark zum Wildtyp tendieren. Echte Wildvögel gibt es nur noch an entlegenen Küsten und Gebirgsgegenden.

NAHRUNG Hauptsächlich Samen von Gräsern und Kräutern, daneben grüne Pflanzenteile wie Knospen, Schösslinge und zarte Blätter von Kräutern.

VERHALTEN UND STIMME Das Balzverhalten entspricht dem der Straßentauben, ebenso die Lautäußerungen, ein gedämpftes Gurren: „gru-o-uh".

BRUT Felsentauben nisten in Spalten und kleinen Höhlungen von Küstenklippen oder Felswänden. Die beiden Eier werden 16–19 Tage bebrütet.

ZUG Jahresvogel.

LÄNGE 31–34 cm

WANN Nicht in Mitteleuropa
WO Westliches und südliches Europa, im Norden bis zu den Färöern; genaue Verbreitung der Wildvögel wegen Vermischung mit domestizierten Formen nicht klar

Hohltaube *Columba oenas*

Während die Ringeltauben häufig sind, groß und langflügelig wirken und einen breiten Schwanz und kurzen Hals sowie kleinen Kopf besitzen, sind die Hohltauben meist viel seltener; im Flug unterscheidet sie neben geringerer Größe die kürzeren Flügel und der deutlich kürzere Schwanz sowie der rundere Kopf. Häufig verwechselt man sie mit Haus- oder Straßentauben, jedoch sind sie viel mehr an Bäume gebunden (vor allem zum Ruhen). Straßentauben sehen meist langhalsiger aus und fliegen mit stärker angewinkelten Flügeln. Hohltauben leben nicht nur in Wäldern und auf Kulturland, sondern auch in felsiger Landschaft sowie in Steinbrüchen. Bei Störungen fliegen sie mit geräuschvollen Flügelschlägen auf. Nicht zu dichte Laub- und Mischwälder, aber auch große Parks mit altem, höhlenreichem Baumbestand erfüllen die Ansprüche dieser Waldtaube am besten. Zur Nahrungssuche fliegen die Tauben auf offene Flächen, vor allem auf Felder; häufig in Gesellschaft von Ringeltauben, Saatkrähen und Dohlen, sie bilden aber auch artreine Trupps.

NAHRUNG Hauptsächlich Samen, Blätter, Schösslinge und Knospen. Die Nahrungssuche erfolgt in typischer Taubenmanier am Boden, wobei die Vögel langsam schreiten oder sogar fast still stehen. Meist halten sie sich auf wenig bewachsenen Flächen und in Gewässernähe auf, da sie häufig trinken müssen.

VERHALTEN UND STIMME Ein Männchen im Balzflug fliegt mit langsamen, tiefen Flügelschlägen und schlägt dabei die Spitzen der Handschwingen über dem Rücken zusammen; danach gleitet es mit gespreiztem Schwanz und erhobenen Flügeln zwischen den Bäumen und landet wieder auf derselben Warte oder einer anderen. Die Strophen des Reviergesangs klingen dumpf und pumpend „oh-ruo-oh-ruo-oh-ruo …“, tiefer als bei der Ringeltaube.

BRUT Die meisten mitteleuropäischen Hohltauben brüten in alten Schwarzspechthöhlen oder in Nistkästen. Gebietsweise wird das oft hohe Nest aus Zweigen und Halmen auch in Felshöhlen oder innerhalb von verfallenen Gebäuden errichtet. Die beiden Eier werden 16–18 Tage bebrütet; bis zum Ausfliegen der Jungen vergehen weitere 20–30 Tage.

LÄNGE 32–34 cm

Eine mittelgroße, kompakte Taube mit rundem Kopf, oft zusammen mit den größeren Ringeltauben; sie erinnert eher an manche Haus- und Straßentauben, hat aber einen schwarzen Flügelhinterrand und kein Weiß im Gefieder sowie graue Unterflügel. Oft paarweise

WANN März bis Oktober
WO Weite Teile Europas, im Norden bis Nordschottland, Südschweden und Südfinnland; in Südeuropa selten, auf den meisten Mittelmeerinseln fehlt die Art ganz. Westeuropäische Populationen sind Jahresvögel, mitteleuropäische Kurzstreckenzieher, überwintern in Südwesteuropa

Ringeltaube *Columba palumbus*

Auffällige weiße Flügelabzeichen meist sichtbar, erlauben rasche Bestimmung

Groß und langschwänzig, Flügel oft leicht nach hinten gewinkelt, wirken bei voller Streckung lang und gerade mit leicht gefingerten Spitzen

Schwanz mit breiter, weißlicher Binde in der Mitte, schwarze Endbinde beim Auffliegen meist zu sehen

Eine große, massige und auffällige Taube mit starken Kontrasten in den Flügeln. Wirkt im Flug schwer mit gewölbter Brust, kleinem Kopf sowie langen, recht breiten Flügeln und breitem Schwanz. Fliegt vom Boden oder aus einem Baum mit lautem Flügelklatschen los; fliegt oft steil aufwärts, klatscht mit den Flügeln und gleitet sanft abwärts

Beim Balzflug steiles Aufsteigen und mehrmaliges, peitschenartiges Flügelklatschen

Hohltaube Gleicher Maßstab wie Ringeltaube darüber

Fliegt typischerweise mit lautem Flügelklatschen auf, wankt im Flug etwas hin und her und strebt schließlich mit tiefen, raschen Flügelschlägen davon

Beim stehenden Vogel sind der kleine Kopf und die volle Brust auffällig; der Schwanz ist lang, breit und rechteckig

Breiter Körper, schmaler Kopf

ad. Gefieder von gut im Futter stehenden Altvögeln wirkt makellos, weich und glänzend mit kräftig weinroter Brust; Schnabel und helle Iris auffällig; Oberseite wird durch Abnutzung brauner

JK Matter gefärbt, mehr rauchgrau als ad. und mit rostbeigefarbenen Federrändern; weiße Halsabzeichen fehlen. Gerade ausgeflogene Jungvögel wirken „ungepflegt“ und flauschig

Ringeltauben rufen gemischte Gefühle hervor: Die meisten Menschen ignorieren sie oder sehen in ihnen einfach nur Tauben; mitunter sieht man sie in Stadtparks, wo sie nicht selten futterzahm werden, als Plage an. Landwirte und Gartenbesitzer empfinden sie manchmal als Schädlinge, weil sie junge Saat und anderes frisches Grün verzehren. Für Vogelfreunde und andere Menschen, die genau hinsehen, sind sie sehr ansprechende Vögel.

Da Ringeltauben vielerorts gejagt und in unvorstellbaren Anzahlen geschossen werden, sind sie im Allgemeinen sehr scheu. Allerdings beobachtet man im nördlichen Mitteleuropa sowie in England eine zunehmende Verstädterung; dieses Phänomen betrifft vermutlich nicht ziehende Vögel, die keine Erfahrung mit schießenden Menschen gemacht haben. Trotzdem sind auch diese Ringeltauben wachsam und starten sofort mit lautem Flügelklatschen, wenn sie sich bedroht fühlen.

NAHRUNG Vor allem Samen, Schösslinge, junge Saat, Mais, Getreide, Blätter von Feldfrüchten, Eicheln, Bucheckern sowie viele verschiedene Beeren wie Holunder und Heidelbeere; Ringeltauben picken auch an Lecksteinen für das Wild.

VERHALTEN UND STIMME Rivalisierende Vögel kämpfen oft so erbittert, dass Federn und Dunen vom Baum herabrieseln. Viel auffälliger sind die Balzflüge der Männchen zur Brutzeit über den Baumkronen: Sie steigen steil auf, klatschen mehrmals deutlich hörbar mit den Flügeln und gleiten mit gespreizten Steuerfedern abwärts. Der fünfsilbige Reviergesang klingt dumpf, aber angenehm gurrend.

BRUT Das Nest ist eine flache, etwas dürftige Plattform aus Zweigen, meist in einem Nadelbaum oder hoch in einer Hecke gebaut. Die beiden weißen Eier werden 17 Tage bebrütet. Nach dem Schlüpfen der Jungen findet man oft die leeren Eierschalen unter dem Brutbaum. Die Jungen werden wie bei allen Tauben mit der „Kropfmilch“, die an der Innenwand des Kropfs produziert wird, gefüttert. Mit 30–35 Tagen sind sie flugfähig.

ZUG Die skandinavischen und osteuropäischen Ringeltauben sind Zugvögel mit westeuropäischen Winterquartieren, die auch von vielen mitteleuropäischen Brutvögeln angesteuert werden. Jeweils im September/Oktober und im April ziehen riesige Scharen über das südliche Europa. Die Tauben wandern zu Hunderten oder manchmal Tausenden in dichten Pulks, die einen rundlichen Umriss aufweisen.

LÄNGE 40–42 cm

WANN Ganzjährig (im Winter selten)
WO Fast ganz Europa, fehlt auf Island sowie Teilen Schottlands und Nordskandinaviens

Türkentaube *Streptopelia decaocto*

Diese recht schlicht aussehende Taube, die aber aus der Nähe betrachtet recht ansprechend ist, gehört zu den bemerkenswertesten Vögeln Europas. Ab den 1930er-Jahren hat sich die Türkentaube von Vorderasien aus in Richtung Norden und Westen ausgebreitet und innerhalb weniger Jahrzehnte in einer beispiellosen Expansion fast ganz Europa erobert.

NAHRUNG Die außergewöhnliche Arealerweiterung und die beachtliche Bestandszunahme in vielen der neuen Gebiete war nur möglich, weil dort ganzjährig Getreide zur Verfügung stand – von der Hühnerhaltung im Kleingarten über Bauernhöfe und Taubenfütterungen in Parks bis zu Getreidespeichern. Da viele dieser Quellen inzwischen versiegt sind, wurden mancherorts bereits Bestandsrückgänge gemeldet. Die Tauben verzehren außerdem Samen, Früchte und grüne Pflanzenteile, auch Brot und Insekten. Nicht selten trifft man sie an Futterhäusern in Gärten und Parks, wo sie nicht nur verträglich sind, sondern auch recht vertraut, so dass man sie aus der Nähe gut beobachten kann.

VERHALTEN UND STIMME Der auffällige Balzflug des Männchens führt zunächst von einer Warte mit klatschenden Flügelschlägen steil nach oben, dann segelt der Vogel in großen Kurven abwärts. Bei den rasanten Flugjagden der Paare rufen die Tauben häufig laut und nasal „chwäh". Der Reviergesang ist das allbekannte, auf der 2. Silbe betonte Gurren: „du-duh-du". Erregte Männchen singen mit aufgeblasenem Hals und Verbeugungen. Ruft im Flug häufig „kwörrr".

BRUT Das Nest ist eine taubentypisch flache, wenig stabile Zweigkonstruktion, meist in der Astgabel eines dichten Nadelbaums, mitunter auch in einer Gebäudenische. 2 weiße Eier, Brutdauer 14–16 Tage; die Jungen fliegen bereits mit rund 2 Wochen aus.

ZUG Da junge Türkentauben nur wenig geburtsortstreu sind, kann die Art rasch neue Areale besiedeln; so werden immer wieder Türkentauben nördlich und westlich des bisherigen Verbreitungsgebiets beobachtet. Auf diese Weise finden die Tauben neue Lebensräume mit gutem Nahrungsangebot. Warum es jedoch zur Westausbreitung dieser asiatischen Vogelart erst im letzten Jahrhundert kam, ist unklar, denn die für die Taube ausschlaggebenden Nahrungsquellen gibt es schon seit Jahrhunderten.

LÄNGE 31–33 cm

WANN Ganzjährig
WO Europa außer Island, großen Teilen Skandinaviens und der Iberischen Halbinsel sowie dem nördlichen Russland. In Deutschland wurde die erste Brut 1945 festgestellt, in Großbritannien in den 1950er-Jahren

Eine mittelgroße, langschwänzige Taube; kleiner Kopf und kurze Beine typisch für Tauben; Flügel breit und im Flug nach hinten gewinkelt. Insgesamt hell und kontrastarm, auf den Großen Armdecken schwach blaugrau, Unterflügeldecken silbergrau; breite, matt weißliche Binde auf dem Unterschwanz

Turteltaube *Streptopelia turtur*

Musterung der Oberseite kontrastreicher als bei der Türkentaube mit kräftigerer Färbung und deutlicherem bläulichem Flügelfeld

Normale Fluggeschwindigkeit 95 km/h; die Taube scheint, wenn immer möglich, in diesem Tempo zu fliegen

Vgl. Silhouette im Flug und Musterung mit den Abbildungen der Türkentaube gegenüber (gleicher Maßstab). Flügel relativ länger und spitzer

Der Balzflug endet in einer Gleitstrecke mit angehobenen Flügeln (anders als Türkentaube); im Flug stumm

Unterseite des Schwanzes weiß mit schmaler schwarzer Basis

Die kleine, ansprechende und kontrastreiche Taube wirkt schnell, wachsam und leichtgewichtig. Fliegt reißend mit etwas ruckartigen Schlägen der nach hinten gewinkelten Flügel, wirft sich dabei oft von einer Seite auf die andere; spreizt beim Landen die Steuerfedern und zeigt die schneeweiße Endbinde

Turteltaube

ad. fliegen bei Gefahr mit gespreizten Steuerfedern auf und zeigen ihr kontrastreich schwarzweißes Schwanzmuster

ad.
Sauber gestreiftes Halsabzeichen

Türkentaube
Balzflug: beachte helleren Unterflügel, anderes Schwanzmuster

ad.
Scheitel grau, Brust rosa; Bauch viel heller als bei der Türkentaube, Oberseite kräftig gemustert

JK
Kopf grau, Brust sandfarben, weniger rosa als bei ad.; Oberseite matter gefärbt und weniger sauber gemustert; ohne Halsabzeichen (vgl. mit Palmtaube aus Südosteuropa)

Die Turteltaube ist eine wärmeliebende Art der Mittelmeerländer. Bei uns kommt sie nur in warmen, trockenen Tieflandbereichen vor und fehlt daher in weiten Teilen Süddeutschlands. Zu den Bestandsrückgängen, die seit einiger Zeit aus vielen Gebieten Europas gemeldet werden, trägt sicher die übermäßige Bejagung der Tauben in Südeuropa und Frankreich bei. Aber auch die katastrophale Dürre in der Sahelzone in den 1960er- und 1970er-Jahren haben die Bestände dezimiert. Eine große Rolle für den Rückgang spielen auch Veränderungen in der Brutheimat, etwa die Vernichtung von Auwäldern und Weidengebüsch an Gewässern. Die Intensivierung der Landwirtschaft, vor allem im Obst- und Weinbau, der viele wildkräuterreiche Brachflächen zum Opfer fielen, nimmt der Taube den Nahrungsraum. Die Turteltaube ist deutlich scheuer als die Türkentaube und lässt sich daher auch nicht einfach beobachten, häufig hält sie sich im Schutz von Bäumen und Büschen auf. Ein guter Hinweis auf ihre Anwesenheit ist ihr Reviergesang.
NAHRUNG Hauptsächlich Samen von Kräutern wie Knöterich, Gänsefuß, Erdrauch oder Borstenhirse, aber auch von Gräsern und Nadelbäumen. Nahrungssuche meist am Boden in offenem, kräuterreichem Gelände und auf Feldern. Manchmal besuchen Turteltauben ähnlich Türkentauben Fütterungen für Kleinvögel oder Fasanen.
VERHALTEN UND STIMME Der Balzflug erinnert an den der Türkentaube, ist aber weniger spektakulär und dient mehr dem Paarzusammenhalt als der Revierbehauptung; zudem sind die Flügel beim Abwärtsgleiten angehoben, nicht gesenkt wie bei der Turteltaube. Der Gesang gehört zu den typischen Vogelstimmen im Sommer – ein schnurrendes „turrr-turrr-turrr …“.
BRUT Turteltauben brüten meist in Bäumen, Hecken und Büschen, häufig am Rand eines lockeren Laubwalds. Das Weibchen verbaut das vom Männchen herangeschaffte Nistmaterial. Das flache Zweignest enthält 2 Eier, die 13–14 Tage bebrütet werden. Die Jungen sind mit 19–21 Tagen flugfähig.
ZUG Die Turteltaube ist der einzige Langstreckenzieher der Familie Tauben. Mitteleuropäische Brutvögel wandern überwiegend Richtung Südwesten und überwintern in den Savannengebieten von Nordwestafrika bis Äthiopien. Auch im Winterquartier leiden sie unter Lebensraumzerstörung: Die flussbegleitenden Akazienbestände werden zunehmend zu Brennholz.
LÄNGE 26–28 cm

WANN April bis September
WO Europa außer Island, Irland, Schottland, Skandinavien, Finnland und Nordrussland; fehlt gewöhnlich in höheren Lagen

Kuckuck *Cuculus canorus*

Ist sofort an seinem typischen „Ruf“ zu erkennen, wird aber selten gesehen und oft nicht erkannt. Steht oft auf Bäumen, Leitungsdrähten oder Zaunpfählen; erinnert im Flug an kleine Greifvögel oder Falken, fliegt aber mit gleichmäßigen, flachen Flügelschlägen, die Flügel werden dabei höchstens bis zur Horizontalen angehoben

Es ist erstaunlich, wie viele Menschen berichten, dass sie häufig den Kuckuck hören, aber den Vogel noch nie gesehen haben. Wahrscheinlich liegt es daran, dass sie ihn im Flug nicht erkannt haben. In der Tat ist es nicht schwierig, einen Kuckuck zu sehen, denn nicht selten steht er deckungslos auf einem äußeren Ast eines hohen Baums, auf einem Leitungsdraht oder Weidezaun, von wo aus er offenes Gelände überblicken kann. Im Sommer müssen die Weibchen Nester von Kleinvögeln finden, in die sie jeweils ein Ei hineinlegen. So trifft man den Brutparasiten zu dieser Zeit häufig an Gewässerufern, wo Teichrohrsänger leben, in Moorgebieten mit Wiesenpiepern oder an buschigen Waldrändern mit Zaunkönigen oder Heckenbraunellen.

NAHRUNG Der Kuckuck verzehrt ungewöhnlicherweise behaarte Raupen, die für Kleinvögel ungenießbar sind und ihnen Angst einflößen. Um nicht selbst Probleme mit den giftigen Haaren zu bekommen, entledigt er sich ihrer von Zeit zu Zeit, indem er sie zusammen mit Teilen der Mageninnenwand abstößt. Außerdem verzehrt der Kuckuck viele weitere Insekten.

VERHALTEN UND STIMME Bei Revierstreitigkeiten oder während der Balz senken Kuckucke oft ihre Flügel stark, spreizen die Steuerfedern und heben den Schwanz. Der Gesang des Männchens ist der allbekannte, meist zweisilbige „Kuckucksruf“ („gu-kuh“). Gelegentlich hört man „gu-ku-kuh“, wenn der Vogel erregt ist. Untereinander verständigen sie sich mit keckernden Lauten („kwäk-äk-äk-äk“). Die Weibchen äußern schnelle, kehlige Trillerreihen, ähnlich Zwergtauchern.

BRUT Ein einziges Weibchen legt während der Brutperiode bis zu 25 Eier, die den Eiern nur einer Wirtsvogelart gleichen. Es beobachtet potenzielle Wirtsvögel, bis es ein geeignetes Nest mit frischen Eiern gefunden hat. In einem unbeobachteten Moment entnimmt es dem Gelege ein Ei mit dem Schnabel und legt rasch ein eigenes dazu. Die Wirtsvögel geben das Nest entweder auf, entfernen das Kuckucksei oder bebrüten es bis zum Schlüpfen des Nestparasiten nach 11–12 Tagen. Der Jungkuckuck wuchtet Junge und Eier der Wirtsvögel mit seinem Rücken an der Nestwand hoch, bis sie über den Rand kullern. Die Wirtseltern, völlig unbeeindruckt von dem Geschehen, füttern das Stiefkind bis zur Flugfähigkeit mit 19 Tagen; dann hat er häufig ein Vielfaches ihres Gewichts erreicht.

ZUG Überwintert in Afrika südlich der Sahara. Altvögel ziehen zuerst.

LÄNGE 32–34 cm

WANN April bis September
WO Nahezu ganz Europa, außer Island und dem äußersten Norden Russlands

Häherkuckuck *Clamator glandarius*

Ein Vogel der warmen Mittelmeerregion mit Gebüsch und einzelnen Bäumen, in denen Elstern brüten. Häufig trifft man ihn in Ölbaum- und Mandelbeständen, in lichtungsreichen Stein- und Korkeichenwäldern, Weinbergen. **NAHRUNG** Vorwiegend behaarte Raupen, oft vom Kiefernprozessionsspinner; vor dem Verzehr entfernt der Vogel die Haare durch Reiben an einer Unterlage. Daneben verschiedene andere Insekten und Spinnen. **VERHALTEN UND STIMME** Jedes Paar behauptet ein Brutrevier mit bis zu 40 Elsternestern. Die Männchen unternehmen taubenartige Balzflüge. Der Gesang klingt rau und knatternd: „tscherr-tscherr-tsche-tsche-tsche“. **BRUT** Das Weibchen legt bis zu 18 Eier, meist 1 Ei in jedes Nest einer Elster oder eines anderen Krähenvogels. Nach 12–14 Tagen schlüpfen die Jungen, meist vor den Wirtsvogeljungen, mit denen sie gemeinsam aufwachsen und nach rund 24 Tagen ausfliegen. **ZUG** Ab Juli ziehen die Altvögel nach Afrika, die Jungen folgen später. **LÄNGE** 34–40 cm

WANN Nicht in Mitteleuropa
WO Iberien, Südfrankreich, Nordwestitalien, Teile der Balkanhalbinsel; sonst Ausnahmegast

Sperbereule *Surnia ulula*

Sperbereulen sind Brutvögel der Taiga, meiden aber eintönige, geschlossene Nadelwälder; gute Bedingungen bieten die Ränder von aufgelockerten und mit vielen Birken durchsetzten Fichtenwäldern und der Fjällbirkenwald. Auf angrenzenden Mooren, Lichtungen und Kahlschlägen suchen sie ihre Beute. **NAHRUNG** Im Sommer vorwiegend Erd- und Rötelmäuse, Lemminge und Schermäuse; im Winter auch viele Vögel. Jagt tagsüber, zur Aufzuchtzeit auch in der Dämmerung. **STIMME** Das Männchen singt im Frühjahr, besonders nachts, rollend-trillernd „üllüllüllüllü ...“, manchmal auch im Flug. Warnruf am Nest turmfalkenähnlich „kwi-kwi-kwi ...“. **BRUT** Brütet in Baumhöhlen, auch in Nistkästen für Schellenten, gelegentlich in Krähen- oder Greifvogelnestern. Die bis zu 10 Eier werden 25–30 Tage bebrütet; mit 25 Tagen verlassen die noch nicht flüggen Jungen das Nest. **ZUG** Bei Nahrungsmangel unternehmen die Eulen manchmal weite, südwärts gerichtete Wanderungen. **LÄNGE** 36–39 cm

WANN In Mitteleuropa Ausnahmegast
WO Mittel- und Nordskandinavien, Finnland, Nordrussland; selten in Estland

Waldkauz *Strix aluco*

Das „huhu" des Männchens kennt wohl jeder, denn es wird oft in Filmen eingespielt, um Gruselstimmung zu erzeugen; häufig hört man auch das „kju-wick" des Weibchens, das nicht selten mit den „hu"-Lauten des Männchens im Duett vorgetragen wird. Der Waldkauz ist nicht leicht zu sehen, denn er wartet bis zur Dunkelheit, um zu jagen. Tagsüber ruht er bewegungslos in einem Baumversteck, in dichtem Efeu einer Hauswand oder in einer Mauernische. Häufig warnen Kleinvögel energisch aus sicherer Entfernung, wenn sie den Kauz entdeckt haben.

NAHRUNG Vor allem Feld- und Waldmäuse, Ratten, aber auch Vögel wie Drosseln und Meisen sowie Frösche; auch große Käfer und Regenwürmer.

STIMME Reviergesang des Männchens ein tremolierendes, unheimlich klingendes „huuu-huhuhu-huu"; Weibchen rufen je nach Erregung „kju-wick" oder „wick-wick-wick ...".

BRUT 2–5 Eier meist in einer großen Baumhöhle. Brutdauer 28–30 Tage.

ZUG Jahresvogel.

LÄNGE 37–39 cm

WANN Ganzjährig
WO Europa außer Island, Irland und dem größten Teil Nordeuropas

Schleiereule *Tyto alba*

Innerhalb der Ordnung Eulen werden die schlanken, hochbeinigen Schleiereulen in eine eigene Familie gestellt. Wo sie vorkommen, sind sie leichter zu beobachten als viele andere Eulen. Im Sommer, wenn sie Junge zu versorgen haben, beginnen die sonst streng nachtaktiven Eulen schon am Abend zu jagen; in strengen Wintern jagen sie manchmal sogar tagsüber. In ländlichen Gegenden fangen sie oft Mäuse an Straßenrändern.

NAHRUNG Vorwiegend Kleinsäuger wie Wühlmäuse und Waldmäuse, vielerorts ist die Feldmaus wichtigstes Beutetier; in schlechten Mäusejahren fangen sie vermehrt Spitzmäuse.

STIMME Verschiedene fauchende, zischende und kreischende Laute; Junge betteln keuchend-schnarchend.

BRUT Die Eulen nisten meist in Gebäuden wie Scheunen, Kirchtürmen und anderen Dachräumen, gern auch in speziellen Nistkästen. Bis zu 7 Eier in mäusereichen Jahren, manchmal fällt die Brut ganz aus.

ZUG Jahresvogel.

LÄNGE 33–39 cm

WANN Ganzjährig
WO Europa außer Island, Nordeuropa und dem größten Teil Osteuropas; fehlt vielerorts in Mitteleuropa, vor allem in schneereichen Gegenden

Sumpfohreule *Asio flammeus*

Eine mittelgroße, langflügelige Eule mit schwefelgelben Augen, auffälligem, schwarzem Bugfleck und kurzen Federohren. Fliegt sehr viel, oft am Tag

Im Gegensatz zu den meisten anderen Eulen ist die Sumpfohreule ein Tagjäger. Im Sommer sieht man sie vor allem in Moor- und Heidegebieten; im Winter erscheint sie auch über Kulturland, mitunter nahe an Siedlungen.

NAHRUNG Hauptsächlich Wühlmäuse, daneben Langschwanzmäuse und Spitzmäuse sowie Vögel. Nur bei ausreichender Kleinsäugerdichte finden Bruten statt.

STIMME Zur Balzzeit tragen die Männchen ihren Gesang in hohem Flug vor: ein tiefes, hohl klingendes „bu-bu-bu-bu-bu …"; zusätzlich produzieren sie knatternde Flügelgeräusche. Warnruf kläffend.

BRUT Im gut zwischen Grasbulten oder Heidekraut geschützten Bodennest liegen 4–8 Eier. Die Jungen schlüpfen nach 24–29 Tagen und sind mit 24–27 Tagen flugfähig.

ZUG Vögel aus nördlichen und östlichen Brutgebieten sind Zugvögel, sonst Jahresvogel.

LÄNGE 34–42 cm

WANN Ganzjährig (selten)
WO In Europa vor allem im Norden und Osten, sonst brütet die Art nur sporadisch und fehlt im größten Teil Südeuropas völlig. In Deutschland sehr selten brütend, im Süden fehlt sie fast völlig

Waldohreule *Asio otus*

Eine sehr ansprechend gefärbte und gemusterte Eule des lichten Nadelwalds, der Feldgehölze und Parks; lange Federohren kennzeichnend, die aber angelegt wenig auffallen. Streng nachtaktiv, außer bei Kälte

Waldohreulen sind zur Brutzeit schwer zu entdecken, denn sie sind nachtaktiv und ihre Lautäußerungen tragen nicht weit. Geeignete Nistplätze sind Krähennester an Waldrändern, in lichten Nadel- und Mischwäldern oder in hohen Hecken. Im Winter sieht man Waldohreulen gelegentlich in Gärten und Parks; dort ruhen sie tagsüber in Gemeinschaften bis zu mehreren Dutzend Vögeln in Bäumen.

NAHRUNG Hauptsächlich Feldmäuse, daneben auch Wald- und Rötelmäuse; bei Nahrungsmangel viele Vögel.

STIMME Im zeitigen Frühjahr äußern die Männchen ein gedämpftes „uh"; Warnruf des Weibchens ist ein scharfes „ruäk". Die futterbettelnden Jungen rufen hoch und klagend „zieh".

BRUT Das Gelege aus 3–5 Eiern liegt meist im alten Nest einer Krähe oder Elster, seltener eines Sperbers oder Eichhörnchens. Die Jungen schlüpfen nach 25–30 Tagen und sind mit 30 Tagen flugfähig.

ZUG Brutvögel Nord- und Osteuropas sind Zugvögel, die teilweise auch in Deutschland überwintern.

LÄNGE 35–37 cm

WANN Ganzjährig
WO Europa außer Island und großen Teilen Nordeuropas; fehlt auch gebietsweise in Südeuropa

Zwergohreule *Otus scops*

Der monotone Gesang der Zwergohreule ist typisch für die nächtlichen Gärten und Parks Südeuropas. Am Tag ist die kleine Eule nur schwer zu entdecken, denn sie besitzt ein perfektes, rindenfarbenes Tarnkleid; mit viel Geduld sieht man sie vielleicht im Lichtschein einer Straßenlaterne Insekten jagen. Im letzten Jahrhundert hat die Zwergohreule mehrere Male in warmen Gebieten Deutschlands gebrütet.
NAHRUNG Insekten und Spinnen, aber auch Regenwürmer, Laubfrösche und Kleinvögel; Nachtschmetterlinge werden auch im Flug gefangen.
STIMME Der monotone Reviergesang, ein tief pfeifendes „dju", wird im Abstand von 2–3 Sekunden ständig wiederholt. Warnruf schrill „kuio".
BRUT Brütet meist in Baumhöhlen, speziellen Nistkästen oder Mauernischen. 4–5 Eier; Brutdauer 24–25 Tage.
ZUG Europäische Zwergohreulen überwintern in den afrikanischen Savannen, wenige Vögel bleiben im südlichsten Südeuropa.
LÄNGE 19–20 cm

WANN April bis September (selten)
WO Südeuropa bis Nordfrankreich und bis in den Süden Mitteleuropas (hier nur in Ungarn noch nennenswerte Bestände); Teile Osteuropas

Eine kleine, nachtaktive Eule, die ihr nächtlicher Gesang verrät; wegen der ausgezeichneten Tarnung tagsüber nur schwer zu entdecken

Sperlingskauz *Glaucidium passerinum*

Das Sperlingskauz-Männchen steht oft in der späten Dämmerung auf einer Fichtenspitze am Rand von Lichtungen oder Mooren und singt ausdauernd; dabei dreht es häufig ruckartig den Kopf und bewegt den Schwanz. Die Eulen sind auch am Tag aktiv, vor allem während der Jungenaufzucht.
NAHRUNG Vor allem Wühlmäuse, aber auch Waldmäuse sowie bei Mangel an Kleinsäugern viele Vögel bis zu Gimpelgröße. Sperlingskäuze horten Nahrungsvorräte in Baumhöhlen und Nistkästen, vor allem im Winter, wenn sich die Beute durch Kälte lange hält.
VERHALTEN UND STIMME Männchen verteidigen ihre Reviere fast das ganze Jahr über mit gimpelähnlichen Pfeiftönen und kürzeren, vibrierenden Zwischentönen: „djü üüü djü üüü ...". Weibchenruf hoch „tsieh". Im Herbst ansteigende Tonreihen (Tonleiter).
BRUT Meist in Bunt- oder Dreizehenspechthöhlen, kaum in Nistkästen. Die 4–7 Eier werden 28–30 Tage bebrütet; Junge mit 27–34 Tagen flügge.
ZUG Jahresvogel.
LÄNGE 16–17 cm

WANN Ganzjährig
WO Nord- und Osteuropa; in Mitteleuropa meist in höheren Lagen, auch in Forsten des Tieflands

Eine sehr kleine, rundliche Eule mit kleinem Kopf und gelben Augen, meist in hochstämmigen Nadel- und Mischwäldern; vorwiegend dämmerungsaktiv

Steinkauz *Athene noctua*

Eine kleine, gedrungene, flachköpfige Eule mit großen Augen und gelber Iris sowie weißen „Augenbrauen"; steht meist aufrecht auf kurzen, schlanken Beinen. Bei Erregung rasche Verbeugungen und schnelle Kopfdrehungen

Der Steinkauz ist vor allem ein Vogel der warmen Mittelmeerländer. In Mitteleuropa bewohnt er offene, abwechslungsreiche Landschaft mit extensiver Landwirtschaft, gern Weideflächen mit Kopfweiden und kleinen Gehölzen sowie Streuobstflächen und Weinberge; gern lebt er in naturnahen Obstgärten an Dorfrändern. In höheren Lagen fehlt der wärmeliebende Kauz.
NAHRUNG Der Steinkauz jagt meist in der Dämmerung und nachts; er erbeutet vor allem Feld- und Waldmäuse sowie Kleinvögel des Offenlands; besonders im Sommer viele Käfer, Schmetterlinge und Regenwürmer.
STIMME Die Lautäußerungen sind meist weit tragend, vor allem ein scharfes „kuwitt". Der Reviergesang ist ein lang gezogenes, im Abstand von 4–5 Sekunden vorgetragenes „guuhk".
BRUT Meist in starken, hohlen Ästen von Obstbäumen, gern auch in Kopfweiden und in Höhlungen von Gebäuden sowie in speziellen Nistkästen („Steinkauzröhre"). 2–5 Eier.
ZUG Jahresvogel.
LÄNGE 21–23 cm

WANN Ganzjährig
WO Europa, außer Island, Irland, dem nördlichen Großbritannien sowie Nord- und Nordosteuropa

Raufußkauz *Aegolius funereus*

Eine streng nachtaktive Waldkleineule; selten zu sehen, außer in den hellen Nächten des hohen Nordens. Färbung wärmer braun als beim Steinkauz, unterseits diffuse bräunliche Fleckung. Füße bis zu den Zehen befiedert (raufüßig)

Der Gesichtsausdruck dieser mittelgroßen Eule wirkt erstaunt oder zumindest überrascht. Da der Raufußkauz ausgesprochen nachtaktiv ist, bekommt man ihn nur schwer zu Gesicht. In seinem Vorkommen ist er auf Nadelwald mit hohem Fichtenanteil und Altholzbeständen beschränkt. In Deutschland kommt er in den Gebirgen und Mittelgebirgen, aber auch in vielen Forsten des Tieflands vor.
NAHRUNG Waldbewohnende Kleinsäuger wie Wühlmäuse, oft auch Haselmaus; bei Nahrungsmangel viele Spitzmäuse, seltener Kleinvögel.
STIMME Nächtlicher Reviergesang des Männchens ein anschwellendes, hohl klingendes „bu-bu-bu-bu-bu-bu ...", das mitunter bis 2 Kilometer weit zu hören ist; variiert individuell.
BRUT Nistet in Baumhöhlen, vor allem vom Schwarzspecht, häufig auch in Nistkästen. 3–7 Junge, Brutdauer 25–32 Tage, flügge nach 4–5 Wochen.
ZUG Vor allem Weibchen und Junge ziehen mitunter weit, Männchen sind meist ganzjährig reviertreu.
LÄNGE 24–26 cm

WANN Ganzjährig
WO Skandinavien, Finnland, Baltikum, Mitteleuropa, Nordrussland; Frankreich, Pyrenäen. Lokal in Osteuropa und auf der Balkanhalbinsel

Habichtskauz *Strix uralensis*

Der Habichtskauz ist eine Großeule des Waldes, die ihre Jungen besonders heftig verteidigt, auch gegen Menschen, die sich dem Brutplatz zu weit nähern. Bei einer Attacke sollte man vor allem die Augen schützen. Lebensraum sind naturnahe Mischwälder mit Freiflächen für die Mäusejagd; in Nordeuropa brütet die Art in Taigagebieten. Ende des letzten Jahrhunderts wurde ein kleiner Bestand im Nationalpark Bayerischer Wald eingebürgert.
NAHRUNG Vorwiegend Wühlmäuse, aber auch Eichhörnchen sowie Vögel bis zur Größe eines Schneehuhns.
STIMME Der Reviergesang, ein tiefes „wuho ... wuho owuho", ist manchmal bis 2 Kilometer weit zu hören; am Nest krächzende und bellende Laute.
BRUT In Mitteleuropa meist in alten Habichtshorsten, seltener in Baumhöhlen, in Nordeuropa vorwiegend in abgebrochenen, ausgefaulten Bäumen; häufig in Nistkästen. 2–4 Eier, die 27–34 Tage bebrütet werden.
ZUG Jahresvogel.
LÄNGE 60–62 cm

WANN Ganzjährig (selten)
WO Schweden, Finnland, Baltikum (vor allem Estland), Weißrussland, gebietsweise Balkanhalbinsel. In Mitteleuropa fast nur im äußersten Osten

Bartkauz *Strix nebulosa*

Eine sehr große Eule der nordischen Wälder, einer der imposantesten Vögel Europas. Gelegentlich bekommt man den Bartkauz tagsüber in Misch- und Nadelwäldern zu sehen, die durch Lichtungen und Moore aufgelockert sind. Er ist wie der Habichtskauz für seine furchtlosen Attacken in Nestnähe berüchtigt, aber auch berühmt für seine erstaunliche Fähigkeit, Kleinsäuger auch unter hohem Schnee zu orten und sicher zu ergreifen. Besonders in nahrungsarmen Zeiten kann der große Kauz recht vertraut sein.
NAHRUNG Kleinsäuger, vor allem Erd- und Rötelmäuse sowie Spitzmäuse, gelegentlich auch kleinere Vögel.
STIMME Reviergesang ist ein pumpendes, schwer zu ortendes „bwo-bwo-bwo ..."; Warnruf „grrook-grrook", bei Gefahr oft lautes Schnabelknappen.
BRUT Nistet meist in alten Greifvogelhorsten oder auf Baumstubben. Seit kurzem auch auf Kunsthorsten. Bis zu 6 Eier, Brutdauer 28–30 Tage.
ZUG Jahresvogel, bei Nahrungsmangel aber weite Wanderungen. Möglicherweise regelmäßig in Ostpolen.
LÄNGE 64–70 cm

WANN Nicht in Mitteleuropa
WO NO-Schweden, N-Norwegen, Finnland, N-Russland; selten Lettland, Weißrussland, Ukraine

Uhu *Bubo bubo*

Eine riesige Ohreule mit kräftigem Körperbau, breiten Flügeln; nicht leicht zu beobachten, ruht am Tageseinstand gut verborgen und meist bewegungslos

Im Allgemeinen sind die im Süden lebenden Formen der größten Eule der Welt kleiner und heller, jedoch lebt die hellste Unterart in Sibirien. Das Gefieder der in Mitteleuropa beheimateten Nominatform ist brauner als das der kleineren iberischen Brutvögel. Der Uhu ist fast zehn Mal so schwer wie eine Waldohreule.

NAHRUNG Recht vielseitig, obwohl sich die meisten Uhus auf wenige Beutetierarten spezialisieren. Meist Ratten, Mäuse, Igel, Eichhörnchen, Krähen, kleinere Eulen und Greifvögel sowie Raufußhühner; bei Nahrungsmangel auch Amphibien und Insekten.

STIMME Nach Sonnenuntergang singen die Männchen ab dem Spätwinter dumpf, aber weit hörbar „bu-ho" („u-hu"), Weibchengesang etwas heiserer.

BRUT Uhus brüten meist in Nischen von Felswänden oder Steinbrüchen in abwechslungsreichen Waldgebieten, mitunter am Boden. 2–4 Eier.

ZUG Jahresvogel.

LÄNGE 60–75 cm

WANN Ganzjährig
WO Europa außer Island, den Britischen Inseln, Teilen Skandinaviens, dem nördlichen Frankreich sowie den meisten Mittelmeerinseln; in Mitteleuropa vor allem in Gebirgen und Mittelgebirgen

Schnee-Eule *Nyctea scandiaca*

Eine sehr helle, weiße oder stark dunkel gemusterte, fast uhugroße Eule der Tundra und Bergtundra

Schnee-Eulen sind groß und kräftig gebaut. Die Männchen sind weiß, die Weibchen sind noch größer, aber nicht so makellos weiß. Lebensraum dieser imposanten Eule ist die Tundra und Bergtundra; sie ist meist nicht häufig, außer in Jahren mit gutem Beuteangebot, wenn die Eulen erfolgreich brüten können.

NAHRUNG Lemminge und andere Wühlmäuse machen die Hauptbeute aus; bei Kleinsäugermangel auch junge Schneehasen und Vögel bis zur Größe eines Schneehuhns.

STIMME Reviergesang des Männchens tief, ähnlich Großmöwen: „gäh" oder lang gezogen „huu". Der Warnruf klingt krächzend „rek-rek-rek …". Weibchen rufen klagend „pjie".

BRUT Der Brutplatz liegt oft auf einer kleinen Erhöhung in der Tundra oder auf einem steinigen Hochplateau im Fjäll. Die 3–9 Eier werden vom Weibchen 30–33 Tage bebrütet.

ZUG Die nomadischen Eulen wandern oft weit nach Süden und erreichen dabei ausnahmsweise Norddeutschland.

LÄNGE 55–65 cm

WANN In Mitteleuropa Ausnahmegast
WO Island (selten) sowie im Norden von Skandinavien, Finnland und Nordrussland; hat auf den Shetlandinseln gebrütet

Alpensegler *Apus melba*

Obwohl in Form und Bewegungen ein typischer Segler, wirkt der Alpensegler groß und kräftig; er fliegt mit kraftvollen, tiefen, relativ langsamen Flügelschlägen und gleitet viel. Er brütet in den Südalpen an zerklüfteten Felswänden und in den Mittelmeerländern an der steilen Felsküste. In Mitteleuropa bestehen Brutvorkommen in Österreich und in der Schweiz, in Deutschland gibt es nur ganz wenige Kolonien, die alle an Gebäuden brüten.
NAHRUNG Insekten und Spinnen des Luftraums, gelegentlich auch Heuschrecken und sogar Wespen.
VERHALTEN UND STIMME Alpensegler unternehmen oft in Brutplatznähe Flugspiele in kleinen Trupps; dabei rufen sie laut trillernd „tri ti-tititi ...“.
BRUT Vorwiegend in geschützten Nischen und Spalten von Felswänden, heute oft in Nischen von Gebäuden. 2–4 Junge, flügge mit 45–55 Tagen.
ZUG Alpensegler überwintern in Afrika; auf dem Heimzug „schießen“ manche über das Ziel hinaus und erscheinen weit nördlich ihrer Brutgebiete.
LÄNGE 20–22 cm

WANN April bis September (selten)
WO Südeuropa; in Mitteleuropa nur im Süden, in Deutschland nur im äußersten Südwesten

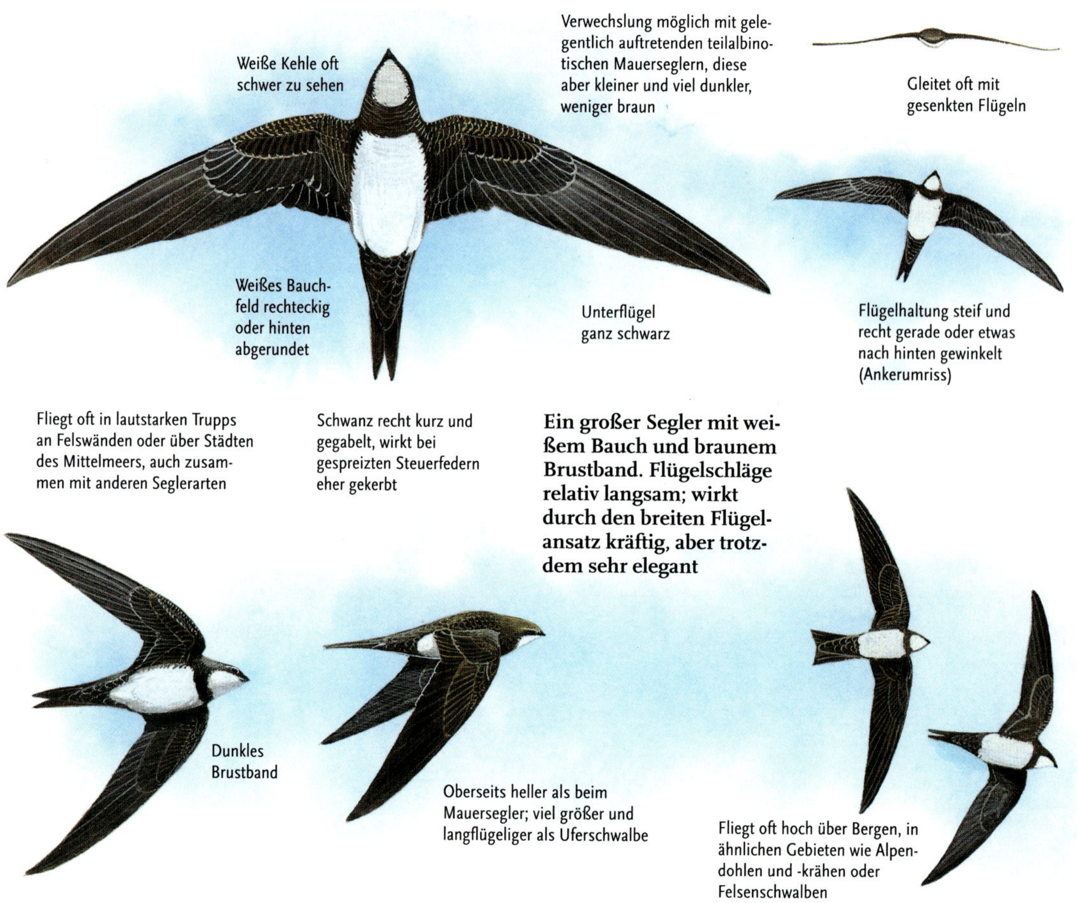

Ein großer Segler mit weißem Bauch und braunem Brustband. Flügelschläge relativ langsam; wirkt durch den breiten Flügelansatz kräftig, aber trotzdem sehr elegant

Kaffernsegler *Apus caffer* Haussegler *Apus affinis*

Diese beiden kleinen Segler mit weißem Bürzelfleck stammen ursprünglich aus Afrika; sie sind in Europa sehr selten und kommen nur lokal vor. Der **Haussegler** ist ein Vogel der Dörfer und Städte, fliegt mit steif gehaltenen Flügeln und erinnert an die Mehlschwalbe. Der **Kaffernsegler** kommt in eher abgelegenen Gegenden vor, er ist deutlich schnittiger und eleganter.
NAHRUNG Beide fangen kleine Insekten, meist hoch im Luftraum.
STIMME Kaffernsegler rufen tief und unregelmäßig trillernd, Haussegler hell und heiser zwitschernd.
BRUT Die Paare des Hausseglers nisten an Gebäuden; sie fertigen kugelförmige Nester aus Stroh, Federn und Speichel. Kaffernsegler nisten in alten Rötelschwalbennestern, oft unter Dachvorsprüngen oder Brücken.
ZUG Kaffernsegler ziehen von Spanien und Marokko nach Zentralafrika; Haussegler sind Jahresvögel in Nordafrika und in wenigen Gebieten des Nahen Ostens, anderswo sporadisch.
LÄNGE Kaffernsegler 14 cm; Haussegler 12 cm

WANN Nicht in Mitteleuropa
WO Kaffernsegler in Südspanien nahe der Küste; Haussegler ist seltener Ausnahmegast in Europa (Britische Inseln, Schweden)

Gefieder des Kaffernseglers schwärzlich, weißer Bürzelfleck halbmondförmig; schmale Flügel, langer, in einem Spieß auslaufender Schwanz, nur bei gespreizten Steuerfedern tief gegabelt

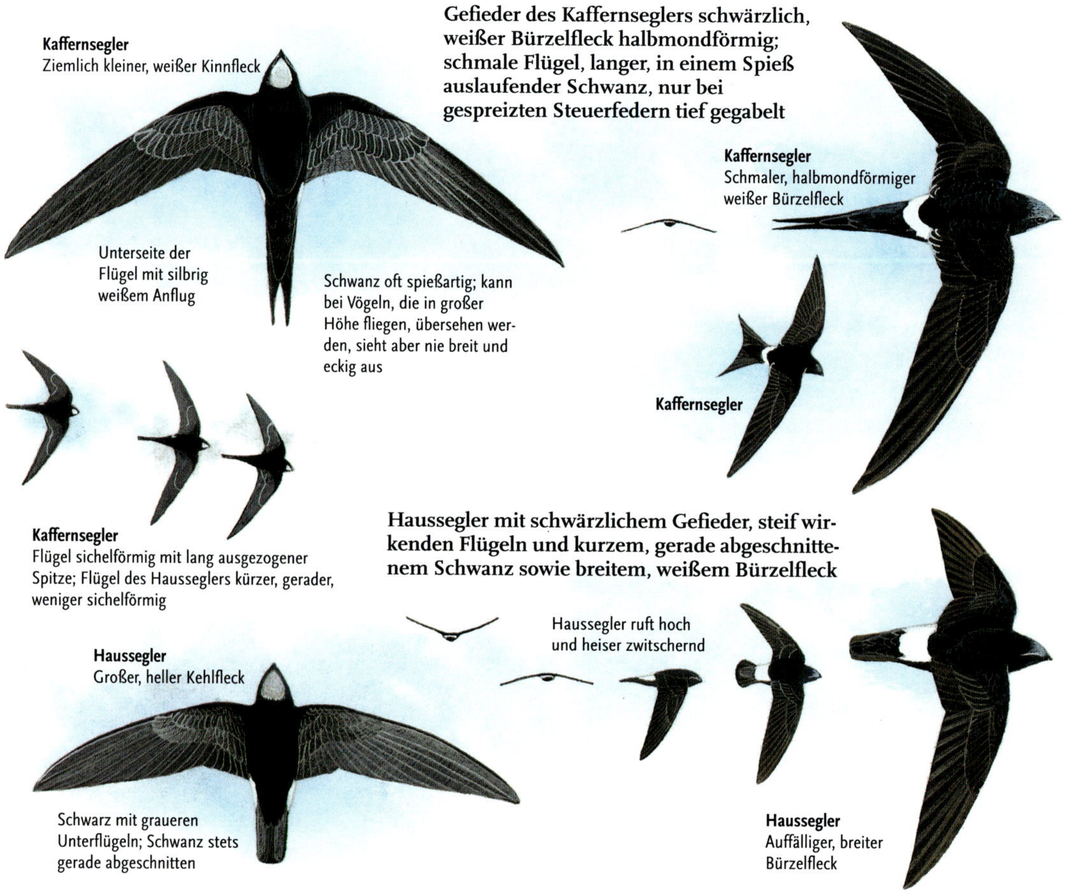

Haussegler mit schwärzlichem Gefieder, steif wirkenden Flügeln und kurzem, gerade abgeschnittenem Schwanz sowie breitem, weißem Bürzelfleck

Mauersegler *Apus apus*

Ein schlanker, dunkler Vogel des Luftraums mit sichelförmigen Flügeln, den man niemals sitzen oder stehen sieht; fliegt oft in rasanten, lärmenden Trupps

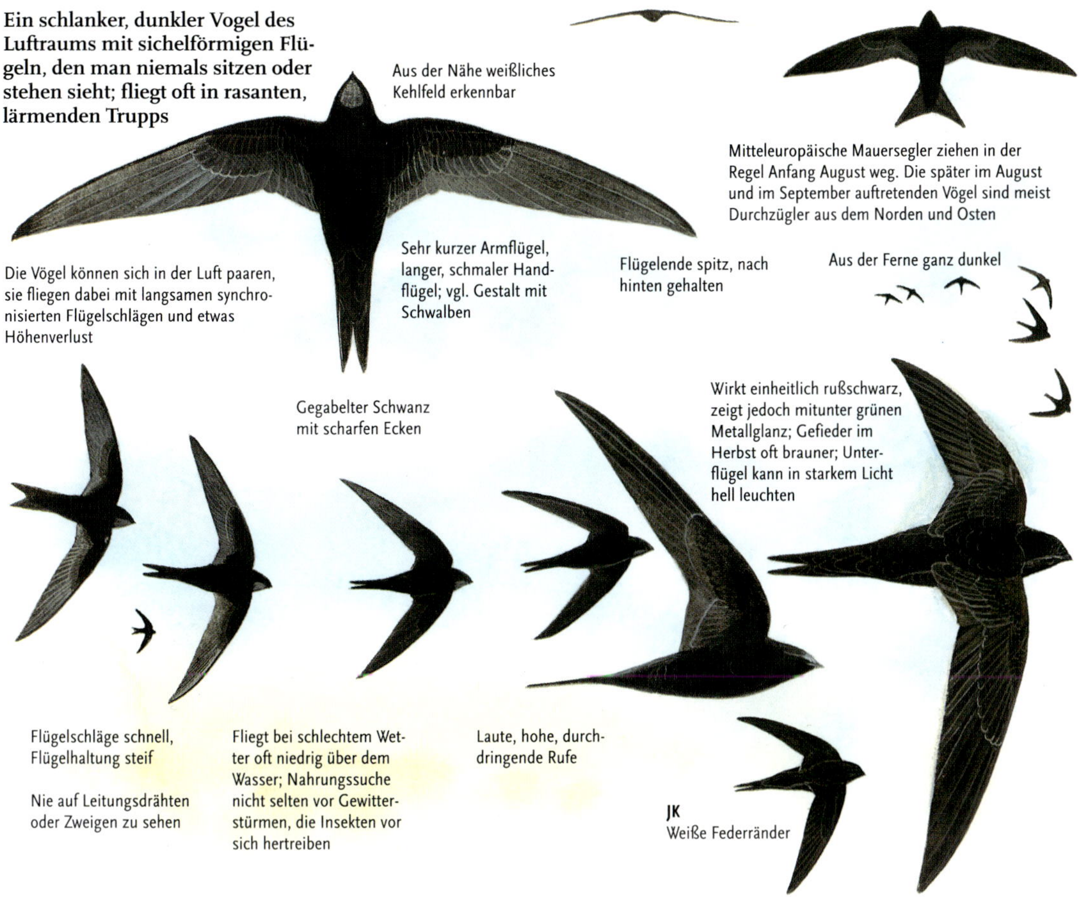

Der Mauersegler verbringt weitaus die meiste Zeit seines Lebens im Flug; er kreist hoch im Luftraum und jagt Insekten. An lauen Sommerabenden fegen oft lärmende Trupps in atemberaubendem Tempo knapp um die Häuser.
NAHRUNG Ausschließlich Insekten und kleine Spinnen des Luftraums.
VERHALTEN UND STIMME Oft fliegen die Segler rasant über dem Brutplatz. Weibchen rufen hoch „swiieh", Männchen etwas tiefer „rrieh", beide im Duett „swiieh-rrieh". Sie kämpfen und balzen im Dunkel des Nistplatzes.
BRUT Mauersegler suchen zum Nestbau Federn, Gras und Blätter, die der Wind in die Luft gewirbelt hat, und verbauen das Material mit ihrem zähen Speichel zu einem schalenförmigen Nest – meist in einer Nische unter dem Dach eines hohen Gebäudes. Die 2 Jungen fliegen, je nach Verfügbarkeit von Nahrung, mit 37–56 Tagen aus; sie brüten erstmals mit 4 Jahren.
ZUG Die Winterquartiere der Art liegen im tropischen Afrika.
LÄNGE 16–17 cm

WANN Mai bis August
WO Europa außer Island und Teilen des nördlichen Nordeuropas. Überwintert in Afrika; immature Vögel bleiben oft 4 Jahre in Afrika

Fahlsegler *Apus pallidus*

Ein matt schlammbrauner Segler mit etwas stumpferen Flügeln und kürzerem Schwanz als der Mauersegler

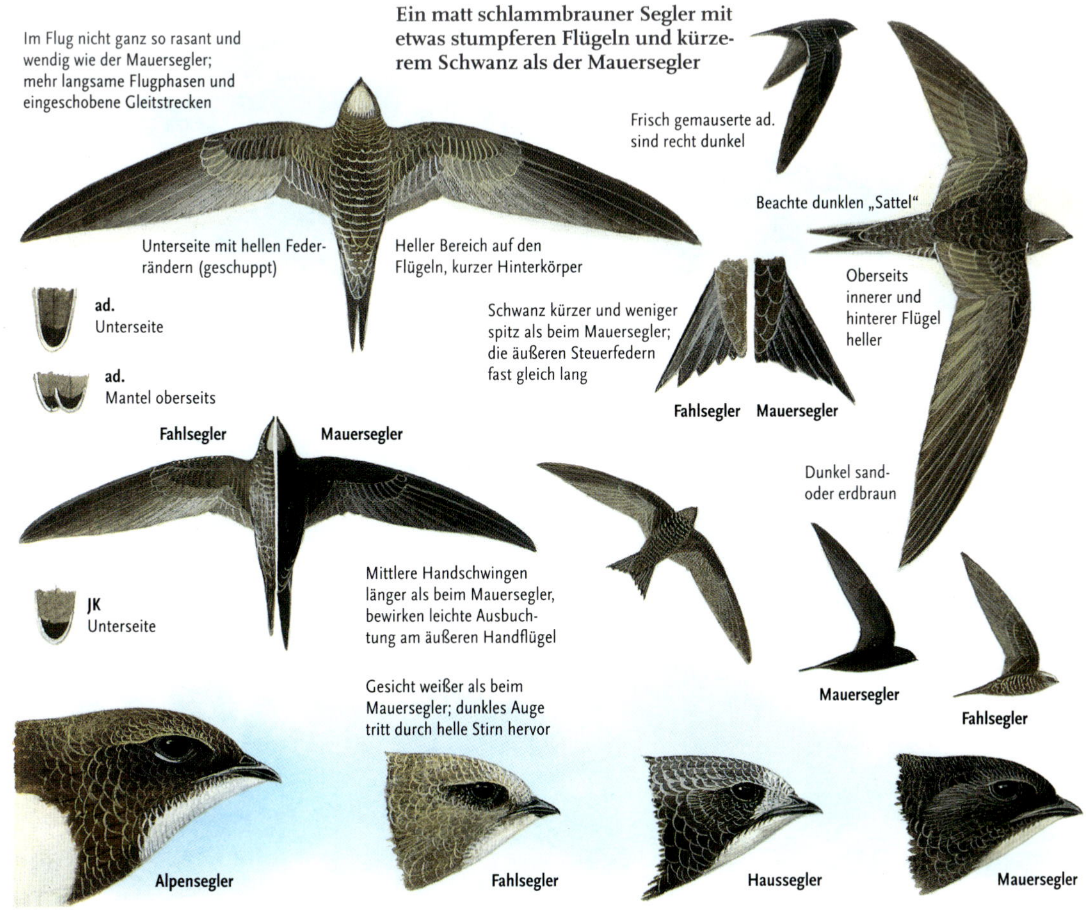

Ein Segler des Mittelmeerraums, der in alten Städten und Dörfern mit vielen Höhlungen unter den Dächern brütet. Nicht selten sieht man beide Arten gemeinsam fliegen. Ohne Möglichkeit zum Vergleich ist die Unterscheidung nicht einfach: Fahlsegler können in schlechtem Licht sehr dunkel wirken, während Mauersegler in kräftigem Sonnenlicht brauner erscheinen als sie sind; bei günstigen Bedingungen erkennt man Fahlsegler an der typischen schlammbraunen Gefiederfärbung.
NAHRUNG Fliegende Insekten und Spinnen des Luftraums.
VERHALTEN UND STIMME Die lauten Rufe sind tiefer, nicht ganz so schrill wie die des Mauerseglers, etwas abfallend und angedeutet zweisilbig. Fliegt auch in dichten, rasanten und lärmenden Trupps um die Hausdächer.
BRUT Nistet in dunklen Nischen. 2 Junge, die nach 46 Tagen ausfliegen.
ZUG Überwintert südlich der Sahara, selten auch in Südeuropa. Ankunft im südlichen Europa früher als der Mauersegler; nördlich des regulären Brutareals sehr selten.
LÄNGE 16–17 cm

WANN März bis Oktober (sehr selten)
WO Küsten und Inseln der Mittelmeerländer. In Mitteleuropa nur Südschweiz (bei Locarno)

Ziegenmelker *Caprimulgus europaeus*

Ziegenmelker, zur Familie Nachtschwalben gehörend, werden erst nach Sonnenuntergang aktiv und sind nicht leicht zu beobachten, obwohl sie mitunter erstaunlich neugierig sind. Tagsüber verbergen sich die Vögel bewegungslos auf dem Boden zwischen altem Laub und abgebrochenen Ästen oder, nahezu unsichtbar, auf einem Ast in Längsrichtung.
NAHRUNG Vor allem Nachtschmetterlinge und Käfer, die fast ausschließlich im Flug erbeutet werden; dazu sperren die Vögel ihren riesigen, mit Borsten umstandenen Rachen auf.
VERHALTEN UND STIMME Männchen singen von einer Warte aus, die Strophen sind lang anhaltend und schnurrend mit gelegentlichem Tonhöhenwechsel; sie erinnern an ein fernes Motorrad. Das Männchen verlässt die Singwarte mit 2 oder 3 knallenden Flügelschlägen. Flugruf nasal „grruit".
BRUT Das Weibchen bebrütet die 2 Eier 17–18 Tage auf nacktem Boden.
ZUG Die Winterquartiere liegen in Afrika südlich der Sahara bis Südafrika.
LÄNGE 26–28 cm

WANN April bis September
WO Europa außer Island, dem größten Teil Nordeuropas und in den höheren Lagen

Rothals-Ziegenmelker *Caprimulgus ruficollis*

Der Rothals-Ziegenmelker ist ein wenig bekannter Brutvogel der Iberischen Halbinsel und Nordafrikas; er ist etwas größer und kräftiger gefärbt als der Ziegemelker, jedoch entdeckt man ihn meist anhand seiner Lautäußerungen. Wie der Ziegenmelker fliegt er gaukelnd mit elastischen Flügelschlägen; beim Insektenfang ist er bemerkenswert wendig und vollführt jähe Flugmanöver mit „Abstürzen" und längeren Gleitstrecken auf weihenartig angehobenen Flügeln. Rothals-Ziegenmelker leben auf offenen, warmen Flächen mit Sandboden und einzelnen Büschen oder Bäumen, häufig in offenem Pinien- und Korkeichenwald.
NAHRUNG Käfer und Nachtschmetterlinge des Luftraums, seltener vom Boden aufgenommene Insekten.
VERHALTEN UND STIMME Der Gesang ist monoton und rhythmisch. Er klingt wie dumpfes Schlagen auf Holz: „kjü-tok-kjü-tok-kjü-tok …".
BRUT Die 2 Eier liegen auf dem Boden zwischen niedrigen Büschen.
ZUG Die gesamte Population überwintert in Westafrika, meist in Mali.
LÄNGE 30–32 cm

WANN Nicht in Mitteleuropa
WO Iberische Halbinsel, fehlt im nördlichen Drittel; sonst in Europa sehr seltener Ausnahmegast

Eisvogel *Alcedo atthis*

Ein einzigartiger Kleinvogel mit großem Kopf und „überlangem“ Schnabel sowie kurzem Schwanz und winzigen Füßen; lebt an Bächen und Flüssen, ist auch an Seen und an der Meeresküste anzutreffen. Fliegt niedrig und sehr schnell über das Wasser; scharfer Pfiff und stahlblaue Oberseite am auffälligsten; trotz der kräftigen Blaufärbung sehr unscheinbar am Ufer auf der Sitzwarte

Flug sehr schnell, weicht Hindernissen geschickt und knapp aus oder folgt dem Lauf des Gewässers; fliegt unter sehr niedrigen Brücken durch. Legt manchmal größere Strecken über Land zurück

Rüttelt häufig über dem Wasser, besonders in Gegenden ohne geeignete Warten; besucht auch kleine Gartenteiche; taucht mit hörbarem Platsch

Einzigartig grünblau und orange gefärbt. Weiß der Wangen oft von hinten oder von der Seite auffällig

Leuchtend blauer Oberschwanz, Bürzel und Rücken; Flügel und Scheitel glänzen bei manchen Lichtverhältnissen grünlich

♂ Unterschnabel ganz schwarz

♀ Basis des Unterschnabels orangerot

Im JK matter gefärbt und mit schwärzlichen Füßen

Nistet in der Uferböschung über dem Wasser; besetzte Brutröhre an öligen, weißen Kotspuren unterhalb des Eingangs zu erkennen

Trotz seiner leuchtenden Gefiederfarben ist der Eisvogel erstaunlich leicht zu übersehen, wenn er auf einer gedeckten Warte im schattigen, überhängenden Uferbewuchs vor dem Hintergrund aus Blättern und Stängeln oder Wasser lauert. Der Eisvogel ist zwar scheu, kommt aber manchmal sehr nah heran, wenn man sich still verhält.

NAHRUNG Der Eisvogel taucht nach kleinen Fischen, Wasserinsekten und Kaulquappen.

VERHALTEN UND STIMME Die Paarpartner jagen sich im Frühjahr entlang des Brutgewässers. Typischer Ruf ist ein durchdringend pfeifendes „tjieht“; während der Balz und Revierverteidigung hört man Folgen aus stotternden Rufreihen und trillernden Lauten.

BRUT Männchen und Weibchen graben eine etwa meterlangeRöhre in die Uferböschung. Die 6–7 Jungen schlüpfen nach 19–21 Tagen.

ZUG Nord- und osteuropäische Eisvögel sind Zugvögel.

LÄNGE 16–17 cm

WANN Ganzjährig
WO Europa außer Island, dem Norden Großbritanniens sowie dem größten Teil Nordeuropas. Brutvögel Mitteleuropas wandern meist nur kurze Strecken, manche bis an die Küste

Bienenfresser *Merops apiaster*

Ein sehr eleganter, langschwänziger Vogel mit geraden und spitz zulaufenden Flügeln, etwa wie ein sehr langer Star; Ansitz auf toten Ästen und Leitungsdrähten, oft im Trupp; fliegt in großen Bögen mit einigen raschen Flügelschlägen und anschließender Gleitphase

Trupps auf dem Zug fliegen in großer Höhe, verraten sich durch ihre rollenden Rufe

Einzigartiges Muster: Blau auf Flügeln und Schwanz, v-förmiges Goldgelb auf dem Rücken und Kupferrot auf den Unterflügeln

Lange Flügel, typischerweise gerade gehalten, laufen spitz zu; gleitet auf steif ausgestreckten Flügeln; Schwanzspieße bei ♂ länger als bei ♀, im JK ganz kurz oder fehlend

Trupps von Brutvögeln rufen lautstark, wenn sie über der Kolonie fliegen oder in der Nähe auf einer Warte stehen

ad.

JK

ad. prächtig kastanienbraun, grün und hellblau; im JK mattere Färbung, mehr Grün auf der Oberseite; gelbe Kehle aber stets kennzeichnend

Unter den wenigen, wirklich exotisch anmutenden Vögeln Mitteleuropas ist der Bienenfresser wohl der prächtigste. Bienenfresser sind nicht sehr scheu, mit etwas Geduld und Rücksicht lassen sie sich meist gut beobachten. In Deutschland sind sie inzwischen seltene, aber regelmäßige Brutvögel.

NAHRUNG Fängt vor allem Bienen, Wespen, Hornissen und Hummeln im Flug. Mit einem stachelbewehrten Insekt fliegt er zu einer Warte, um das Gift vor dem Verzehr auszudrücken.

VERHALTEN UND STIMME Männchen und Weibchen verhalten sich am Brutplatz sehr ähnlich, außer dass das Weibchen zur Balzzeit vom Partner gefüttert wird. Die weit hörbaren Rufe sind tief, weich und flüssig rollend: „prrüp“ oder „krück“.

BRUT Koloniebrüter; graben eine rund 1,5 Meter lange Röhre in die Uferböschung oder Steilwand einer Sandgrube. 6–7 Eier, Brutdauer 20 Tage.

ZUG Überwintern im tropischen Afrika. Manche „schießen“ auf dem Heimzug über das Ziel hinaus und erscheinen dann weit nördlich.

LÄNGE 25–27 cm

WANN Mai bis September (selten)
WO Süd- und Osteuropa, vor allem Iberien; lokal nordwärts bis Nordostfrankreich und Dänemark

Blauracke *Coracias garrulus*

Das strahlende Azurblau der prächtigen Blauracke gehört in Afrika zum alltäglichen Bild, dort verbringt sie zusammen mit anderen Rackenarten rund die Hälfte des Jahres. Zum Brüten wandern die meisten nach Europa. Vor allem an Landstraßen sind sie gut zu beobachten, wenn sie von einem Leitungsdraht aus Insekten fangen. In Deutschland ist die Art seit kurzem ausgestorben.

NAHRUNG Vorwiegend große Insekten wie Käfer und Heuschrecken, seltener Frösche und Mäuse; die Beute wird in Würgermanier von einer Warte aus angeflogen.

VERHALTEN UND STIMME Zur Balzzeit Schauflüge des Männchens; dabei steigt es mit weit ausholenden Flügelschlägen auf, fliegt taumelnd und sich drehend abwärts und singt dabei heiser „rrä-rrä-rräh ...". Ruft oft „rak-rak".

BRUT Meist in Höhlen von Grün- und Schwarzspecht sowie in Nistkästen. 3–5 Eier, Brutdauer 17–20 Tage.

ZUG Überwintert in Afrika südlich der Sahara.

LÄNGE 30–32 cm

WANN April bis September
WO Süd- und Osteuropa, im Norden bis zum Baltikum. In Mitteleuropa fast nur noch im Osten

Ein hähergroßer, überwiegend blauer Vogel mit kräftigem Schnabel und breiten Flügeln; steht häufig auf exponierten Warten; kein anderer Vogel dieser Größe zeigt ähnliche Gefiederpracht mit Türkisblau an Kopf, Brust und Flügeln

Wiedehopf *Upupa epops*

Trotz auffallend kontrastreicher Musterung im Flug ist ein Wiedehopf, der am Boden im Schatten von Bäumen oder einer Hecke Nahrung sucht, erstaunlich leicht zu übersehen. In Deutschland ist der prächtige Vogel nur noch in sehr wenigen Tieflandgegenden Brutvogel.

NAHRUNG Hauptsächlich große Insekten wie Käfer, Engerlinge, Raupen und Heuschrecken, aber auch Spinnen, Würmer und mitunter junge Eidechsen und Frösche.

VERHALTEN UND STIMME Das Männchen singt mit aufgerichteter Haube, oft auf einem Dach oder abgestorbenen Zweig: „hup-hup-hup". Der Gesang klingt dumpf und hohl, ist aber weit hörbar.

BRUT Meist in einer Baumhöhle oder einem Mauerloch, gelegentlich in Steinhaufen, unter Dächern oder in Nistkästen. 7–8 Eier, die 15–16 Tage vom Weibchen bebrütet werden.

ZUG Manche Wiedehopfe bleiben ganzjährig in Südeuropa, die meisten ziehen in die afrikanischen Savannen.

LÄNGE 26–28 cm

WANN April bis September
WO Europa, nordwärts bis zum Baltikum, fehlt in Nord- und Nordwesteuropa fast völlig; im westlichen Mitteleuropa inzwischen meist sehr selten

Wiedehopfe sind im Flug mit ihren „überbreiten", sehr auffällig schwarzweiß gemusterten Flügeln und dem langen, gebogenen Schnabel unverkennbar, am Boden aber erstaunlich schwer zu entdecken

Wendehals *Jynx torquilla*

Ein scheuer, zurückgezogen lebender Kleinvogel in ziegenmelkerartigem Tarnkleid; verbringt viel Zeit in Bäumen und bei der Nahrungssuche am Boden; bei unmittelbarer Bedrohung dreht und wendet er Kopf und Hals schlangenartig und zischt dazu

Die Zehenstellung (2 nach vorn, 2 nach hinten gerichtet), die lange Zunge, die Vorliebe für Ameisen als Nahrung sowie das Brüten in Baumhöhlen sind typische Merkmale, die den Wendehals als Mitglied der Spechtfamilie ausweisen. Er ähnelt aber mit seinem Tarngefieder keinem Specht und steht wie ein Singvogel auf Zweigen.

NAHRUNG Vorwiegend kleinere Ameisen und deren Puppen, die er mit der langen, klebrigen Zunge aus ihren Gängen hervorholt; seltener andere Insekten und Spinnen.

STIMME Reviergesang ist ein lautes, anschwellendes „gjä-gjä-gjä …“.

BRUT Nistet in Baumhöhlen und Nistkästen, auch wenn die Höhle bereits von Meisen oder Sperlingen bezogen wurde; zimmert keine eigene Bruthöhle. Gelege aus bis zu 10 Eiern; die Jungen schlüpfen nach 12–14 Tagen und fliegen mit 18–22 Tagen aus.

ZUG Einziger Zugvogel unter den Spechten; die Überwinterungsgebiete liegen in den Savannen Afrikas.

LÄNGE 16–17 cm

WANN April bis September
WO Europa außer Island, den Britischen Inseln sowie den Fjäll- und Tundragebieten Nordeuropas. In Deutschland fast überall selten

Schwarzspecht *Dryocopus martius*

Ein sehr großer Specht, bis auf das Rot des Kopfs, den elfenbeinfarbenen Schnabel und die hellen Augen schwarz. Trotz der Größe schwer zu beobachten, im Wald weit hallende Stimme und Form des Höhleneingangs jedoch kennzeichnend

Besonders im Winter trifft man den Schwarzspecht gelegentlich auch in Siedlungsnähe und in Stadtparks mit altem Baumbestand. Für die Brut braucht er aber große, alte Wälder mit hochstämmigen Buchen und Kiefern, in die er seine Nisthöhle zimmern kann. Am leichtesten wird man auf den großen Specht im Frühjahr sowie früh am Morgen aufmerksam, denn dann hört man oft seine lauten Rufe.

NAHRUNG Vorwiegend große, Holz bewohnende Insekten und deren Larven; bearbeitet mit seinem kräftigen Schnabel morsche Stämme und Stubben.

STIMME Ruft im Flug laut „prü-prü-prü …“, nach dem Landen durchdringend „kliäh“; Gesang im Frühjahr weit schallend „kwi-kwi-kwi …“. Trommelwirbel kräftig, langsame Schlagfolge.

BRUT Der Eingang zur Schwarzspechthöhle ist hochoval. Das Gelege enthält gewöhnlich 4–6 weiße Eier.

ZUG In Mitteleuropa Jahresvogel, Jungvögel streifen aber umher.

LÄNGE 45–47 cm

WANN Ganzjährig
WO Europa außer Island, den Britischen Inseln, Mittelmeerinseln, weiten Teilen der Iberischen Halbinsel und Norwegens sowie dem Hohen Norden Russlands und Skandinaviens

Grünspecht *Picus viridis*

Im Frühjahr hallen die laut lachenden Gesangsstrophen des Grünspechts durch aufgelockerte Laubwälder und Obstgärten, aber auch durch Parks und Siedlungen mit altem Baumbestand. Am Boden aufgescheucht, fliegt dieser Erdspecht oft auf einen nahen Baum und beobachtet argwöhnisch den Eindringling von der Stammrückseite aus.
NAHRUNG Vorwiegend Ameisen und deren Puppen, die er mit seiner sehr langen, klebrigen und mit Widerhaken besetzten Zunge aus ihren Gängen holt. Gräbt im Winter Ameisenhaufen auf; besucht nur selten Futterstellen.
STIMME Trommelt selten und nur schwach. Reviergesang laut, lachend „klü-klü-klü …". Ruft laut und hart „kjückjückjück".
BRUT Männchen und Weibchen zimmern eine Höhle in morsches Laubholz oder beziehen eine vorhandene. 5–7 Eier, Brutdauer 17–19 Tage; die Jungen fliegen mit 23–27 Tagen aus.
ZUG Jahresvogel.
LÄNGE 31–33 cm

WANN Ganzjährig
WO Europa außer Island, Irland und Teilen Nordeuropas. In Deutschland vielerorts selten geworden

Grauspecht *Picus canus*

Diesen Specht entdeckt man im Frühjahr meist an seinem Gesang, der dem des Grünspechts ähnelt, aber im Verlauf der Tonreihe deutlich abfällt und etwas langsamer wird. Erst aus der Nähe sicher zu bestimmen. Der Grauspecht lebt in Bergwäldern, naturnahen Laub- und Mischwäldern, Feuchtgebieten, Auwäldern mit Eichen und großen Parks mit wenigstens einigen alten Laubbäumen. Kommt nicht im nördlichen Mitteleuropa vor.
NAHRUNG Ähnlich Grünspecht hauptsächlich Ameisen und deren Puppen, aber auch andere Insekten und Spinnen; Nahrungssuche auch auf Bäumen, an Mauern und Felsen. Besucht Fütterungen.
STIMME Die Trommelwirbel sind recht laut und dauern 2 Sekunden. Noch auffälliger ist jedoch der Reviergesang, eine abfallende Tonreihe aus „gjü"-Lauten. Ruft oft „kjü" oder „tjk".
BRUT Zimmert seine Nisthöhle meist in morsche Laubbäume.
ZUG Jahresvogel; im Winter wechseln jedoch viele Grauspechte in günstigere Nahrungsreviere, wie Auwälder.
LÄNGE 25–26 cm

WANN Ganzjährig
WO Europa außer Island, den Britischen Inseln, dem größten Teil Nordeuropas sowie Südeuropas

Dreizehenspecht *Picoides tridactylus*

Ein recht kleiner, zurückgezogen lebender, aber wenig scheuer Specht. Wirkt ziemlich dunkel; Rücken weiß, bei der Unterart der Alpen mit Schwarz durchsetzt; ganz ohne Rot im Gefieder

Der Dreizehenspecht ist recht klein und wirkt dunkel, außerdem hält er sich oft lange in einem einzigen Baum auf; daher ist er nicht leicht zu entdecken. Am besten lokalisiert man ihn anhand seiner Hackgeräusche. Er bewohnt naturnahe Fichtenwälder der Gebirge und der nordischen Taiga.

NAHRUNG Im Holz bohrende Käfer und deren Larven und Puppen; besonders im Frühjahr Baumsäfte, an die der Specht durch ringförmiges Hacken an Fichtenstämmen gelangt.

STIMME Im Frühjahr hört man die lauten Trommelwirbel, sie sind länger als beim Buntspecht, die Schlagfolge ist etwas langsamer. Ruft seltener und weicher als Buntspecht: „kjük".

BRUT Brütet in stets selbst gezimmerten Baumhöhlen, meist in absterbenden Fichten. Gelege aus 3–5 Eiern, die nur 11 Tage bebrütet werden; Junge mit 22–25 Tagen flugfähig.

ZUG Überwiegend Jahresvogel; in Nordeuropa in manchen Jahren weite, invasionsartige Wanderungen.

LÄNGE 21–22 cm

WANN Ganzjährig
WO Nordeuropa, Baltikum, Weißrussland, Alpen, Schwarzwald, Bayerischer- und Böhmerwald; Bergwälder der Slowakei und Südpolens; Ostpolen

Kleinspecht *Dendrocopos minor*

Ein sehr kleiner, zurückgezogen lebender Specht, oft an dünnen Zweigen der Baumkronen, aber auch in Gebüsch, meist durch den Reviergesang zu entdecken. Oberseite undeutlich schwarzweiß gemustert, kein Rot auf der Unterseite

Dieser Miniaturspecht – kaum größer als ein Sperling – hält sich oft in den Kronen von Laubbäumen auf, wo er nur schwer zu entdecken ist. Am besten wird man auf den Kleinspecht durch seinen an Turmfalken erinnernden Reviergesang aufmerksam. Besonders im Süden Deutschlands sind die Bestände dieser Art in den letzten Jahren erheblich zurückgegangen.

NAHRUNG Vor allem Insekten und deren Larven, die auf der Rinde oder auf Zweigen und Blättern leben; hackt besonders im Winter Insektenlarven und Käfer aus der Rinde toter Bäume. Besucht auch Fütterungen.

STIMME Trommelwirbel deutlich länger, gleichmäßiger, klingen heller als beim Buntspecht. Der Reviergesang ist hoch und schnell „kie-kie-kie …". Ruft leiser, weicher als Buntspecht: „kik".

BRUT Männchen und Weibchen hacken ihre Bruthöhle meist in einen Seitenast. 4–6 Eier, Brutdauer 11–12 Tage.

ZUG Jahresvogel; in Nord- und Osteuropa in manchen Jahren invasionsartige Wanderungen.

LÄNGE 14–15 cm

WANN Ganzjährig
WO Europa außer Island, Irland, dem Norden Großbritanniens, dem größten Teil der Iberischen Halbinsel sowie den Mittelmeerinseln

Buntspecht *Dendrocopos major*

Bei weitem der häufigste der schwarz-weiß-roten Spechte Europas; er ist der „Normspecht", mit dem die übrigen Arten verglichen werden. Der Buntspecht hat nur geringe Ansprüche an den Lebensraum und kommt in allen Arten von Wäldern vor, auch in Parks und Gärten; in Mitteleuropa vor allem in alten Eichen-Hainbuchen-Wäldern.
NAHRUNG Im Sommer Insekten und deren Larven, vor allem im Holz lebende Arten, gelegentlich auch Eier und Junge von Kleinvögeln. Im Winter vorwiegend Fichten- und Kiefernsamen, Nüsse und Talg von Fütterungen.
STIMME Trommelwirbel sind recht kurz mit schneller Schlagfolge, zum Ende hin schneller; trommelt auch auf Blechdächer, Antennen oder Sirenen. Ruft laut, hart „kick", auch gereiht.
BRUT Männchen und Weibchen zimmern jedes Jahr eine frische Höhle in einen Laub- oder Nadelbaum. 4–7 Eier, die 10–13 Tage bebrütet werden.
ZUG Jahresvogel. In Nord- und Osteuropa manchmal weite, nach Süden gerichtete Wanderungen.
LÄNGE 22–23 cm

> **WANN** Ganzjährig
> **WO** Fast ganz Europa, außer Island, Irland, Teilen Südspaniens sowie der nordeuropäischen Tundra

Ein mittelgroßer, meist häufiger Specht, stets mit Rot im Gefieder. Leicht zu entdecken durch seine harten Rufe, ab dem Späterwinter auch durch seine lauten, kurzen Trommelwirbel

Blutspecht *Dendrocopos syriacus*

In seinem Brutgebiet in Ost- und Südosteuropa ist der Blutspecht ein auffälliger Vogel, jedoch sollte man einigermaßen nah herankommen und gute Sichtbedingungen haben, denn die Unterscheidung vom Buntspecht ist nicht immer einfach. Man trifft den Blutspecht in Parks und Obstgärten sowie in Alleen und Baumreihen an Landstraßen und Flussufern, nicht selten auch innerhalb von Siedlungen.
NAHRUNG Vorwiegend Holz bewohnende Insekten und deren Larven, aber auch viele Nüsse sowie Früchte, die auch an die Jungen verfüttert werden.
VERHALTEN UND STIMME Die Trommelwirbel sind länger als die des Buntspechts; die Rufe klingen weicher als Buntspechtrufe: „kück".
BRUT Die Bruthöhle wird meist in einen Laubbaum geschlagen; bis 7 Eier.
ZUG Jahresvogel. Besonders Junge streifen umher und können so rasch in neue Gebiete vordringen; so wurde Europa erst Ende des 19. Jahrhunderts von der Türkei her besiedelt.
LÄNGE 22–23 cm

> **WANN** Ganzjährig (selten)
> **WO** Vor allem Südosteuropa, breitet sich weiter aus, so in Polen und Tschechien, Rumänien und der Ukraine. Stabile Bestände in Österreich und Ungarn; Rückgang in Griechenland

Südöstliche Art, ähnlich dem Buntspecht, jedoch deutliche Unterschiede in Kopfmuster und Unterschwanzfärbung

Mittelspecht *Dendrocopos medius*

Recht kleiner, gedrungener „Buntspecht“ mit schlankem Schnabel und „freundlichem“ Gesichtsausdruck; wirkt geschäftig und rastlos, sucht oft an dünnen äußeren Ästen der Baumkronen Nahrung

Der Mittelspecht ähnelt in seinem Grundmuster anderen „Buntspechten“, ist jedoch mit seinen kontrastreichen Flügeln und dem kräftig roten Scheitel besonders attraktiv. Da sich der scheue Specht gern hoch in Laubbäumen aufhält, sehr agil ist und häufig den Nahrungsbaum wechselt, ist er nicht leicht zu beobachten.

NAHRUNG Ganzjährig Insekten, die er von Zweigen und Blättern sammelt; im Winter vor allem in der Rinde lebende Käfer und deren Larven; daneben Eicheln und Bucheckern, an Fütterungen Talg und Fettfutter.

VERHALTEN UND STIMME Trommelt selten; ab Januar ertönt der quäkend-klagende Reviergesang: „gwähk gwähk gwähk …“. Ruft weich „kück“, häufig mehrfach gereiht.

BRUT Zimmert jedes Jahr eine neue Höhle, meist in faules Laubholz, oft in den abgestorbenen Ast einer gesunden Eiche. 4–7 Eier, Brutdauer 11–14 Tage.

ZUG Meist Jahresvogel.

LÄNGE 20–22 cm

WANN Ganzjährig
WO Nordspanien, Frankreich, Mittel-, Ost- und Südosteuropa. Meidet höhere Lagen und kommt in Deutschland nur gebietsweise vor

Weißrückenspecht *Dendrocopos leucotos*

Ein großer „Buntspecht“ mit gebänderten Flügeln, Bürzel und Rücken weiß; in den meisten Gebieten seines Brutareals selten und abnehmend

Der größte in der Gruppe „Buntspechte“ und mitunter leichter zu beobachten als die anderen Arten. Der Weißrückenspecht ist meist selten, denn er stellt besondere Ansprüche an den Lebensraum, die nur urwaldartige Laub- und Mischwälder mit vielen absterbenden und toten Bäumen erfüllen. In Skandinavien wird besorgniserregender Rückgang der Bestände beobachtet, in Deutschland, wo die Art nur in den Bergwäldern der Alpen und des Bayerischen Walds brütet, ist die Situation nicht so dramatisch.

NAHRUNG Käferlarven, die in morschem Holz leben, daneben andere Insekten; Nüsse, Samen und Beeren.

STIMME Die lauten Trommelwirbel der Männchen sind deutlich länger als beim Buntspecht, werden zum Ende hin schneller und schwächer. Ruft „kjück“, weicher als Buntspecht.

BRUT Beide Partner schlagen eine Nisthöhle in morsches Laubbaumholz; 3–5 weiße Eier, Brutdauer 10–11 Tage.

ZUG Vorwiegend Jahresvogel. Kleine Vorkommen in den Pyrenäen und in Mittelitalien.

LÄNGE 24–26 cm

WANN Ganzjährig (selten)
WO Vor allem Ost- und Südosteuropa; auch südliches Skandinavien und Südfinnland

Feldlerche *Alauda arvensis*

Trotz großflächiger Abnahme der Bestände, bedingt durch Intensivierung der Bodennutzung, bleibt die Feldlerche immer noch ein häufiger Kleinvogel der Feldflur. Im Frühjahr und Sommer ist ihr ausdauernder Gesang eine vertraute Vogelstimme über Kulturland, Mooren und Heiden sowie in Dünen- und Marschgelände an der Küste. Ursprünglich ein Steppenvogel, der erst mit den großen Rodungen nach Mitteleuropa eingewandert ist; wurde sie zum Charaktervogel der Feldflur. Zur Zugzeit halten sich die Lerchen oft in Trupps auf Stoppeläckern auf.

NAHRUNG Feldlerchen suchen am Boden Nahrung; dort picken sie mit schnellen Bewegungen Insekten wie Heuschrecken und Käfer, aber auch grüne Pflanzenteile und verschiedene Samen auf. Im Winter verzehren sie ausschließlich Pflanzenkost, vor allem Samen und Blätter. Bei späten Schneefällen im Frühjahr besuchen die Lerchen Futterstellen am Boden; wo sie Haferflocken, Sämereien und getrocknete Beeren fressen. Die Jungen werden mit Insekten, Spinnen, Regenwürmern und Schnecken gefüttert.

VERHALTEN UND STIMME Feldlerchen leben in Dauerehe, d. h., wenn beide Partner eines Paars den Winter überleben, brüten sie im folgenden Jahr wieder gemeinsam. Der Singflug des Männchens dauert meist 2–5 Minuten, manchmal kann der Vogel bis zu 20 Minuten ununterbrochen singen. Am Anfang steigt das Männchen stumm auf und beginnt mit den Strophen erst auf halber Höhe; dabei fliegt es in immer kleiner werdenden Spiralen empor und bleibt schließlich in rund 100 Meter Höhe mit flachen Flügelschlägen rüttelnd „stehen". Danach verliert der Vogel langsam an Höhe, lässt sich dann aber wie ein Stein fallen, um kurz vor dem Boden noch einmal zu rütteln, um zu landen. Der Gesang besteht aus abwechslungsreich zwitschernden, trillernden und wirbelnden Strophen mit vielen Imitationen anderer Vogelstimmen. Ruft häufig „tschrrl", „prütt" oder „tirr".

BRUT Für das Bodennest scharrt das Weibchen eine flache Mulde, oft unter niedrigen Kräutern oder Gräsern. Die 3–5 Eier werden 11 Tage bebrütet; die Jungen sind mit 18–20 Tagen flügge, verlassen aber bereits vorher das Nest.

ZUG Im Herbst ziehen die meisten Feldlerchen Mitteleuropas nach Süd- und Westeuropa; Vögel aus nördlichen und östlichen Brutgebieten überwintern in milden Gegenden bei uns.

LÄNGE 18–19 cm

WANN Februar bis September
WO Brütet fast in ganz Europa mit Ausnahme von Island, weiten Teilen Norwegens und der Tundra Russlands. Überwintert in milden Gegenden auch in Mitteleuropa

Ein typischer Singvogel weiter offener Flächen, unternimmt sehr hohe Singflüge, „hängt" dabei ausdauernd singend in der Luft. Gefieder unauffällig graubraun gestrichelt; größer als ein Sperling, aber kleiner als eine Drossel; kurze, gerundete Haube

Heidelerche *Lullula arborea*

Eine hübsche, oberseits gestreifte Lerche mit breitem, weißem Überaugenstreif, schwarz-weißem Flügelabzeichen und kurzem Schwanz. Fliegt wellenförmig und flatternd, meist niedrig, im kreisenden Singflug aber oft sehr hoch

Die recht kleine, breitflügelige, oberseits kräftig gestreifte Heidelerche ist für ihren überaus stimmungsvollen Gesang berühmt. Sie ist nicht sehr scheu, aber vorsichtig und am Boden wegen ihres Tarngefieders oft schwer zu entdecken. In Mitteleuropa ist die Heidelerche vielerorts inzwischen seltener Brutvogel oder fehlt ganz.
NAHRUNG Im Sommer hauptsächlich Insekten und Spinnen, daneben Samen und grüne Pflanzenteile.
VERHALTEN UND STIMME Das singfliegende Männchen beschreibt hohe, wellenförmige, große Kreise über dem Brutrevier. Der Gesang besteht aus sehr vielen verschiedenen melodischen Strophen, die weich (auf „ü") oder trillernd klingen und zum Schluss abfallen. Singt auch auf Baumwarten. Ruft wohlklingend „dadidloi" oder „didlui".
BRUT Das Nest ist sehr gut unter Heidekraut oder einem Grasbüschel versteckt. 3–5 Eier, Brutdauer 12–15 Tage.
ZUG Die Art überwintert meist in Südwesteuropa.
LÄNGE 15 cm

WANN März bis Oktober
WO Brütet in Europa nordwärts bis in den Süden von England, Schweden und Finnland, im Osten bis Zentralrussland

Ohrenlerche *Eremophila alpestris*

Eine hübsche Lerche, die in Größe und Gestalt an die Feldlerche erinnert, aber ein kontrastreiches Kopfmuster und (♂) schwarze Federohren besitzt. Lebt in kargen, steinigen Gebieten, nur im Winterhalbjahr in Mitteleuropa

Die Ohrenlerche ist Brutvogel karger, steiniger Gegenden im Gebirge und in der Tundra. In Mitteleuropa tritt die Art nur im Winter auf, vor allem auf Strand- und Salzwiesen oder am Spülsaum der Nord- und (seltener) Ostseeküste. Die Trupps verstecken sich oft in kurzem Gras und fliegen bei Annäherung auf, sie halten sich dicht gedrängt und fliegen in flachen Bögen; nicht selten vollführen sie wie Strandläufer rasante Schwenks.
NAHRUNG Im Winter vorwiegend Samen von Melde und Gänsefuß; im Sommer Insekten.
VERHALTEN UND STIMME Bei der Bodenbalz präsentieren die Männchen ihr prächtiges Kopf- und Halsgefieder. Der Gesang, am Boden, auf einem Felsblock oder im Singflug vorgetragen, ist melodisch zwitschernd. Ruft dünn „zieh" und „tsiiep".
BRUT Die 2–4 Eier liegen in einem Nest aus Zweigen, Blättern und Gras, innen oft mit Rentierhaaren ausgelegt.
ZUG Die Überwinterungsgebiete liegen vor allem an der Nordseeküste.
LÄNGE 14–17 cm

WANN Oktober bis April
WO Norwegen, Nordwestschweden; Südkarpaten und Balkanhalbinsel. Überwintert an der Nordseeküste; in Südosteuropa Jahresvogel

Stummellerche *Calandrella rufescens*

Die Stummellerche entdeckt man am einfachsten in Südspanien in heißen, trockenen Flusstälern, in kargem Dünengelände an der Küste sowie auf sonnengehärtetem Schlamm. Die Art ist nicht sehr auffällig und leicht mit anderen Lerchen zu verwechseln.
NAHRUNG Vor allem Insekten, die vom Boden oder niedrigen Pflanzen abgesammelt werden; im Winterhalbjahr hauptsächlich kleine Samen.
VERHALTEN UND STIMME Männchen vollführen niedrige, kreisende Singflüge mit unruhig flatternden Flügelschlägen, ähnlich einem Girlitz. Der Gesang ist ein kontinuierlicher Fluss melodischer, oft metallischer und klingelnder Laute, dazwischen viele Imitationen, auch anderer Lerchen. Ruft trocken ratternd „prrrd" oder „prrirrik".
BRUT 3–5 Eier; Männchen und Weibchen brüten und füttern gemeinsam.
ZUG Stummellerchen sind überwiegend Jahresvögel, die spanischen Brutvögel streifen jedoch im Winter umher. Die Populationen Osteuropas wandern in den Nahen Osten.
LÄNGE 13–14 cm

WANN Nicht in Mitteleuropa
WO Küstengebiete Spaniens und (selten) Portugals, Tal des Ebro; Ukraine, Rumänien, Bulgarien, Russland

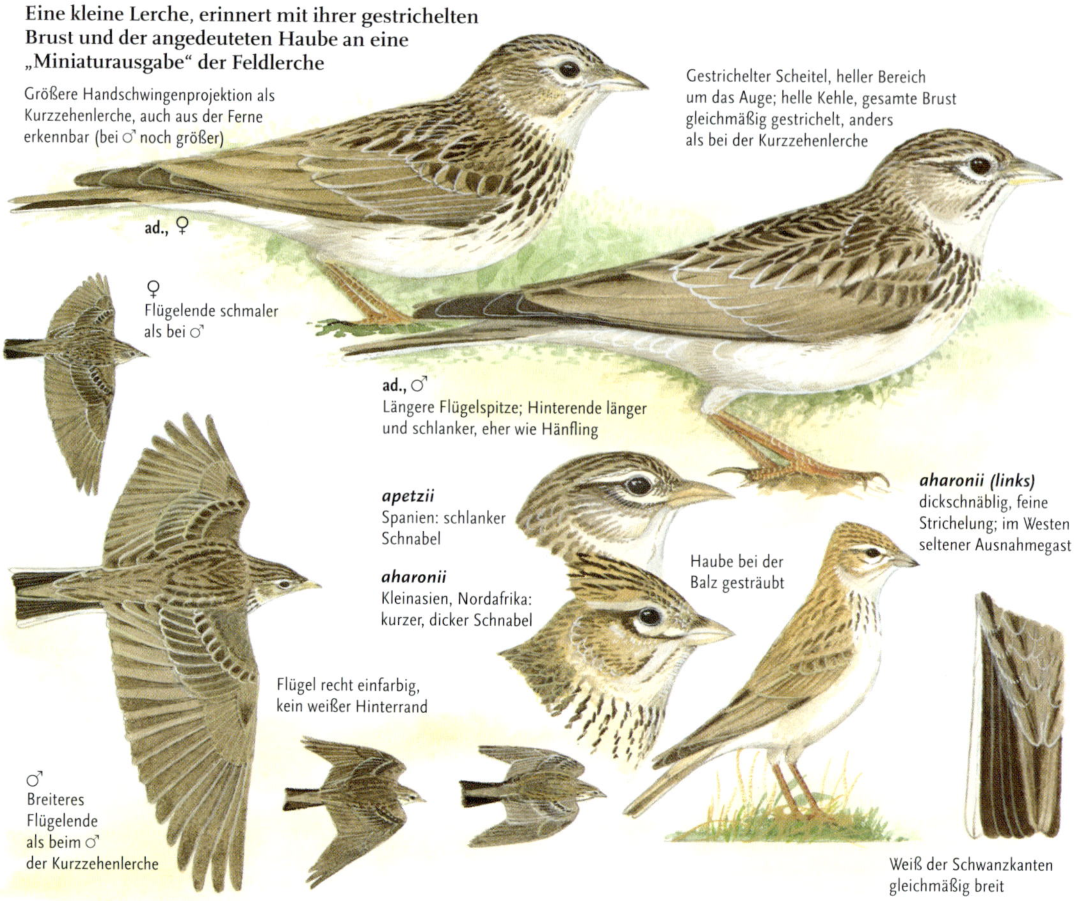

Kurzzehenlerche *Calandrella brachydactyla*

In vielen Mittelmeerländern ist die Kurzzehenlerche häufig und leicht zu beobachten. Wie viele unscheinbare, kleine, bräunliche Vogelarten hat sie ihren eigenen Charakter. Sie ist lebhaft, häufig in Trupps und kleinen Schwärmen anzutreffen. In Mitteleuropa ist sie seltener Brutvogel im Südosten, jedoch beobachtet man Brutvorstöße vom Süden her in die Schweiz.
NAHRUNG Vorwiegend Insekten, vor allem Käfer, daneben Spinnen, grüne Pflanzenteile und Samen; im Winter ausschließlich Samen.
VERHALTEN UND STIMME Beim Singflug steigt das Männchen hoch auf und umkreist das Brutrevier. Die abwechslungsreichen Strophen erinnern an Feldlerche, fallen aber zum Ende etwas ab; enthalten Imitationen. Ruft feldlerchenartig „trit" oder „tschirrep".
BRUT 3–5 Eier, die 13 Tage bebrütet werden; die Jungen sind mit 13 Tagen flügge, verlassen das Nest aber früher.
ZUG Überwintert in Nordafrika und südlich der Sahara.
LÄNGE 14–16 cm

WANN April bis Oktober (selten)
WO Südeuropa. In Mitteleuropa nur in Ungarn, Tschechien und Slowakei; in Süddeutschland und der Schweiz inzwischen regelmäßiger Gast

Haubenlerche *Galerida cristata*

Eine kräftige Lerche der trockenen Kulturlandschaft, von Brachflächen und Ödland; spitze, aufrichtbare Federhaube, breite Flügel, fliegt mit flatternden Flügelschlägen

In vielen Gegenden Südeuropas ist die Haubenlerche noch recht häufig an Straßen- und Feldrändern sowie auf Industrie- und Bahngelände. In Mitteleuropa sind die Bestände dieses ehemaligen Steppenvogels gebietsweise stark geschrumpft, vielerorts ist die Art bereits ganz verschwunden.

NAHRUNG Vor allem Samen von Kräutern und Gräsern sowie grüne Pflanzenteile; im Sommer auch Insekten und Spinnen.

VERHALTEN UND STIMME Die Männchen singen auf einer Warte oder im kreisenden Singflug. Die lauten, flüssigen Strophen, jeweils durch eine längere Pause getrennt, enthalten zwitschernde und melodisch pfeifende Motive sowie viele Imitationen. Ruft angenehm pfeifend „swie-ti-tü" oder „pie-lie-wie".

BRUT 3–5 Eier, die 11–13 Tage bebrütet werden; die Jungen verlassen das Nest mit 9 Tagen und sind mit 15–16 Tagen flugfähig.

ZUG Überwiegend Jahresvogel.

LÄNGE 17 cm

WANN Ganzjährig
WO Europa außer den Britischen Inseln, Skandinavien, Finnland und Nordrussland. Fehlt in Mitteleuropa vielerorts, generell über 600 Meter Höhe

Theklalerche *Galerida theklae*

Eine gedrungene, kurzschnäblige, recht seltene Lerche, die mit Büschen bestandene oder offene Hänge und felsige Plateaus bewohnt

Während Haubenlerchen in einer Reihe von Lebensräumen vorkommen, trifft man die Theklalerche an buschreichen Hügelflanken mit einzelnen Bäumen und Felsen, in Heidegebieten mit offenen Stellen und an Waldrändern. Sie ist generell viel schwieriger zu beobachten als die Schwesterart und daher dem durchschnittlichen Vogelbeobachter auch weniger vertraut.

NAHRUNG Hauptsächlich Insekten und Samen am Boden, die die Lerche auch unter Steinen hervorholt; gräbt aber nicht wie die Haubenlerche.

VERHALTEN UND STIMME Singflug mit kraftlos flatternden Flügelschlägen, oft singen Theklalerchen auch auf Buschspitzen oder Scheunendächern. Der Gesang klingt etwas weicher, melodischer und ist abwechslungsreicher als bei der Haubenlerche.

BRUT Gelege aus 3–4 Eiern.

ZUG Meist Jahresvogel. Theklalerchen sind recht standorttreu, selbst Jungvögel streifen nur wenig umher; Brutvögel höherer Lagen weichen im Winter jedoch in tiefer gelegene Gebiete aus.

LÄNGE 17 cm

WANN Nicht in Mitteleuropa
WO Portugal, Spanien, Balearen; äußerstes Südwestfrankreich (selten)

Kalanderlerche *Melanocorypha calandra*

Die große, kräftige Kalanderlerche ist auf den Süden Europas beschränkt, wo sie auf extensiv bewirtschafteten Kulturflächen sowie in Gras- und Salzsteppen vorkommt; mitunter trifft man sie auch in niedrigem Buschland. Sie ist meist leicht zu beobachten, bei der Nahrungssuche in hohem Gras können jedoch auch größere Trupps unsichtbar werden.

NAHRUNG Meist große Insekten und Raupen; im Winter vor allem Samen, Schösslinge, Grasspitzen; gräbt auch mit dem Schnabel nach Nahrung.

VERHALTEN UND STIMME Das Männchen singt auf Buschspitzen oder Steinen, meist aber in ausdauerndem, kreisendem Singflug; steigt kontinuierlich und mit vielen Imitationen singend auf, im hohen Singflug jedoch durch Pausen getrennte Strophen mit vorwiegend arteigenen Motiven. Ruft rollend „tschrrrriep" oder „trip-trip".

BRUT 4–5 Eier in gut verstecktem Bodennest. Brutdauer 16 Tage; die Jungen verlassen das Nest mit 10 Tagen.

ZUG In Europa Jahresvogel.

LÄNGE 18–19 cm

WANN Nicht in Mitteleuropa
WO Iberische Halbinsel, bis auf Nord- und Westrand; Sardinien, Süditalien; Balkan, Südfrankreich (lokal); nördlich und östlich des Schwarzen Meers

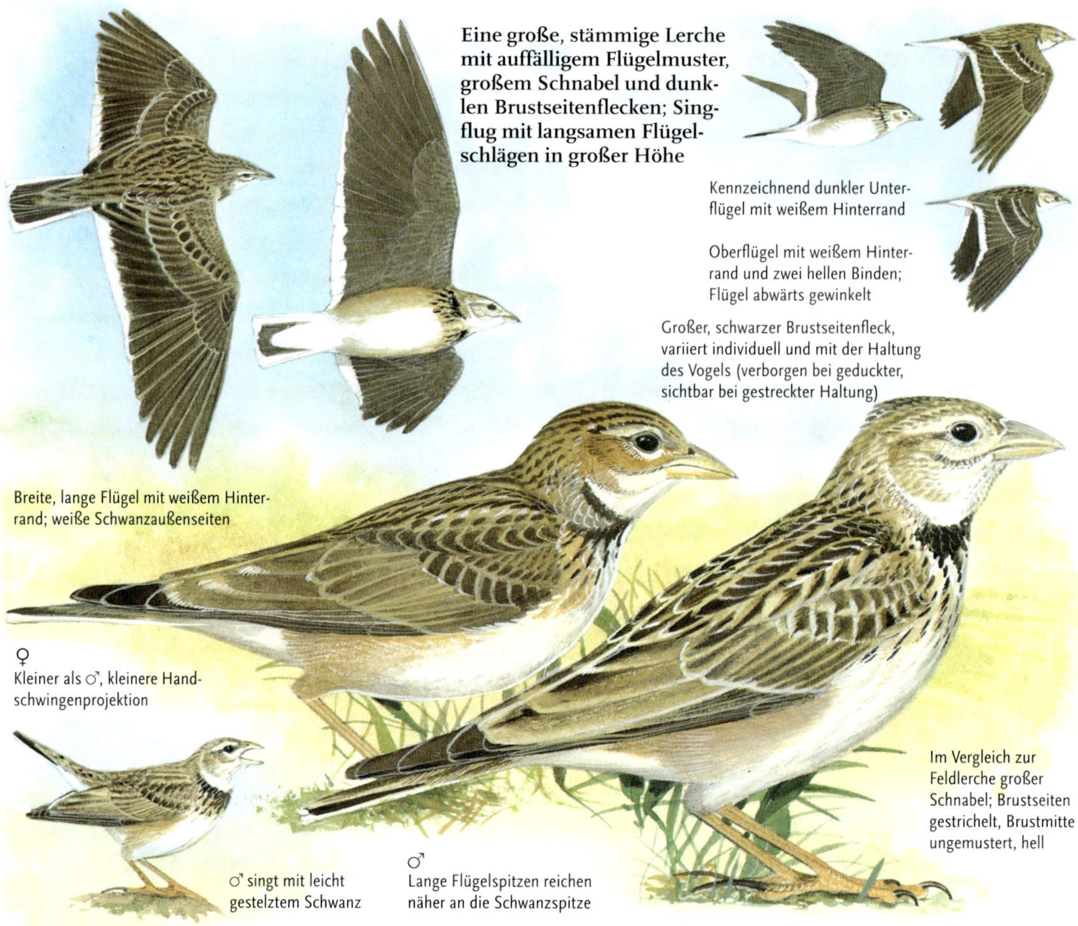

Dupontlerche *Chersophilus duponti*

Diese elegante Lerche ist eine afrikanische Art, die in Europa nur in Spanien vorkommt; dort wurde sie erst vor wenigen Jahrzehnten als regelmäßiger Brutvogel anerkannt. In ihrem Lebensraum, Steppen- und Halbwüstengebieten, herrschen extreme Klimabedingungen mit großer Hitze im Sommer und oft strenger Kälte im Winter. Nahrungssuche in kurzer, schütterer Vegetation und Bereichen ohne Bewuchs; am leichtesten entdeckt man diese Lerche anhand ihres Gesangs.

NAHRUNG Vor allem Insekten und kleine Samen; gräbt gelegentlich mit dem Schnabel nach Nahrung, sucht in Dunghaufen nach Insektenlarven.

VERHALTEN UND STIMME Dupontlerchen singen am Boden, meist aber im Singflug, wobei das Männchen oft noch höher aufsteigt als die Feldlerche; die Strophen erinnern an Bluthänfling, enthalten aber auch kratzige Abschnitte und flötende Motive. Ruft „tju-tjie".

BRUT Gelege aus 3–4 Eiern.

ZUG Jahresvogel, in strengen Wintern Kälteflucht; Junge streifen umher.

LÄNGE 18 cm

WANN Nicht in Mitteleuropa
WO Lokal im Binnenland Nordspaniens und in Südostspanien, besonders im Ebrobecken

Felsenschwalbe *Ptyonoprogne rupestris*

Eine gedrungene, breitflügelige Schwalbe mit nur ganz schwach gegabeltem Schwanz und weißen Schwanzflecken; im Spätsommer matt braungrau, in frischem Gefieder grauer; Unterseite hell

Die Felsenschwalbe zeichnet vor allem ihre elegante Flugweise aus. Von den heimischen Schwalbenarten ist sie die kraftvollste, rasanteste und wendigste Fliegerin; oft fliegt sie an Felswänden entlang und folgt dabei der Felsstruktur. Lebt auch an Felsen der Steilküste.

NAHRUNG Wie andere Schwalben fliegende Insekten, die in der Luft erbeutet werden; bei schlechtem Wetter sucht sie oft niedrig über Flüssen und Seen Nahrung.

STIMME Harte Kontaktrufe „pritprit“ oder „prit“ sowie hell „pli“. Der flüssig vorgetragene Gesang ist rau zwitschernd, nicht weit zu hören.

BRUT Das oben offene Nest ist meist regensicher von einem Überhang geschützt an den Felsen geklebt, nicht selten im Tunnel einer Bergbahn; manchmal ist es auch unter dem Dach eines Gebäudes angebracht. Zwischen Mai und Juli 2 Bruten pro Jahr mit jeweils 3–5 Jungen.

ZUG Die Felsenschwalben der Alpen ziehen im Herbst an das Mittelmeer.

LÄNGE 14,5 cm

WANN März bis Oktober (selten)
WO In den Alpen nordwärts bis Südbayern. Südliches Europa einschließlich der Mittelmeerinseln; diese Populationen sind Jahresvögel, wie manche Brutvögel der Schweiz

Uferschwalbe *Riparia riparia*

Eine kleine, gedrungene Schwalbe mit gegabeltem Schwanz, an der Basis breiten Flügeln sowie schlankem, nach hinten gewinkeltem Handflügel und flatternder Flugweise. Weiße Unterseite mit braunem Brustband kennzeichnend

Von allen europäischen Schwalben ist die Uferschwalbe die kleinste und die am wenigsten zielgerichtet und rasant fliegende. Oft fängt sie niedrig über dem Wasser mit ständigen Wendungen und Schwenks fliegend Insekten. Trupps fliegen oft hoch, besonders bei gleichzeitiger Anwesenheit eines Fressfeinds wie des Baumfalken.

NAHRUNG Kleine Fluginsekten, oft Fliegen und Zuckmücken.

VERHALTEN UND STIMME Trupps fliegen häufig „brrrt“ rufend über der Kolonie; bei Gefahr gellend „ziiier“.

BRUT Nistet an Steilufern von Flüssen und an der Meeresküste sowie in Sandgruben. Beide Partner graben eine bis einen Meter lange Röhre in eine Steilwand, oder sie benutzen eine vorhandene Bruthöhle. 2–4 Bruten pro Jahr mit jeweils 4–5 Jungen.

ZUG Die Überwinterungsgebiete liegen in Afrika südlich der Sahara bis Südafrika; die mitteleuropäischen Vögel ziehen über die Iberische Halbinsel und Marokko in die Sahelzone.

LÄNGE 12 cm

WANN April bis September
WO Brütet fast in ganz Europa außer Island, Teilen der Iberischen Halbinsel, Italiens, einigen Mittelmeerinseln und Höhenlagen über 750 Metern

Rauchschwalbe *Hirundo rustica*

Für die meisten Menschen gehören Schwalben zu den beliebtesten Vögeln. So werden sie in vielen Teilen Europas als willkommene Frühlingsboten geschätzt. In Gegenden, in denen moderne landwirtschaftliche Gebäude keine Möglichkeit für die Anlage des Nests bieten, haben die Rauchschwalben abgenommen. Zudem sind sie von übereifrigen EU-Funktionären bedroht, die alle Schwalben aus den Ställen verbannen wollen. Rauchschwalben brüten innerhalb von Gebäuden wie Ställen oder Scheunen, in die sie durch eine Daueröffnung (Fenster oder andere Luke) gelangen. Im Gegensatz zu Mehlschwalben und Mauerseglern sind Rauchschwalben keine Stadtbewohner, sie besiedeln höchstens die Stadtränder; dagegen trifft man sie in Dörfern und an Einzelgehöften meist immer noch häufig. Zur Insektenjagd brauchen sie offene Landschaft wie Felder und Wiesen. Bei schlechtem Wetter jagen sie oft mit Mehlschwalben niedrig über Gewässern.

NAHRUNG Rauchschwalben jagen vor allem große Fliegen wie Schmeiß- und Dungfliegen, die sie in der Luft mit weit aufgerissenem Schnabel fangen. Die Durchschnittsgröße ihrer Beutetiere ist deutlich größer als die von Mehl- und Uferschwalben.

VERHALTEN UND STIMME Rauchschwalben stehen häufig auf Leitungsdrähten, Hausantennen oder abgestorbenen Ästen oder auf einer Warte in Nestnähe, wo die Männchen ihren wohlklingenden, anhaltenden Gesang vortragen; die lebhaft zwitschernden Strophen enthalten auch plaudernde, knirschende und melodisch trillernde Motive und werden häufig durch einen schnurrenden Schlussteil beendet. Ruft häufig „witt" oder „witt-witt", bei Gefahr scharf „ziwitt-ziwitt".

BRUT An dem oben offenen Nest aus Lehm und Gras hängen lange Halme herab. Es wird meist an eine senkrechte Wand, nicht selten fast direkt unter die Decke geklebt. Die 4–5 Eier werden 15 Tage bebrütet. In Mitteleuropa meist 2 Bruten pro Jahr; im Süden des Verbreitungsareals sind Gelegegröße und Anzahl der Bruten pro Saison größer.

ZUG Im Herbst ziehen die mitteleuropäischen Rauchschwalben nach Afrika südlich der Sahara, nur wenige bleiben in Nordafrika; viele ziehen weiter bis Südafrika. Während viele Vogelarten am Rand der Sahara ziehen, wählen Rauchschwalben die direkte Nord-Süd-Route durch die Wüste.

LÄNGE 17–19 cm

WANN April bis Oktober
WO Ganz Europa mit Ausnahme Islands, des Hochgebirges sowie der hochnordischen Tundragebiete. Auf dem Heimzug erreichen die Rauchschwalben Spanien im März, die ersten Rauchschwalben erscheinen in Mitteleuropa Ende März

Die eleganteste und rasanteste der heimischen Schwalben, außerdem die häufigste; typisch sind die dunkle Kehle, die einheitlich dunkle Oberseite und die bei Altvögeln langen Schwanzspieße

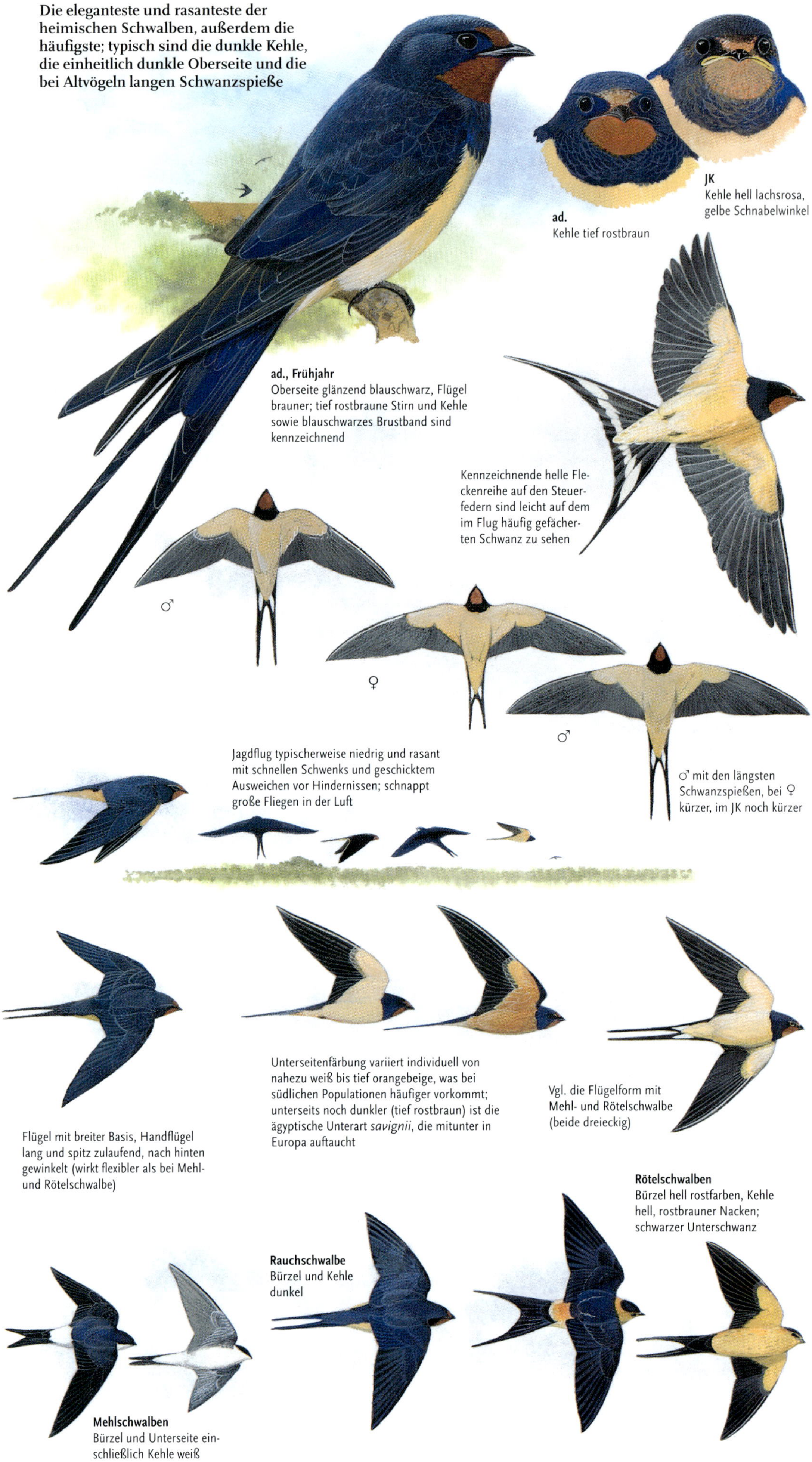

Rötelschwalbe *Hirundo daurica*

Eine Schwalbe mit blauschwarzer Oberseite und rostbraunem Nacken, wodurch der blauschwarze Scheitel wie eine Kappe aussieht; Bürzel hell rostrot, keine dunkle Kehle. Flugweise weniger reißend als die der Rauchschwalbe, fliegt oft langsamer und zielstrebiger oder kreist in größerer Höhe mit gerade gehaltenen Flügeln

Diese ansprechende Schwalbe der Iberischen Halbinsel und des Balkans kombiniert die blauschwarze Oberseite der Rauchschwalbe mit dem hellen Bürzel und der oft flatternden Flugweise der Mehlschwalbe. Beim näheren Kennenlernen erschließt sich dem Beobachter jedoch der ganz eigene Charakter dieser Schwalbe.

NAHRUNG Bei der Nahrungssuche und -wahl ähnelt sie der Rauchschwalbe, gleitet jedoch mehr ohne Flügelschlag und jagt oft in größerer Höhe, gelegentlich in kleinen Trupps.

VERHALTEN UND STIMME Oft steht das Weibchen mit angehobenen Steuerfedern auf einer Warte, das Männchen gesellt sich dazu und singt in kurzen, zwitschernden Strophen. Typischer Flugruf sperlingsartig „tschriet“.

BRUT Das halbkugelförmige Nest aus Schlamm und langen Halmen hat einen röhrenförmigen Einschlupf. 3–4 Bruten pro Jahr mit je 4–5 Jungen.

ZUG Europäische Rötelschwalben überwintern in den Savannen Afrikas, wo sie auf Artgenossen aus westasiatischen Brutgebieten treffen.

LÄNGE 16–17 cm

WANN Ausnahmegast (April, Mai)
WO Vor allem Iberische Halbinsel, SO-Europa; lokal in Italien, Südfrankreich, Korsika und Sardinien

Mehlschwalbe *Delichon urbica*

Ein kleiner, schwarzweißer Vogel des Luftraums mit dreieckigen Flügeln und gegabeltem Schwanz; breites, weißes Bürzelfeld kennzeichnend. Flug meist hoch mit flatternden Flügelschlägen und eingeschobenen Gleitstrecken

Die Mehlschwalbe, häufig über Dörfern und der Kulturlandschaft, hat sich heute in ihrer Nistweise ganz dem Menschen angeschlossen. Früher brütete sie ausschließlich an steilen Felswänden der Gebirge und Klippen an der Küste; in Europa gibt es nur noch wenige felsbrütende Kolonien.

NAHRUNG Ausschließlich fliegende Insekten. Mehlschwalben fliegen meist höher als Rauchschwalben, oft in Trupps und zusammen mit Seglern.

VERHALTEN UND STIMME Der angenehme, aber unauffällige zwitschernde Gesang ist im Flug und in Nestnähe zu hören. Ruft hart „priprit“ oder „prrt“, bei Gefahr durchdringend „zier“.

BRUT Mehlschwalben legen ihre fast geschlossenen Nester an Gebäuden an, nicht selten beziehen sie auch künstliche Nester unter dem Dach.

ZUG An warmen Septembertagen sammeln sich die Mehlschwalben, oft mit Rauchschwalben, zu großen Schwärmen, bevor sie in ihre afrikanischen Winterquartiere aufbrechen.

LÄNGE 12,5 cm

WANN April bis Oktober
WO Brütet fast in ganz Europa, außer Island und der Tundra Nordeuropas. In Mitteleuropa nahezu überall Brutvogel

Strandpieper *Anthus petrosus* Bergpieper *Anthus spinoletta*

Die beiden Formen des **Strandpiepers** (*petrosus* und *littoralis*) werden heute gewöhnlich als eine Art behandelt; früher wurden sie mit dem **Bergpieper** in einer gemeinsamen Art („Wasserpieper") zusammengefasst. Strukturelle Untersuchungen für die Illustrationen dieser Seite haben ergeben, dass sich skandinavische Strandpieper (*littoralis*) und Bergpieper in ihrer Gestalt nahezu völlig gleichen, während der Strandpieper der Nominatform (*petrosus*) „Sonderling" in dem Trio ist. Wir schlagen deshalb vor, die drei Formen provisorisch als drei Arten zu behandeln.
Strandpieper der Britischen Inseln (*petrosus*) sind Standvögel an der Felsküste. *littoralis*-Vögel aus Skandinavien, im Deutschen auch „Felsenpieper" genannt, sind Zugvögel. In Mitteleuropa sind sie Wintergäste an der Nordseeküste, seltener an der Ostseeküste oder ein Stück weit im Binnenland; die Vögel bevorzugen felsige und steinige Bereiche, weniger Sandstrände.
Bergpieper dagegen sind Gebirgsvögel, die meist in Wassernähe auf felsigen Wiesen und Matten oberhalb der Baumgrenze brüten. Im Winter ziehen viele von ihnen nordwärts ins mitteleuropäische Flachland, wo sie oft an Gewässerrändern zu beobachten sind.
Strandpieper der Nominatform besetzen im Winter kleine Territorien und im Sommerhalbjahr Brutterritorien, so dass sie das ganze Jahr über anhand von Reviergesang und Rufen zu entdecken sind.
Bergpieper sind im Winterhalbjahr oft scheu und fliegen bereits auf größere Entfernung auf, gewinnen zielstrebig an Höhe und landen oft erst außer Sichtweite, Strandpieper dagegen (in Mitteleuropa nur *littoralis*) laufen oft erst ein Stück vor dem Beobachter her, bevor sie auffliegen, in geringer Höhe bleiben und schon nach kurzer Entfernung wieder einfallen.
NAHRUNG Insekten und Spinnen; im Winter gelegentlich Samen.
VERHALTEN UND STIMME Die Männchen singen im Singflug. Der Gesang aller 3 Formen ist im Vergleich zum Wiesenpieper lauter, melodischer und setzt sich aus längeren Touren zusammen. Bergpieper rufen häufig scharf „fist", Strandpieper eher „piist".
BRUT Nester in Felsspalten (Strandpieper), oft geschützt unter Alpenrosen (Bergpieper). 4–6 Eier, die 14–15 Tage bebrütet werden.
LÄNGE 16,5–17 cm

WANN September bis April
WO Strandpieper: *petrosus* an der Küste Großbritanniens und Irlands sowie Nordfrankreichs; *littoralis* an den Küsten Skandinaviens und Finnlands; im Winter Küsten von der Nordsee bis Gibraltar.
Bergpieper: Gebirge Mittel- und Südeuropas; im Winter Mittel- und Südeuropa, Nordafrika; Britische Inseln

Eine komplexe Gruppe mittelgroßer Pieper mit kennzeichnend dunklen Beinen. Strandpieper (*petrosus* und die meisten *littoralis*) sind das ganze Jahr über düster gefärbt, Bergpieper dagegen (und einige *littoralis*) mit andersfarbigem PK

Spornpieper *Anthus novaeseelandiae*

Alljährlich verschlägt es ein Dutzend, selten auch mehrere Hundert Spornpieper nach Europa, wenn sie auf dem Zug von ihren sibirischen Brutgebieten die West- statt die übliche Südrichtung einschlagen. Meist landen diese Vögel auf den Britischen Inseln, wenige Spornpieper erscheinen aber auch regelmäßig, besonders im Oktober, auf Helgoland. Verglichen mit europäischen Piepern ist der Spornpieper groß, langbeinig und langschwänzig.

NAHRUNG Insekten, die meist in hohem Gras laufend erbeutet werden, mitunter auch in einem kurzen Verfolgungsflug.

STIMME Ruft durchdringend, sperlingsartig „tschriep" oder „tschirp".

ZUG Spornpieper brüten vorwiegend an Gewässern in der Steppe und in hochgrasigen Feuchtgebieten in der Mitte und im Osten des nördlichen Asiens. Die meisten Brutvögel ziehen im Herbst nach Indien und Südostasien, manche aber nach Westen.

LÄNGE 18–20 cm

WANN September bis November
WO Küsten der Ost- und Nordsee, in Mitteleuropa vorwiegend auf Helgoland; im mitteleuropäischen Binnenland extrem seltener Ausnahmegast

Brachpieper *Anthus campestris*

Dieser große Pieper erreicht ungefähr die Größe einer Schafstelze. Er lebt in offener, warmer Landschaft, gern an sandigen oder steinigen, spärlich bewachsenen Flussufern, in Dünengelände oder auf Heideflächen; in Mitteleuropa findet man ihn oft auf Truppenübungsplätzen. Meist ist er scheu, fliegt bereits auf größere Entfernung auf und landet oft erst außer Sichtweite.

NAHRUNG Insekten wie Heuschrecken, Käfer, Fliegen und Raupen; pickt die Beutetiere vom Boden auf oder liest sie von niedrigen Pflanzen ab.

STIMME Die Männchen singen am Boden oder, häufiger, im hohen, wellenförmigen Singflug; die Strophe besteht aus einer einzigen Silbe („zirluih"), die ständig wiederholt wird. Ruft sperlingsartig „tjüb" oder „dchilp".

BRUT Das Nest ist meist unter Heidekraut oder Grasbüscheln versteckt. 4–5 Eier, Brutdauer 12–13 Tage; die Jungen sind mit 13–14 Tagen flugfähig.

ZUG Brutvögel Europas überwintern in Afrika südlich der Sahara und auf der Arabischen Halbinsel.

LÄNGE 16,5 cm

WANN April bis September
WO Brütet in Europa, außer Island, Britische Inseln und Nordeuropa (aber selten und lokal in Südschweden)

Baumpieper *Anthus trivialis*

Der elegante Baumpieper fällt im Frühjahr und Sommer vor allem durch seinen klangvollen, an Kanarienvogel erinnernden Gesang auf. Er ist ein Vogel der Waldränder oder offeneren Landschaft mit einzelnen Bäumen; im Gebirge steigt er bis zur Baumgrenze.
NAHRUNG Insekten wie Fliegen und Raupen, die er vom Boden und von kleinen Zweigen abpickt oder manchmal in der Luft verfolgt.
VERHALTEN UND STIMME Das Männchen singt häufig auf einer Baumspitze; von dort startet es auch zum Singflug, wobei es ein Stück aufsteigt und dann mit ausgebreiteten Flügeln zur Baumspitze herabgleitet. Die Strophen bestehen aus verschiedenen trillernden Touren, am Schluss klingt der Gesang in gedehnten „zia"-Lauten aus. Ruft häufig rau „psii".
BRUT Gut verstecktes Bodennest; 3–6 Eier, die 12–14 Tage bebrütet werden.
ZUG Überwintert in Afrika südlich der Sahara; auf dem Zug oft kleine Trupps in offener Landschaft.
LÄNGE 15 cm

WANN April bis Oktober
WO Brütet in Europa außer Island, Irland, dem größten Teil der Iberischen Halbinsel, der Mittelmeerinseln und Teilen des hohen Nordens

Ein kräftig gemusterter Pieper, häufig auf Bäumen an den Rändern von Wäldern, Mooren und Heidegebieten anzutreffen; nicht einfach vom Wiesenpieper oder von einigen, im Herbst erscheinenden Ausnahmegästen zu unterscheiden, jedoch sind singende Männchen leicht zu bestimmen

Rotkehlpieper *Anthus cervinus*

Die meisten Rotkehlpieper, die auf dem Durchzug in Mitteleuropa auftreten, sind im Schlicht- oder Jugendkleid, manche Durchzügler im Frühjahr tragen aber prächtige Rotfärbung. Die Vögel rasten gern an Gewässerufern und auf feuchten Wiesen und Weiden. Die Brutplätze dieses Piepers liegen im hohen Norden Europas, vor allem in Feuchtgebieten der Strauchtundra und der Fjällbirkenzone, seltener in Taigagebieten.
NAHRUNG Insekten, Spinnen und kleine Schnecken, gelegentlich kleine Samen; Nahrungssuche oft am Strand und im Uferbereich.
VERHALTEN UND STIMME Beim Singflug beschreibt das Männchen Kreise über dem Brutplatz. Die Strophen bestehen aus verschiedenen trillernden, rollenden und pfeifenden Touren, die etwas kräftiger klingen als beim Wiesenpieper. Ruft hoch und dünn „tsiieh".
BRUT Bodennest; 5–6 Eier, die 11–14 Tage bebrütet werden.
ZUG Überwintert in Nordafrika, vor allem aber südlich der Sahara.
LÄNGE 15 cm

WANN April, Mai, September, Oktober
WO Brütet in Nordskandinavien, Nordfinnland und Nordrussland

Ein nordischer Pieper, der auf dem Zug in Mitteleuropa alljährlich in geringer Zahl erscheint und sich oft durch seinen durchdringenden Ruf verrät; ad. meist auffällig und kennzeichnend, Vögel im 1en W (Herbst) sind deutlich schwieriger zu bestimmen

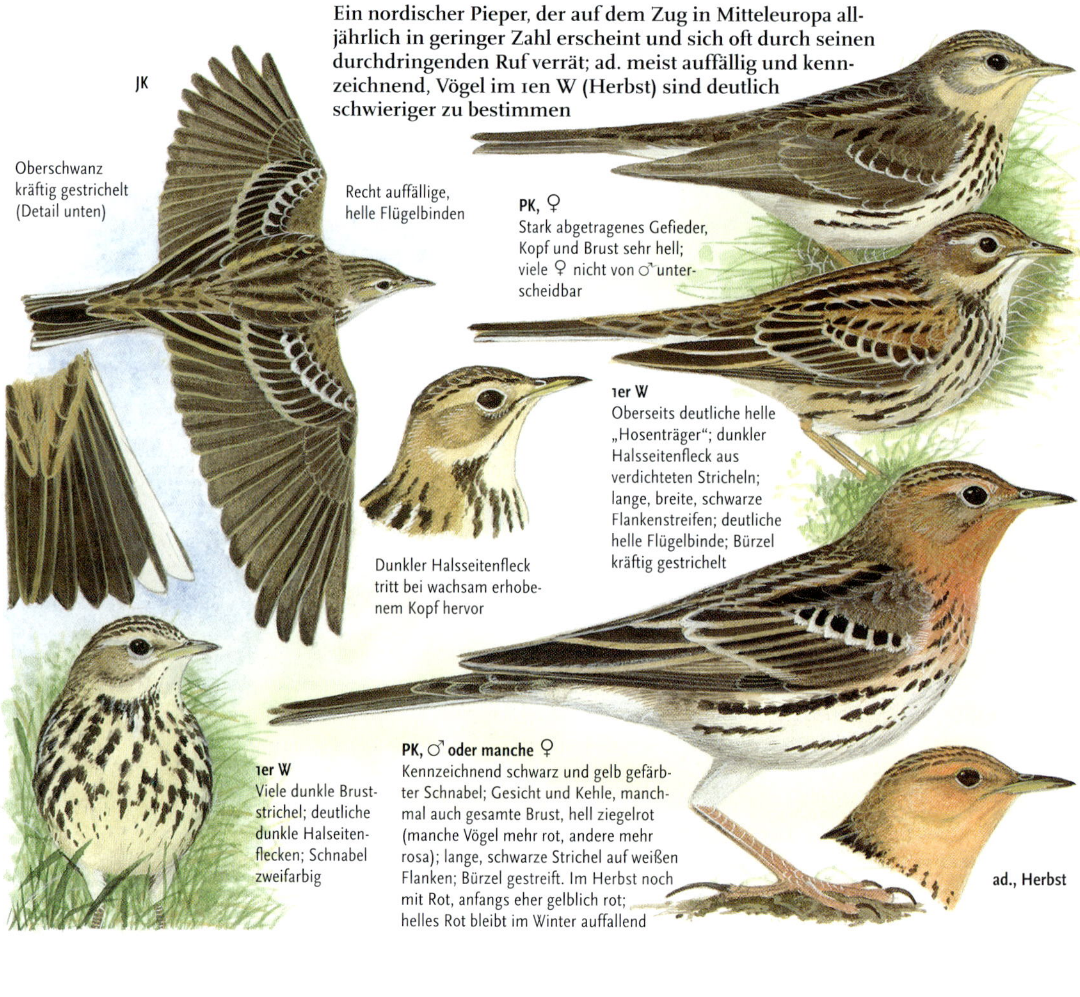

Wiesenpieper *Anthus pratensis*

Ein kleiner und zierlicher, stark gestreifter Bodenvogel mit schlankem Schnabel und dünnen Beinen; weiße Schwanzkanten und dünne, mürrisch klingende Rufe kennzeichnend. Typischer Brutvogel weiter Moore und Heidelandschaften

Der Wiesenpieper, einer der am weitesten verbreiteten Pieper, ist stark gestreift, wirkt nervös und hektisch und sucht oft bei der kleinsten Störung das Weite. Auf dem Frühjahrszug erscheint er mitunter in Trupps an Gewässern, wo er zusammen mit Bach- und Schafstelzen, Rohrammern und anderen Kleinvögeln an der Wasserlinie und in anschließendem Wiesengelände nach Insekten sucht. In Moor- und Heidegebieten, in Ödland und Dünengelände Mitteleuropas trifft man ihn zunehmend auch im Winterhalbjahr an, auf Bergwiesen, die er bis zur Baumgrenze besiedelt, jedoch nur im Sommerhalbjahr. Wiesenpieper sind oft leicht zu beobachten, aber wie andere Pieper und Stelzen entschließen sie sich bei Störung oft unvermittelt aufzufliegen und erst außer Sicht wieder zu landen. Wiesenpieper haben viele Feinde: Vor allem Rabenvögel und Sperber, im Norden auch Merlin und Kornweihe; die Gelege gehen oft durch Wiesel, Kreuzottern und sogar Zauneidechsen verloren. Nicht selten trägt der Kuckuck zu Brutverlusten bei – in manchen Gegenden zu mehr als fünfzig Prozent. Trotzdem ist der Wiesenpieper in den meisten Gebieten seines großen Brutareals häufig.

NAHRUNG Vor allem Insekten und Spinnen, die vom Boden aufgepickt oder vom niedrigen Bewuchs abgelesen werden. Er verfolgt die Insekten aber nicht im Flug.

VERHALTEN UND STIMME Zu seinem Singflug startet das Männchen am Boden, gewinnt in steilem, flatterndem Steigflug Höhe und gleitet dann wie ein Fallschirm mit steif gehaltenen Flügeln und angehobenen, gespreizten Steuerfedern in Kurven zu Boden. Die Strophen beginnen bereits vor dem Start; sie bestehen aus meist 3–4 verschiedenen, lang anhaltenden, hellen und dünnen Touren, die in einem melodischen Triller ausklingen. Sie erinnern weniger an Kanarienvogel und enden auch nicht mit einer „zia"-Folge wie beim Baumpieper. Ruft dünn „ist" oder hektisch „ist ist ist".

BRUT Das kleine, wenig kunstvoll aus Gras, Halmen und Haaren gefertigte Nest ist meist unter einer Grasbülte mit Sichtschutz nach oben angelegt. 3–5 Eier, Brutdauer 11–15 Tage; die Jungen fliegen mit 13–15 Tagen aus.

ZUG In Island und Skandinavien sind Wiesenpieper Zugvögel, auch die meisten Brutvögel Mitteleuropas.

LÄNGE 14,5 cm

WANN Ganzjährig (im Winter selten)
WO Nord- und Osteuropa, Britische Inseln; Frankreich (lokal); in Mitteleuropa Verbreitungslücken, fehlt im Südosten ganz. Die Überwinterungsgebiete der europäischen Brutvögel liegen auf den Britischen Inseln, in Frankreich, auf der Iberischen Halbinsel und im Mittelmeerraum

Gebirgsstelze *Motacilla cinerea*

Im Sommer ist die Gebirgsstelze ein Vogel der schnell fließenden Flüsse und Bäche in bewaldeter Landschaft. Im Winter ziehen die Populationen der höheren Gebirgslagen in die Täler und ins Flachland. Die Gebirgsstelze ist in Gestalt und Bewegungsweise die extremste Stelze, wichtigstes Bestimmungskriterium ist aber ihre hohe, scharfe Stimme.

NAHRUNG Hauptsächlich Insekten, die sie am Boden oder in kurzem Verfolgungsflug erbeutet.

VERHALTEN UND STIMME Die Männchen singen auf einem Fels oder Ast in Wassernähe oder in pieperähnlichem Singflug. Der Gesang besteht aus schrill zwitschernden und trillernden sowie rufähnlichen Folgen. Ruft durchdringend „tzit“ oder „tzi-tzi“.

BRUT Das Nest liegt meist am Ufer in einer Felsspalte, zwischen Baumwurzeln oder in einem Mauerloch. Die 4–6 Eier werden 11–14 Tage bebrütet.

ZUG Die ziehenden Populationen Nord- und Osteuropas überwintern in Afrika und im Nahen Osten.

LÄNGE 18–19 cm

WANN Ganzjährig
WO Brütet in Europa außer Nordskandinavien, Finnland, großen Teilen Osteuropas. In Deutschland, Österreich und der Schweiz meist häufig

Die schlankste Stelze Europas sowie die mit dem längsten Schwanz und dem ausgeprägtesten Schwanzwippen; Flug wellenförmig, scharfe Flugrufe; einzige gelbe Stelze im Winter in Mitteleuropa

Zitronenstelze *Motacilla citreola*

Zitronenstelzen brüten in der Strauchtundra des arktischen Russlands, aber auch in feuchten Steppen und Mooren Osteuropas, in Teilen ihres Areals im Gebirge bis über 4000 Meter Höhe. Im westlichen Europa sind sie Ausnahmegäste, die man meist an Gewässern antrifft. Zitronenstelzen brüten neuerdings in Polen und im Baltikum, aus Deutschland und der Schweiz liegen bereits die ersten Brutnachweise vor.

NAHRUNG Hauptsächlich Insekten, die am Boden aufgelesen oder im Flachwasser watend erbeutet werden; die Vögel jagen Insekten auch zwischen Weidevieh.

STIMME Der typische Flugruf „triip“ oder „sriip“, den man von Durchzüglern hört, ist etwas härter, rauer und höher als der Schafstelzenruf.

BRUT Das Bodennest ist gut in der Vegetation getarnt und liegt oft in einer Höhlung am Ufer oder neben einem Stein. 4–6 Eier.

LÄNGE 17 cm

WANN In Mitteleuropa Ausnahmegast
WO Tundra Nordrusslands; Ukraine, Weißrussland; sporadisch Baltikum, Südfinnland, Ostpolen. Zieht normalerweise in den Nahen Osten und nach Indien; einige Vögel überwintern auch im westlichen Europa

Eine Stelze mit großer Gefiedervariation; im PK ist das ♂ kennzeichnend, erinnert in anderen Kleidern aber stark an Bach- und Schafstelze

Schafstelze *Motacilla flava*

Eine wohlproportionierte Stelze; von den europäischen Stelzen die mit dem kürzesten Schwanz. Oft auf Wiesen und Weiden und zwischen Weidevieh; in Europa viele verschiedene Unterarten

Vor kurzem durchgeführte Untersuchungen über die Verwandtschaftsbeziehungen der Stelzen legen nahe, die Schafstelze in mehrere Arten aufzuspalten. Besonders deutliche Eigenständigkeit zeigen die „Maskenstelze" des Balkans und die „Englische Schafstelze" der Britischen Inseln, Nordfrankreichs und der holländischen Nordseeküste; beide scheinen auch neben anderen Schafstelzenformen zu brüten, ohne sich zu vermischen. Andere Unterarten sind in dieser Hinsicht weniger festgelegt, die Grenzen zwischen ihnen sind komplexer. Die große Vielfalt der Schafstelzenformen fasziniert Vogelbeobachter, besonders im Frühjahr, wenn 2 oder 3 Formen nebeneinander durchziehen. Schafstelzen bevorzugen zur Brutzeit feuchtes Gelände wie Moore und feuchte Heidegebiete sowie saisonal überschwemmte Wiesen, brüten aber auch auf Getreide- oder Kartoffelfeldern. Auf dem Zug erscheinen sie in jeder Art von offener Landschaft. Im Frühjahr rasten sie nicht selten hoch auf Bergwiesen Südeuropas und warten dort auf günstiges Wetter, bevor sie die letzte Etappe ihrer Wanderung in den Norden antreten.

NAHRUNG Schaftstelzen ernähren sich von Insekten, die sie am Boden, in dichteren Grasbeständen oder in seichtem Wasser aufpicken und mitunter in kurzen Sprints oder hochhüpfend schnappen; besonders Fliegen an Kuhfladen sind begehrt, aber auch Zecken und andere Insekten, die sie auf dem Rücken von Weidetieren absammeln.

VERHALTEN UND STIMME Vom späten Winter an bilden Schafstelzen Paare, von denen sich nach dem Frühjahrszug oft mehrere zusammenschließen und in geeigneten Lebensräumen eine lockere Brutkolonie bilden. Die Männchen singen vom Boden, einer niedrigen Warte oder im kurzen, tänzelnden Singflug. Der einfach aufgebaute, wenig klangvolle Gesang setzt sich aus meist zwei schnell zwitschernden, rufähnlichen Silben zusammen. Die Flugrufe variieren individuell und je nach Unterart: Vögel aus westlichen und nördlichen Brutgebieten rufen dünn und klangvoll „tswiep" oder „tsrie", süd- und südosteuropäische Schafstelzen rufen rauer „zrri".

BRUT Nur das Weibchen baut. Die 4–6 Eier werden 11–13 Tage bebrütet; die Jungen verlassen das Nest, bevor sie flügge sind, mit rund 16 Tagen.

ZUG Fast alle europäischen Schafstelzen verbringen den Winter in Afrika südlich der Sahara.

LÄNGE 17 cm

WANN Meist April bis September
WO Fast ganz Europa, außer Island, Irland, Schottland sowie Gebirgen und Waldgebieten. Einige bleiben im Winter in Südspanien

Bachstelze & „Trauerbachstelze“ *Motacilla alba*

Die Bachstelze zählt zu unseren häufigsten und bekanntesten Kleinvögeln und ist in Europa die am weitesten verbreitete Stelze. Sie hält sich meist am Boden auf, gewöhnlich abseits von hoher oder dichter Vegetation, außer auf dem Zug. Man trifft diesen Kleinvogel in einer Vielzahl von offenen Lebensräumen an. Meist sucht die Bachstelze ihre Nahrung an Gewässerrändern, in Kiesgruben, an den Rändern von Straßen und Bahnstrecken; sie läuft aber auch häufig auf asphaltierten Straßen und Parkplätzen und sogar mitten in Dörfern und Städten. Die Nominatform der **Bachstelze**, die Kontinentaleuropa bewohnt, und die **„Trauerbachstelze“**, die auf den Britischen Inseln, in Dänemark, Nordfrankreich und sporadisch an der mitteleuropäischen Nordseeküste vorkommt, werden meist als Unterarten der Art Bachstelze angesehen. Zunehmend wird aber der „Trauerbachstelze“ als *Motacilla yarellii* Artrang zuerkannt. Ob nun Arten oder Unterarten, beide sind nah miteinander verwandt.

NAHRUNG Das ganze Jahr Insekten, gern an Ufern die an Land gespülten Fliegen, Mücken und Ameisen; gelegentlich erwischen Bachstelzen Schmetterlinge oder sogar kleine Fische. Manches Insekt schnappen sie nach kurzem Verfolgungsflug.

VERHALTEN UND STIMME Durch bestimmte Verhaltensweisen und Lautäußerungen der Bachstelzen wird man oft auf fliegende Greifvögel aufmerksam; so verfolgen nicht selten mehrere Bachstelzen aufgeregt zwitschernd einen Sperber. Die Männchen singen verhalten zwitschernd auf Dächern und anderen Warten in Nestnähe. Ruft häufig „ziw-litt“, „zli-ipp“, „zitt“ oder „zissick“.

BRUT Bachstelzen sind Halbhöhlenbrüter. Das locker aus Halmen, Blättern und Moos zusammengefügte Nest wird meist in der Uferböschung, in Mauerlöchern, auf Dachbalken oder unter Dachziegeln angelegt. Die 5–6 Eier werden 11–16 Tage bebrütet; die Jungen fliegen nach 13–14 Tagen aus.

ZUG Die Bachstelzen Nord- und Osteuropas sowie die meisten Brutvögel Mitteleuropas ziehen im Herbst in den Mittelmeerraum; bereits im nordwestlichen Mitteleuropa steigt der Anteil der Nichtzieher stark an. Die Brutvögel der Britischen Inseln und Nordfrankreichs sind hingegen Jahresvögel.

LÄNGE 18 cm

WANN *alba:* März bis November; *yarellii:* ganzjährig (sehr selten)
WO Brütet nahezu in ganz Europa, auch in höheren Lagen; davon *yarellii* auf den Britischen Inseln, in Nordfrankreich sowie in wenigen Paaren an der Nordseeküste Mitteleuropas. Die meisten Brutvögel Mitteleuropas ziehen im Herbst in den Mittelmeerraum

Ein kleiner, langschwänziger, auffällig gemusterter Vogel am Wasser, aber auch in Wiesengelände, Dörfern, Städten, auf Parkplätzen und Industrieanlagen; fast ständig geäußerte Rufe kennzeichnend

Seidenschwanz *Bombycilla garrulus*

Ein einzigartiger Vogel mit weichem, seidigem Gefieder, langer Federhaube und schwarzem Kinnfleck sowie markanter Flügel- und Schwanzmusterung; oft recht vertraut

Wenn nach einer erfolgreichen Brutsaison in der Taiga die Seidenschwanz-Bestände angewachsen sind und die Nahrung knapp wird, verlassen große Trupps ihre Brutheimat, um woanders nach Beeren, ihrer Winternahrung, zu suchen. Dann treten auch in Mitteleuropa oft große Schwärme auf.

NAHRUNG Im Sommer hauptsächlich Insekten; im Winter fast nur Beeren, gern Misteln und Eberesche.

VERHALTEN UND STIMME Bei der Balz präsentiert das Männchen seine Federhaube und sträubt die grauen Bürzelfedern; gleichzeitig überreicht es dem Weibchen eine Beere als Brautgeschenk. Der Gesang besteht aus rufartigen Lauten und rätschenden Tönen. Ruft klingelnd „sirrr".

BRUT Nistet meist in einer mit Bartflechten behangenen Fichte in Waldrandnähe. 5–6 Eier, die 14–15 Tage bebrütet werden.

ZUG In manchen Jahren weite Wanderungen süd- und westwärts, die bis Mittel- und sogar Südeuropa führen.

LÄNGE 18 cm

WANN Oktober bis April
WO Brütet im Norden Skandinaviens, Finnlands und Russlands; in manchen Wintern häufige Einflüge in Mitteleuropa

Wasseramsel *Cinclus cinclus*

Ein singdrosselgroßer Vogel der Fließgewässer mit zaunkönigsartiger Gestalt und weißem Brustlatz; sitzt häufig auf einem Stein im Wasser und knickst

Nur wenige Vogelarten sind so eng an einen bestimmten Lebensraum gebunden wie die Wasseramsel, die man nur selten abseits von Fließgewässern findet. Sie brütet meist in höheren Lagen.

NAHRUNG Hauptsächlich die im Wasser lebenden Larven von Eintags-, Stein- und Köcherfliegen. Der einzige Singvogel, der im und unter Wasser seine Nahrung sucht – watend, schwimmend, tauchend und auf dem Gewässergrund laufend.

VERHALTEN UND STIMME Wasseramseln fliegen häufig den Fluss entlang und singen immer wieder am Ufer, um ihr Territorium zu markieren. Die rau zwitschernden Strophen sind das ganze Jahr über zu hören. Ruft durchdringend und scharf „zrit".

BRUT Das überdachte Moosnest ist meist in der Uferböschung in einer Höhlung oder zwischen Baumwurzeln angelegt, oft auch in einem Nistkasten unter einer Brücke. 4–5 Eier.

ZUG Meist Jahresvogel; bei großer Kälte Ausweichbewegungen an Ufer großer Seen oder an die Meeresküste.

LÄNGE 18 cm

WANN Ganzjährig
WO In Europa lokal, fehlt großenteils in Osteuropa, in Finnland, dem Baltikum, Polen und Ungarn sowie im Norden von Frankreich und Mitteleuropa

Heckenbraunelle *Prunella modularis*

Ein unauffälliger Gartenvogel, der bei der geringsten Störung in dichten Hecken oder im Gebüsch verschwindet. Die Heckenbraunelle lebt vor allem aber in unterholzreichen Nadel- und Mischwäldern und an gebüschreichen Waldrändern. Ihr Paarverhalten mit häufiger Bildung von Trios aus zwei Männchen und einem Weibchen ist recht ungewöhnlich.

NAHRUNG Im Sommer vorwiegend Insekten des Bodens und niedrigen Bewuchses, im Winter vor allem Samen. Besucht auch Futterhäuser.

VERHALTEN UND STIMME Bereits im März beginnen die Männchen zu singen. Die Gesangsstrophen sind lang anhaltend, eilig zwitschernd und etwas auf- und absteigend. Ruft scharf „sieh" und vibrierend „didi".

BRUT Das Moosnest ist meist gut versteckt. 4–5 Eiern, Brutdauer 12 Tage; die Jungen sind mit 13 Tagen flügge.

ZUG Nord- und osteuropäische Vögel sind Zugvögel; die meisten mitteleuropäischen Brutvögel sind Jahresvögel.

LÄNGE 13–14 cm

WANN Ganzjährig
WO Brütet in Europa außer Island, dem Süden der Iberischen Halbinsel und Italiens sowie der Mittelmeerinseln; in Südeuropa meist im Gebirge

Alpenbraunelle *Prunella collaris*

Im Sommer halten sich Alpenbraunellen meist auf felsigen Bergwiesen, Blockhalden und an Felsabbrüchen oberhalb der Baumgrenze von 1800–3000 Meter Höhe auf. Im Winter wandern die Vögel in tiefere Lagen und erscheinen dann häufig an Berghotels, Almhütten und Liftanlagen. Meist entdeckt man die Alpenbraunelle durch ihren Gesang, wobei die Lautäußerungen von Hausrotschwanz und Bergpieper zu Verwechslungen führen.

NAHRUNG Vor allem Insekten und Spinnen am Boden oder zwischen Felsspalten; im Winter meist Samen.

STIMME Der Gesang ist schwätzend und klangvoll trillernd, etwas langsamer als der der Heckenbraunelle und erinnert an Feldlerche. Ruft rollend „tschirrüp" oder „drü drü".

BRUT Das recht umfangreiche Nest aus Gras und Moos ist innen mit Haaren und Federn gepolstert; es ist meist gut geschützt in Felsspalten angelegt. 3–4 Eier, die 14–15 Tage bebrütet werden.

LÄNGE 14–17,5 cm

WANN Ganzjährig
WO Brütet im Hochgebirge von Süd- sowie Mitteleuropa – hier nur in den Alpen, der Tatra und in den Karpaten (selten). Im Winter suchen die meisten Alpenbraunellen tiefere Lagen auf, manche wandern bis in die Täler

Zaunkönig *Troglodytes troglodytes*

Sehr lauter, volltönender und schneller Gesang, enthält tiefen Triller

Heller Überaugenstreif

Schnabel leicht gebogen, spitz

Warm braun; dunkle Bänderung auf Flügeln und Flanken

Schwanz oft aufgestellt

Schlüpft rastlos durch niedriges Gestrüpp oder fliegt in die nächste Deckung; Flug niedrig und mit schwirrenden Schlägen der kleinen, runden Flügel; besonders häufig in Wassernähe anzutreffen

Ein winziger, rundlicher, brauner Vogel des dichten Unterholzes; wirkt rastlos und erinnert oft an eine Maus; fällt durch seine lauten Rufe und den kräftig schmetternden Gesang auf

Der Zaunkönig, ein weit verbreiteter und meist häufiger Kleinvogel, bewohnt die unterschiedlichsten Lebensräume, sofern es ausreichend Deckung gibt: größere Gärten, unterholzreiche Wälder und Heckenlandschaften bis ins Hochgebirge und entlegene Inseln.
NAHRUNG Kleine Insekten und Spinnen; der Zaunkönig schlüpft bei der Nahrungssuche wie eine Maus durch Gestrüpp oder zwischen Wurzeln und Höhlungen in der Uferböschung.
STIMME Der Gesang des Männchens, meist von niedriger Warte aus vorgetragen, ist erstaunlich kräftig und weit hörbar. Er besteht aus trillernden und schmetternden Lautfolgen. Ruft hart „teck“, oft gereiht schnurrend „zerrr“.
BRUT Das Männchen baut mehrere kugelförmige Nester aus Moos und Reisig mit seitlichem Einschlupf; das Weibchen sucht eines aus und polstert es innen mit Federn und Haaren. 5–6 Eier, die 14–15 Tage bebrütet werden.
ZUG In Mitteleuropa Jahresvogel.
LÄNGE 9–10 cm

WANN Ganzjährig
WO Brütet fast in ganz Europa (auch auf den meisten Inseln), außer im größten Teil Nordskandinaviens, Nordfinnlands und Nordrusslands. Nordeuropäische Zaunkönige sind meist Zugvögel

Rotkehlchen *Erithacus rubecula*

Ein rundlicher Kleinvogel, im Alterskleid kaum zu verwechseln, im frischen Gefieder mit kräftiger Rotfärbung, die aber im Lauf des Sommers deutlich matter wird; Jungvögel ohne Rot, sind aber in Gestalt und Verhalten typisch

Gesicht, Kehle und Brust kräftig, ungezeichnet orangerot

♂ und ♀ sind territorial, oft präsentieren sie dem Konkurrenten drohend ihre orangerote Brust

Oberseite warm braun, schwache, helle Flügelbinde

Bläulich graue Seiten von Gesicht, Hals und Brust

Schlanker, schwärzlicher Schnabel, große, dunkle Augen; steht auf dem Boden auf dünnen Beinen, hüpft mit etwas hängenden Flügeln

JK
Oberseits hell gefleckt, Brust ingwerfarben mit dunkler Querfleckung; entwickelt bald im Herbst Rot in Form unregelmäßiger Flecken von der Brustmitte aus

Das Rotkehlchen, eine kleine Drossel, gehört zu den bekanntesten und beliebtesten Gartenvögeln. Es brütet vor allem in unterholzreichen Wäldern, Feldgehölzen und Parks, kommt aber auch in Gärten und Friedhöfen vor; im Gebirge geht es bis zur Baumgrenze.
NAHRUNG Meist Insekten und Spinnen, die vorwiegend am Boden erbeutet werden; im Herbst viele Beeren.
VERHALTEN UND STIMME Männchen und Weibchen sind gleichermaßen territorial und präsentieren bei Revierstreitigkeiten häufig das Rot ihrer Vorderseite. Der Gesang klingt feierlich und stimmungsvoll: lange Strophen aus hellen, klaren, herabperlenden Lautfolgen. Ruft scharf „zick“, oft in schneller Folge („Schnickern“); Luftalarmruf hoch „ziiih“.
BRUT Rotkehlechen nisten in der Uferböschung, zwischen Wurzeln, im Efeu und in anderen bodennahen Verstecken im dichten Bewuchs. 4–6 Eier, die 13–14 Tage bebrütet werden.
ZUG In Süd- und Osteuropa sind Rotkehlchen Zugvögel, in Mitteleuropa überwintert ein Teil der Brutvögel.
LÄNGE 14 cm

WANN Ganzjährig
WO Brütet in ganz Europa außer Island, dem höchsten Norden und dem Hochgebirge

Nachtigall *Luscinia megarhynchos*

Obwohl jeder weiß, was eine Nachtigall ist, haben die wenigsten diesen Vogel auch wirklich gesehen; das liegt daran, dass die Nachtigall meist gut gedeckt in dichtem Gebüsch von Laubwäldern, Parks und Flussufern singt. Nicht selten werden die wohlklingenden Gesangsstrophen der Nachtigall mit den ähnlich flötenden Tonreihen der Mönchsgrasmücke verwechselt.
NAHRUNG Vor allem Insekten und Spinnen, aber auch Schnecken, Würmer und im Herbst viele Beeren. Nahrungssuche am Boden.
STIMME Die recht kurzen, kräftigen, sehr abwechslungsreichen Strophen enthalten klare Flötentöne, hart schmetternde Folgen und zirpende Laute; typisch ist das anschwellende „Schluchzen". Ruft fitisähnlich „huit" und knarrend „arrr".
BRUT Das locker zusammengefügte Nest ist geschickt in dichter Bodenvegetation verborgen. Gelege aus 4–5 Eiern, die 13 Tage bebrütet werden.
ZUG Zieht in das tropische Afrika.
LÄNGE 16,5 cm

WANN April bis September
WO Europa, außer Irland und dem Norden von Großbritannien sowie Nord- und Osteuropa

Ein zurückgezogen lebender Vogel mit einer wunderbaren Stimme, aber sehr unauffälligem Äußeren; einfarbiges Gesicht mit dunklen Augen und rotbrauner Oberschwanz sind typisch

Sprosser *Luscinia luscinia*

Der Sprosser, das östliche Gegenstück zur Nachtigall, kommt in Deutschland nur im Nordosten – östlich der Elbe – vor. Die meisten Sprosser sind etwas unscheinbarer gefärbt als die Nachtigall, Kraft und Wohlklang des Gesangs sind aber ähnlich. Auch in den Lebensraumansprüchen bestehen zwischen beiden Arten kaum Unterschiede, der Sprosser zieht jedoch feuchtere und schattigere Buschbereiche vor.
NAHRUNG Hauptsächlich Insekten und Spinnen, auch Asseln und Tausendfüßer, Früchte und Beeren; stöbert oft wie eine kleine Drossel im Laub.
STIMME Die Männchen singen wie Nachtigallen versteckt im Gebüsch. Die Strophen sind länger, etwas lauter und kräftiger mit mehr Wiederholungen sowie kennzeichnend ratternden Tonfolgen; das „Schluchzen" der Nachtigall fehlt. Ruft durchdringend „hied".
BRUT Das Nest steht zwischen Stauden und Kräutern dicht am Boden oder etwas darüber. Die 4–5 Eier werden 13 Tage bebrütet.
ZUG Überwintert in Ostafrika.
LÄNGE 16,5 cm

WANN April bis September
WO Dänemark, nordöstliches Mitteleuropa, Südskandinavien, Südfinnland, Osteuropa; südwärts bis Rumänien

Sehr ähnlich der Nachtigall, kommt nur im Osten vor; Gefieder etwas schlichter mit sehr zarter oder etwas kräftigerer Brustfleckung; Schwanzfärbung weniger rötlich

Blaukehlchen *Luscinia svecica*

Ein überaus eleganter Kleinvogel der Feuchtgebiete. Männchen im Frühjahr unverkennbar, unterscheiden sich stark von Weibchen und Jungvögeln, allen gemeinsam ist aber die rostrote Schwanzbasis und das kontrastreiche Gesichtsmuster

Das Blaukehlchen gehört zu den wenigen Vogelarten, deren Bestände in den letzten Jahren bei uns zugenommen haben, weil in der Kulturlandschaft günstige Habitate geschaffen wurden; allerdings war die Art bereits sehr selten, denn ihr Lebensraum, feuchtes Weidengebüsch an Gewässern und sumpfige Auwälder, wurde großflächig zerstört. Vom „rotsternigen" Blaukehlchen Nordeuropas gibt es wenige kleine Vorkommen in Gebirgsgegenden des südöstlichen Mitteleuropas.

NAHRUNG Insekten und Spinnen sowie Würmer, Schnecken und besonders im Herbst Beeren und Früchte.

VERHALTEN UND STIMME Die lauten und abwechslungsreichen Strophen enthalten gepresste Laute und meisterhafte Imitationen anderer Vogelstimmen. Ruft hart „tack" und „hüit".

BRUT Das tiefmuldige Nest ist im Bodenbewuchs verborgen. Die 5–6 Jungen schlüpfen nach 13–14 Tagen.

ZUG Die Winterquartiere liegen in Südwesteuropa, Nord- und Westafrika.

LÄNGE 14 cm

WANN März bis September
WO Lokal in Spanien und Frankreich, zerstreut in Mitteleuropa; West- und Nordskandinavien, Finnland; Osteuropa

Heckensänger *Cercotrichas galactotes*

In Europa die einzige Art einer in Afrika weit verbreiteten Erdsängergattung; in seinen Bewegungen sehr munter und lebhaft, stelzt oft den langen Schwanz

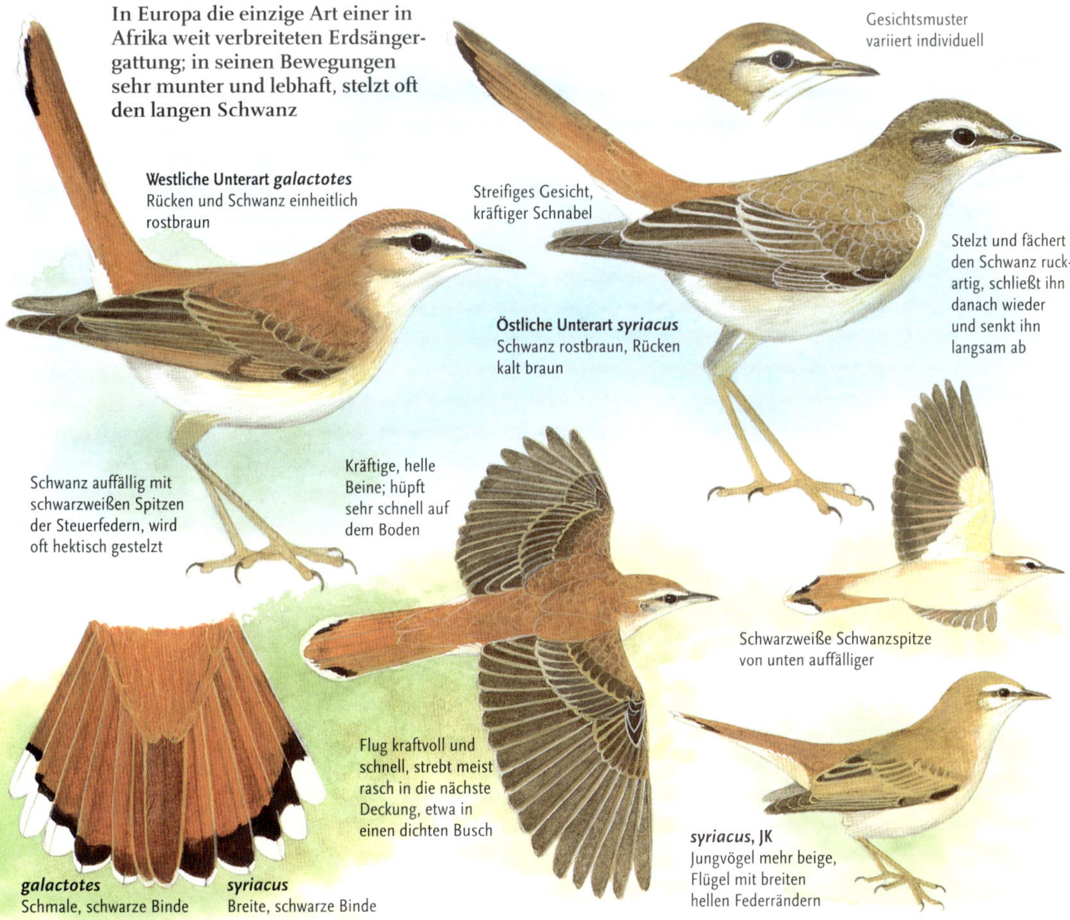

Heckensänger, eine vorwiegend afrikanische Gruppe, sind mit nur einer Art, dem Heckensänger, in Europa vertreten. Er lebt in warmer, trockener Landschaft, wie sandigen Schluchten mit Gebüsch, Beständen von Feigenkaktus oder Tamarisken und verschiedenen Plantagen. Der Vogel stelzt und fächert oft auffällig den Schwanz.

NAHRUNG Mit dem kräftigen Schnabel gräbt er große Insekten und Würmer aus dem lockeren Boden, verfolgt Schmetterlinge im Flug und schnappt rüttelnd Fliegen und Wespen.

VERHALTEN UND STIMME Um Kontrahenten zu beeindrucken, steht das Männchen mit hängenden Flügeln und gefächertem Schwanz. Singt oft auf hoher Warte; die an Singdrosseln erinnernden Strophen sind zwitschernd, trillernd und hell flötend. Ruft hart „teck" und leise „üh".

BRUT Das nachlässig zusammengefügte Nest enthält 4–5 Eier, die 13 Tage bebrütet werden.

ZUG Die europäischen Vögel überwintern in Afrika südlich der Sahara.

LÄNGE 15 cm

WANN Sehr selten in Mitteleuropa
WO Südhälfte der Iberischen Halbinsel, Griechenland, Albanien

Gartenrotschwanz *Phoenicurus phoenicurus*

Trotz seiner prächtigen Färbung ist der Gartenrotschwanz oft recht unauffällig, besonders im Herbst, wenn die kräftigen Farben wegen der beigen Federränder kaum zur Geltung kommen. Der Gartenrotschwanz lebt meist in aufgelockerten Laub- und Mischwäldern mit altem Baumbestand und gutem Höhlenangebot.
NAHRUNG Verschiedene Insekten und Spinnen, die am Boden, aber auch hoch in Bäumen erbeutet werden.
STIMME Zur Revierverteidigung singen die Männchen laut und in langen Strophen, Weibchen locken sie mit kürzeren Lautfolgen. Diese Strophen sind klangschön und unvollendet und beginnen meist mit einigen rollenden „srie"-Tönen. Ruft „hüit" oder „hüit-tek-tek".
BRUT Nistet in Baumhöhlen oder Nistkästen mit hochovalem Eingang. Bis zu 7 Eier, Brutdauer 12–14 Tage.
ZUG Überwintert in Afrika südlich der Sahara, teilweise in der Sahelzone. Ist bei uns selten geworden.
LÄNGE 14 cm

WANN April bis Oktober
WO Europa außer Island, Irland, Teilen der Iberischen Halbinsel und der Balkanhalbinsel

Hausrotschwanz *Phoenicurus ochruros*

Trotz der nahen Verwandtschaft mit dem Gartenrotschwanz brütet der Hausrotschwanz in ganz anderen Lebensräumen: Er ist in vielen Städten, Dörfern und Bauernhöfen recht häufig, besiedelt aber auch ödes Industriegelände und ist weit verbreitet in seiner ursprünglichen Brutheimat, der Felsenregion des Hochgebirges.
NAHRUNG Hauptsächlich Insekten und Spinnen, die er am Boden aufsammelt, meist nach kurzem Ansitz auf einer niedrigen Warte; im Herbst auch Beeren.
STIMME Die Männchen singen häufig auf Hausdächern oder Antennen, auch auf sehr hohen Gebäuden, aber auch auf Felsen in Gebirgsgegenden oder in Steinbrüchen. Die Strophen beginnen mit ein paar gepressten, melodischen Tönen, darauf folgt ein hart knirschender Abschnitt sowie einige Pfeiftöne.
BRUT Nistet in Felsspalten, Mauerlöchern, auf Dachbalken oder in Halbhöhlen-Nistkästen. Die 4–6 Jungen schlüpfen nach 13–17 Tagen.
LÄNGE 14,5 cm

WANN März bis Oktober
WO Europa außer Island, Irland, dem Norden Großbritanniens sowie dem größten Teil Nordeuropas. Die mitteleuropäischen Brutvögel überwintern im Mittelmeerraum und in Nordafrika

Braunkehlchen *Saxicola rubetra*

Ein kurzschwänziger Kleinvogel mit weißem Überaugenstreif und im Flug oft sichtbaren Basen der äußeren Steuerfedern. Steht oft aufrecht auf einer niedrigen Warte, wippt mit dem Schwanz und knickst häufig

Der Lebensraum des Braunkehlchens, vor allem Verlandungszonen, Niedermoore und extensiv bewirtschaftete Wiesen, ist vielerorts verschwunden und damit so manche Wiesenbrüterart. Als Ansitz bevorzugen Braunkehlchen vorjährige Stauden und die Spitzen von Büschen und kleinen Bäumen.
NAHRUNG Fliegt häufig zu Boden und schnappt kleine Insekten wie Käfer und Schmetterlinge, aber auch Spinnen; im Herbst auch Beeren.
VERHALTEN UND STIMME Isolierte Paare sind oft recht still, die Konkurrenz zu anderen Männchen regt hingegen zu häufig wiederholtem Reviergesang an; die Strophen sind kurz, klingen kratzig und gepresst zwitschernd und enthalten viele Imitationen. Ruft hart „teck-teck".
BRUT Nur das Weibchen baut das gut versteckte, tiefmuldige Nest. 4–7 Junge, die nach 12–13 Tagen schlüpfen.
ZUG Zugvogel; überwintert in den Savannen Afrikas.
LÄNGE 12,5 cm

WANN April bis Oktober
WO Brütet in Europa außer auf Island, im höchsten Norden Skandinaviens und Russlands, im größten Teil der Iberischen Halbinsel sowie auf Sardinien und Sizilien

Schwarzkehlchen *Saxicola torquata*

Ein gedrungener, kleiner Vogel, der typischerweise auf einer Buschspitze oder einem Leitungsdraht steht und den Eindringling mit intensiven, kratzigen Warnrufen empfängt

Das Schwarzkehlchen ist ein Vogel sonniger Buschlandschaften und Heidegebiete mit Buschspitzen oder Pfosten als Warten, es kommt aber auch in Hochmooren vor; in Südeuropa trifft man die Art häufig in der Macchia an.
NAHRUNG Kleine Insekten und Spinnen sowie Beeren. Fliegt oft von einer Warte aus zu Boden oder verfolgt ein Insekt in kurzem Flug, um dann eine neue Warte anzusteuern.
VERHALTEN UND STIMME Die Männchen singen auf oft hohen Warten, aber auch im tänzelnden Singflug; dabei präsentieren sie die großen, weißen Flügelabzeichen. Die Strophen bestehen aus kratzenden, ratternden und pfeifenden Tönen sowie Imitationen anderer Vogelstimmen, sie erinnern an den Gesang der Heckenbraunelle. Ruft hart „trat-trat" oder „wiet-trat-trat".
BRUT Das Bodennest besitzt oft einen kurzen Eingangstunnel mit Sichtschutz nach oben. Die 4–6 Jungen schlüpfen nach 13–14 Tagen.
ZUG Überwintert auf der Iberischen Halbinsel und in Nordafrika.
LÄNGE 12,5 cm

WANN März bis Oktober
WO Europa außer Island, Skandinavien (nur Südnorwegen), Finnland, weiten Teilen Osteuropas

Mittelmeer-Steinschmätzer *Oenanthe hispanica*

Mittelmeer- und **Nonnensteinschmätzer** sind nicht leicht zu unterscheiden. Beide sind typische Steinschmätzer, zeigen aber auch Merkmale der kleineren Wiesenschmätzer; wie diese stehen sie auf Buschspitzen. Im Vergleich zu anderen Steinschmätzern sind beide Arten klein, ihr geringes Gewicht ermöglicht ihnen, auf ziemlich dünnen Stängeln zu stehen.
Die beiden Formen des Mittelmeer-Steinschmätzers, heute vielfach als eigene Arten angesehen, gehören zu den wenigen europäischen Vogelarten, die in jeweils 2 unterschiedlichen Morphen vorkommen: einer scharzkehligen und einer hellkehligen Morphe. Die Männchen der östlichen Form (*melanoleuca*, **Balkansteinschmätzer**) brüten in Süditalien und auf dem Balkan; sie haben mehr Schwarz über dem Schnabel als die Männchen der westlichen Form (*hispanica*, **Maurensteinschmätzer**), die auf der Iberischen Halbinsel vorkommen.
Mittelmeer-Steinschmätzer trifft man meist in offener Landschaft mit niedrigem Gebüsch, Felsen und Rohbodenbereichen, wie mediterrane Buschlandschaften sowie steinige, durch niedrige Mauern abgeteilte Felder.
Der **Nonnensteinschmätzer** brütet in ähnlichen Landschaften von der Westseite des Schwarzen Meers an ostwärts; in Mitteleuropa ist er wie die beiden Formen des Mittelmeer-Steinschmätzers Ausnahmegast.
NAHRUNG Insekten und Spinnen, die vom Boden und von niedrigem Bewuchs aufgenommen werden; die Steinschmätzer fliegen meist von einer niedrigen Warte zu Boden und kehren ziemlich rasch wieder zurück.
VERHALTEN UND STIMME Die Männchen singen ausdauernd auf Felsen, Mauern, Buschspitzen und Zäunen, aber auch im Flug; dabei fächern sie die Steuerfedern, um die weißen Abzeichen zu präsentieren. Die Strophen klingen schwätzend und kratzend, beim Nonnensteinschmätzer sind sie eher gepresst und kürzer. Ruft heiser „pschrr", pfeifend „fiu" und ähnlich Steinschmätzer „tschak".
BRUT Das Nest liegt meist in einer kleinen Höhlung unter einem Stein oder Busch. 4–5 Eier, die 13–14 Tage bebrütet werden; die Jungen fliegen mit 11–12 Tagen aus.
ZUG Überwintern in Halbwüstengebieten Afrikas südlich der Sahara. Nördlich ihres Brutgebiets erscheinen sie nur selten – auf dem Heimzug im Frühjahr, umherstreifend im Herbst.
LÄNGE 14,5 cm

WANN In Mitteleuropa Ausnahmegäste
WO Maurensteinschmätzer: Iberische Halbinsel; Balkansteinschmätzer: Süditalien, Balkan. Nonnensteinschmätzer: äußerster Osten und Südosten Europas

Steinschmätzer *Oenanthe oenanthe*

Ein kleiner, aufrecht stehender Erdsänger mit leuchtend weißem Bürzel und schwarzem, umgedrehtem „T" auf dem Schwanz. ♂ im PK kontrastreich mit grauem Mantel, andere Kleider unscheinbarer braun und beige

Von den oft schwer unterscheidbaren Steinschmätzerarten brütet in Mittel- und Nordeuropa nur eine Art, der Steinschmätzer. Besonders im April ziehen viele Steinschmätzer durch Mitteleuropa, dann sieht man sie auf Wiesengelände, Äckern und sogar auf Industrieflächen, Landebahnen und Golfplätzen. Sie sitzen auf dem Boden, auf Steinen oder Pfosten und schaffen Distanz zum näher kommenden Menschen, indem sie jeweils ein Stück weit im niedrigen Flug zurücklegen. Dabei sieht man meist das typische „Heckmuster" mit leuchtend weißem Bürzel und einem schwarzen, umgedrehten „T" auf dem Schwanz, das sich aus der Endbinde und dem Mittelstreif zusammensetzt. Steinschmätzer brauchen weite, übersichtliche Landschaft mit niedrigem und lückigem Bewuchs wie Heide- und Moorflächen, aber auch Wiesengelände mit Steinen oder Mauern; im Hochgebirge besiedeln sie alpine, felsenreiche Matten, im hohen Norden die steinige Tundra. Bei uns brüten Steinschmätzer vom Tiefland bis ins Hochgebirge, sind aber durch intensive Landwirtschaft, Rekultivierung von Abbauflächen und Gifteinsatz selten geworden und fehlen im Süden vielerorts ganz.

NAHRUNG Hauptsächlich Insekten und Spinnen; die Beutetiere werden gewöhnlich auf dem Boden gefangen: Entweder hüpft der Vogel dort ein kurzes Stück oder er fliegt ähnlich den Wiesenschmätzern von einer niedrigen Warte aus zu Boden.

VERHALTEN UND STIMME Zur Revierverteidigung vollführt das Männchen lange, tänzelnde Singflüge hoch in der Luft; dabei spreizt es die Steuerfedern und präsentiert so das auffällige Bürzel- und Schwanzmuster. Die hastig vorgetragenen Strophen klingen melodisch zwitschernd und pfeifend, sind aber mit rauen Tönen und ratternden Lautfolgen untermischt. Die Rufe sind typischerweise hart: „tschak-tschak" oder „wiet-tschak-tschak".

BRUT Das Nest liegt oft in einem eingebrochenen Kaninchenbau, Mauerspalt oder zwischen Steinen. Die 4–7 Jungen schlüpfen nach 13 Tagen, verlassen bereits mit 10 Tagen das Nest, sind aber erst mit 2–3 Wochen flügge.

ZUG Steinschmätzer sieht man zu den Zugzeiten im April/Mai und von August bis Oktober häufig auf offenen Flächen; sie überwintern alle südlich der Sahara, auch Brutvögel Kanadas und Grönlands, die man gelegentlich an der Nordseeküste sehen kann.

LÄNGE 14,5–15,5 cm

WANN März bis Oktober
WO Ganz Europa einschließlich der arktischen Inseln; vielerorts in Frankreich, Spanien und Mitteleuropa selten oder fehlend

Trauersteinschmätzer *Oenanthe leucura*

Dieser große Steinschmätzer ist meist nicht häufig, auch in gut geeigneten Lebensräumen kommt er nur in ein oder zwei Paaren vor. Man trifft ihn in felsigem Gelände, an Steilabhängen und in Schluchten mit ein paar Büschen und Bäumen, jedoch meidet er Wald. Der Trauersteinschmätzer ist in Europa auf die Iberische Halbinsel beschränkt, wo er von Meereshöhe bis in 2000 Meter Höhe vorkommt.
NAHRUNG Hauptsächlich Insekten, die er meist drosselartig auf dem Boden hüpfend erbeutet; daneben kleine Eidechsen, im Herbst Beeren.
VERHALTEN UND STIMME Die Strophen klingen etwas unterdrückt, sie sind aber melodisch trillernd und erinnern an Blaumerle. Ruft dünn „pü-pü-pü" und hart „tschek".
BRUT Nest in Höhlungen von Felsen oder Mauern; 3–5 Eier, die 14–18 Tage bebrütet werden; die Jungen sind mit rund 2 Wochen flugfähig.
ZUG Höher gelegene Brutgebiete wie die in der Sierra Nevada sind im Winter verwaist, Vögel ziehen jedoch nicht.
LÄNGE 18 cm

WANN Nicht in Mitteleuropa
WO Spanien, äußerster Osten Portugals; in Südfrankreich nur noch wenige Paare (östliche Pyrenäen)

Isabellsteinschmätzer *Oenanthe isabellina*

In seinem üblichen Verbreitungsareal ist dieser helle, gedrungene, hochbeinige Steinschmätzer so auffällig, dass eine Verwechslung kaum wahrscheinlich ist; wenn er allerdings in Europa irgendwo als Ausnahmegast erscheint, hält man ihn ohne sorgfältige Prüfung leicht für einen „normalen" Steinschmätzer. Isabellsteinschmätzer brüten in Steppen und Halbwüsten sowie auf extensiven Weideflächen.
NAHRUNG Hauptsächlich Insekten, die er meist am Boden erbeutet; daneben gräbt er mit dem Schnabel in lockerem Boden nach Würmern.
VERHALTEN UND STIMME Der Gesang, oft in niedrigem, schwirrendem Singflug vorgetragen, ist abwechslungsreich und lang anhaltend; nicht selten sind Imitationen von Tierlauten und Geräuschen eingeflochten. Ruft „wie-uit" oder „tschiep".
BRUT Brütet häufig in Säugetierbauen oder in Bodenröhren von Spinten; 5–6 Eier, die 12 Tage bebrütet werden.
ZUG Überwintert in Afrika südlich der Sahara.
LÄNGE 16,5 cm

WANN In Mitteleuropa seltener Ausnahmegast
WO Ostgriechenland, einige Ägäische Inseln, Bulgarien, Rumänien, Südukraine

Steinrötel *Monticola saxatilis*

Eine kleine, gedrungene und kurzschwänzige Drossel der Bergwiesen und Felsschluchten; ♂ im Frühjahr unverkennbar, in anderen Kleidern bräunlich mit starker Bänderung

In seinem Lebensraum, felsigen und steinigen Bergwiesen, ist diese kleine Drossel nicht leicht zu entdecken, auch das prächtig gefärbte Männchen nicht. Manchmal sitzt der Steinrötel aber exponiert auf einem Felsen und zittert mit seinem kurzen Schwanz. Gewöhnlich brütet er in höheren Lagen als die Blaumerle, kommt aber wie die Schwesterart gebietsweise in Steinbrüchen oder Ruinen vor. In Deutschland nur ausnahmsweise Brutvogel.

NAHRUNG Vor allem große Insekten, aber auch Spinnen, Würmer und kleine Eidechsen; betreibt Ansitzjagd.

STIMME Das Männchen singt von einer Warte oder im hohen Singflug mit gespreizten Steuerfedern; der Gesang ist weich flötend und gepresst zwitschernd, erinnert an Rotdrossel, enthält aber viele Imitationen. Ruft kurz und hart „tscheck" und flötend „dju".

BRUT 4–5 Eier, Brutdauer 14–15 Tage.

ZUG Überwintert in Afrika, meist südlich der Sahara. Schwerpunkt der südeuropäischen Brutvorkommen in Griechenland und Italien.

LÄNGE 18,5 cm

WANN April bis Oktober
WO Südeuropa. In Mitteleuropa nur in der Südschweiz, lokal in Österreich, in Ungarn, Slowakei

Blaumerle *Monticola solitarius*

Eine große Drossel mit langem Körper und auffallend langem Schnabel; Lebensraum oft unzugängliche Schluchten und Klippen, oft schwer zu beobachten; im Bereich von Gebäuden weniger scheu

Die Blaumerle kommt vor allem in warmen, felsigen Lebensräumen vor, beispielsweise in wilden Schluchten und an Klippen an der Küste, nicht selten auch in Ruinen und Steinbrüchen wie im Tessin. In manchen mediterranen Großstädten wie Athen oder Rom ist diese Drossel ebenfalls Brutvogel.

NAHRUNG Vorwiegend größere Insekten als Steinrötel, auch Eidechsen, Geckos und kleine Schlangen.

VERHALTEN UND STIMME Die Singflüge sind weniger eindrucksvoll als beim Steinrötel; das Männchen singt häufig auf einer hohen Warte über einer Schlucht oder auf einem Gebäude. Die flötenden, kehlig zwitschernden Strophen erinnern an Amsel oder Misteldrossel, sind aber kürzer und einfacher aufgebaut. Ruft hart „tschaktschak" und hoch klagend „uip-uip".

BRUT Nistet in Felsspalten und Höhlungen von Mauern. 4–5 Junge, die nach 12–15 Tagen schlüpfen.

ZUG Jahresvogel oder Teilzieher; nördliche Brutvögel überwintern im Mittelmeerraum.

LÄNGE 20 cm

WANN April bis September (sehr selten)
WO Mittelmeerländer, einschließlich der Inseln. In Mitteleuropa nur in der Südschweiz

Amsel *Turdus merula*

Nur wenige Vögel sind so häufig an Plätzen zu finden, an denen sich Menschen aufhalten und dort viel Zeit verbringen: in Gärten, Stadtparks, an Waldrändern, auf Wiesen und Feldern mit Hecken. In allen diesen Lebensräumen und einigen mehr gehört die Amsel zum vertrauten Bild. Sie zieht die Aufmerksamkeit auf sich durch ihre lauten, anhaltend metallischen und oft nervenden Warnrufe, besonders wenn eine Katze oder Elster der Grund für die Aufregung ist, durch einen plötzlichen Schwall von ängstlichen Zeterlauten bei der Flucht vor einer Gefahr sowie, was wir weit mehr schätzen, durch ihren volltönenden Gesang. Von allen gefiederten Meistersängern Europas klingt der Amselgesang in unseren Ohren wohl am stimmungsvollsten, denn Klangfarbe und Melodie der Motive entsprechen weitgehend unserem Empfinden für musikalische Harmonie.

NAHRUNG Vor allem Schnecken, Würmer und Insekten, auch kleine Lurche, Eidechsen und Blindschleichen; am Futterhaus Haferflocken und Obst. Die Nahrungssuche der Amsel, die auf einer Wiese nach Würmern sucht, ist den meisten Menschen vertraut: Nachdem sie eine kurze Strecke gehupft ist, bleibt sie stehen und beobachtet den Boden mit etwas schief gehaltenem Kopf; dann neigt sie sich nach vorn und packt den entdeckten Wurm. Wenn eine Amsel in altem Laub nach Insektenlarven stochert, wirft sie mit dem Schnabel geräuschvoll Blätter und kleine Zweige beiseite. Im Herbst verzehrt sie viele Beeren und Früchte, gern von Holunder.

VERHALTEN UND STIMME Obwohl von den meisten Menschen übersehen, ist die Balz der Amsel recht vielfältig; sie enthält verschiedene Posen wie Aufrichten und Beugen des Körpers, Schwanzfächern und Sträuben der Bürzelfedern. Der lang anhaltende, laute und kräftige Gesang ist stets auffällig; die einzelnen Strophen bestehen aus verschiedenen flötenden und orgelnden Tonfolgen und klingen häufig in einem gepressten Zwitschern aus. Ruft häufig abgehackt und metallisch „pix-pix-pix ...“ oder schnalzend „tjack-tack-tjack ...“, bei Gefahr aus der Luft hoch und fein „tsiieh“.

BRUT Das stabile Nest aus Halmen, Moos und Wurzeln ist mit feuchter Erde verfestigt. 3–5 Eier, die 12–14 Tage bebrütet werden; die Jungen sind nach rund 2 Wochen flugfähig.

LÄNGE 24 cm

WANN Ganzjährig
WO Ganz Europa, außer Island, Spitzbergen und dem hohen Norden Skandinaviens und Russlands. Die meisten mitteleuropäischen Brutvögel sind Jahresvögel, die nordöstlichen Vögel kommen auf dem Zug zeitweise auch nach Mitteleuropa

Wacholderdrossel *Turdus pilaris*

Eine gesellige, farbenfrohe Drossel mit kennzeichnendem Grau an Kopf, Bürzel und Rücken, kastanienbraunem Mantel und auffälligen weißen Unterflügeldecken

Diese Drossel ist das ganze Jahr gesellig, besonders aber im Winter, wenn oft große Schwärme auf Wiesen und Weiden Nahrung suchen. Ursprünglich ein Vogel der nordischen Taigawälder, brütet die Wacholderdrossel erst seit Mitte des 19. Jahrhunderts in Mitteleuropa, heute in aufgelockerten Waldgebieten, Feldgehölzen sowie in vielen Parks und Gärten mit hohen Bäumen.

NAHRUNG Vor allem Insekten und Würmer, im Winter viele Beeren.

STIMME Die Männchen singen häufig im Flug; die Strophen klingen gepresst zwitschernd und schwätzend und enthalten ratternde und knirschende Tonfolgen. Ruft häufig schackernd „schak-schak-schak …" oder heiser und gepresst „gieh".

BRUT Koloniebrüter auf Bäumen; das Weibchen baut ein großes Nest aus Wurzeln und Halmen sowie feuchter Erde zum Verfestigen. 5–6 Eier, die 10–13 Tage bebrütet werden.

LÄNGE 25,5 cm

WANN Ganzjährig
WO Frankreich, Mittel-, Ost- und Nordeuropa; auf Island und den Britischen Inseln noch selten. Im Winter bekommen die mitteleuropäischen Bestände Zuzug aus nördlichen und östlichen Brutgebieten

Ringdrossel *Turdus torquatus*

Eine scheue, dunkle Drossel höher gelegener, meist felsiger Landschaft. Kleiner Kopf, langer, gerade abgeschnittener Schwanz und lange Flügel erinnern an Amsel und Misteldrossel, Ringdrossel aber schlanker

In den Alpen bewohnt die Ringdrossel der Unterart *alpestris* felsige Hänge und alpinen Nadelwald mit ein paar Freiflächen, gern im Bereich von Blockhalden oder feuchten Almen. Die Nominatform trifft man auf den Britischen Inseln in höher gelegenen Felsgebieten und manchen Mooren, die gleiche Form ist in Skandinavien ein Vogel der unzugänglichen Fjällgebiete, vor allem in der Weidenzone.

NAHRUNG Hauptsächlich Regenwürmer, aber auch große Insekten und kleinere Schnecken; im Herbst Beeren.

STIMME Die Männchen *(alpestris)* tragen ihre an Singdrossel erinnernden, monotonen Strophen von hohen Warten wie freistehenden Bäumen vor. Ruft tief und hart „tok".

BRUT Das Nest erinnert an ein umfangreiches Amselnest. 4 Eier, die 12–14 Tage bebrütet werden.

ZUG Vögel der Nominatform überwintern vorwiegend auf der Iberischen Halbinsel und in Nordafrika.

LÄNGE 23–24 cm

WANN Februar bis Oktober
WO Britische Inseln, Norwegen, Westschweden, Kola-Halbinsel, Pyrenäen, Alpen und Karpaten; in Mitteleuropa auch in höheren Mittelgebirgen. Zu den Zugzeiten, vor allem im Herbst, erscheinen gelegentlich Durchzügler in Mitteleuropa

Singdrossel *Turdus philomelos*

In vielen Parks, Friedhöfen und größeren gebüschreichen Gärten gehört die Singdrossel zu den häufigeren Vogelarten; außerhalb der Siedlungen trifft man sie vorwiegend in unterholzreichen Wäldern, Heckenlandschaften und Feldgehölzen.

NAHRUNG Vor allem Regenwürmer, aber auch Käferlarven sowie Gehäuseschnecken, die auf einer harten Unterlage aufgeschlagen werden; im Herbst viele Beeren, besonders Heidelbeere.

STIMME Der abwechslungsreiche Gesang des Männchens besteht aus vielen verschiedenen, wohlklingenden Strophen aus flötenden, zwitschernden Motiven, die jeweils 2- bis 4-mal wiederholt werden. Ruft scharf „zipp", bei Gefahr zeternd „dick-dick-dick ...".

BRUT Das tiefmuldige Nest aus Halmen und Blättern wird innen mit Lehm oder Holzmulm ausgekleidet. 3–5 Eier, Brutdauer 10–17 Tage.

ZUG Die Überwinterungsgebiete liegen in Süd- und Westeuropa sowie in Nordafrika. Brütet nicht auf Island, fast der ganzen Iberischen Halbinsel, auf den meisten Mittelmeerinseln.

LÄNGE 23 cm

WANN März bis November
WO Fast in ganz Europa

Rotdrossel *Turdus iliacus*

In Mitteleuropa treten Rotdrosseln, Brutvögel nordischer Wälder, häufig in gemischten Schwärmen zusammen mit Wacholderdrosseln als Durchzügler auf; sie fallen durch geringere Größe und im Flug raschere Flügelschläge sowie ihre hohen Flugrufe auf. Unregelmäßiger Brutvogel in Deutschland, Österreich und der Slowakei.

NAHRUNG Ähnlich der Amsel Regenwürmer, Schnecken sowie verschiedene Insekten und deren Larven; im Herbst viele Beeren.

STIMME Die Männchen singen auf hohen Warten. Der zweiteilige Gesang besteht aus einer schnellen, meist abfallenden Reihe von Flötentönen und einem rauen, gepressten Zwitschern. Flugruf hoch und rau „zjieh".

BRUT Stabiles Nest aus Halmen und Flechten in jungen Bäumen oder in Büschen. 4–6 Eier, die 10–13 Tage bebrütet werden.

ZUG Überwintert vorwiegend in West- und Südeuropa sowie in Nordafrika.

LÄNGE 21 cm

WANN Ganzjährig (im Sommer selten)
WO Nordeuropa, einschließlich Island, Nordschottland, Weißrussland, Ukraine; in Mitteleuropa nur Polen und Mittelgebirge Tschechiens

Misteldrossel *Turdus viscivorus*

Eine große, grob gefleckte Drossel mit langen Flügeln und langem Schwanz, Kopf und Augen eher klein; steht meist sehr aufrecht

Die große, stämmige Misteldrossel ist fähig, nicht nur Rabenvögel in der Nähe ihres Nests vehement anzugreifen, sondern mitunter auch Katzen aus der Nestumgebung zu vertreiben; nicht selten gehen beide Altvögel auf den Störenfried los. Kurz vor dem Ausfliegen der Jungen werden manchmal auch Menschen in Scheinangriffen attackiert und mit Kot bespritzt. Im Winter verteidigen Misteldrosseln oft sehr entschlossen mistel- und beerentragende Bäume gegen andere Vögel, beispielsweise einen Trupp Seidenschwänze. Im Herbst ziehen sie in Trupps umher, die aus mehreren Familien bestehen, bilden aber nie so große Wanderscharen wie Wacholderdrosseln. Im Vergleich zu Singdrosseln erscheinen sie viel seltener in kleinen Gärten, denn sie ziehen übersichtliches Gelände vor, das ihnen bei Störung genug Raum lässt, um weit und hochfliegend das Weite zu suchen; dagegen flüchten Singdrosseln meist ins nächste Gebüsch oder über den nahen Zaun ins Nachbargrundstück.

NAHRUNG Misteldrosseln suchen vor allem am Boden Nahrung: Regenwürmer, Schnecken, Insekten; im Vergleich zu Singdrosseln und Amseln sind sie seltener in Gemeinschaft mit anderen Drosseln anzutreffen. Im Herbst und Winter verzehren sie viele Beeren, gern die von Misteln, deren Samen erst durch die Passage im Vogeldarm keimfähig werden.

VERHALTEN UND STIMME Misteldrosseln singen häufig auf Spitzen hoher Bäume, meist schon im Februar sowie bei Regenwetter, wenn andere Vögel schweigen. Die sehr lauten, wehmütigen und melancholischen Strophen sind einfacher und klingen eintöniger als die der Amsel, außerdem sind sie durch viel größere Pausen voneinander getrennt. Auch fehlen die ständigen Wiederholungen und hohen Töne des Singdrosselgesangs. Ruft hart und trocken schnarrend „trrrr".

BRUT Die Misteldrossel baut ihr großes, stabiles Nest schon im zeitigen Frühjahr, häufig recht offen auf einem hohen Baum. Das Gerüst aus groben Halmen und Stängeln wird innen mit feinen Gräsern ausgelegt. Die 3–5 Jungen schlüpfen nach 12–15 Tagen Brutdauer und verlassen nach weiteren 2 Wochen das Nest.

ZUG Ein Teil der Brutvögel Mitteleuropas überwintert in Südwest- und Südeuropa. Durchzügler sind viel unauffälliger als bei den sozialeren Drosseln.

LÄNGE 27 cm

WANN Ganzjährig
WO Fast ganz Europa; fehlt auf Island, im nördlichen Norwegen und im hohen Norden Russlands. Viele Brutvögel Mitteleuropas bleiben das ganze Jahr in Brutplatznähe

Rohrschwirl *Locustella luscinioides*

Dieser kleine, braune Zweigsänger ist leicht mit dem im gleichen Lebensraum vorkommenden Teichrohrsänger zu verwechseln, doch wird die Verwandtschaft des Rohrschwirls zum Feldschwirl bei näherer Beobachtung offenbar: Gestalt und Gesang sind typisch für die Gattung *Locustella*.

NAHRUNG Insekten, Spinnen, kleine Schnecken, die am Boden oder in bodennaher Vegetation erbeutet werden; läuft und hüpft in dichtem Bewuchs.

VERHALTEN UND STIMME Singen in aufrechter Haltung im Schilf, oft unterhalb eines Wipfels und damit besser sichtbar als der singende Feldschwirl. Der Gesang ist im Vergleich zum Feldschwirl tiefer, eher surrend als schwirrend, die Strophe wird durch schneller werdende „tschik"-Laute eingeleitet. Ruft scharf „pvit".

BRUT Das kegelförmige Nest ist oft in dichtem, umgeknicktem Schilf niedrig über dem Wasser gebaut. 3–6 Eier, die 10–12 Tage bebrütet werden.

ZUG Die Winterquartiere liegen in Afrika, meist südlich der Sahara.

LÄNGE 14 cm

WANN April bis September
WO Europa hauptsächlich im Osten; nordwärts bis Südostengland (selten), Dänemark und Baltikum; in Mittel- und Südeuropa lückig verbreitet

Ein schlanker Zweigsänger ausgedehnter Schilfgebiete; mit langem Schwanz und kleinem Kopf, oft schwer zu entdecken; erinnert an Teichrohrsänger und Feldschwirl

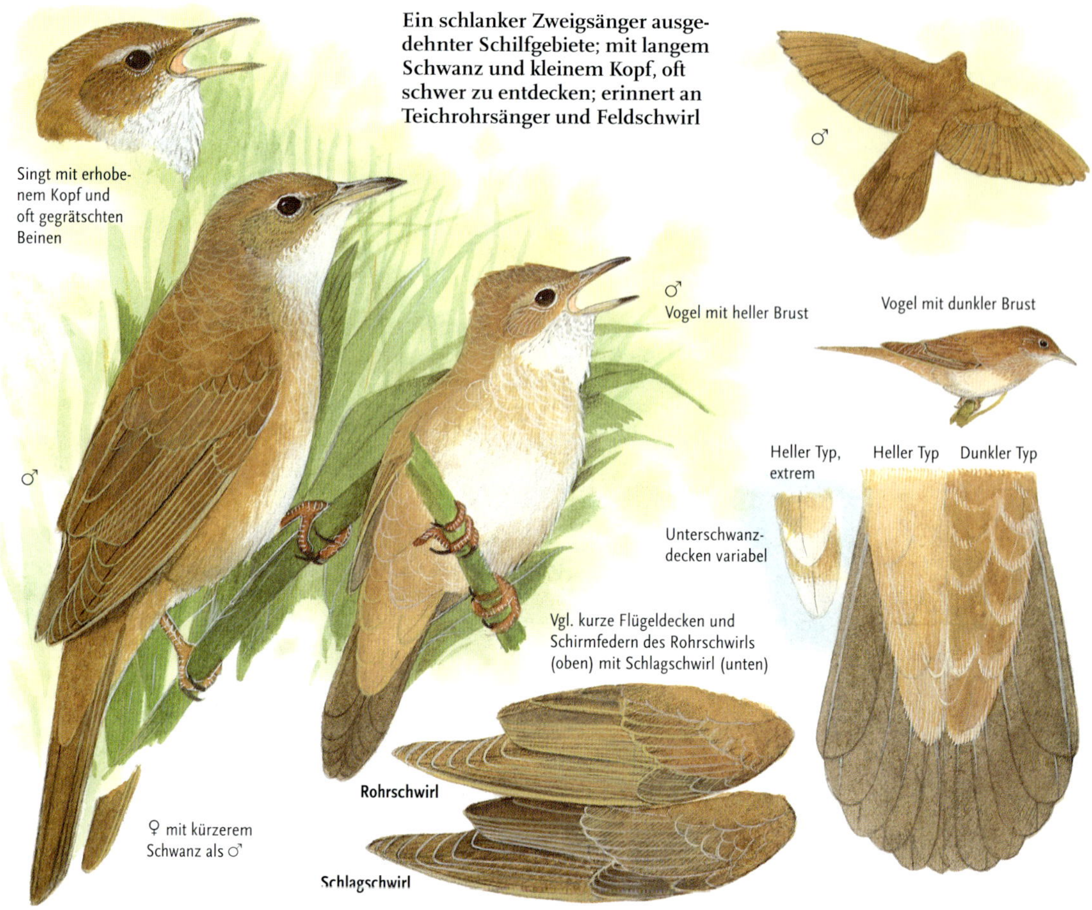

Schlagschwirl *Locustella fluviatilis*

In Gestalt, Verhalten und Gesang erinnert der Schlagschwirl an den viel häufigeren Feldschwirl; er brütet in ufernahem Gebüsch, Auwäldern, in feuchten Waldrändern und -lichtungen sowie in entsprechenden Parks; reines Schilf meidet er jedoch. Seit etwa 50 Jahren dehnt dieser östliche Schwirl sein Areal nach Westen aus und kommt bereits im westlichen Mitteleuropa vor.

NAHRUNG Hauptsächlich kleine Insekten und Spinnen, Nahrungssuche meist auf dem Boden laufend, liest die Beute von Halmen und Blättern ab.

VERHALTEN UND STIMME Singen am Tag und nachts, oft auf einer mehrere Meter hohen Warte. Der mechanisch wetzende Gesang erinnert an Zikaden oder an eine Nähmaschine.

BRUT Das Nest steht in geringer Höhe zwischen Stauden oder in einem Busch. 5–6 Eier, Brutdauer 14–15 Tage.

ZUG Überwintert im südöstlichen Afrika; erscheint im Spätfrühling oder Frühsommer gelegentlich westlich des üblichen Areals.

LÄNGE 13 cm

WANN Mai bis August
WO Osteuropa, Südfinnland; in Mitteleuropa hauptsächlich in Polen und Ungarn, in Deutschland lückig verbreitet, in Österreich nur im Osten

Ein recht dunkler, schlanker und rundschwänziger Zweigsänger mit dunkler, diffus gefleckter oder gestrichelter Brust und Kehle; typisches Schwirl-Verhalten; lebt verborgen in dichtem Bewuchs; singt ausdauernd und recht hoch in Büschen

Feldschwirl *Locustella naevia*

Ein schlanker, vorsichtiger Kleinvogel mit rundem Schwanz und zartem Schnabel; oft in Büschen, die vom Gras überwuchert sind; wird meist durch seinen insektenartigen Gesang entdeckt; singt bei ruhigem, bewölktem Wetter mitunter auf exponierteren Warten

Der Feldschwirl ist häufiger und etwas leichter zu entdecken als die verwandten Arten der Gattung *Locustella*, er dient als Vergleichsart bei der Beschreibung der anderen Schwirle. Er ist ein schlanker Vogel mit schmalem Kopf und schlankem Schnabel, der Schwanz sieht je nach Haltung spitz oder rund aus, die Unterschwanzdecken sind lang. Wichtigstes Artkennzeichen ist jedoch der hohe, grillenartig schwirrende Gesang des Männchens, der ohne Tonhöhenwechsel eine Minute und mehr anhalten kann und oft auch nachts zu hören ist. Feldschwirle leben vor allem in Feuchtgebieten mit Hochstauden und niedrigen Büschen, in feuchtem Gestrüpp an Gewässern, zunehmend aber auch auf trockenen, grasreichen Waldlichtungen und Kahlschlägen, auf denen ein paar Jahre danach junge Bäume und hohes Gras gedeihen. Feldschwirle schlüpfen und kriechen in dichtem Bewuchs und sind bei der Nahrungssuche nur mit viel Glück einmal zu beobachten. Scheucht man den Vogel zufällig auf, fliegt er schnell und niedrig in die nächste Deckung.

NAHRUNG Hauptsächlich Insekten, die er in niedriger Vegetation erbeutet, aber auch vom Boden unter dichtem Bewuchs oder (seltener) von Schilfstängeln aufsammelt.

VERHALTEN UND STIMME Vom Verhalten dieses Vogels bekommt man selten mehr zu sehen, da auch das singende Männchen als Singwarte meist eine gut gedeckte Stelle im oberen Drittel eines kleinen Strauchs oder auf einer Staude wählt; mitunter klettert es jedoch allmählich einen Zweig hoch und kommt so aus der Deckung heraus. Der Gesang, der nur aus 2–3 verschiedenen Silben besteht, hält bemerkenswert lang an, aus der Ferne erinnert das schnelle, metallische Schwirren etwas an das Freilaufgeräusch einer Fahrradnabe, von nahem klingt es aber härter und eher ratternd. Der Vogel dreht ständig den Kopf hin und her, so dass die Lautstärke an- und abzuschwellen scheint. Ruft scharf und hoch „tik“ oder „tswitt“, bei Gefahr mehrfach wiederholt.

BRUT Das dickwandige und tiefmuldige Nest wird gut versteckt in dichtem Bewuchs in Bodennähe angelegt. 5–6 Eier, Brutdauer 12–15 Tage; die Jungen sind mit 10–12 Tagen flügge.

ZUG Überwintert im westlichen Afrika. Im Frühjahr und Herbst erscheinen wenige Einzelvögel außerhalb des üblichen Brutareals.

LÄNGE 12–13,5 cm

WANN April bis September
WO Brütet in Europa außer Island sowie dem größten Teil Skandinaviens und Finnlands; fehlt in Südeuropa, auf der Iberischen Halbinsel nur am Nordrand

Seggenrohrsänger *Acrocephalus paludicola*

Früher war der Seggenrohrsänger in Norddeutschland gebietsweise häufiger Brutvogel in Seggenmooren, heute zählt er zu den seltensten Vogelarten Europas; gleichzeitig ist er der am besten untersuchte Rohrsänger. Sein Brutlebensraum, etwas unter Wasser stehende, mit Seggen und Schneidried bestandene Niedermoore des Tieflands, ist in Mitteleuropa so gut wie verschwunden. Besucht Schilfgebiete nur zur Zugzeit.

NAHRUNG Recht große Insekten, die er an Halmen und Stängeln erbeutet.

STIMME Gesang exponiert auf hohen Halmen und Stängeln, die den Bewuchs überragen, oder im kurzen Singflug. Der Gesang erinnert an den des Schilfrohrsängers, enthält aber größere Pausen und ist nicht so abwechslungsreich. Ruft hart „tack" und zeternd „errr".

BRUT Das Nest ist meist in eine Seggenbülte über nassen Boden gebaut. 4–6 Eier, Brutdauer 12–15 Tage.

ZUG Überwintert in Afrika südlich der Sahara.

LÄNGE 13 cm

WANN April bis Oktober
WO Brütet in Nordostdeutschland, Polen, Ostungarn, Litauen, Weißrussland und in der Ukraine

Ein auffällig gemusterter Rohrsänger weiter Seggenmoore und schilfiger Salzwiesen; wirkt oft rundlicher als der Schilfrohrsänger, winkelt beim Singen den Schwanz nach unten ab

Schilfrohrsänger *Acrocephalus schoenobaenus*

Zur Brutzeit werden gebüschreiche Schilf- und Rohrkolbenbestände, aber auch kleine Feuchtgebiete an Gräben und Kleinstgewässern vom munteren Gesang des Schilfrohrsängers belebt. Im Vergleich zum Teichrohrsänger ist er weniger auf das Schilf angewiesen und besiedelt auch die weiter landeinwärts gelegenen Bereiche und feuchtes Gebüsch abseits von Gewässern.

NAHRUNG Hauptsächlich Insekten, deren Larven und Spinnen.

VERHALTEN UND STIMME Gesang von Warten; auffällige kurze Singflüge, die sie von Teich- und Mariskenrohrsängern unterscheiden. Die trillernden, schwätzenden und pfeifenden Strophen wirken munter und hektisch, sind abwechslungsreich und enthalten viele Imitationen anderer Kleinvögel. Ruft laut „tjeck" oder rollend „errr".

BRUT Das Nest ist geschickt im Halmengewirr versteckt und breiter sowie weniger tiefmuldig als das des Teichrohrsängers. 5–6 Eier.

ZUG Überwintert im tropischen Afrika; zur Zugzeit fast überall in Europa in Büschen und Feuchtgebieten.

LÄNGE 13 cm

WANN April bis September
WO Europa, außer Island und den Ländern des Mittelmeers; in Mitteleuropa im Osten häufiger (vor allem in Ungarn); in der Schweiz sehr selten

Ein kleiner, gestreifter, beigebrauner Rohrsänger mit markantem Überaugenstreif; lebt in mit Schilf durchsetztem Gebüsch und Uferdickicht; im Frühjahr auffällige Singflüge

Mariskenrohrsänger *Acrocephalus melanopogon*

Ein scheuer, versteckt lebender Rohrsänger, gewöhnlich niedrig in dichter Vegetation am Wasser. Auffälliges Kopfmuster mit schwärzlichem Scheitel

Während der Schilfrohrsänger weit verbreitet und erfolgreich ist, zählt der Mariskenrohrsänger zu den seltenen Rohrsängern, sein Areal ist auf viele Einzelvorkommen im südlichen Europa aufgeteilt. Der Mariskenrohrsänger bevorzugt Schilfränder, die mit Binsen und Rohrkolben durchsetzt sind.

NAHRUNG Fängt kleine Insekten, vor allem Käfer, aber auch kleine Schnecken; Nahrungssuche vorwiegend in dichtem Bewuchs über dem Wasser.

STIMME Die langen, melodischen Gesangsstrophen erinnern an Teichrohrsänger, sind aber weniger schnarrend und enthalten nachtigallähnliche Tonfolgen. Kein Singflug. Ruft hart und kehlig „treck" oder „trk".

BRUT Die 3–4 Eier liegen in einem unordentlich gebauten Nest, das meist gut versteckt auf umgeknicktem Schilf angelegt ist.

ZUG Die mitteleuropäischen Brutvögel überwintern im Mittelmeerraum, sonst Jahresvogel; nur seltenst nördlich des üblichen Areals anzutreffen.

LÄNGE 12–13 cm

WANN März bis Oktober
WO Südliches Europa. In Mitteleuropa vor allem am Neusiedler See in Österreich und Ungarn, selten in der Schweiz; hat in Deutschland gebrütet

Seidensänger *Cettia cetti*

Ein sehr zurückgezogen lebender Zweigsänger; nur schwer zu sehen, außer in kurzen Flügen über offene Stellen; jedoch lauter, „explosiver" Gesang

Eine von über 10 Arten der Gattung (Buschsänger), die auch in Europa vorkommt; der Seidensänger gehört zu den wenigen Zweigsängern, die in Europa Jahresvögel sind. Hält sich meist im dichten Bewuchs am Wasser verborgen. Gewöhnlich entdeckt man ihn durch seinen lauten Gesang, der „wie aus der Pistole geschossen" einsetzt. Im letzten Jahrhundert hatte sich die Art gebietsweise in Mitteleuropa (in Belgien, den Niederlanden, Deutschland, Schweiz) etabliert, aber die Kältewinter Mitte der 1980er-Jahre überlebte keine dieser Ansiedlungen.

NAHRUNG Hauptsächlich kleine Insekten und Spinnen.

STIMME Männchen (seltener Weibchen) singen das ganze Jahr verborgen in dichtem, niedrigem Bewuchs. Der Gesang ist eine flüssige Folge von lauten Stakkatotönen. Ruft scharf „plitt".

BRUT Das große, amselartige Nest steht in dichtem Bewuchs, oft zwischen Schilf und Brennnesseln. 4–5 Eier, die 16–17 Tage bebrütet werden.

ZUG Jahresvogel; zieht umher und kolonisiert dabei neue Brutgebiete.

LÄNGE 13,5 cm

WANN Nicht (mehr) in Mitteleuropa
WO Brütet in Süd- und Westeuropa, nordwärts bis Nordfrankreich und Südengland

Teichrohrsänger *Acrocephalus scirpaceus*

Nur wenige Vogelarten sind so weitgehend an einen bestimmten Lebensraum gebunden wie der Teichrohrsänger. Er ist zwar nicht so stark spezialisiert wie Wasseramsel oder Baumläufer, jedoch trifft man ihn im Sommer in 9 von 10 Fällen im Schilf. Die Vögel suchen aber auch in angrenzenden Weiden Nahrung und singen dort; sie nisten sogar mitunter in von Schilf durchsetztem Gebüsch; Durchzügler sieht man manchmal in völlig unerwarteten Lebensräumen weit weg vom Wasser. Dies kann zu Fehlbestimmungen führen. Im Frühsommer ist der Besuch einer größeren Schilffläche allein wegen der im Chor singenden Teichrohrsänger unvergesslich.
Da größere, wasserseitige Röhrichtflächen selten sind, fehlen Teichrohrsänger in vielen Gegenden ihres Areals, sind aber in manchen Gebieten mit geeigneten Lebensräumen durchaus häufig. Leider werden immer noch Schilfbestände an Gewässern vernichtet, jedoch entstehen gebietsweise auch neue Lebensräume, wenn man das Schilfwachstum am Rand von gefluteten Entnahmestellen zulässt.
NAHRUNG Hauptsächlich Insekten, aber auch Spinnen und kleine Schnecken; die Beute wird von Stängeln und Halmen sowie von Zweigen abgelesen.
VERHALTEN UND STIMME Die Männchen singen nur auf wenigen Warten, meist auf einem vertikalen Schilfhalm im dichten Röhricht verborgen. Bei schlechtem Wetter klettern sie nicht selten schrittweise hoch und sind dann gut zu sehen. Der mäßig laute, gemächlich vorgetragene Gesang ist rhythmisch aufgebaut und enthält viele Wiederholungen; häufig sind knarrende und raue Tonfolgen, es kommen aber auch wohlklingende Pfeiflaute sowie Spottmotive vor; brillante Imitationen fehlen aber ebenso wie häufige Tonsprünge. Ruft kurz „tschä", rollend „tschrrää" oder „trr".
BRUT Das kunstvolle Nest ist meist zwischen mehreren senkrechten Schilfhalmen aufgehängt; das Nistmaterial, Grashalme und Schilfblätter, wird um die Trägerhalme geflochten. Die 3–5 Eier werden 9–12 Tage bebrütet; die Jungen verlassen mit 10–12 Tagen das Nest, können aber erst mit rund 17 Tagen fliegen.
ZUG Die europäischen Populationen überwintern in den Savannen Afrikas. Durchzügler trifft man in Schilfgebieten und im Gebüsch am Wasser, manchmal auch weit entfernt davon in völlig trockenen Lebensräumen.
LÄNGE 13 cm

WANN Mai bis Oktober
WO Brütet in Europa außer Island und dem größten Teil Skandinaviens, Finnlands, Nordrusslands und der Iberischen Halbinsel sowie der Hochlagen

Der häufigste Rohrsänger Mitteleuropas, vorwiegend in dichtem, hohem Schilf anzutreffen, gelegentlich auch in schmalen Schilfstreifen, in Weiden und anderem dichten Bewuchs, sucht dort häufiger Nahrung. Der oberseits am wärmsten rotbraune der einfarbigen Rohrsänger, jedoch können Vögel mit etwas abweichender Färbung leicht mit selteneren Arten verwechselt werden

1er W
Etwas rotbrauner als ad.; im Herbst durch Abnutzung heller, etwas sandfarbener

Auffällige, weiße Kehle

Ungemusterte Oberseite und wenig gezeichnetes Gesicht unterscheiden den Teich- vom Schilfrohrsänger

Flügelspitzen meist weniger kontrastreich als beim Sumpfrohrsänger

ad., Spätsommer
Im abgetragenen Gefieder eher sandbraun als im Frühjahr, Bürzel kräftiger gefärbt

Kleinere Handschwingenprojektion als Sumpfrohrsänger

Im Vergleich zu Sumpfrohrsänger reichen die Spitzen der Großen Armdecken weiter über die Handdecken hinaus

ad., Frühjahr
Färbung auf dem Mantel typischerweise etwas grauer als auf dem (mehr rotbraunen) Bürzel; Beine dunkler und grauer als beim Sumpfrohrsänger

Singt auf Schilfhalmen nahe der Spitze, häufiger aber tiefer und gut versteckt; verschwindet oft „unsichtbar" zwischen den Halmen

Rachenfärbung bei Teich- und Sumpfrohrsänger kräftig orangegelb; Sumpfrohrsänger singt mit noch weiter geöffnetem Schnabel

Wirkt beim Singen manchmal etwas plump

Gesichtsausdruck etwas anders als beim Sumpfrohrsänger: wirkt robuster und „maskuliner", Schnabel etwas länger und spitzer

Manchmal weißlicher Bereich über dem Schnabel, erinnert an Buschrohrsänger

Sehr schwache, helle Linie über dem Auge, deutlicherer, weißer Augenring; kein breiter Überaugenstreif wie beim Schilfrohrsänger

Sumpfrohrsänger

Teichrohrsänger

Fliegt niedrig und schnell über Schilfflächen

Flügel rundlicher als beim Sumpfrohrsänger

Teichrohrsänger

Sumpfrohrsänger

Teichrohrsänger zeigen 7 deutliche Spitzen der kleineren Handschwingenprojektion, Sumpfrohrsänger dagegen 8; hellere Ränder verschwinden im Sommer

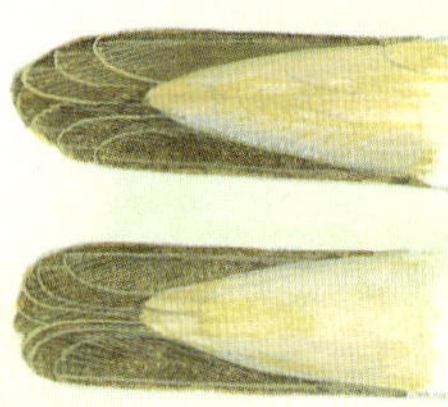

Sumpfrohrsänger

Teichrohrsänger

Schwanzform variiert etwas, aber beim Sumpfrohrsänger ist das Schwanzende meist stärker abgerundet

Sumpfrohrsänger *Acrocephalus palustris*

Handschwingenprojektion größer als beim Teichrohrsänger

Schwanz gewöhnlich mehr abgerundet als beim Teichrohrsänger

1er W
Dieses ist das am intensivsten rotbraune Kleid, sehr ähnlich dem Teichrohrsänger, Beine jedoch heller, Krallen hell (beim Teichrohrsänger dunkel)

Vgl. auch mit Blass-Spötter

Nahrungssuche kletternd und schlüpfend in dichtem Bewuchs; verschwindet rasch aus dem Blickfeld durch „Abtauchen" in die Vegetation

Ein unscheinbarer hell bräunlicher Zweigsänger in dichter Vegetation am Wasser; erinnert vor allem an andere einfarbige Rohrsänger; wirkt schlank, Haltung gewöhnlich horizontal; bewegt sich geschmeidiger und eleganter als der etwas schwerfälligere Teichrohrsänger

ad., Frühjahr
Variable Färbung erinnert an feuchte oder trockene Erde, manchmal mit schwach grünlichem Anflug oberseits und gelblichem unterseits, aber ohne die rotbraune Flankenfärbung des Teichrohrsängers; Bürzel nicht farblich abgehoben; Kinn, Kehle und Bauch kalt weißlich

Sumpfrohrsänger

Teichrohrsänger

Schnabel etwas breiter als beim Teichrohrsänger

Schirmfedern und Handschwingenspitzen sehr dunkel, oft mit schärferen hellen Rändern als beim Teichrohrsänger; Alula beim Sumpfrohrsänger gewöhnlich dunkler

Große Armdecken und Handdecken eher auf gleicher Höhe als beim Teichrohrsänger

1er Oktober
Auf dem Zug oft zu sehen: entspannt und aufgeplustert bei kaltem Wetter; Kopf etwas runder als beim Teichrohrsänger

Singt meist exponierter als Teichrohrsänger: in einem Busch oder zwischen Stauden, aber nicht mitten im Schilf

Beine heller, brauner als beim Teichrohrsänger, aber nicht immer erkennbar

ad.
Schlank, eng anliegendes Gefieder im Sommer; Kopf im Vergleich zu Teichrohrsänger runder mit „sanfterem" Kopf-Schnabel-Profil; Kopf mehr vom Rumpf abgesetzt

ad.
Etwas schmalere Flügel als Teichrohrsänger; Schwanz mit angedeutetem, hellem Rand, kann jedoch wie beim Teichrohrsänger im Gegenlicht durchscheinend wirken

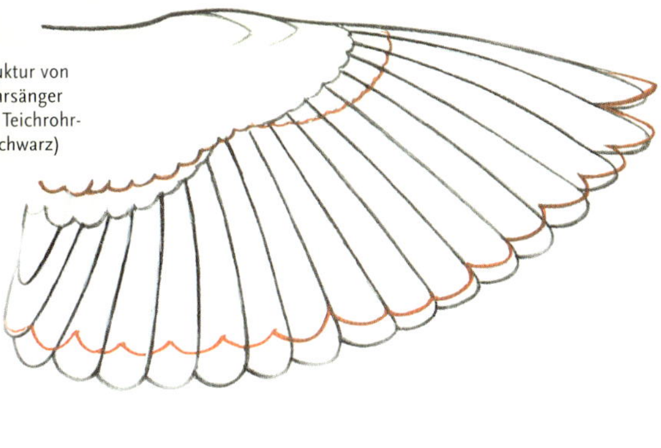

Flügelstruktur von Sumpfrohrsänger (rot) und Teichrohrsänger (schwarz)

Es bedarf meist mehr als eines kurzen Nachdenkens, um sicher zu sein, dass dieser Vogel kein Teichrohrsänger ist. Die Gattung *Acrocephalus* hält viele Fallstricke für den Vogelbeobachter bereit. Zählt man hierzu einige Arten der Gattung *Hippolais* und vielleicht noch die Möglichkeit der Bastardierung hinzu, so ist die Verwirrung perfekt. Während die marginalen Unterschiede in Gestalt und Musterung der beiden Vergleichsarten viel Sorgfalt bei der Bestimmung erfordern, ist die Unterscheidung anhand der Gesänge meist viel einfacher; auch der Lebensraum, in dem der Vogel angetroffen wird, gibt gewisse Aufschlüsse über die Artzugehörigkeit: Der Sumpfrohrsänger ist weniger ein Schilfvogel als der Teichrohrsänger, sondern bevorzugt feuchtes Gebüsch und Gräben mit Hochstaudenbeständen, gern aus Brennnesseln und Mädesüß, aber auch abseits von Gewässern am Rand von wildkräuterreichen Getreidefeldern („Getreiderohrsänger").

NAHRUNG Liest Insekten, Raupen, Spinnen und wenige kleine Schnecken von Halmen und Zweigen ab; im Herbst auch Beeren.

VERHALTEN UND STIMME Singen manchmal exponiert, meist aber in der Deckung von Büschen oder hohen Stauden, häufig auch nachts. Die Strophen sind durch Stimmen afrikanischer Vögel aus ihren Überwinterungsgebieten stark geprägt; Sumpfrohrsänger sind also hervorragende Imitatoren. Wenigstens 99 europäische und 113 afrikanische Vogelarten wurden im Repertoire dieser Art nachgewiesen. Die wenigen arteigenen Tonfolgen im Gesang klingen angenehm flüssig quirlend und gequetscht gurgelnd; gelegentlich erinnern die Darbietungen an den Gesang des Schilfrohrsängers, häufig aber sind sie klangvoll und virtuos mit an Kanarienvogel erinnernden Trillerfolgen und nachtigallähnlich schmetternden Abschnitten. Die Rufe sind recht hart und laut und kaum von denen des Teichrohrsängers unterscheidbar.

BRUT Das Nest ist meist über trockenem Grund in Hochstauden gebaut; es ist flacher als das Teichrohrsängernest, die recht groben Halme und Grasblätter werden so um die Trägerpflanzen geschlungen, dass dort jeweils eine Ausbuchtung entsteht. 3–5 Eier, die 12–14 Tage bebrütet werden; die Jungen sind mit 10–11 Tagen flügge.

ZUG Die Sumpfrohrsänger Europas überwintern im südöstlichen Afrika.

LÄNGE 13 cm

WANN Mai bis September (Oktober)
WO Brütet in Europa außer Island, Irland und der Iberischen Halbinsel; im Norden bis in den Süden von England, Skandinavien und Finnland; fehlt großenteils um Italien und auf der Balkanhalbinsel sowie auf den Mittelmeerinseln

Drosselrohrsänger *Acrocephalus arundinaceus*

Dies ist ein wahrlich riesiger Rohrsänger, der ausgedehnte Flächen mit hohem und dichtem Schilf bewohnt, manchmal aber auch in schmalen Schilfstreifen an Flüssen und tiefen Gräben brütet. Meist ist der Drosselrohrsänger nicht leicht zu beobachten, außer wenn das Männchen exponiert auf einem hohen Schilfhalm singt. In Mitteleuropa starker Rückgang.

NAHRUNG Hauptsächlich Insekten und Spinnen; auch kleine Lurche.

STIMME Die Männchen singen meist auf Schilfwipfeln, tagsüber oft sporadisch, als ob sie nicht richtig „in die Gänge kommen". Der weittragende Vollgesang ist sehr laut, rau knarrend und quietschend, abschnittsweise aber auch melodisch; viele Motivwiederholungen: „krare-krare-krare-kiet-kiet-kiet-trü-trü-trü-trü-gore-gore-gore ...".

BRUT Stabiles, zylinderförmiges Nest, um dicke Schilfhalme geschlungen. 3–6 Eier, die 14 Tage bebrütet werden.

ZUG Überwintert im mittleren und südlichen Afrika.

LÄNGE 19–20 cm

WANN April bis September
WO Europa außer Island und Großbritannien, dem größten Teil Skandinaviens, Finnlands und Nordrusslands sowie in höheren Lagen

Ein großer, kräftiger Rohrsänger mit drosselartig langem Schnabel, einfarbiger Oberseite sowie dunklem Augenstreif und im Flug breitem Schwanz; sehr lauter Stimme; meist in ausgedehnten Schilfbeständen

Buschrohrsänger *Acrocephalus dumetorum*

Die Westausbreitung dieses östlichen Rohrsängers hat inzwischen Schweden und Polen erreicht, in Südfinnland und im Baltikum brütet die Art bereits seit Jahrzehnten. In Mitteleuropa fast alljährlich Gast zur Brutzeit. Der Lebensraum des Buschrohrsängers umfasst hohes Gebüsch, Hochstauden und Brombeerdickicht, im Vergleich zum Sumpfrohrsänger zieht er trockenen Boden vor.

NAHRUNG Insekten, Spinnen und kleine Schnecken.

STIMME Der Gesang erinnert an den des Sumpfrohrsängers, ist aber langsamer, enthält auch Rufe („tscheck") sowie deutlich mehr Pausen; die Motive, meist hervorragende Imitationen, werden mehrfach wiederholt. Singt wie Sumpfrohrsänger oft nachts; Singwarten in Büschen oder Bäumen, oft mehrere Meter hoch.

BRUT Das kompakte Nest ist meist in dichtem Buschwerk oder zwischen Brennnesseln gebaut. 3–6 Eier, die 12–14 Tage bebrütet werden.

ZUG Die europäischen Brutvögel überwintern alle in Südasien.

LÄNGE 13 cm

WANN Brütet nicht in Mitteleuropa
WO Brutvogel von Südfinnland und dem Baltikum ostwärts; sporadisch in Schweden und Ostpolen

Einer von mehreren ungestreiften und oft schwer bestimmbaren Rohrsängern, erinnert aber auch an einige, derzeit in die Gattung *Hippolais* gestellte Arten; lebt zurückgezogen

Gelbspötter *Hippolais icterina*

Ein recht großer Zweigsänger mit langem Kopf, kräftigem, spitzem Schnabel, gerade abgeschnittenem Schwanz und kurzen, stumpf endenden Unterschwanzdecken; bewegt sich etwas schwerfällig durch das Blattwerk

Die Zweigsänger sind in mehrere Gattungen aufgeteilt. Die Spötter, Gattung *Hippolais*, sind mittelgroße Zweigsänger mit langem, hellem und spitzem Schnabel. Sie sind im Vergleich zum Fitis gedrungener und langflügeliger mit größerem Schnabel sowie gerade abgeschnittenem Schwanz. Der Gelbspötter ist ein Vogel offener, unterholzreicher Wälder und Waldränder, besonders von Laub- und Mischwäldern; man trifft ihn auch in flussbegleitenden Gehölzen, Parks und Friedhöfen, auch in baumbestandenen Gärten.

NAHRUNG Meist Insekten und Spinnen; im Spätsommer auch Beeren.

STIMME Der Gesang ist weittragend; die Strophen sind sehr abwechslungsreich und enthalten raue und melodische Motive und eine Fülle von meisterhaften Imitationen; häufig hört man den typischen „dederoit"-Ruf heraus sowie ein bezeichnendes „giääa".

BRUT Nistet in Büschen und Bäumen; das sauber um eine Astgabel geflochtene Nest enthält 4–5 Eier.

ZUG Im Winter im tropischen Afrika.

LÄNGE 13,5 cm

WANN Mai bis August
WO Mittel- und Osteuropa von Ostfrankreich bis zum nördlichen Balkan, im Norden bis zur Mitte Skandinaviens und Finnlands sowie NW-Russland

Olivenspötter *Hippolais olivetorum*

Ein wirklich großer, langer und massiger Spötter mit langem, kräftigem Schnabel; Gefieder recht einfarbig und unscheinbar gräulich; in Olivenhainen und Obstgärten

Unter den Spöttern ist dies der größte. Körperbau und Schnabel sind ausgesprochen kräftig, der Schwanz ist recht breit. Ursprünglich ein Vogel dichter Olivenbestände, lebt der Olivenspötter auch in trockenen Eichenwäldern, in Streuobstflächen sowie Mandelplantagen. Er lebt recht zurückgezogen und ist daher nicht so leicht zu entdecken, die Beobachtung dieser Art erfordert Geduld und einen gewissen Abstand.

NAHRUNG Vor allem Insekten und Spinnen, im Spätsommer viele Feigen. Nahrungssuche meist in dichten Laubbäumen, manchmal auch am Boden.

STIMME Die Gesangsstrophen sind tief und kehlig, im Vergleich zum Gelbspötter langsamer, tiefer und weniger abwechslungsreich. Ruft schnalzend „tschak" oder „tak".

BRUT Das Nest aus Gräsern, Würzelchen und Rindenstückchen ist außen mit Spinnenweben getarnt; es steht niedrig in kleinen Bäumen oder in Büschen. Gelege aus 3–4 Eiern.

ZUG Überwintert in Ost- und Südafrika; erscheint kaum außerhalb des Brutareals.

LÄNGE 15 cm

WANN Nicht in Mitteleuropa
WO Brütet in Südosteuropa, vor allem in Griechenland, Albanien, Bulgarien und Kroatien

Waldlaubsänger *Phylloscopus sibilatrix*

Von den in Europa weit verbreiteten Laubsängern ist der Waldlaubsänger der größte, der am kräftigsten gefärbte und der in seinen Ansprüchen an den Lebensraum am meisten festgelegte. Er lebt in hochstämmigem, unterwuchsarmem Laub- und Mischwald bis rund 1500 Meter Höhe, vor allem in altem Buchenwald; in Nordeuropa trifft man ihn auch im Nadelwald an.
NAHRUNG Insekten, hauptsächlich Raupen, daneben Spinnen. Nahrungssuche im Blattwerk, wirkt dabei weniger eifrig als der Fitis; fängt Insekten auch nach kurzem Verfolgungsflug.
STIMME Der Gesang besteht aus 2 Teilen, einer metallischen Schwirrstrophe, die durch ein paar schneller werdende „sib"-Töne eingeleitet wird, und einer melancholischen, weichen „djü"-Folge. Ruf „tsip", traurig flötend „tüh".
BRUT Rundliches, geschlossenes Bodennest aus Gras und Halmen, zwischen altem Laub gut getarnt. 4–7 Eier.
ZUG Überwintert in Zentralafrika.
LÄNGE 12 cm

WANN April bis September
WO Europa, außer Island, Irland, dem Norden von Skandinavien und Russland, der Iberischen Halbinsel und weiten Teilen der Balkanhalbinsel sowie der Mittelmeerinseln

Ein langflügeliger Zweigsänger mit gelbem Gesicht und weißem Bauch; leicht durch seinen kennzeichnenden Gesang im Brutlebensraum zu finden, aber anderswo auf dem Zug nur schwer zu entdecken

Berg- u. Balkanlaubsänger *Phylloscopus bonelli, P. orientalis*

Die Laubsängerform *orientalis* der Balkanhalbinsel, früher als Unterart des Berglaubsängers geführt, wird jetzt als eigene Art **(Balkanlaubsänger)** anerkannt. Berglaubsänger leben in trockenen Eichen- und Kiefernwäldern mit Lichtungen und viel Unterwuchs, gern in Hanglage. Balkanlaubsänger bewohnen ähnliche Landschaften, oft sieht man sie in kleinen Bäumen an buschreichen Hängen.
NAHRUNG Insekten.
STIMME Gesang des Berglaubsängers eine kurze trillernde Schwirrstrophe, ohne die Einleitungstöne des Waldlaubsängers, Gesang des Balkanlaubsängers etwas schneller, klingt aber ähnlich. Berglaubsänger rufen zweisilbig „wü-if", die Rufe des Balkanlaubsängers klingen sperlingsartig „tschip" oder „tsiep".
BRUT Die 5–6 Eier liegen in einem geschlossenen Nest, oft in einer Bodenmulde in Hanglage.
ZUG Berglaubsänger überwintern südwestlich der Sahara, Balkanlaubsänger in Nordostafrika.
LÄNGE 11,5 cm

WANN April bis September (Berglaubsänger)
WO Berglaubsänger: Iberische Halbinsel, Frankreich, Italien; im Norden bis in den Alpenraum, Südwestdeutschland und Ostösterreich

Ähnlich unscheinbarer gefärbten Waldlaubsängern, aber ohne Gelb auf der Unterseite, mit weicherem Gesang, hauptsächlich im südlichen und östlichen Europa sowie im südlichen Mitteleuropa (Berglaubsänger)

Wanderlaubsänger *Phylloscopus borealis*

Ein auffälliger, etwas gedrungener Laubsänger mit kräftigem Schnabel und dünner Flügelbinde (oft doppelt) und langem, schmalem Überaugenstreif; Rufe sehr bezeichnend

Wanderlaubsänger sind leicht mit Grünlaubsängern zu verwechseln, brüten aber weiter nördlich; auf dem Zug können beide Arten an den gleichen Stellen im westlichen Europa auftauchen und so für Verwirrung sorgen. Sie brüten am Nordrand der Taiga, in Finnland an feuchten Hängen der Fjällbirkenzone, in Skandinavien im Nadelwald an Fließgewässern.

NAHRUNG Flitzt und hüpft auf der Suche nach Insekten recht schnell durch das Blattwerk; wirkt im Flug von Busch zu Busch zielgerichteter als die meisten anderen Zweigsänger.

STIMME Gesang laut und monoton schwirrend, erinnert etwas an Berglaubsänger und Heidelereche; oft mit den typischen, scharfen, an Wasseramsel erinnernden „dzrit"-Rufen.

BRUT Das überdachte Bodennest liegt oft in einer kleinen Höhlung. 5–7 Eier, die 11–13 Tage bebrütet werden.

ZUG Alle Wanderlaubsänger überwintern in Südostasien; ein sehr geringer Teil wandert in Südwestrichtung und erscheint dann im westlichen Europa.

LÄNGE 10,5–11,5 cm

WANN In Mitteleuropa Ausnahmegast
WO Brütet im nördlichsten Skandinavien (selten), in Finnland und Russland

Grünlaubsänger *Phylloscopus trochiloides*

Ein kleiner, kräftig graugrüner und weißer Zweigsänger mit dünner, heller Flügelbinde; recht großer, rundlicher Kopf, aber kleiner Schnabel

Grünlaubsänger brüten an den Rändern von aufgelockerten Laub- und Mischwäldern, aber auch in Fichtenwäldern mit eingestreuten Laubbäumen. Seit Jahren stellt man bei diesem Laubsänger eine langsame Westausbreitung fest; so werden immer wieder singende Männchen und auch einzelne Bruten aus Mitteleuropa gemeldet, eine dauerhafte Ansiedlung besteht bisher aber nur in Polen.

NAHRUNG Insekten und Spinnen, die am Boden wie hoch in Baumkronen erbeutet werden; bewegt sich bei der Nahrungssuche flink und flattert häufig im Gezweig, möglicherweise um verborgene Insekten aufzuschrecken.

STIMME Der Gesang ist schnell, laut und lebhaft, er enthält zaunkönigartige Tonhöhenwechsel und Triller und klingt etwas stotternd. Ruft scharf „tslie" oder „tsilie".

BRUT Das meist überdachte Nest aus Moos und Halmen steht gut geschützt am Boden, manchmal auch höher.

ZUG Im Winter in Indien und Nepal.

LÄNGE 10 cm

WANN Mai bis August (selten)
WO Brütet vom Baltikum und Südfinnland ostwärts; lokal Küsten und Inseln der Ostsee. In Mitteleuropa nur Ostpolen, aber aus Deutschland bereits mehrere Brutnachweise

Zilpzalp *Phylloscopus collybita*

Ein weit verbreiteter, überwiegend häufiger, kleiner und schlanker Zweigsänger mit recht unscheinbar braungrünlicher Färbung und ohne auffällige Muster; ferner mit dunklen Beinen, weißem Halbmond unter dem Auge und ständigem Abwärtsschlagen des Schwanzes sowie sehr typischem Gesang

Laubsänger sind meist kleine, schlanke, grünliche Zweigsänger mit zartem Schnabel; sie sind kleiner und haben einen schlankeren Schnabel als Spötter, ferner haben sie einen kürzeren Schnabel und weniger Braun im Gefieder als Rohrsänger und viele Grasmücken. Während die erwähnten Vergleichsarten in der Regel einfach, hart „täk" oder „tscharr" rufen, sind die meisten Rufe der Laubsänger Variationen des Grundmusters „hü-it". Diese Unterschiede sind sehr hilfreich bei der Bestimmung der einzelnen Arten, von denen Zilpzalp und Fitis am weitesten verbreitet und am häufigsten sind; sie dienen als Vergleichsarten, um die Artzugehörigkeit eines unbekannten Laubsängers zu ermitteln. Beide Arten halten aber auch selbst in ihren verschiedenen Kleidern einige Fallstricke für den Anfänger bereit. Der Zilpzalp bewohnt nicht zu eintönige, unterholzreiche Misch- und Laubwälder, aber auch Feldgehölze, Parks, Friedhöfe und viele Gärten; zur Zugzeit trifft man ihn in großer Zahl in flussbegleitenden Gehölzen an.

NAHRUNG Insekten in Büschen und Bäumen; im Herbst auch Beeren. Bewegt sich bei der Nahrungssuche rastlos und flink.

VERHALTEN UND STIMME Die Männchen singen im Frühjahr und Sommer, manchmal auch im Herbst, während sie sich durch das Laubwerk bewegen. Die typischen, leicht zu merkenden Gesangsstrophen klingen wie „zilp-zalp-zelp-zilp-zalp"; zwischen 2 Strophen folgt oft ein kurzes „trr-trr". Der Ruf erinnert an den des Fitis, ist aber einsilbiger „huid". Im Herbst hört man auch ein kräftigeres, abfallendes „chlip" oder „tschiep".

BRUT Das Nest ist ein kugeliges Gebilde aus Gras, Blättern und Moos mit seitlichem Einschlupf, meist etwas über dem Boden in hohem Gras oder dichtem Pflanzenwuchs angelegt. 4–7 Eier, bei Verlust des Geleges oder bei Zweigbruten meist 3–5 Eier; Brutdauer 13–15 Tage; die Jungen fliegen mit rund 2 Wochen aus.

ZUG Einer der frühesten Zugvögel, die im Frühjahr nordwärts wandern; dann sieht man die Vögel meist an Gewässerrändern, wo es bereits die ersten Insekten gibt. Im Herbst sieht man überall in buschreichen Gegenden Zilpzalpe, besonders in Weiden, aber auch in Gärten. Die Überwinterungsgbiete liegen vorwiegend im Mittelmeerraum; einzelne überwintern in Mitteleuropa.

LÄNGE 10–11 cm

WANN März bis Oktober
WO Brütet in Europa außer Island sowie Teilen Skandinaviens und der Iberischen Halbinsel

Fitis *Phylloscopus trochilus*

Ein schlanker Zweigsänger, weit verbreitet und häufig in Buschland, Feuchtgebieten und offenen Wäldern; im Frühjahr leicht durch seinen Gesang zu entdecken, sonst sind für die Bestimmung Rufe und Beinfärbung hilfreich. Schlüpft behände durch das Laubwerk und zeigt sich nicht selten frei; im Winter kaum in Europa

♂, Frühjahr
Oberseits manchmal recht dunkel olivfarben; unterseits weißlich mit gelbem Anflug; Beine hellbraun (selten dunkler); kennzeichnender Gesang

♂, Sommer
Gefieder wird durch Abnutzung unscheinbarer

Schwanz des ♀ kürzer (vgl. mit Handschwingenprojektion) als beim ♂

JK, ♀
JK im Herbst häufig zu sehen; unterseits und auf dem langen Überaugenstreif kräftig gelb, manche aber viel heller; Schirmfedern mit dunklen Mitten

JK

ad.

ad., ♂
Nordskandinavien: oberseits grauer, unterseits heller mit gelbem Anflug, viele aber nicht von südlichen Vögeln zu unterscheiden; helle Vögel wie abgebildet ziehen regelmäßig durch Mitteleuropa

JK
Gelbe Unterflügeldecken

Fitis

Vergleiche Kopfform (flacher beim Fitis), ferner Schirmfederlänge (hellgrün) im Verhältnis zu Handschwingenprojektion (gelb, länger beim Fitis) und Schwanzlänge

Zilpzalp

♂
Fliegt rasch, niedrig, etwas sprunghaft, meist in die nächste Deckung; zu klein und zu schnell, um Details erkennen zu können

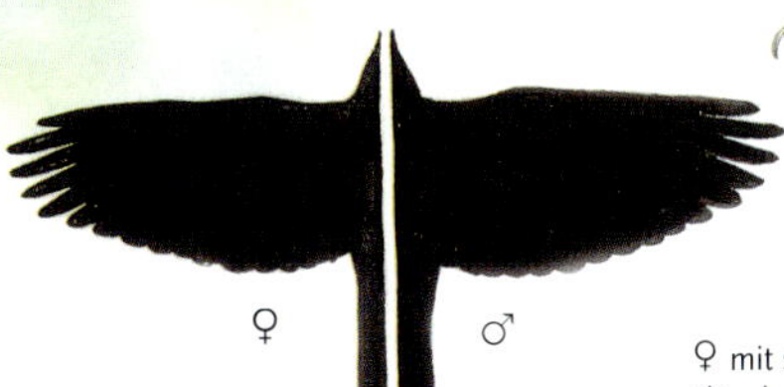

♀ ♂

♀ mit schmaleren, runderen Flügeln und kürzerem Schwanz

Dieser Laubsänger ist im Durchschnitt etwas länger und schlanker als der Zilpzalp, das Gefieder wirkt meist „sauberer" und frischer, jedoch sind die Unterschiede nur marginal. Glücklicherweise erlaubt der Gesang eine rasche Bestimmung beider Arten. Während der Zilpzalp in Mitteleuropa bereits ab Anfang März erscheint, vergeht ein Monat oder länger, bis sich der erste Fitis des Jahres blicken lässt. Einzelne Zilpzalpe überwintern regelmäßig in Europa, was Fitisse nicht tun. Die Unterschiede in den Lebensraumansprüchen sind recht gering, beide Arten hört man oft in direkter Nachbarschaft singen. Trotzdem meidet der Fitis eher den hochstämmigen, älteren Laubwald, sondern zieht buschigere Lebensräume vor, beispielsweise Gehölze an Gewässern sowie in Mooren und Heidegebieten, Weiden und Birkenbestände, aber auch Waldlichtungen und lichten Auwald. Häufig sieht man den Fitis in Birken, denn dort findet er reichlich Insektennahrung.

NAHRUNG Pickt Insekten und Spinnen von Blättern und Zweigen; wirkt bei der Nahrungssuche lebhaft und agil, fängt gelegentlich Insekten in kurzem Verfolgungsflug.

STIMME In Gegenden mit häufigem Vorkommen bietet die alljährliche Rückkehr dieses Laubsängers, die durch den plötzlich beginnenden Chor der Männchen offenbar wird, Anlass zur Freude. Die weiche, abfallende, ständig wiederholte Fitisstrophe ist besonders stimmungsvoll und lieblich: Sie beginnt recht hoch, setzt sich in wenigen Flötentönen fort und „erstirbt" am Schluss; klingt ähnlich dem Buchfinkenschag, aber leiser, viel weicher und melancholischer. Der Fitisruf klingt deutlicher zweisilbig und mehr fragend als der des Zilpzalps: „hü-it".

BRUT Auch der Fitis baut ein „Backofennest" aus trockenem Gras, Laub, Halmen und Moos; es ist direkt auf dem Boden angelegt und gut im Pflanzenwuchs oder unter einem tief liegenden Zweig getarnt. Die 4–8 Eier werden vom Weibchen 12–14 Tage bebrütet; die Jungen verlassen das Nest im Alter von 12–14 Tagen.

ZUG Fitisse überwintern in Afrika von Senegal und Äthiopien bis nach Südafrika; nicht selten hört man in Afrika Fitisgesang von einer hohen Akazie. Mitte oder Ende März erreichen die heimziehenden Fitisse den Mittelmeerraum, Mitteleuropa erst ab Mitte April.

LÄNGE 10,5–11,5 cm

WANN April bis Oktober
WO Brütet in der nördlichen Hälfte Europas; fehlt auf Island, dem größten Teil der Iberischen Halbinsel (selten Pyrenäen und am Nordrand), in Italien, Südosteuropa und auf den Mittelmeerinseln. In Mittel- und Nordeuropa häufig bis sehr häufig

Orpheusspötter *Hippolais polyglotta*

Dieser Zweigsänger bildet ein natürliches Paar mit dem Gelbspötter: Beide sind sehr ähnlich und ersetzen einander geografisch. Der Orpheusspötter bewohnt vorwiegend buschige Lebensräume wie Waldränder, hohe Hecken und Tamariskengebüsch sowie Gebüsch in Kiesgruben oder an Straßenrändern; er hält sich weniger in hohen Bäumen auf als der Gelbspötter. Der Orpheusspötter hat Mitte des letzten Jahrhunderts von Frankreich aus Mitteleuropa besiedelt, zuerst das Tessin (1960), Deutschland erst 1983.
NAHRUNG Insekten im Gezweig, die er nach kurzem Verfolgungsflug in der Luft erbeutet; Beeren.
STIMME Der lang anhaltende Gesang wird hastig vorgetragen, ist schwätzend und nicht so abwechslungsreich wie der des Gelbspötters; Kennzeichen sind die eingeflochtenen arteigenen Rufe: sperlingsartig zeternd „terrt".
BRUT Das Nest steht meist niedrig in Hecken oder Brombeergestrüpp. 4–5 Eier, die 12–13 Tage bebrütet werden.
ZUG Überwintert in Westafrika.
LÄNGE 13 cm

WANN Mai bis August
WO Iberische Halbinsel, Frankreich, Italien, Korsika, Belgien, Luxemburg, Südschweiz, Südwestdeutschland (v. a. Saarland), Slowenien, Kroatien

Ein typischer, hellgrüner und gelber Spötter, sehr ähnlich dem Gelbspötter; wirkt gedrungen mit kräftigem Schnabel, Schwanz gerade abgeschnitten; Gesichtsausdruck etwas sanfter als beim Gelbspötter

Feldrohrsänger *Acrocephalus agricola*

Der Feldrohrsänger erinnert als echter *Acrocephalus*-Rohrsänger an Teich- und Schilfrohrsänger. Er brütet in Schilfbeständen an Teichen und Seen, manchmal in einiger Entfernung vom festen Ufer. Im Vergleich zum Teichrohrsänger lebt er meist in weiter landseitigem Röhricht mit eingesprengten Büschen; geeignete Lebensräume sind Flusstäler und Feuchtgebiete in der Steppe.
NAHRUNG Insekten an Schilfhalmen und anderen Pflanzen am Wasser.
VERHALTEN UND STIMME Die Männchen singen oft ganz frei auf Schilfrispen; die Strophen sind abwechslungsreich und schnell, kontinuierlicher als die des Teichrohrsängers und erinnern mit ihren vielen Imitationen eher an Sumpfrohrsänger. Ruft kurz „tsak", bei der Nahrungssuche „tschik" oder „tschi-tschik".
BRUT 3–6 Eier; Nest zwischen Schilfhalmen oder unten in einem Busch an Halmen aufgehängt.
ZUG Im Winter in Indien; sehr wenige Vögel fliegen beim Heimzug zu weit und gelangen so ins westliche Europa.
LÄNGE 13 cm

WANN Nicht in Mitteleuropa
WO Brütet in Europa im Gebiet des Schwarzen Meers; ostwärts bis China. Seltener Ausnahmegast in Mittel- und Nordwesteuropa

Ein bräunlicher Zweigsänger, ähnlich dem Teichrohrsänger, aber heller, mehr rostfarben, außerdem mit deutlicherer Kopfzeichnung, kürzerem Schnabel und längerem Schwanz

Blass-Spötter *Hippolais elaeica*

Ein kleiner Zweigsänger mit langem Schnabel und flachem Scheitel und kurzen Unterschwanzdecken; der lange Schwanz wird bei der Nahrungssuche im Blattwerk ständig abwärts geschlagen, anders als beim ähnlichen Teichrohrsänger. Zwei nah verwandte Formen: Blass- und Isabellspötter

Wie der deutsche Name andeutet, ist der Blass-Spötter recht farblos, ihm fehlen das Grün und Gelb von Gelb- und Orpheusspötter fast völlig. Er lebt in buschreichem Gelände mit einzelnen Bäumen, häufig Tamariskengestrüpp und Weidendickicht an Flussufern in warmer, trockener Landschaft.
NAHRUNG Bei der Jagd nach Insekten hüpfen beide (Spötter) durch das Gezweig und schlagen ständig den Schwanz nach unten.
STIMME Das Männchen singt von einer versteckten Warte oder während es sich durch das Blattwerk bewegt. Der Gesang ist rau und eilig schwätzend, enthält ständige, monotone Wiederholungen. Ruft häufig „tscheck".
BRUT Das tief napfförmige Nest aus Halmen und Stängeln steht niedrig in Büschen. 3–5 Eier, die 11–13 Tage bebrütet werden.
ZUG Überwintert in Afrika vom Senegal ostwärts bis Somalia, direkt südlich der Sahara; sehr selten außerhalb des Brutareals.
LÄNGE 12–13,5 cm

WANN April bis August (selten)
WO Isabellspötter: Südspanien, Nordwestafrika. Blass-Spötter: Südosteuropa, Türkei, Naher Osten; in Mitteleuropa bisher nur in Ungarn

Buschspötter *Hippolais caligata*

Kleine Spötter, die an Zilpzalp erinnern, aber auch an Blass-Spötter, jedoch mit kurzem, gewöhnlich deutlichem Überaugenstreif und dunklerem Zügelbereich. Zwei ähnliche Formen, die sich in Gestalt und Lautäußerungen unterscheiden: Buschspötter und Steppenspötter

Die kleinsten Formen der Gattung *Hippolais* und die mit der größten Ähnlichkeit zum Zilpzalp; der Buschspötter erinnert stark an den größeren Blass-Spötter. Er brütet in verschiedenen Lebensräumen von trockenem Gebüsch an Feldrändern zu Gestrüpp an Fließgewässern. Die vorwiegend mittelasiatische Form *rama*, in trockneren Lebensräumen zu finden, wird hier nicht als geografische Unterart des Buschspötters, sondern als eigene Art **(Steppenspötter)** angesehen.
NAHRUNG Insekten im Gezweig; bei der Nahrungssuche wohl die schnellsten und rastlosesten Spötter.
STIMME Die Männchen singen im Frühjahr sehr ausdauernd, auch nachts. Die energisch wirkenden, zwitschernden und nasal schwätzenden Strophen enthalten auch melodische Tonfolgen, aber keine Imitationen. Ruft „tsik", „zet" oder hart „tscheck".
BRUT 6 Eier; Brutdauer 12–14 Tage.
ZUG Die meisten überwintern in Indien; wenige Vögel gelangen auf dem Zug ins westliche Europa.
LÄNGE 11,5–12 cm

WANN Nicht in Mitteleuropa
WO Buschspötter: Sibirien und Osteuropa, südwärts zur Kaspisee, westwärts bis zum Ladogasee. Steppenspötter: östlich des Kaspischen Meeres

Dorngrasmücke *Sylvia communis*

Viele Grasmücken sind mehr oder weniger auf Südeuropa beschränkt, Dorn- und Klappergrasmücke jedoch nicht. Gerade diese beiden Arten bieten für Menschen, die in nördlicheren Gegenden Europas wohnen, gute Gelegenheit, den typischen Grasmücken-Charakter kennen zu lernen. Beide überwintern in Afrika südlich der Sahara, und sie erleiden große Verluste, wenn diese Zone mehrere Jahre in Folge von Dürre heimgesucht wird. In vielen Teilen Mitteleuropas haben die Bestände der Dorngrasmücke aber vor allem durch Lebensraumverlust im Brutgebiet erheblich abgenommen.
Zur Brutzeit trifft man Dorngrasmücken in dornbuschreicher Heckenlandschaft, in Heiden und Mooren und an Wegrändern und Bahnlinien mit Dornbüschen; die Grasmücken fühlen sich aber auch in verwilderten Gärten und manchen gebüschreichen Parks wohl. Ein paar Jahre nach einem Kahlschlag oder Windbruch stellen sich nicht selten Dorngrasmücken als Brutvögel ein, wenn das Gelände sich überlassen bleibt oder nur behutsam aufgeforstet wird. Typische Brutlebensräume dieser Grasmücke, wie überwucherte Gräben mit Brennnesseln und Weidengestrüpp, die häufig auch an der Küste zu finden sind, werden oft als Ödland oder Unland bezeichnet.

NAHRUNG Hauptsächlich Insekten, besonders verschiedene Käfer, die die Dorngrasmücken von Zweigen, Blättern und Kräutern ablesen; mit fortschreitendem Sommer zunehmend Beeren, etwa von Himbeere, Holunder und Geißblatt.

VERHALTEN UND STIMME Die Männchen markieren ihre Reviere durch Gesang, den sie von Buschspitzen oder Leitungsdrähten vortragen, sowie häufig im kurzen, flatternden Singflug, was Klappergrasmücken nicht tun. Die kurzen, munteren Strophen sind schwätzend und rau kratzend; sie klingen jedoch angenehm. Im Singflug sind sie länger und enthalten besonders viele Imitationen. Ruft rau „tschärr", hart „teck" und nasal „wäid wäid wäid …".

BRUT Dorngrasmücken nisten in niedrigem Gestrüpp oder zwischen Hochstauden, nicht selten in Nachbarschaft mit dem Neuntöter. 4–5 Eier, die 11–12 Tage bebrütet werden; die Jungen fliegen mit 10–12 Tagen aus.

ZUG Dorngrasmücken überwintern in Afrika in der recht trockenen Sahelzone. Durchzügler treten im Herbst in vielen offenen Lebensräumen auf, auch in Gärten.

LÄNGE 14 cm

WANN April bis September
WO Brütet in Europa außer Island, auf Korsika, Sardinien und den Balearen, im Norden von Skandinavien, Finnland und Russland sowie Teilen der Iberischen Halbinsel

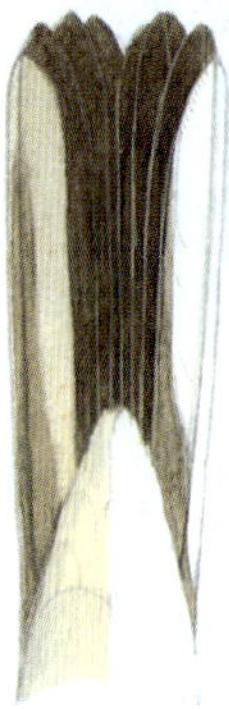
ad. (rechts) mit weißen Schwanzkanten und mehr Weiß auf der Unterseite als im JK (links)

Startet zum Singflug von einer Buschspitze, einem Zaunpfahl oder auch einem Leitungsdraht aus; beachte den dünnen Schwanz

Ein recht großer, langschwänziger Zweigsänger in meist dorniger Buschvegetation; großer Kopf, häufig gesträubte weiße Kehlfedern; weiße Schwanzkanten, Kopf grau, Flügel rostbraun und schwarz, Füße hell

♂
Schwanz bei ♀ und im JK kürzer; beachte die im Vergleich zur Klappergrasmücke großen Flügel

Klappergrasmücke *Sylvia curruca*

♂, Frühjahr

♀, Sommer

Rundere Flügel und kürzerer Schwanz als bei der Dorngrasmücke

Wird bei der unauffälligen Nahrungssuche im dichten Buschwerk leicht übersehen

JK
Insgesamt brauner; Ohrdecken und Zügelbereich dunkler; leuchtend weiße Kehle

Eine ansprechende, überwiegend graubraune Grasmücke mit grauem Oberkopf und schwarzen Beinen; typisch ist die scharf abgesetzte, weiße Kehle; gewöhnlich in dichten Büschen, aber auch in Bäumen; kennzeichnend klappernder Gesang

JK | ad.

Schwanz im JK matter gefärbt als bei ad.

♂, Frühjahr
Kann unterseits mehr kräftiger rosa sein; Ohrdecken wirken je nach Lichtverhältnissen unterschiedlich dunkel

♀, Frühjahr
Kopf heller als beim ♂, Musterung aber gleich

♂, singend
Für die nächste Strophe wechselt es jeweils die Warte

ad., September
Gefieder brauner; Ohrdecken etwas dunkler als Oberkopf; beachte helle Handschwingenspitzen, einfarbige Flügel und graue Beine

JK, September
Oberkopf grau, Ohrdecken dunkler, weißer Augenring; Flügelfedern mit helleren Rändern (anders als ad.); Handschwingen mit aparten weißen Spitzen

Östliche Form
Kopf und Oberseite heller, fließender Übergang zur westlichen (europäischen) Form, daher im Feld kaum unterscheidbar

Während die Dorngrasmücke häufig in niedriger Buschvegetation zu finden ist, bevorzugt die Klappergrasmücke höheres Gebüsch mit einzelnen Bäumen, in denen sie oft Nahrung sucht. So bieten hohe, breite Hecken aus Weiß- und Schwarzdorn, die von einigen höheren Eichen oder Eschen überragt werden, dieser Grasmücke gute Lebensbedingungen. Nicht selten trifft man die Klappergrasmücke auch an gebüschreichen Rändern von Wäldern und Feldgehölzen, in Nadelbaumschonungen sowie in Parks und Friedhöfen und in naturnahen Gärten. Sie kommt auch in Mooren und Heidegebieten vor, im Gebirge brütet sie sogar bis in die obere Krummholzregion. Am besten entdeckt man die Klappergrasmücke, wenn die Männchen im Frühjahr ausdauernd singen; sie zeigen sich aber nicht so oft frei auf einer Warte wie Dorngrasmücken und unternehmen auch keine Singflüge. Im Herbst, wenn sich alle Grasmücken Depotfett für den Zug durch den Verzehr von Beeren zulegen, sieht man Klappergrasmücken eher – nicht selten zusammen mit Mönchs- und Gartengrasmücken in Beerensträuchern.

NAHRUNG Hauptsächlich Insekten, die von Zweigen und Blättern abgelesen werden; im Frühjahr auch Pollen und Nektar, im Herbst viele Beeren.

VERHALTEN UND STIMME Das Männchen singt, während es sein Territorium durchstreift, häufig tief in einem Busch oder Baum verborgen; da die Reviere recht groß sind, hört man dasselbe Männchen oft von relativ weit entfernten Stellen. Der Gesang beginnt mit einem hohen, unterdrückt klingenden, eilig schwätzenden Vorgesang, der in ein monotones, hölzernes Klappern übergeht; es klingt weniger metallisch als bei der Goldammer und härter als beim Berglaubsänger. Ruft „tjäck“, bei Gefahr trocken „teck“, in unregelmäßigen Abständen wiederholt.

BRUT Das zierliche Nest steht meist recht hoch in einem jungen Nadelbaum oder Dornbusch. Die 4–6 Eier werden 11–14 Tage bebrütet; die Jungen verlassen das Nest mit 11–13 Tagen.

ZUG In ihrem Wanderverhalten sind die europäischen Klappergrasmücken ungewöhnlich, denn selbst die westlichen Populationen wandern um das östliche Ende des Mittelmeers anstatt in Südwestrichtung über Spanien. Die Überwinterungsgebiete liegen in Afrika südlich der Sahara, vor allem im Sudan und in Äthiopien, aber auch westlich bis Niger.

LÄNGE 13 cm

WANN April bis Oktober
WO Europa von Südengland und Nordfrankreich im Westen über Mitteleuropa und Südosteuropa bis nach Ostasien; fehlt in Italien, Teilen Skandinaviens sowie im Norden von Finnland und Russland

Weißbart-Grasmücke *Sylvia cantillans*

Eine von mehreren mediterranen Grasmücken, die aber in Spanien und Portugal genauso vorkommt wie an der Mittelmeerküste. Brutlebensraum ist dorniges Gebüsch der Macchia mit einzelnen Eichen, aber auch offene Hügelflanken, die mit Dornbüschen bewachsen sind. Die Weißbart-Grasmücke ist klein, langschwänzig und lebhaft, jedoch, außer im männlichen Prachtkleid, schwer zu bestimmen.
NAHRUNG Hauptsächlich Insekten und deren Larven, im Herbst auch kleine Früchte und Beeren.
STIMME Anhaltender Gesang auf Warten bis 3 Meter Höhe oder in kurzem, flatterndem Singflug. Die zwitschernden Strophen enthalten knirschende Lautfolgen, sind aber klangvoll; sie erinnern an beschleunigten Dorngrasmückengesang. Ruft „tett", oft mehrfach gereiht.
BRUT 3–5 Eier, Brutdauer 11–12 Tage.
ZUG Überwintert am Südrand der Sahara; auf dem Heimzug im Frühjahr erscheinen mitunter Einzelvögel weit nördlich des Brutgebiets.
LÄNGE 12 cm

WANN In Mitteleuropa Ausnahmegast
WO Iberische Halbinsel, Südfrankreich, Italien, Balkan, Mittelmeerinseln (außer Zypern, Malta)

Brillengrasmücke *Sylvia conspicillata*

Von den verschiedenen Grasmücken Südeuropas ist diese Art in ihrem Areal und Lebensraum am meisten eingeschränkt. Die Brillengrasmücke lebt in niedrigem Gestrüpp an trockenen, steinigen Hängen, oft mit Zistrose und Rosmarin, oder im kurzen Bewuchs aus Queller in der Salzsteppe; sie meidet höheres Gebüsch und Bäume. Die Art hat 1989 ausnahmsweise in der Schweiz (Wallis) gebrütet.
NAHRUNG Insekten und Spinnen; gelegentlich kleine Früchte.
STIMME Die Männchen vollführen fledermausartige Singflüge. Die Strophen sind schwätzend und wohlklingend zwitschernd. Ruft rasselnd „tschärrr" oder „drrrr ..."
BRUT Relativ kompaktes Nest in sehr niedrigem Bewuchs. 3–5 Eier, die 12–13 Tage bebrütet werden; die Jungen fliegen mit 12 Tagen aus.
ZUG Wenige Vögel bleiben auch im Winter in Südfrankreich und Ostspanien; Jahresvogel auf Malta und Zypern. Die übrigen europäischen Brutvögel ziehen im Herbst nach Nordafrika.
LÄNGE 12,5 cm

WANN Nicht in Mitteleuropa
WO Iberische Halbinsel, Balearen, Südfrankreich, Sardinien, Süditalien, Sizilien; Zypern

Samtkopf-Grasmücke *Sylvia melanocephala*

Ein schlanker, langschwänziger Zweigsänger mit großem Kopf und dunkler Kapuze sowie überwiegend versteckter Lebensweise; charakteristische Rufe; weit verbreitet im Mittelmeerraum

Warme, buschige Hänge und felsige Hochufer entlang der Küsten des Mittelmeers bieten viele charakteristische Düfte, aber auch interessante Stimmen. Dazu gehören die einem Maschinengewehr ähnlichen Rufsalven dieser kleinen Grasmücke, die oft anhaltend warnt, während sie das dichte Buschwerk durchstreift. Wenn sie über einen Pfad huscht, sieht man vielleicht für kurze Zeit den langen, häufig etwas gefächerten Schwanz, bevor der Vogel wieder im Dickicht verschwindet. Wartet man eine Weile, hat man gute Chancen, dass derselbe Vogel in der Nähe seinen Kopf aus der Deckung einer Buschspitze steckt, um zu sehen, ob noch Gefahr droht. Samtkopf-Grasmücken sind nämlich sehr neugierig und können kaum still sein oder sich längere Zeit verborgen halten. Trotzdem kann es dauern, bis man den Vogel wirklich einmal gut zu sehen bekommt. Samtkopf-Grasmücken durchstreifen gleichermaßen die Kronen von Eichen und Kiefern wie Gestrüpp und Buschwerk in unterschiedlicher Landschaft, so auch in Gärten und sogar Hotelanlagen. In Siedlungen bleiben sie so lange, bis das letzte Gestrüpp entfernt wird. Auch bei kurzem Anblick oder wenn sie nur als Silhouette zu sehen ist, kann man die Samtkopf-Grasmücke meist an ihrer schlanken Gestalt und dem langen, dünnen Schwanz erkennen.

NAHRUNG Insekten wie Käfer und Hautflügler, die im niedrigen Gebüsch oder am Boden gefangen werden. Verzehrt im Herbst viele Früchte und Beeren, im Winter auch Samen.

VERHALTEN UND STIMME Die Vögel sind das ganze Jahr über territorial, den Gesang hört man jedoch nur im Frühjahr und Sommer. Die Männchen singen auf exponierten Warten in Bäumen und Büschen sowie im kurzen, flatternden Singflug. Die recht kurzen, schwätzenden Strophen setzen sich aus knarzenden und knirschenden, ratternden, aber auch einigen melodischen Lautfolgen zusammen. Ruft ratternd, abrupt einsetzend „techrrt-trrrtrrr ...". Diesen Ruf äußern die Männchen das ganze Jahr über; vermutlich dient er als „Individualausweis" und somit der Revierverteidigung.

BRUT 3–5 Eier, Männchen und Weibchen brüten 13 Tage; die Jungen sind mit 12–13 Tagen flügge.

ZUG Überwiegend Jahresvogel; die Vögel aus den nördlichen Brutgebieten wandern etwas nach Süden, manche westliche Samtkopf-Grasmücken ziehen sogar nach Afrika.

LÄNGE 13,5 cm

WANN Kaum in Mitteleuropa
WO Mittelmeerländer einschließlich der Inseln; fehlt im Norden der Iberischen Halbinsel; breitet sich gebietsweise nach Norden aus, so nach Südfrankreich, Norditalien und Bulgarien

Provencegrasmücke *Sylvia undata*

In Südeuropa trifft man die Provencegrasmücke an warmen Hängen mit niedrigen, aromatischen Kräutern und dichtem Dorngestrüpp. In Südengland, dem nördlichsten Vorkommen, besiedelt die Art Heideflächen mit Ginster und wenigen Nadelbäumen; wegen der großen Verluste in harten Wintern schwanken die nördlichen Bestände von Jahr zu Jahr stark.
NAHRUNG Vor allem kleine Käfer und andere Insekten, die von bodennaher Vegetation abgesammelt werden.
VERHALTEN UND STIMME Im Frühjahr geben die Männchen für kurze Zeit ihr sehr verstecktes Leben auf und singen auf Baumspitzen und im kurzen Singflug. Der Gesang ist tief zwitschernd mit ratternden und kratzigen Lautfolgen. Ruft nasal „tschörr".
BRUT Das stabile Nest ist meist zwischen Heidekraut oder in Zistrosen gebaut. 3–5 Eier, die 12–13 Tage bebrütet werden.
ZUG Überwiegend Jahresvogel; bei hoher Populationsdichte wandert mitunter ein Teil der Brutvögel ab.
LÄNGE 12,5–14 cm

WANN Kaum in Mitteleuropa
WO Brütet auf der Iberischen Halbinsel, in Teilen Frankreichs und Italiens, in Südengland sowie auf Menorca, Korsika, Sardinien und Sizilien

Sardengrasmücke *S. sarda* Balearengrasm. *S. balearica*

Diese beiden Grasmücken sind in Bestand und Areal noch mehr beschränkt als die Provencegrasmücke, die vor kurzem die Balearengrasmücke auf Menorca ersetzt hat. Lebensraum beider Arten ist das windexponierte Gestrüpp an der Küste sowie an felsigen Hängen mit Macchiavegetation und spärlichem Kräuterbewuchs.
NAHRUNG Kleine Insekten und Spinnen sowie deren Entwicklungsstadien.
STIMME Der wohlklingende Gesang der **Sardengrasmücke** ist zwitschernd und schwätzend, bei der **Balearengrasmücke** klingen die Strophen kratziger. Sardengrasmücken rufen hart und kehlig „täk", Balearengrasmücken nasal „tsrk" oder „trt".
BRUT Das tiefmuldige, sorgfältig aus Gräsern, Stängeln und Spinnenkokons zusammengefügte Nest ist meist tief in einem kleinen Busch verborgen. 3–5 Eier, die 12 Tage bebrütet werden.
ZUG Balearengrasmücken sind Jahresvögel; manche Sardengrasmücken wandern im Winter auf das Festland Spaniens oder Nordwestafrikas.
LÄNGE 13–14 cm

WANN Nicht in Mitteleuropa
WO Sardengrasmücke: Sardinien, Korsika inkl. der kleineren Inseln sowie der Insel Pantelleria. Balearengrasmücke: Balearen, außer Menorca

Maskengrasmücke *Sylvia rueppelli*

Ein recht großer, überwiegend grauer Zweigsänger mit dickem Hals; erinnert an Samtkopf-Grasmücke, hat aber ein kleineres Verbreitungsareal; helle Flügelfederränder

Diese Grasmücke, die auf den äußersten Südosten Europas und die Türkei beschränkt ist, kommt meist an trockenen, felsigen Hängen mit Dornbüschen, aromatischen Kräutern und einzelnen Bäumen vor, seltener im trockenen Unterwuchs offener Eichenwälder. Im Vergleich zu anderen Zweigsängern wirkt sie weniger lebhaft. Sie ist nicht besonders scheu, auch wenn sie sich oft in der Vegetation verborgen hält.

NAHRUNG Insekten im Bewuchs; im Herbst auch Beeren.

STIMME Singt auf einer exponierten Warte oder im flatternden Singflug, wobei der Vogel zum Schluss fallschirmartig herabgleitet. Der schwätzende Gesang besteht aus kurzen trockenen, etwas stotternden Lautfolgen. Ruft hart „zäck" und zeternd „zerrrr".

BRUT Im stabilen Nest aus Gräsern und Halmen liegen 4–5 Eier, die 13 Tage bebrütet werden.

ZUG Überwintert im Tschad und Sudan; in Europa kaum außerhalb des Brutareals.

LÄNGE 14 cm

WANN Nicht in Mitteleuropa
WO Brütet im südlichen Griechenland, auf den Inseln der Ägäis, auf Kreta sowie in der Türkei

Cistensänger *Cisticola juncidis*

Ein winziger, rundlicher Vogel mit sandbrauner Färbung und kräftiger, schwarzer Streifung; wirkt von hinten kurzschwänzig; meistens im wellenförmig kreisenden Singflug über dichtem Grasbewuchs zu sehen

In Afrika leben mehrere Arten der Familie Halmsänger, von denen nur eine Art, der Cistensänger, auch in Europa vorkommt. Er bewohnt weitläufige Grasbestände, vor allem mit Seggen oder Binsen bestandene Verlandungsbereiche mit höchstens einzelnen Büschen und Bereichen mit unbewachsenem Boden. Mitunter auch an grasigen Rändern von Getreidefeldern und in verwilderten Gärten mit hohem Gras. Die Art besiedelt aber auch niedrige Salzvegetation an der Küste und am Rand von Salzpfannen.

NAHRUNG Kleine Insekten und Spinnen; Nahrungssuche in Bodennähe.

STIMME Der Gesang ist typisch: ein im Abstand von einer Sekunde wiederholtes „tsip", das auf einer Warte oder im hohen, wellenförmigen Singflug vorgetragen wird. Ruft laut „tschip".

BRUT Das birnenförmige, beutelartige Nest mit Eingang oben seitlich ist um einen Halm oder Stängel im dichten Grasbestand geflochten. 4–6 Eier, die 13 Tage bebrütet werden.

ZUG Jahresvogel; strenge Winter verursachen starke Verluste.

LÄNGE 10 cm

WANN Ausnahmsweise in Mitteleuropa
WO Iberische Halbinsel, Süd- und Westfrankreich, Italien, südlicher Balkan und Mittelmeerinseln. Hat vereinzelt in Mitteleuropa gebrütet

Sperbergrasmücke *Sylvia nisoria*

Die Sperbergrasmücke ist ein für Zweigsänger massiger, fast plumper Vogel, der etwas dem Wendehals ähnelt. Sie ist zwar leicht zu bestimmen, doch ist es meist nicht einfach, sie zu Gesicht zu bekommen. Sie bewegt sich verstohlen in dichtem, niedrigem Dornengebüsch in offener Landschaft oder an Waldrändern.

NAHRUNG Vorwiegend Insekten und Spinnen; im Herbst viele Beeren und Früchte.

VERHALTEN UND STIMME Auch zur Brutzeit sind die Männchen zurückgezogen, singen aber auf Bäumen und im Singflug. Die Gesangsstrophen sind laut und hart zwitschernd, erinnern an Garten- und Dorngrasmücke, enthalten aber die typischen ratternden „trrrrrrt-t-t-t …"-Rufe.

BRUT Das Nest ist oft in enger Brutnachbarschaft mit dem des Neuntöters in einem Dornbusch gebaut. 4–5 Eier, die 12–13 Tage bebrütet werden.

ZUG Überwintert im tropischen Ostafrika.

LÄNGE 15,5 cm

WANN Mai bis September
WO Osteuropa, im Westen bis Nordostdeutschland, Ostösterreich, Norditalien und die Südschweiz, im Norden bis Südschweden und -finnland. Im westlichen Mitteleuropa ausnahmsweise

Orpheusgrasmücke *Sylvia hortensis*

Diese stattliche Grasmücke ist ein Vogel des Mittelmeers und der Iberischen Halbinsel. Bevorzugter Lebensraum sind offene Wälder (gern Korkeichen oder Kiefern) mit hohem Gebüsch und in Hanglage sowie Olivenhaine und Obstgärten. Die östliche Form *crassirostris* gilt heute meist als eigene Art.

NAHRUNG Hauptsächlich Insekten im Sommer und Beeren im Herbst; Nahrungssuche eher in Bäumen als in niedrigem Gestrüpp.

STIMME Die Männchen singen laut, aber meist verborgen in dichtem Gebüsch; die einfachen Strophen erinnern etwas an Drosseln und werden mehrfach wiederholt; die Strophen von *crassirostris* ähneln mehr einer Nachtigall und sind abwechslungsreicher. Ruft hart „täck" und „trrrr".

BRUT Das Nest, locker aus Zweigen und Halmen zusammengefügt, steht meist hoch in einer Astgabel. 3–5 Eier, die 12–13 Tage bebrütet werden.

ZUG Überwintert in Afrika südlich der Sahara.

LÄNGE 15 cm

WANN April bis September
WO Südeuropa, Südfrankreich, Balkan, Türkei und Transkaukasien; seit einigen Jahrzehnten kleiner Brutbestand in der Südwestschweiz

Mönchsgrasmücke *Sylvia atricapilla*

Eine große, kräftige, aber lebhafte Grasmücke; kann in ihren Bewegungen träge wirken, besonders beim Verzehr von Beeren; manchmal lärmend mit harten, kurzen Rufen; überaus wohlklingender Gesang

Aus einem Gebüsch am Waldrand ertönt im Frühjahr ein munter schwätzendes Zwitschern, das leise beginnt und plötzlich in volle, klare Flötentöne übergeht – die Mönchsgrasmücke ist zurück! Von den heimischen Grasmücken ist sie am meisten an Waldlebensräume angepasst und brütet am häufigsten in Gärten.

NAHRUNG Insekten und Spinnen sowie ganzjährig viele Beeren.

STIMME Der zweiteilige Gesang, aus Vorgesang und Überschlag bestehend, ist häufig zu hören; er zählt zu den schönsten heimischen Vogelstimmen. Ruft grasmückentypisch „täck", oft in langen Serien.

BRUT Das kleine, rundliche Nest ist meist niedrig im Gebüsch oder in einem Nadelbaum angelegt; 4–5 Eier.

ZUG Überwintert meist in den Mittelmeerländern und in Nordafrika. In den vergangenen Jahrzehnten hat ein Teil der mitteleuropäischen Mönchsgrasmücken die Zugrichtung geändert und überwintert jetzt in England.

LÄNGE 13 cm

WANN April bis Oktober
WO Brütet in Europa, außer Island, Teilen Skandinaviens und dem Norden von Finnland und Russland

Gartengrasmücke *Sylvia borin*

Ein recht großer Zweigsänger mit rundem Kopf und kurzem, kräftigem Schnabel; hat sonst kaum Bestimmungsmerkmale; Färbung überwiegend graubraun; sehr angenehm klingender, „plätschernder" Gesang

Als Bewohner von dichtem, hohem Gebüsch ist diese Grasmücke kein typischer Gartenvogel; sie kommt eher in lichtem, unterwuchsreichem Wald sowie in Gehölzen an Gewässern, in Feuchtgebieten und an Waldrändern vor, ist aber auch in hohen Hecken sowie in gebüschreichen Parks und Friedhöfen zu finden. Im Gegensatz zu ihrem fast merkmalslosen Gefieder steht ihr melodischer, schwätzender Gesang, der oft schwer vom Gesang mancher Mönchsgrasmücken zu unterscheiden ist.

NAHRUNG Hauptsächlich Insekten und Spinnen; im Herbst Beeren.

STIMME Die oft lang anhaltenden Strophen haben einen plaudernden und orgelnden Klangcharakter, ihnen fehlen die für die Mönchsgrasmücke typischen Tonsprünge. Ruft weich „tschek", oft gereiht.

BRUT Das recht große, locker zusammengefügte Nest ist meist niedrig zwischen Kräutern gebaut. 4–5 Eier.

ZUG Im Winter im tropischen Afrika.

LÄNGE 14 cm

WANN Mai bis September
WO Brütet in Europa außer Island, dem höchsten Norden von Skandinavien und Russland, Italien sowie Teilen der Iberischen Halbinsel, dem größten Teil des Balkans und den Mittelmeerinseln

Wintergoldhähnchen *Regulus regulus*

Das Wintergoldhähnchen, der kleinste europäische Vogel, ist oft sehr vertraut. Es ist ein häufiger Bewohner von Nadelwald, vor allem mit älteren Fichten; seltener kommt es in Kiefernwald vor. Im Gebirge trifft man den winzigen Vogel auch im Arvenwald. In vielen Parks und Gärten mit Nadelbäumen ist das Goldhähnchen ebenfalls zu Hause. Im Winter durchstreifen die Vögel auch Weiden- und Erlengebüsch.

NAHRUNG Hauptsächlich Springschwänze und andere kleine Insekten sowie Spinnen. Erscheint manchmal mit Meisen an Fütterungen.

VERHALTEN UND STIMME Sträubt bei der Balz die Scheitelfedern. Die sehr hohen, rhythmischen Strophen schwingen auf und ab, bis sie in einem etwas tieferen, betonten Schlusston enden. Ruft fein „si si-si".

BRUT Das dickwandige Moosnest ist meist in hängende Fichtenzweige gebaut. 5–11 Eier, Brutdauer 15–17 Tage.

ZUG Viele nordeuropäische Brutvögel wandern im Herbst südwärts; in Mitteleuropa Jahresvogel.

LÄNGE 9 cm

WANN ganzjährig
WO Europa außer Island, dem hohen Norden Skandinaviens, Finnland und Nordrussland sowie dem größten Teil Süd- und Südosteuropas

Ein winziger Waldvogel, der in manchen Eigenschaften an Zweigsänger und Meisen erinnert (aber nicht näher mit ihnen verwandt ist); oft erstaunlich vertraut, vor allem im Winter bei der Nahrungssuche niedrig in Bäumen und Büschen

Sommergoldhähnchen *Regulus ignicapillus*

In Mitteleuropa ist das Sommergoldhähnchen seltener als die Schwesterart. Es ist weniger an reinen Nadelwald gebunden und brütet auch in Laubwald mit eingesprengten Fichten. Beide Arten kommen in Parks, Friedhöfen und Gärten mit hohen Nadelbäumen nebeneinander vor. In den Mittelmeerländern besiedelt das Sommergoldhähnchen die höhere Macchia.

NAHRUNG Meist größere Insekten als Wintergoldhähnchen; Nahrungssuche mehr auf der Zweigoberseite.

VERHALTEN UND STIMME Balz mit breit gefächerten Scheitelfedern. Die Strophen sind kürzer als bei der Zwillingsart, auf etwa der gleichen Tonhöhe sowie ohne betonten Schlussteil: „sisisi ...". Ruft tiefer und kräftiger „sit" oder „sisi" als die Schwesterart.

BRUT Das Moosnest erinnert an das des Wintergoldhähnchens. 5–12 Eier, Brutdauer 15 Tage; die Jungen sind mit rund 22 Tagen flügge.

ZUG Mitteleuropäische Brutvögel überwintern im Mittelmeerraum.

LÄNGE 9 cm

WANN März bis Oktober
WO Brütet in Europa außer Island, den Britischen Inseln (nur lokal in Südengland), Teilen der Iberischen Halbinsel sowie Nordeuropa und dem größten Teil Osteuropas

Ein winziger, lebhaft gefärbter Waldvogel, der aber hoch in Bäumen als Silhouette sehr unscheinbar aussieht; Gesang typisch, anders als beim Wintergoldhähnchen, Rufe beider Arten ähnlich

Grauschnäpper *Muscicapa striata*

Ein unscheinbar grauer Kleinvogel, der auf exponierten Warten (niedrig oder hoch) steht und Insekten im kurzen, eleganten Jagdflug erbeutet. Kurze Beine, aufrechte Haltung, lange Flügel, flacher Kopf und breiter Schnabel unterscheiden den Grauschnäpper von bräunlichen Zweigsängern

Nicht jede faszinierende Vogelart kann mit auffälligen Gefiederdetails oder kräftigen Farben begeistern. Der Grauschnäpper ist ein gutes Beispiel für einen Vogel mit unscheinbar graubraunem Gefieder, jedoch mit einem ganz speziellen, einmaligen Charakter. Mit seinen großen, dunklen Augen ist er ständig auf der Suche nach fliegenden Insekten, er wirkt stets lebendig und aktiv – ein Vogel, dessen Beobachtung Freude macht und dessen Ankunft im Mai ungeduldig erwartet wird. Trotz der fehlenden Farbenpracht erregt der Grauschnäpper durch seine überaus wendigen und eleganten Jagdflüge Aufmerksamkeit.

Grauschnäpper gehören zu den Vogelarten, die im Frühjahr als Letzte aus den Winterquartieren zurückkehren. Viele Brutterritorien im nördlichen Europa werden erst Ende Mai oder Anfang Juni besetzt. In Mitteleuropa kommt der Grauschnäpper vor allem in offenen, naturnahen Laub- und Mischwäldern, in Feldgehölzen, auch in vielen Parks, Friedhöfen oder Gärten mit alten Bäumen vor. Im Gebirge geht er bis in rund 2000 Meter Höhe.

NAHRUNG Hauptsächlich fliegende Insekten wie Mücken, Schwebfliegen, Libellen, aber auch Wespen und Bienen; der Grauschnäpper jagt von einem Ansitz aus, etwa einem Grabstein oder einem trockenen Ast in der Krone einer alten Eiche. Dabei fliegt er in weitem Bogen hoch, packt das Insekt mit einem eleganten Schwenk und hörbarem Schnabelgeräusch und kehrt mit der Beute meist zu seinem Ansitz zurück.

VERHALTEN UND STIMME Zu seinem schlichten Äußeren passt auch der anspruchslose Gesang, den die meisten Menschen nicht wissentlich wahrnehmen: Folgen abgehackt klingender, hoher Zirplaute. Ruft häufig scharf „pst“, „zieht“ oder „zie-zk-zk“.

BRUT Das Nest ist meist in Halbhöhlen an Baumstämmen, in rankendem Efeu oder auf einem Balken knapp unter dem Hausdach angelegt; häufig übernimmt der Grauschnäpper auch vorhandene Nester, beispielsweise von Bachstelze oder Hausrotschwanz. Auch Halbhöhlen-Nistkästen dienen ihm als Unterlage für das locker aus Zweigen, Halmen und Moos zusammengefügte Nest. Die 3–5 Eier werden 12–14 Tage bebrütet; die hell gefleckten Jungen fliegen mit 12–16 Tagen aus.

ZUG Überwintert in Zentral- und Südafrika.

LÄNGE 14 cm

WANN Mai bis September
WO Brütet fast in ganz Europa, außer Island sowie den Tundren des hohen Nordens und den Hochgebirgsregionen. Die europäischen Brutvögel ziehen im Spätsommer nach Zentral- und Südafrika, wo Grauschnäpper im Winter häufige Vögel der Parks und Savannenlandschaft sind

Trauerschnäpper *Ficedula hypoleuca*

Ein kräftig gebauter Singvogel mit rundem Kopf und großen Augen im einfarbigen Gesicht sowie mit Weiß im Flügel; brütet in offenen Wäldern. Durchzügler in niedrigem Gebüsch oder an Stellen, wo man sie noch weniger erwartet

Das Männchen des Trauerschnäppers ist ein auffälliger Vogel mit kontrastreichem, schwarzweißem Gefieder in der nord- und westeuropäischen Nominatform sowie der spanischen Unterart *iberiae*. Im Herbst legen die Männchen eine unscheinbarere, braune und weiße Version dieses Musters an. Im größten Teil Mitteleuropas, außer in Teilen Süddeutschlands, am Alpenrand und in der Schweiz, sind die Männchen auch im Prachtkleid wie die Weibchen graubraun und weiß gefärbt (Unterart *muscipeta*). Lebensraum des Trauerschnäppers ist lückiger, alter, unterholzarmer Laub- und Mischwald, in Mitteleuropa Eichen- und Buchenwälder. Nicht selten finden Trauerschnäpper auch in Parks, Obstgärten und großen Gärten gute Brutmöglichkeiten. Im Norden Mitteleuropas und in Nordeuropa brütet die Art häufig in Kiefernwäldern. Durchzügler kann man in sehr unterschiedlichen Lebensräumen beobachten, besonders häufig in der Nähe von Gewässern. Im Süden Mitteleuropas ist der Trauerschnäpper lokal selten oder fehlt trotz ausreichendem Höhlenangebot ganz.

NAHRUNG Trauerschnäpper fangen kleine Insekten im Flug und am Boden, nachdem sie von einer Warte aus gestartet sind. Die Jungen erhalten vor allem proteinreiche Käfer.

VERHALTEN UND STIMME Ihre Territorien etablieren die Männchen rings um geeignete Nisthöhlen. Die einfachen, auf- und absteigenden Strophen klingen munter und etwas wehmütig. Ruft häufig „bit", in Abständen wiederholt, oder scharf „tett".

BRUT Trauerschnäpper brüten meist in Baumhöhlen, an denen im Wald Mangel herrscht. Viele heutige Brutvorkommen des Trauerschnäppers in Mitteleuropa befinden sich in Wäldern, in denen es aufgrund des geringen Alters der Bäume keine natürlichen Bruthöhlen gab und folglich keine Trauerschnäpper – bis man Nistkästen aufhängte. Nur wenige andere Vogelarten nehmen Nistkästen so gut an wie Trauerschnäpper. Das Nest besteht aus Halmen, Wurzeln und Blättern, enthält aber keine Federn. 6–7 Eier, die 13–15 Tage bebrütet werden.

ZUG Trauerschnäpper überwintern in Westafrika zwischen der Sahara und dem Golf von Guinea. Im Frühjahr ziehen sie ziemlich rasch nach Europa zurück und legen nur wenige Stopps an der Küste oder an anderen Stellen, wo sie nicht brüten, ein. Im Herbst dagegen lassen sie sich mehr Zeit.

LÄNGE 13 cm

WANN April bis September
WO Brütet in Europa außer Island, Irland sowie dem größten Teil Südeuropas, der Iberischen Halbinsel und Frankreichs. Im Herbst kann man besonders nordeuropäische Brutvögel häufig an Gewässerufern und an der Küste sehen

Halsbandschnäpper *Ficedula albicollis*

Auffallend kontrastreich. Suchen hoch in Bäumen Nahrung; kommen vor allem in Ost- bzw. Südosteuropa vor

Der im Vergleich zum Trauerschnäpper kontrastreichere **Halsbandschnäpper** ist ein ausgesprochener Laubwaldvogel; er besiedelt Wälder mit alten Eichen und Buchen sowie Auwälder. Er kommt auch in Parks und Friedhöfen mit altem Laubbaumbestand und sogar in manchen Gärten vor.
Der nah verwandte **Halbringschnäpper**, früher als Unterart des Halsbandschnäppers betrachtet, lebt in Buchen- und Eichenwäldern an Berghängen.
NAHRUNG Fliegende Insekten, die in der Luft erbeutet werden, aber auch auf Blättern und Zweigen sitzende Arten.
VERHALTEN UND STIMME Der Gesang erinnert etwas an Trauerschnäpper, die Strophen sind aber höher, klingen gepresster und enthalten größere Tonsprünge, das Tempo ist langsamer. Ruft hoch und voll „siep".
BRUT Beide brüten in Baumhöhlen. 4–7 Eier, Brutdauer 12–14 Tage.
ZUG Überwintern in Ostafrika; erscheinen nur selten westlich ihres Brutareals.
LÄNGE 13 cm

WANN Halsbandschnäpper: April bis Juli
WO Halsbandschnäpper: Ostfrankreich, Italien, südliches Mitteleuropa, nördlicher Balkan; Öland und Gotland (Südschweden)
Halbringschnäpper: Südliche Balkanhalbinsel, Türkei

Zwergschnäpper *Ficedula parva*

Einer der attraktivsten Kleinvögel Europas; lebt meist hoch in Baumkronen und fängt dort Insekten; zuckt oft mit den Flügeln und stelzt den Schwanz, zeigt dabei die großen, weißen Abzeichen auf den Steuerfedern

Alle Schnäpper sind elegante Vögel, doch der Zwergschnäpper ist für viele Vogelbeobachter der prächtigste und interessanteste. Das alte Männchen erinnert an ein kleines Rotkehlchen, hat aber ein sehr auffälliges Schwanzmuster, das durch häufiges Stelzen zur Geltung kommt. Zwergschnäpper bewohnen alte, feuchte Laubwälder, vor allem mit Buchen, in Nord- und Osteuropa auch reinen Nadelwald. Kommt vor allem in Osteuropa vor.
NAHRUNG Insekten und Spinnen, die meist im mittleren Kronenbereich von Blättern und Zweigen oder in kurzem Verfolgungsflug erbeutet werden.
STIMME Die hoch einsetzenden, abfallenden Strophen klingen silberhell und etwas melancholisch, ähnlich Trauerschnäpper und Fitis. Ruft zaunkönigsartig „zerrt" oder schnalzend „teck".
BRUT Das Nest ist meist in einer Nische oder Halbhöhle an einem Baumstamm angelegt. 4–7 Eier, die 12–13 Tage bebrütet werden.
ZUG Zwergschnäpper Mitteleuropas überwintern in Indien und Pakistan.
LÄNGE 11,5 cm

WANN Mai bis September
WO Östliches und südliches Deutschland; südlich bis Nordösterreich; fehlt in der Schweiz

Bartmeise *Panurus biarmicus*

Wo Bartmeisen nicht durch Nahrungsmangel oder hohe Dichte zum Abwandern aus ihrem Brutlebensraum gezwungen werden, sind sie ausgesprochene Jahresvögel. In harten Wintern erleiden die mittel- und nordeuropäischen Bestände jedoch große Verluste. Ihr Lebensraum sind Schilfwälder an den Ufern von Seen und Teichen mit Süß- oder leicht brackigem Wasser.

NAHRUNG Im Sommer Insekten; im Winter Samen von Schilf und Rohrkolben.

STIMME Der Gesang des Männchens besteht aus rufartigen und knirschenden Lauten. Die Rufe, mit denen sich die Vögel oft verraten, klingen metallisch und nasal „ping“ oder „tsching“.

BRUT Das stabile Nest der oft in Kolonien brütenden Bartmeisen steht meist im dichten, umgeknickten Halmengewirr. 5–7 Eier, die 12–13 Tage bebrütet werden.

ZUG Meist Jahresvogel, in manchen Wintern aber großräumige Wanderbewegungen in mildere Gegenden.

LÄNGE 16 cm

WANN Ganzjährig
WO Brütet in vielen kleinen Einzelvorkommen in ganz Europa, nordwärts bis Südengland und Südschweden; in Deutschland nur im Nordosten regelmäßiger Brutvogel

Ein kleiner, überwiegend zimtbraun gefärbter Singvogel des Röhrichts; auffallend langer Schwanz, streifige Flügel und kennzeichnende Rufe; leicht zu bestimmen, im Schilfwald aber oft schwer zu Gesicht zu bekommen

Beutelmeise *Remiz pendulinus*

Nah verwandt mit den Meisen ist die Beutelmeise; sie brütet in Weidendickicht und Auwald mit angrenzenden Schilf- und Rohrkolbenbeständen. Ohne Kenntnis ihrer feinen, hohen Rufe ist sie leicht zu übersehen.

NAHRUNG Hauptsächlich Insekten und feine Samen; im Winter meist im Schilf.

STIMME Der Gesang setzt sich aus einfachen Strophen mit trillernden Tonfolgen und rufartigen Lauten zusammen. Ruft hoch, fein und sanft „tssieh“ oder „tssieü“.

BRUT Das rundliche, geschlossene Nest besitzt seitlich eine kurze Eingangsröhre; es ist eine stabile und äußerst kunstvolle Konstruktion aus Pflanzenteilen und Samenwolle von Weiden, Pappeln und Rohrkolben, die an das Ende eines hängenden Zweigs geflochten wird. 6–8 Eier, die 13–14 Tage bebrütet werden.

ZUG Die mitteleuropäischen Brutvögel überwintern im Mittelmeerraum.

LÄNGE 11 cm

WANN Februar bis Oktober
WO Ursprünglich östliche Art, die sich seit einigen Jahrzehnten weit nach Mittel- und Südeuropa ausgebreitet hat, auch nach Norden bis Südschweden und Estland; fehlt auf den Britischen Inseln und im größten Teil Frankreichs

Ein sehr kleiner, meisenartiger Vogel in Feuchtgebieten; ad. mit kennzeichnender, schwarzer Maske von der Stirn über die Augen und die Wangen

Schwanzmeise *Aegithalos caudatus*

Kein anderer Kleinvogel unterwuchsreicher Wälder und Buschland weist eine derartige Kombination aus winzigem Schnabel, rundlichem Körper und extrem langem Schwanz auf; die schwarz, rosa und weißliche Färbung ist ebenfalls kennzeichnend. Tritt meist in Trupps auf, die ständig rufen und in hüpfendem Flug Freiflächen überqueren

***rosaceus*, ad.** Dunkle Unterart der Britischen Inseln

***caudatus*, ad.** Weißköpfige Unterart Nordeuropas

ad. Übergänge zwischen hell- und dunkelköpfigen Formen kommen vor

JK

JK Typischerweise weißer Scheitel und schwarzer Überaugenstreif; kein Rosa im Gefieder

ad. Weißköpfig

Die Vögel eines Trupps fliegen in langen Ketten und oft in größeren Abständen zwischen den einzelnen Vögeln von Baum zu Baum

ad. Dunkelköpfig

ad., Frühjahr Britische Form (links); graurückige Form Italiens (rechts)

ad., Frühjahr Gefieder schwarz-rosa-weiß; auffällige, weiße Armschwingenränder; weiße Schwanzkanten. Mitteleuropäische Unterart (*europaeus*, nicht abgebildet) unterseits heller, weniger rosa als die britische Form

Kommt gelegentlich in Gärten und an Futterhäuser; Nahrungssuche mitunter am Boden mit leicht über die Horizontale gehaltenem Schwanz

ad., Frühjahr Zentraliberische/korsische Form (links); sizilianische Form (rechts)

Nistet in Büschen (links) oder in Astgabeln auf Bäumen (oben); Nest außen mit Flechten getarnt, innen mit Wolle und Federn gepolstert; beachte gelbe Rachen der bettelnden Jungen

ad. mit langen Mittleren Steuerfedern, die im JK kurz sind

ad. **JK**

Trotz deutlicher geografischer Unterschiede in Europa sind Schwanzmeisen trotzdem immer leicht zu erkennen: Sie sind sehr kleine, rundliche Vögel mit winzigem Schnabel und extrem langem Schwanz. Die sehr geselligen Vögel streifen außerhalb der Brutzeit in eng zusammenhaltenden Trupps umher. In kalten Winternächten kuscheln sich bis zu 15 Schwanzmeisen auf einem Nadelbaumzweig eng zusammen, um möglichst wenig Körperwärme zu verlieren. Trotzdem erleiden die Bestände in strengen Wintern oft hohe Verluste, besonders wenn eine dicke Eisschicht auf Zweigen und Blättern die Nahrungssuche stark erschwert. Diesen Aderlass gleichen sie mit einer hohen Vermehrungsrate von bis zu 12 Jungen pro Brut wieder aus.

NAHRUNG Hauptsächlich kleine Insekten, deren Larven sowie Spinnen; im Sommer besonders Raupen. Nahrungssuche meist hoch in Büschen und Bäumen, selten am Boden.

VERHALTEN UND STIMME Die Wintertrupps sind Familienverbände, die sich im Frühjahr auflösen, um Inzucht zu vermeiden; nicht selten finden sich jedoch die Paare vom Vorjahr wieder. Die Verpaarung geschieht im Verborgenen: Beide Vögel stehen nebeneinander auf einem Zweig und zittern mit den Flügeln, das Weibchen spreizt seine Flügel etwas vom Körper ab. Die Lautäußerungen spielen nur eine geringe Rolle: Männchen und Weibchen verfügen über einen leise zwitschernden und zirpenden Gesang, der nicht oft zu hören ist. Den Kontaktruf, ein sanftes „tsi-si-si“, nimmt man jedoch ständig wahr, wenn die Vögel durch Büsche und Bäume streifen; daneben hört man auch ein hohes, energisches „zerrr“ und ein weiches „tschip“.

BRUT Entgegen ihrer sonstigen sozialen Veranlagung brüten Schwanzmeisen in Einzelpaaren, jedoch treten oft zusätzliche Vögel auf, die das Brutpaar als Helfer bei der Fütterung der mitunter ein Dutzend Jungen unterstützen. Das Nest ist eine außergewöhnlich kunstvolle, hochovale Konstruktion mit seitlichem Eingang, oft in einem Dornbusch oder einer Astgabel angelegt. Es besteht aus Moos, Flechten und Spinnweben und ist innen reichlich mit Federn gepolstert. 8–12 Eier, Brutdauer 13–17 Tage; die Jungen sind mit 14–18 Tagen flügge.

ZUG Im Winter ziehen Schwanzmeisen in Trupps umher und entfernen sich dabei kaum mehr als 100 Kilometer von ihren Brutplätzen.

LÄNGE 14 cm

WANN Ganzjährig
WO Europa außer Island sowie dem Norden Skandinaviens, Finnlands und Nordrusslands. Nord- und osteuropäische Populationen ziehen manchmal invasionsartig in mildere Gebiete

Balkanmeise *Parus lugubris*

Die Balkanmeise, früher auch als Trauermeise bezeichnet, ist deutlich größer und kräftiger als die ähnlich gemusterten Arten Sumpf- und Weidenmeise, zudem ist sie bei der Nahrungssuche weniger behände. Sie bewohnt warme, nicht zu dichte Eichen- und Kiefernwälder, Pappel- und Weidenbestände, aber auch Olivenhaine und hohe Macchia, besonders an felsigen Hängen.
NAHRUNG Hauptsächlich Insekten und deren Larven, die auf Bäumen und in Büschen, auch auf dem Boden erbeutet werden; daneben Samen von Stauden, die in Finkenmanier aus den Fruchtständen geklaubt werden.
STIMME Die einfachen Strophen klingen unrein: „tschriv-tschriv-tschriv …". Ruft ähnlich Sperling „tschrrrt", „tscherrr" oder hoch „zri-zri-zri".
BRUT Brütet in Baumhöhlen, manchmal auch in Felsspalten. 5–6 Eier, die 13 Tage bebrütet werden; die Jungen fliegen mit 22 Tagen aus.
ZUG Jahresvogel, streift im Winter umher.
LÄNGE 14 cm

WANN Nicht in Mitteleuropa
WO Brütet in Südosteuropa, im Norden bis Slowenien und Rumänien; Türkei

Die kohlmeisenartigen Proportionen und das typische Gefiedermuster ohne auffällige Farben sowie der sehr breite Latz machen diesen gedrungenen Kleinvogel in seinem Verbreitungsgebiet unverwechselbar

Lapplandmeise *Parus cinctus* Lasurmeise *Parus cyanus*

Die **Lapplandmeise** lebt in alten, flechtenreichen, von der modernen Forstwirtschaft verschonten Taigawäldern sowie in Fjällbirkenwald. Die vorwiegend sibirische **Lasurmeise** besiedelt flussbegleitende Gehölze und Taigawälder.
NAHRUNG Kleine Insekten, Spinnen und Samen; Lapplandmeisen sammeln und verstecken als Wintervorrat im Herbst große Mengen von Samen und Beeren im dichten Gezweig, sie besuchen manchmal Fütterungen.
STIMME Die Strophen der Lapplandmeise sind etwas rau: „tschiep-tschiep-tschiep …" oder sumpfmeisenähnlich „tje-tje-tje …". Ruft ähnlich Weidenmeise, aber weniger gedehnt „zi-zi-djä-djä-djä". Lasurmeisen rufen ähnlich Blaumeisen.
BRUT Lapplandmeisen: Nest in Baumhöhlen, oft vom Dreizehenspecht gezimmert. Dreilagiges Nest aus Holzstückchen, Moos und Gras und einer dicken Schicht aus Tierhaaren.
ZUG Beide sind Jahresvögel.
LÄNGE Lapplandmeise 13,5 cm; Lasurmeise 13 cm

WANN Beide nicht in Mitteleuropa
WO Lapplandmeise: nördliches Skandinavien, Finnland und Nordrussland. Lasurmeise: Russland, Weißrussland

Die überwiegend braune Lapplandmeise zeichnet sich durch einen großen Kopf mit dunkelbrauner Kopfplatte und großem Latz, durch einen recht langen Schwanz und flauschig-lockeres Gefieder aus

Reine Lasurmeisen mit weißen Flecken auf den Oberschwanzdecken und mit reinem Weiß auf den Steuerfedern

Die Lasurmeise ist einzigartig blauweiß gefärbt ohne Gelb im Gefieder; ein zarter gelber Anflug deutet auf Vermischung mit der Blaumeise hin; die meisten dieser Bastarde („Pleskemeisen") ohne Gelb, jedoch mit kurzem Schwanz und blauer Kopfplatte

Sumpfmeise *Parus palustris*

Die Sumpfmeise fasziniert durch ihr lebhaftes Verhalten und akrobatisches Turnen im Gezweig. Von der nah verwandten Weidenmeise ist sie fast nur durch die Stimme unterscheidbar. Die Sumpfmeise lebt in Laub- und Mischwald, oft in trockeneren Bereichen und mit älterem Baumbestand als die Weidenmeise; in Mitteleuropa ist sie meist in Buchenwald, aber auch in Hecken, Feldgehölzen sowie in vielen Parks, Friedhöfen und Gärten anzutreffen.
NAHRUNG Hauptsächlich Insekten, deren Larven und Spinnen; im Herbst und Winter viele Samen von Kräutern und Stauden; besucht Fütterungen.
STIMME Die Strophen sind recht einfach und klappernd „zji-zji-zji-zji …“ oder „tjepptjepptjepp …“. Ruft explosiv „pistjä-dä-dä-dä“.
BRUT Nistet meist in Laubbaumhöhlen, auch in Nistkästen. Nest aus Moos und vielen Tierhaaren. 6–9 Eier, die 13–15 Tage bebrütet werden; die Jungen fliegen mit 17–20 Tagen aus.
ZUG Jahresvogel.
LÄNGE 11,5 cm

WANN Ganzjährig
WO Brütet in Europa außer Island, Irland sowie dem größten Teil Nordeuropas und der Iberischen Halbinsel; fehlt auch an den Küsten und auf den Inseln des Mittelmeers

Weidenmeise *Parus montanus*

Sieht wie eine gedrungene, etwas kräftiger gefärbte und weniger harmonisch proportionierte Version der Sumpfmeise aus. Die Weidenmeise besiedelt sumpfigere Gebiete mit Weiden und Birken als die Sumpfmeise, Gehölze in Mooren, aber auch feuchte Nadelwälder; in Gärten, Parks und an Fütterungen sieht man sie viel seltener als die Schwesterart. Die Nominatform der Weidenmeise, Alpenmeise genannt, lebt in Gebirgswäldern bis zu den Latschen.
NAHRUNG Insekten, deren Larven, Spinnen; ab Herbst viele Samen.
STIMME Einfache Strophen aus hohen, wehmütigen Pfeiftönen: „zjü-zjü-zjü …“. Alpenmeisen singen mehr auf „i“: „zie-zie-zie …“. Daneben tief zwitschernde Lautfolgen. Ruft nasal „zi-zi-däh-däh-däh“ oder „iez iez iez“, tiefer und rauer als die Sumpfmeise.
BRUT Weidenmeisen hacken ihre Bruthöhlen in dünne, morsche Weidenstämme und anderes Laubholz. 6–9 Eier, Brutdauer 17–20 Tage.
ZUG Jahresvogel.
LÄNGE 12–13 cm

WANN Ganzjährig
WO Brütet in Europa außer Island, Irland, der Iberischen Halbinsel, Italien, dem größten Teil Südosteuropas sowie den Mittelmeerinseln

Haubenmeise *Parus cristatus*

Im Vergleich zu anderen Meisen sind die scheuen Haubenmeisen nicht so einfach zu beobachten. Sie leben das ganze Jahr über meist paarweise in älteren Nadelwäldern, aber auch in Parks und Friedhöfen sowie in Laubwald mit Nadelwaldinseln; im Gebirge trifft man sie sogar in Latschenbeständen in über 2000 Meter Höhe an. Auf der Iberischen Halbinsel besiedeln Haubenmeisen neben Strandkiefern auch Korkeichen- und Buchenwald.
NAHRUNG Vor allem Insekten und Spinnen sowie Nadelbaumsamen. In Nadelwaldnähe auch an Fütterungen.
STIMME Der Gesang besteht aus aneinander gereihten, rufähnlichen Lauten. Die schnurrenden Rufe sind sehr einprägsam: „zi-zi-gürrr" oder „ürrrr".
BRUT Das Weibchen hackt eine Höhle in das morsche Holz eines Stamms oder Stubbens; das Nest besteht aus Moos, Wolle, Haaren, Spinnweben. 6–7 Eier, Brutdauer 13–16 Tage; die Jungen fliegen mit 18–22 Tagen aus.
ZUG Jahresvogel.
LÄNGE 11,5 cm

WANN Ganzjährig
WO Brütet in Europa außer in Nordskandinavien, Finnland und Nordrussland, Italien, im größten Teil SO-Europas sowie auf den Mittelmeerinseln

Eine kleine, lebhafte Meise des Nadelwalds; leicht an ihren schnurrenden Rufen zu lokalisieren; Bestimmung durch kennzeichnende, spitze Federhaube einfach

Tannenmeise *Parus ater*

Die Tannenmeise erinnert an eine kleine Kohlmeise ohne kräftige Farben; Gelb tritt nur im Jugendkleid und bei manchen Unterarten auf. Bevorzugter Lebensraum ist Nadelwald mit hohem Anteil an älteren Fichten, nicht selten genügen auch ein paar Nadelbäume im Laubwald. In Südeuropa kommen sie auch in reinen Laubwäldern vor.
NAHRUNG Ihr geringes Gewicht und die langen Zehen befähigen die Tannenmeise zur Nahrungssuche an dünnen, äußeren Zweigen und zwischen den Nadelbüscheln, wo sich Insekten und Spinnen verbergen; dort verstecken die Vögel auch ihre Vorräte.
STIMME Die Strophen, fast ganzjährig zu hören, klingen feiner als die der Kohlmeise: „zewizewizewi ..." oder „sitüsitüsitü ...". Ruft fein, goldhähnchenartig „tsit", „tsi-tsi-tsi" oder „tüi".
BRUT Höhlenbrüter. Meist 8–9 Eier, Brutdauer 14–16 Tage; die Jungen fliegen mit 19 Tagen aus.
ZUG Vorwiegend Jahresvogel, in manchen Jahren jedoch invasionsartige Wanderungen.
LÄNGE 11,5 cm

WANN Ganzjährig
WO Brütet in Europa außer Island und dem Norden Skandinaviens, Finnlands und Russlands

Ein sehr kleiner, behände in Nadelbäumen kletternder Vogel mit großem Kopf und länglichem, weißem Nackenfleck; besucht oft Fütterungen in Nadelwaldnähe

Blaumeise *Parus caeruleus*

Ein kleiner, lebhafter Wald- und Gartenvogel, auffällig blau, hellgrün und gelb gefärbt; der einzige blau und gelbe Kleinvogel Europas. Besucht häufig Fütterungen für Kleinvögel

♂, **Frühjahr**
Kräftige Färbung: Kappe, Flügel und Schwanz leuchtend blau, wird mit zunehmender Abnutzung matter

Blaue Kappe, von weißem Ring umrahmt; weiße Wangen, blauschwarzes Kinn

Klettert bei der Nahrungssuche sehr behände, turnt oft mit dem Bauch nach oben

JK
Das Muster ist ähnlich wie bei ad., die Farben sind jedoch matter; gelbes Gesicht und grünliche Kappe sind die auffälligsten Unterschiede zu ad.

Im Winter oft in gemischten Trupps mit anderen Meisen, suchen in Wäldern, Gehölzen und Gärten Nahrung

Fliegt schnell und direkt, der Kopf wirkt bei Sonne oft weiß

Im Balzflug wie ein Schmetterling von Baum zu Baum flatternd

Unterholzreicher Laub- und Mischwald mit gutem Angebot an Raupen ist der geeignete Brutlebensraum für die Blaumeise. Sie kommt aber auch häufig in Feldgehölzen und Heckenlandschaften, in Parks sowie in Gärten vor. Dort laden nicht selten Nistkästen für Kleinmeisen zum Brüten ein. Doch erfolgreiche Jungenaufzucht scheitert in Siedlungen allzu oft an zu wenig Nahrung in Form von Raupen.

NAHRUNG Insekten, vor allem Raupen, aber auch Spinnen, Knospen und Samen; Nahrungssuche an dünnen äußeren Zweigen, was die schwerere Kohlmeise nicht vermag.

STIMME Der Gesang ist sehr hell und rein: „sieh-sieh-sieh-sirrr" oder „zi-zi-zi-tütütü". Ruft „tsi-tsi-tsi", „sit" oder zeternd „tserrretetet".

BRUT Höhlenbrüter, vor allem in Laubbäumen, auch in Mauerlöchern oder Briefkästen. 7–14 Eier, die 12–15 Tage bebrütet werden.

ZUG Jahresvogel.

LÄNGE 11,5 cm

WANN Ganzjährig
WO Brütet in Europa außer Island sowie dem nördlichen Skandinavien, Finnland und Russland. Jungvögel unternehmen gerichtete Wanderungen in südwestlicher Richtung

Kohlmeise *Parus major*

Im Vergleich zur Blaumeise größer, schwerer und kontrastreicher gefärbt. Typisch sind das große, weiße Wangenfeld, der blauschwarze Scheitel und vor allem der lange, schwarze Mittelstreif auf Brust und Bauch. Reviergesang ist die einfache Wiederholung von zwei Silben

♂
An Fütterungen oft aggressiv, weniger behände als Blaumeise

♀ mit matt schwarzem, ♂ mit blauschwarzem Scheitel

Intensität der Grün- und Gelbfärbung variiert in Europa: Brutvögel Mallorcas sind besonders hell

♀
Auffällig weiße Wangen, gelbe Unterseite mit schwarzem Mittelstreif; weiße Schwanzkanten

♀
Bauchstreif zwischen den Beinen schmal

♂
Bauchstreif wird zwischen den Beinen breiter

Typisches, v-förmiges Oberseitenmuster (Schirmfedern)

JK
Matter Scheitel, gelbe Wangen, kurzer Bauchstreif

♂
Längerer Körper reicht weiter hinter die Flügelspitzen als beim ♀

Kohlmeisen sind vielfach die häufigsten Besucher am Futterhaus; die dominanten Vögel sind meistens die ♂, die unterlegenen oft ♀ und Jungvögel

Die größte und kräftigste Meise ist in Mitteleuropa auch die häufigste. Die Kohlmeise trifft man überall dort an, wo es Bäume gibt – von verschiedenen Waldtypen über Gehölze in offener Landschaft bis zum Hinterhof in der Großstadt oder die Latschenzone im Hochgebirge.

NAHRUNG Vor allem Insekten, deren Larven und Spinnen; im Winter viele Samen und Nüsse. Nahrungssuche wegen des größeren Gewichts häufig an dickeren Zweigen, an Stämmen sowie am Boden.

STIMME Ab Januar hört man die sehr variablen Strophen, einfache Wiederholungen wie „zi-zi-te-zi-zi-te ..." oder „zi-pe-zi-pe-zi-pe ...". Reichhaltiges Rufrepertoire, häufig laut schnarrend „tschär-r-r-r" oder wie der Buchfink „pink".

BRUT Nistet vor allem in Baumhöhlen, aber auch in Fels- und Mauerlöchern oder sogar in Eisenrohren sowie häufig in Nistkästen für Großmeisen. 8–12 Eier, Brutdauer 12–15 Tage.

ZUG Jahresvogel.

LÄNGE 14 cm

WANN Ganzjährig
WO Brütet in ganz Europa außer Island sowie dem höchsten Norden Skandinaviens und Russlands. Gelegentlich invasionsartige Wanderungen

Waldbaumläufer *Certhia familiaris*

Nur ausnahmsweise sieht man Baumläufer an einer Mauer oder einem Felsen klettern; in der Regel verbringen diese Vögel ihr ganzes Leben an Stämmen und Ästen von Bäumen. In Mitteleuropa lebt der Waldbaumläufer in Nadelwäldern und Mischwäldern mit vielen Nadelbäumen, im Gebirge geht er bis zur Baumgrenze, in Nord- und Westeuropa auch in Laubwald.
NAHRUNG Vor allem Insekten und Spinnen, gelegentlich kleine Samen; klettert bei der Nahrungssuche meist an einem Baumstamm hoch und fliegt dann zum Fuß des nächsten.
STIMME Die klaren, aber zarten Strophen bestehen aus zwei abfallenden Trillern, die beide etwa gleich hoch beginnen, aber der zweite fällt schneller ab. Ruft hoch, dünn „srie" oder „tieh".
BRUT Das Nest aus Reisig, Halmen und Moos ist hinter lockerer Rinde versteckt. 5–6 Eier, die 13–15 Tage bebrütet werden; die Jungen fliegen im Alter von 13–18 Tagen aus.
ZUG Jahresvogel.
LÄNGE 12,5 cm

WANN Ganzjährig
WO Brütet in Europa außer Island, dem Norden von Skandinavien, Finnland und Russland, großen Teilen der Iberischen Halbinsel und Italiens; auch nicht auf den meisten Mittelmeerinseln

Ein kleiner Singvogel mit oft mäuseartig huschender Bewegungsweise; klettert in ruckartigen Sprüngen spiralig an Baumstämmen und Ästen empor; stochert mit dem feinen, gebogenen Schnabel in Ritzen der Baumrinde

Gartenbaumläufer *Certhia brachydactyla*

Die beiden Baumläuferarten zu unterscheiden, ist nur einfach, wenn man den Reviergesang hört; allerdings geben Verbreitung und Lebensraum ebenfalls Hinweise auf die Artzugehörigkeit. Gartenbaumläufer sind eher Laubwaldvögel, die auch in Obstgärten sowie in Parks und Gärten mit älteren Laubbäumen vorkommen.
NAHRUNG Insekten, deren Larven und Spinnen; klettert wie der Waldbaumläufer an Stämmen hoch, bewegt sich dabei aber etwas langsamer und beschreibt engere Spiralen.
STIMME Die Gesangsstrophen sind kürzer und etwas kräftiger als beim Waldbaumläufer, die Pfeiftöne bilden eine ansteigende Reihe: „ti ti titeroit tsri". Ruft hoch und laut „tüt tüt tüt" oder „sri".
BRUT Nistet hinter abstehender Rinde oder in einer Nische am Baumstamm, nicht selten auch unter dem Dach eines Gartenhäuschens oder in einem Baumläufer-Nistkasten. 4–7 Eier, Brutdauer 14 Tage.
ZUG Jahresvogel.
LÄNGE 12,5 cm

WANN Ganzjährig
WO Brütet in Europa außer Island, den Britischen Inseln sowie Nord- und Osteuropa. Unternehmen gelegentlich Wanderungen

Vorwiegend in Laubwäldern. Im Vergleich zum Waldbaumläufer mit etwas längerem Schnabel; Bestimmung nur anhand von Gefiederdetails oft schwierig und nur von nahem möglich

Kleiber *Sitta europaea*

Ein untersetzter Kleinvogel mit großem Kopf und kurzem, gerade abgeschnittenem Schwanz; Oberseite blaugrau mit schwarzer Maske. Die lauten Rufe hört man oft im Wald

Kleiber sind perfekt an das Klettern an Stämmen und Ästen angepasst, sie können sogar stammabwärts mit dem Kopf nach unten klettern; gelegentlich sieht man sie am Boden, an Felsen oder alten Mauern.

NAHRUNG Vor allem Insekten, deren Larven und Spinnen; im Herbst viele Samen und Nüsse; besucht häufig Futterhäuser. Klemmt große Insekten und harte Samen in Rindenspalten oder Mauerritzen ein, um sie mit dem langen, kräftigen Schnabel besser bearbeiten zu können.

STIMME Die Gesangsstrophen sind weit hörbar und leicht nachzupfeifen: „tuituituitui ..." oder „wiwiwiwiwi ..." oder „tuituituitui ...". Ruft häufig „twett twett twett", „twit" oder „zit".

BRUT Nistet vorwiegend in Spechthöhlen oder Nistkästen; den Höhleneinschlupf verkleinert der Kleiber mit feuchtem Lehm auf die passende Weite. Bis zu 11 Eier.

ZUG Jahresvogel; streift kaum umher.

LÄNGE 14 cm

WANN Ganzjährig
WO Brütet in Europa außer Island, Irland, Schottland, Finnland sowie dem Norden von Skandinavien und Russland; kommt auf den Mittelmeerinseln nur auf Sizilien vor

Korsenkleiber *Sitta whiteheadi* Felsenkleiber *Sitta neumayer*

Der Korsenkleiber *(Sitta whiteheadi)* ist ein hübscher Kleinvogel der Schwarzkiefernwälder Korsikas; ♂ mit schwärzlichem Scheitel, der mit dem weißen Überaugenstreif kontrastiert

Der Felsenkleiber *(Sitta neumayer)* Südosteuropas ist ein auffälliger Vogel, der sich rastlos zwischen Felsen und Ruinen bewegt und oft durchdringend ruft

Der **Felsenkleiber** ist ein Vogel felsiger Landschaft; oft sieht man ihn an antiken griechischen Bauwerken und Ruinen. Der **Korsenkleiber** lebt in Wäldern mit der Korsischen Schwarzkiefer; sein Weltbestand wird auf 2000 bis 3000 Paare geschätzt.

NAHRUNG Felsenkleiber: Vor allem Insekten, deren Larven und Spinnen, die oft aus Felsritzen hervorgeholt werden. Korsenkleiber: Im Sommer Insekten, im Winter Schwarzkiefernsamen.

VERHALTEN UND STIMME Die klaren, pfeifenden und trillernden Strophen des Felsenkleibers sind meist abfallend und erinnern etwas an Heidelerche; ruft durchdringend „tschick" oder „tschräh". Korsenkleiber äußern trillernde Strophen und verfügen über verschiedene, kurz pfeifende Rufe.

BRUT Felsenkleiber fertigen unter Felsüberhängen Lehmnester mit röhrenförmigem Einschlupf. Korsenkleiber zimmern eigene Höhlen in die Schwarzkiefern.

ZUG Beide sind Jahresvögel.

LÄNGE Felsenkleiber 15 cm; Korsenkleiber 12 cm

WANN Beide nicht in Mitteleuropa
WO Felsenkleiber brüten auf dem Balkan und in der Türkei. Korsenkleiber nur auf Korsika in über 1000 Meter Höhe

Mauerläufer *Tichodroma muraria*

Der Mauerläufer, einer der schönsten Vögel Europas, steht bei vielen Vogelbeobachtern auf der Wunschliste ganz oben. Um den prächtigen Vogel zu sehen, ist meist eine längere Bergtour nötig, denn er lebt an oft unzugänglichen Felswänden bis in 3000 Meter Höhe. Im Winter gehen die Mauerläufer in tiefere Lagen, etwa in Klammen, mitunter sogar an Gebäude und in Steinbrüche in Tallage. Durch den etwas unregelmäßigen Flug und die breiten Flügel mit kräftigen Farben erinnern sie an Schmetterlinge.

NAHRUNG Insekten und Spinnen, die er mit dem langen Schnabel aus Felsritzen holt. Nahrungssuche in kleinen Sprüngen an der Felswand von Vorsprung zu Vorsprung.

STIMME Die anschwellenden, pfeifenden Gesangsstrophen sind weit zu hören. Ruft flötend „tüi".

BRUT Nest in einer Felsnische, häufig in der Nähe fließenden Wassers. 3–5 Eier, Brutdauer 18–20 Tage.

ZUG Im Winter meist in tieferen Lagen; streift mitunter etwas nördlich der Alpen umher.

LÄNGE 16 cm

WANN Ganzjährig
WO Hochgebirge Europas. In Mitteleuropa vorwiegend in den Alpen, im Jura und in den Karpaten

Ein ungewöhnlich prächtiger, unverwechselbarer Kleinvogel der Felswände und Schluchten des Hochgebirges. Fliegt etwas ruckartig flatternd; lässt sich oft von Aufwinden an Felswänden aufwärts tragen oder saust mit angelegten Flügeln steil abwärts

Schwarzstirnwürger *Lanius minor*

Der Schwarzstirnwürger ist ein Vogel der offenen, warmen Landschaft; er braucht für die Anlage des Nests aber einige höhere Bäume, wie Gehölze, Obstbäume oder Alleen. Im Vergleich zum Raubwürger ist er kontrastreicher, auf der Unterseite mehr rosafarben und wirkt kurzschwänziger.

NAHRUNG Vor allem große Insekten wie Käfer und Heuschrecken, daneben kleine Eidechsen und Vögel; braucht zur Beutejagd wärmere, trockenere Gebiete als der Raubwürger.

STIMME Gewöhnlich wenig stimmfreudig; Gesang variabel schwätzend und plaudernd mit vielen Imitationen anderer Vögel. Ruft elsterartig „tsche-tsche" oder „gschwää".

BRUT Das hübsche Nest aus Zweigen, Halmen und Wurzeln ist meist in über 2 Meter Höhe in einem Baum angelegt. 5–6 Eier, die 15–16 Tage vom Weibchen bebrütet werden.

ZUG Überwintert im südwestlichen Afrika.

LÄNGE 20 cm

WANN Mai bis September
WO Brütet in Süd- und Südosteuropa, fehlt auf der Iberischen Halbinsel fast völlig; in Osteuropa nordwärts bis Litauen; in Mitteleuropa nur noch im Osten, in Deutschland ausgestorben

Ein vorwiegend östlicher Würger mit langen Flügeln, relativ kurzem Schwanz und recht hohem Schnabel; die großen, weißen Abzeichen der spitzen Flügel sind besonders im Flug auffällig

Raubwürger *Lanius excubitor*

Ein großer Würger mit langem Schwanz und kurzen Flügeln; steht oft auffällig auf Busch- und Baumspitzen oder auf einem Leitungsdraht; vollführt oft seitliche Schwanzbewegungen

Würger sind mittelgroße, langschwänzige Singvögel, die mit Krähen verwandt sind, aber in Schnabelform und Nahrungserwerb eher an kleine Falken erinnern. Obwohl sie häufig exponierte Warten auf Buschspitzen und Telefondrähten benutzen, sind sie oft schwer zu entdecken.

Der Raubwürger lebt in ausgedehnten Moor- und Heidegebieten mit Gehölzen und Einzelbäumen, auf großen Kahlschlägen und in offener, extensiv bewirtschafteter Kulturlandschaft mit Gehölzen und Hecken. Im westlichen Mitteleuropa ist der Raubwürger nur noch spärlicher Brutvogel.

Der ähnliche **Mittelmeer-Raubwürger** *(Lanius meridionalis)* Südwesteuropas wurde früher als Unterart des Raubwürgers angesehen. Er besiedelt warme, trockene Buschlandschaften mit einzelnen Bäumen, Olivenhaine und Gebiete mit Obstanbau. Die östlichen Formen beider Würger sind recht komplex, deren Einbeziehung in die Arten Raub- bzw. Mittelmeer-Raubwürger ist umstritten. Eine dieser Formen, der **Steppenraubwürger**, ist wohl am besten in einer eigenen Art, *Lanius pallidirostris*, untergebracht. Er ist seltener Ausnahmegast im westlichen Europa und könnte mit dem Raubwürger verwechselt werden.

NAHRUNG Vor allem Großinsekten und verschiedene Mäuse, daneben auch Vögel bis Buntspechtgröße und Eidechsen. Seine Beutetiere klemmt dieser Würger oft in Astgabeln ein oder spießt sie auf Dornen, um sie besser zerteilen zu können. Der Mittelmeer-Raubwürger jagt wegen seiner südlicheren Verbreitung mehr Eidechsen.

VERHALTEN UND STIMME Die Paare bleiben oft das ganze Jahr zusammen, gebietsweise verteidigen die Männchen das Brutterritorium auch im Winter vehement gegen Artgenossen, während die Weibchen abwandern. Der Gesang, von Männchen und Weibchen beider Arten hervorgebracht, besteht aus schwätzenden, rauen und knirschenden Lautfolgen. Rufen heiser klingend „wäch“, „schäk“ oder ähnlich; im Winter sehr wenig stimmfreudig.

BRUT Stabiles Nest aus Zweigen, Wurzeln, Moos und Stängeln, in einen Busch oder Baum gebaut. 4–7 Eier, die 15–17 Tage bebrütet werden.

ZUG Mitteleuropäische Vögel vielfach Teilzieher, die entsprechend dem Angebot an Nahrung umherziehen oder im Brutgebiet überwintern.

LÄNGE 24–25 cm

WANN Ganzjährig
WO Raubwürger: Brütet in Nord- und Mitteleuropa; Mittelmeer-Raubwürger: Iberische Halbinsel und Südfrankreich; Steppenraubwürger: vom Nordrand des Kaspischen Meers ostwärts. Raubwürger Nordeuropas sind Zugvögel, die teilweise auch in Mitteleuropa überwintern

Rotkopfwürger *Lanius senator*

Rotkopfwürger fliegen wie alle Würger oft rasant über offene Flächen und landen nach einem Aufschwung auf der anvisierten Warte, doch ist ihre Flugweise weniger wellenförmig, zudem sind die bevorzugten Warten oft höher. Man trifft sie in abwechslungsreicher Kulturlandschaft mit einzelnen Bäumen, an verbuschten Hängen sowie in Obstgärten und Olivenhainen. In Mitteleuropa inzwischen sehr selten.

NAHRUNG Vor allem Insekten, die er in kurzem Jagdflug am Boden erbeutet; fängt gelegentlich auch Kleinvögel.

VERHALTEN UND STIMME Bei der Balz stehen sich die Partner sehr aufrecht gegenüber und rufen. Der anhaltend zwitschernde Gesang enthält härtere und raue Tonfolgen sowie viele Imitationen anderer Vögel. Ruft heiser „wäh-wäh-wäh ..." und „tscherr".

BRUT Stabiles Nest aus filzigen Blumenstängeln, Halmen und Haaren. 5–6 Eier, werden 14–15 Tage bebrütet.

ZUG Im Winter im tropischen Afrika.

LÄNGE 18 cm

WANN April bis September
WO Iberische Halbinsel, Frankreich, Mittelmeerländer einschließlich der Inseln. Lokal im süd- und östlichen Mitteleuropa, vor allem in der Schweiz

Maskenwürger *Lanius nubicus*

Der Maskenwürger kommt in Europa nur im heißen Südosten vor. Er lebt in aufgelockerten, unterholzreichen Waldgebieten, Olivenhainen, Mandelpflanzungen und an Hängen mit dornigem Gebüsch, Pinien und Eichen. Er ist meist schwierig zu entdecken, denn er sucht als Ansitz häufig eine gedeckte Stelle in einem Busch oder Baum. Im Alterskleid ist der kleine, schlanke Würger leicht zu bestimmen, doch jüngere Vögel ähneln sehr jungen Rotkopfwürgern.

NAHRUNG Große Insekten, manchmal auch eine kleine Eidechse; startet zum Beuteflug meist von einem gedeckten, schattigen Ansitz.

STIMME Der monotone, meist rau klingende Gesang ist lang anhaltend und enthält viele Wiederholungen; er erinnert an den Gesang von Spöttern und Rohrsängern. Ruft rau „tscheer", bei Gefahr ratternd „krrr".

BRUT 4–6 Eier, die rund 2 Wochen bebrütet werden; die Jungen fliegen mit 18–20 Tage aus.

ZUG Überwintert südlich der Sahara; seltener Durchzügler im Nahen Osten.

LÄNGE 17–18 cm

WANN Nicht in Mitteleuropa
WO In Europa nur auf dem südöstlichen Balkan

Neuntöter *Lanius collurio*

Ein kleiner, aufrecht stehender Würger; ♂ farbenprächtig und mit markanter schwarzer Gesichtsmaske; ♀ und Jungvögel sind weniger auffällig, gleichen aber mit dem gerade abgeschnittenen Schwanz und hakigen Schnabel weitgehend dem Männchen

Trotz deutlicher Rückgänge und Arealeinbußen ist der Neuntöter immer noch der typische Würger im größten Teil Europas; in Mitteleuropa ist er meist nicht sehr häufig, aber mit großem Abstand die häufigste Würgerart. In Großbritannien, wo er vormals weit verbreiteter Brutvogel war, ist er nur noch seltener Durchzügler im Frühjahr und Herbst. Geeignete Lebensräume des Neuntöters sind offene Landschaften mit breiten Hecken und Dornbüschen, Wacholderheiden, Moor- und Heidelandschaften mit Büschen und kleinen Bäumen; er ist aber auch in Obstgärten und Weinbergen sowie auf Kahlschlags- und Windbruchflächen anzutreffen. In Mitteleuropa sind das Verschwinden großer Insekten und nasskalte Witterung zur Brutzeit die wichtigsten Rückgangsursachen.

NAHRUNG Hauptsächlich große Insekten wie Käfer und Heuschrecken, aber auch Schmetterlinge, daneben Spinnen und kleine Mäuse sowie gelegentlich Jungvögel und Eidechsen. Mitunter verfolgt er ein Insekt im Luftraum, die meisten Beutetiere fängt er jedoch am Boden, oft nach einer recht weiten Gleitstrecke, wobei er von einer Buschspitze aus startet. Kleinere Insekten transportiert er häufig zum Ansitz, um sie dort zu verschlingen, größere Beutetiere spießt er meist auf Dornen oder Stacheldraht. Dies dient dem Zerkleinern der Nahrung und der Vorsorge für beutearme Zeiten.

VERHALTEN UND STIMME Die Männchen etablieren ihre Brutterritorien, indem sie von Warte zu Warte fliegen und dort ihren Gesang vortragen. Die lang anhaltenden Strophen sind nicht sehr laut; sie enthalten knirschende und gepresst zwitschernde Tonfolgen und einige gelungene Imitationen anderer Vogelarten. Ist das Weibchen in der Nähe, werden die Gesangsstrophen deutlich hastiger zwitschernd hervorgebracht. Ruft häufig heiser „dschääa“ oder „schäk“.

BRUT Das große Nest aus Zweigen, Stängeln und Moos ist meist in einem Dornbusch oder üppigen Brombeergerank angelegt, nicht selten auch in einer jungen Fichte. Die 4–7 Eier werden allein vom Weibchen bebrütet (Brutdauer rund 2 Wochen). Nach weiteren 2 Wochen verlassen die Jungen das Nest.

LÄNGE 17 cm

WANN Mai bis September
WO Brütet in Europa außer Island, den Britischen Inseln sowie dem größten Teil der Iberischen Halbinsel und Nordeuropas. Die Winterquartiere der europäischen Neuntöter liegen in Ost- und Südafrika; der Wegzug mancher mitteleuropäischer Vögel beginnt bereits Ende Juli

Rosenstar *Sturnus roseus*

Der Rosenstar ist hauptsächlich eine Vogelart asiatischer Steppen und Halbwüsten; sie brütet in Europa jedes Jahr in Abhängigkeit vom Nahrungsangebot unterschiedlich häufig. Die Vögel übernachten gesellig, oft von ihren Nahrungsgebieten weit entfernt.
NAHRUNG Im Sommer vor allem Heuschrecken, andere große Insekten und Raupen; außerhalb der Brutzeit vorwiegend Früchte und Samen.
STIMME Die Strophen ähneln denen des Stars, enthalten aber mehr raue und kratzende Abschnitte. Ruft häufig „kwik-ik-ik …".
BRUT Nisten in oft großen Kolonien in Nischen von Felswänden oder an Steilufern, auch in Höhlungen an Gebäuden. 3–6 Eier, Brutdauer 15 Tage.
ZUG Im Herbst schlagen die meisten Rosenstare die Südostrichtung ein und gelangen so in ihre Winterquartiere nach Indien. Gelegentlich treffen im Mai große Invasionsscharen in Südosteuropa, besonders in Nordgriechenland, ein, um dort zu brüten.
LÄNGE 21,5 cm

WANN Mai bis August (selten)
WO In Europa regelmäßig nur nördlich des Schwarzen Meers; unregelmäßig in Südosteuropa und Ungarn; sonst in Mitteleuropa fast regelmäßiger Gast (vor allem Jungvögel im Herbst)

Ein gedrungener Star mit kurzem, kräftigem Schnabel und Hang zum Nomadisieren; sehr gesellig, Ausnahmegäste erscheinen jedoch meist einzeln und nur selten im Prachtkleid

Einfarbstar *Sturnus unicolor*

Ein naher Verwandter des Stars ist der vorwiegend auf der Iberischen Halbinsel beheimatete Einfarbstar. Man trifft ihn vor allem in aufgelockerten Waldgebieten und Kulturland sowie in Städten und Dörfern an. Das ganze Jahr über suchen Einfarbstare die Nähe von Weidetieren, denn deren Hufe jagen viele Insekten auf; oft sitzen sie auf dem Rücken von Schafen oder Rindern und picken Parasiten aus dem Fell. Sie treten nie in riesigen Schwärmen auf wie Stare.
NAHRUNG Vor allem Insekten, Würmer, Schnecken, aber auch Beeren und Obst sowie im Winter viele Samen.
VERHALTEN UND STIMME Die Gesangsstrophen erinnern an die des Stars, enthalten aber mehr laute, langgezogene Pfeiftöne und kräftige Trillerlaute sowie weniger Imitationen. Ruft ähnlich wie der Star.
BRUT Nistet in Höhlungen von Bäumen, in Felsspalten oder in Mauerlöchern, unter Hausdächern, gelegentlich auch in Nistkästen. 4–5 Eier, die 11 Tage bebrütet werden.
ZUG Jahresvogel.
LÄNGE 21–23 cm

WANN Nicht in Mitteleuropa
WO Südwesteuropa sowie in Nordwestafrika

Ein gedrungener, dunkler Star, im Prachtkleid ohne Fleckung, bewohnt ein recht kleines Areal im westlichen Mittelmeerraum

Star *Sturnus vulgaris*

Ein überwiegend häufiger, gedrungener und oft lärmender Kleinvogel mit kurzem Schwanz und wackelndem Gang; im Flug sind spitzer Kopf und dreieckige Flügel kennzeichnend. Hoch entwickeltes Sozialverhalten

Vor ihrem großflächigen Rückgang konnte man im Herbst vielerorts in Europa riesige Scharen von Staren beobachten. Die Vögel vollführen gern dicht gedrängt eindrucksvolle Flugmanöver, die an eine ferne Rauchfahne erinnern. Diese Schwärme, die vor allem aus Jungvögeln bestehen, übernachteten oft in Schilfgebieten, mitunter aber auch an Gebäuden mitten in der Großstadt. Wenn sich so große Starenschwärme in Obst- oder Weinbergen zur Nahrungssuche niederlassen, bleiben landwirtschaftliche Schäden natürlich nicht aus, so dass man sich früher mit Gift und Schrot gegen die Vögel wehrte. Starenschwärme von Zehn- oder Hunderttausenden sind heute nur noch selten zu beobachten, denn in vielen Teilen Europas sind die Bestände durch Veränderungen in der Landwirtschaft deutlich zurückgegangen.

Trotzdem ist der Star, der im Frühjahr vor seinem Nistkasten singt, in den meisten ländlichen Gegenden und Gartenanlagen Mitteleuropas noch ein nicht zu seltener Anblick.

NAHRUNG Hauptsächlich Insekten und deren Larven; im Herbst viele Früchte und Beeren sowie verschiedene Samen und Abfälle. Die auf kurzen Wiesen geschäftig Nahrung suchenden Stare erkennt man schon von weiten an ihrem wackelnden Gang; immer wieder bleibt ein Vogel stehen und steckt seinen Schnabel in das weiche Substrat, öffnet ihn leicht und blickt in den entstehenden Spalt; diese Methode wird als „Zirkeln“ bezeichnet. Jagt Insekten vor den Hufen von Weidetieren oder sogar auf deren Rücken reitend.

VERHALTEN UND STIMME Die Männchen singen im Frühjahr mit heftig rudernden Flügelbewegungen. Die abwechslungsreichen Strophen bestehen aus rau kreischenden, ratternden, schnarrenden und melodisch pfeifenden Tönen sowie Imitationen anderer Vögel oder von Umweltgeräuschen. Ruft häufig „schrää“, „tjür“ oder, wenn Gefahr von einem Greifvogel droht, scharf „kjett-kjett“.

BRUT Stare sind Höhlenbrüter mit Vorliebe für Spechthöhlen oder Nistkästen; viele Jungstare kommen auch in Felshöhlen, Nischen und Löchern an Gebäuden oder unter Dächern zur Welt. 4–8 blaue Eier; die Jungen schlüpfen nach 12–13 Tagen und sind mit 19–22 Tagen flugfähig.

ZUG Die Winterquartiere der nordost- und mitteleuropäischen Stare liegen im südlichen und westlichen Europa sowie in Nordafrika; immer mehr Stare überwintern in Deutschland.

LÄNGE 21,5 cm

WANN Februar bis November
WO Brütet in Europa außer der Iberischen Halbinsel, Sardinien, Korsika und Sizilien sowie dem Hochgebirge und der Tundra

Pirol *Oriolus oriolus*

Kaum ein anderer Vogel hat so kräftige Farben und ist gleichzeitig so schwierig zu beobachten wie der Pirol. Auf ihn wird man meist erst aufmerksam, wenn man seinen leicht nachzupfeifenden Gesang aus einer Pappelgruppe oder einem Auwaldgebiet hört; doch sieht man ihn gewöhnlich nur kurz zwischen den Baumkronen fliegen.

NAHRUNG Vor allem größere Insekten und Früchte, die der Pirol in Baumkronen findet

VERHALTEN UND STIMME Die Gesangsstrophen, mit denen die Männchen ihre Reviere behaupten, klingen angenehm flötend und jodelnd: „düdlio“ oder „üoh“. Die Weibchen singen ebenfalls, aber seltener. Der häherartige Warnruf ist rau und gequetscht: „wäähk“.

BRUT Das kunstvolle, in einer Astgabel aufgehängte Napfnest steht hoch in Baumkronen; es besteht aus Gras, Bast und mitunter Papiertaschentüchern sowie Kunststoff. 3–4 Eier, die 16–17 Tage bebrütet werden.

ZUG Zieht ab August ins Winterquartier im tropischen Afrika.

LÄNGE 24 cm

WANN Mai bis September
WO Lokal in Mitteleuropa; kaum in den Alpen

Ein drosselgroßer, langflügeliger Vogel, der verborgen in Baumkronen lebt; trotz der sehr auffälligen Färbung meist nur beim Flug zwischen Baumkronen zu sehen. Schwarz-gelbes Gefieder des ♂ in Europa einmalig, Färbung des ♀ erinnert etwas an den Grünspecht

Tannenhäher *Nucifraga caryocatactes*

Der Tannenhäher, ein faszinierender Krähenvogel, lebt vor allem in Bergwäldern und in Nordosteuropa in Nadel- und Mischwäldern. Häufig steht er auf Nadelbaumspitzen. Im Flug wirkt er etwas vorderlastig.

NAHRUNG In den Alpen vorwiegend die Nüsschen der Arve oder Zirbelkiefer, sonst in Europa vielfach Haselnüsse; daneben Beeren, Eicheln, Bucheckern sowie verschiedene Insekten. Im Herbst verstecken die Vögel große Mengen an Baumfrüchten als Vorrat.

VERHALTEN UND STIMME Der Gesang ist leise schwätzend mit kehligen und klickenden Lauten. Ruft heiser schnarrend, oft mehrfach wiederholt „grräääh“.

BRUT Die Brut beginnt bereits, wenn noch hoher Schnee liegt. Das Nest besteht aus Gras, Bast und Flechten sowie einer wärmenden Schicht aus Haaren und Federn. 3–4 Eier, die 18 Tage bebrütet werden.

ZUG Jahresvogel; sibirische Tannenhäher *(macrorhynchos)* wandern in manchen Jahren invasionsartig bis nach Mitteleuropa.

LÄNGE 32–33 cm

WANN Ganzjährig
WO Gebirge und Mittelgebirge Mittel- und SO-Europas, Südskandinavien, Südfinnland ostwärts

Ein einzigartig weiß getupfter, schokoladebrauner Vogel mit dunklerer Färbung von Kopfplatte, Schwung- und Steuerfedern; weißer Steiß auffallend. Eng an Nadelbäume gebunden, in Mitteleuropa meist in Bergwäldern, gebietsweise auch in Fichtenforsten des Tieflands

Eichelhäher *Garrulus glandarius*

Ein farbenprächtiger, vorsichtiger und oft lärmender Vogel; fällt am meisten im Herbst beim Sammeln und Transport von Eicheln auf; kräftig hellblau und schwarz gebändertes Flügelfeld

Auffällig, laut und schön sind die wichtigsten Eigenschaften dieses stattlichen Singvogels. Der Eichelhäher ist in Mitteleuropa in Laub- und Mischwäldern recht häufig, besonders mit Vorkommen von Eichen. Er ist meist ziemlich scheu, da er vielerorts bejagt wird.

NAHRUNG Hauptsächlich Baumfrüchte wie Eicheln, Bucheckern und Haselnüsse, aber auch viele Beeren und Früchte; zur Brutzeit viele Insekten und deren Larven, daneben Eier und Junge kleinerer Vögel.

VERHALTEN UND STIMME Bei Revierstreitigkeiten sträuben die Männchen ihre Scheitel- und Bürzelfedern. Der Gesang klingt bauchrednerisch. Ruft verhalten „gahi", ähnlich Bussard „hiä", bei Gefahr rätschend „rääăh"; imitiert einige andere Vogelstimmen und Umweltgeräusche.

BRUT Kleines, flaches Reisignest, oft in einer Astgabel errichtet; meist 5–7 Eier; Brutdauer 16–17 Tage.

ZUG In Mitteleuropa vorwiegend Jahresvogel, im Winter jedoch Zuzug aus dem Norden und Osten.

LÄNGE 35 cm

WANN Ganzjährig
WO Brütet in Europa außer Island sowie dem nördlichsten Großbritannien und Skandinavien

Unglückshäher *Perisoreus infaustus*

Ein drosselgroßer, langschwänziger, graubraun und rostrot gefärbter Vogel der Taigawälder; kaum zu verwechseln. Sehr neugierig und wenig scheu, lebt aber zurückgezogen, besonders zur Brutzeit

Das Vorkommen des Unglückshähers in nordischen Taigawäldern ist ein Zeichen für deren Ursprünglichkeit, denn dieser Vogel kommt nur in alten, flechtenbehangenen Wäldern vor, die der Nutzung durch moderne Forstwirtschaft entgangen sind. Der Häher vermag immer wieder einsame Wanderer zu verblüffen, denn er kommt oft erstaunlich nah und geräuschlos heran und „mustert" neugierig die Eindringlinge, um sich dann wieder zurückzuziehen. Zur Brutzeit ist er recht heimlich. Versteckt Vorräte im Flechtenbehang von Ästen.

NAHRUNG Im Sommer viele Insekten wie Käfer und Raupen, aber auch Jungvögel und Mäuse; im Winter vor allem Nadelbaumsamen und Beeren.

STIMME Der Gesang besteht aus trillernden und jammernden Lauten. Ruft häufig bussard- oder eulenähnlich sowie heulend „geäh" und fragend „kui".

BRUT Das kleine, mit Federn sehr gut gegen Kälte isolierte Nest besteht aus Reisig, Rindenstückchen und Bartflechten, es ist in Stammnähe auf einem Nadelbaum angelegt. 3–4 Eier.

ZUG Jahresvogel.

LÄNGE 30 cm

WANN Nicht in Mitteleuropa
WO Taiga Skandinaviens, Finnlands, Russlands

Elster *Pica pica*

Viele Menschen mögen Elstern nicht, weil sie Singvögel töten; doch zeigen viele Untersuchungen, dass diese Krähenvögel nicht dazu in der Lage sind, die Bestände kleinerer Vögel nachhaltig zu beeinflussen. Die Elsterbestände im Kulturland sind lokal in Mitteleuropa deutlich zurückgegangen.
NAHRUNG Hauptsächlich Insekten und deren Larven; auch Würmer und Schnecken, Samen, Früchte, Beeren sowie Aas und verschiedene Abfälle; im Frühjahr viele Eier und Jungvögel.
VERHALTEN UND STIMME Zur Kommunikation untereinander setzen Elstern ihr auffälliges Gefiedermuster und den langen, beweglichen Schwanz ein. Der Gesang ist unauffällig und besteht aus schwätzenden, zirpenden und gurgelnden Tonfolgen. Ruft rau schackernd „schak-schak-schak …“.
BRUT Großes, überdachtes Nest aus Dornenzweigen auf einer Plattform. 5–7 Eier in der Nestmulde aus Wurzeln, Moos, Haaren und Federn.
ZUG Jahresvogel.
LÄNGE 44–46 cm

WANN Ganzjährig
WO Brütet in ganz Europa außer Island sowie dem Hochgebirge und der Tundra im hohen Norden

Ein sehr eleganter und überaus langschwänziger Vogel mit ansprechendem, auffällig schwarzweißem Gefieder. Flug geradlinig mit unregelmäßigen, etwas zögerlichen Flügelschlägen

Blauelster *Cyanopica cyana*

Dieser prächtige Krähenvogel lebt in Spanien und Portugal; eine sehr ähnliche Art kommt in Ostasien und Japan vor. Geeignete Lebensräume der Blauelster sind offene Wälder, Korkeichen- und Kiefernbestände, Olivenhaine und gebüschreiches Kulturland. Die Vögel erinnern in ihrem Verhalten an Elstern und Häher. Gebietsweise scheinen sie die häufigen Elstern zu verdrängen.
NAHRUNG Vor allem Insekten, Früchte, Beeren und Samen, daneben kleine Wirbeltiere, Aas und Abfälle; hortet Nahrung wie Eicheln und Oliven in Bodenverstecken.
VERHALTEN UND STIMME Nach der Brutzeit schließen sich die Mitglieder der kleinen Brutkolonie zu Familientrupps zusammen und verteidigen große Gemeinschaftsreviere gegen fremde Gruppen. Ruft häufig „schrüh“ „kwit-kwit-kwit“ oder ratternd „krrr …“.
BRUT Nest aus Zweigen, Wurzeln und feinem Polstermaterial, mit Erde oder Lehm stabilisiert; es ist außen in einer Baumkrone angelegt. 5–7 Eier, die 15–16 Tage bebrütet werden.
ZUG Jahresvogel.
LÄNGE 34–35 cm

WANN Nicht in Mitteleuropa
WO Brütet im westlichen, südwestlichen und mittleren Spanien sowie in Südwestportugal

Diese Art ist durch den langen Schwanz, die hellblauen Gefiederbereiche und das hoch entwickelte Sozialverhalten unverkennbar

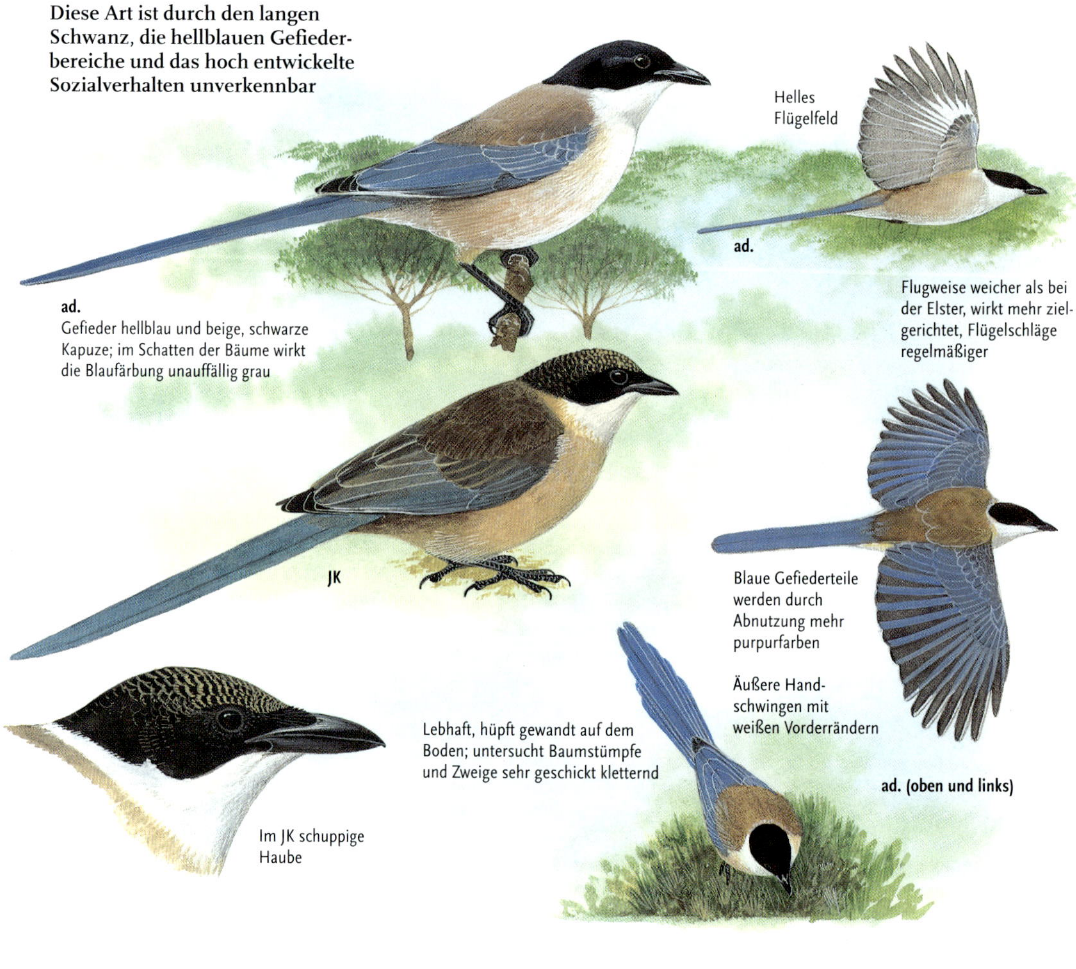

Alpenkrähe *Pyrrhocorax pyrrhocorax*

Ein glänzend schwarzer Krähenvogel mit hohem Unterhaltungswert durch lebhaftes Wesen und ausgeprägtes Spielverhalten im Luftraum. Roter Schnabel kennzeichnend

Einer der wendigsten und rasantesten Flieger unter den Krähenvögeln ist die Alpenkrähe; die Alpen bewohnt sie allerdings nur im südwestlichsten Teil. Im Vergleich zur Alpendohle kommt die Alpenkrähe eher in tieferen Lagen vor; in der Schweiz trifft man sie zwischen 1200 und 1500 Meter Höhe in Berggegenden mit beweideten, insektenreichen Bergwiesen. In Großbritannien ist sie Brutvogel an der Steilküste.
NAHRUNG Insekten, hauptsächlich Ameisen, und Würmer; im Vergleich zur Alpendohle weniger Abfälle.
VERHALTEN UND STIMME Zur Balzzeit vollführen Alpenkrähen eindrucksvolle Flugspiele mit akrobatischen Wendungen und steilen Abstürzen. Die Rufe sind durchdringend: „kwiarr“ oder „kwiräh“.
BRUT Die stabilen Nester aus Zweigen und Stängeln sind meist in Nischen von steilen Felswänden oder in Mauerspalten von Ruinen angelegt. 3–5 Eier, die 17–18 Tage bebrütet werden.
ZUG Jahresvogel.
LÄNGE 39–40 cm

WANN Ganzjährig (sehr selten)
WO Brutgebiet in Europa stark zersplittert: Iberische Halbinsel, Südfrankreich, Sardinien, Mittelitalien, SO-Europa, Britische Inseln. Mitteleuropa: Wallis (Schweiz), in Österreich Ausnahmegast

Alpendohle *Pyrrhocorax graculus*

Ein sehr geselliger, schwarz glänzender Krähenvogel des Hochgebirges und der schneebedeckten Berggipfel, der häufig akrobatische Flugmanöver vollführt; gelber Schnabel kennzeichnend

Alpendohlen sind sehr gesellige Vögel des Hochgebirges, die für die Jungenaufzucht auf steile Felswände angewiesen sind. Sie profitieren vom alpinen Tourismus, denn er bietet ihnen oft das ganze Jahr hindurch Nahrung. In der Schweiz brüten Alpendohlen bis in 3400 Meter Höhe.
NAHRUNG Hauptsächlich Insekten wie Heuschrecken, daneben auch Würmer, Schnecken und Spinnen sowie kleine Wirbeltiere; im Winter Früchte und Knospen. Das ganze Jahr über Essensreste.
VERHALTEN UND STIMME Die Balz wird von atemberaubenden Flugjagden und lauten Rufen begleitet. Ruft schrill und durchdringend „kriiep“, „tsiier“, bei Gefahr ein tieferes „krrü“.
BRUT Das Nest wird aus Zweigen und Wurzeln gefertigt und innen mit Haaren und Federn dick gepolstert; meist ist es auf einem Absatz innerhalb einer Felshöhle, manchmal auch in einem Bergbahntunnel angelegt. 3–5 Eier, die 18–20 Tage bebrütet werden.
ZUG Jahresvogel; bei ungünstiger Witterung weichen die Vögel in tiefer gelegene Gebiete bis in die Täler aus.
LÄNGE 38 cm

WANN Ganzjährig
WO Gebirge Nordspaniens, Korsikas, Italiens; Alpen; auf dem Balkan und im Kaukasus

Dohle *Corvus monedula*

Ein lebhafter, oft recht lauter, schwärzlicher Krähenvogel, der im Flug etwas an Tauben erinnert; dunkel abgehobener Vorderscheitel und grauer Nacken sind kennzeichnend. Trupps wirken hektisch, fliegen recht schnell und segeln häufig über Kirchtürmen oder Ruinen; tritt im Winterhalbjahr oft zusammen mit Saatkrähen auf

Krähenvögel hält man gemeinhin für intelligenter als die meisten anderen Vögel, die Dohle nimmt in dieser Hinsicht selbst unter den Krähenvögeln eine besondere Stellung ein. Es fällt leicht zu glauben, dass sie von Natur aus clever ist.

Dohlen leben in den gemäßigten Klimaten und meiden sowohl ausgesprochen kalte als auch übermäßig heiße Gegenden. Sie bewohnen eine Vielzahl von Lebensräumen vom lichten Laub- und Mischwald über Steinbrüche bis zu steilen Klippen an der Meeresküste; wegen ihrer Vorliebe für altes Gemäuer als Nistplatz haben sie schon vor Jahrhunderten manche Dörfer und Städte besiedelt. Nur selten sieht man Dohlen einzeln, denn sie sind überaus gesellig und brüten nicht nur kolonieweise, sondern fliegen auch gemeinsam zur Nahrungssuche und übernachten stets im Trupp. Durch intensives Beobachten von Dohlen gewann der weltberühmte Verhaltensforscher Konrad Lorenz grundlegende Erkenntnisse zum Sozialverhalten bei Tieren.

NAHRUNG Vor allem Insekten, deren Larven, Würmer und Schnecken, gelegentlich auch Mäuse und Jungvögel; besonders im Winter häufig Abfälle, Samen oder Taubenfutter. Dohlen suchen meist auf dem Boden Nahrung, manchmal erbeuten sie Insekten auch im Blattwerk. An der Küste entwickeln Dohlen gelegentlich eine Vorliebe für die Eier von Seevögeln. Sie verstecken keine Vorräte für den Winter.

VERHALTEN UND STIMME Zur Brutzeit sieht man häufig Trupps bei Flugspielen in mehr oder weniger dichter Formation; dabei rufen sie laut. Offensichtlich dienen diese Flüge der Paarbildung. Ruft kurz, durchdringend und angenehm klingend „kaja", „kia" oder „kjak"; bei Gefahr hört man ein heiseres „tjäär".

BRUT In der Wahl des Nistplatzes sind Dohlen wenig wählerisch, häufig dienen Fels- und Mauerspalten sowie Nistkästen als Unterlage für das große Nest aus Zweigen, Gras und anderen Pflanzenteilen. Die Nestmulde wird mit wärmender Wolle und Tierhaaren gepolstert. In Schwarzspechthöhlen brütende Dohlen treten häufig mit den seltenen Hohltauben in Nistplatzkonkurrenz. 4–6 Eier, Brutdauer 17–18 Tage; im Alter von 28–36 Tagen sind die Jungdohlen flügge.

ZUG Überwiegend Jahresvogel. Ein Teil der Brutvögel Nord- und Osteuropas zieht im Herbst südwestwärts und gelangt oft zusammen mit großen Saatkrähenscharen nach Mitteleuropa.

LÄNGE 33–34 cm

WANN Ganzjährig
WO Brütet in Europa außer Island sowie dem Norden Skandinaviens, Finnlands und Nordrusslands

Typische Flugsilhouette mit leicht gerundeten, nach hinten gewinkelten Flügeln, vorstehendem Kopf, aber kleinem Schnabel und kurzem, schlankem Schwanz

Flügelschläge tiefer und viel schneller und energischer als bei der Saatkrähe

Trupps sieht man oft über Städten oder Dörfern, an Kirchtürmen, hohen Schornsteinen oder Ruinen

Flügel und Schwanz dunkel grauschwarz, kontrastieren mit dem etwas helleren Körpergefieder

Gleitet mit abgewinkelten Flügeln; veranstaltet manchmal Sturzflüge mit fast angelegten Flügeln; segelt mit gefächertem Schwanz und gerade gehaltenen Flügeln

Wirkt oft etwas taubenartig

Ruinen, Burgen oder steile Felswände bieten Nistmöglichkeiten; Dohlen nutzen aufsteigende Luftmassen zu akrobatischen Flugspielen

Erfindungsreich im Erschließen neuer Nahrungsquellen; schreitet am Boden aufrecht und recht schnell, hüpft lebhaft, zuckt mit Flügeln und Schwanz

ad.
Glänzend schwarze Kappe, hell bläulich grauer Nacken und helle Augen kennzeichnend; Gefieder wird im Sommer durch Abnutzung matter; Geschlechter gleich

Vögel der nordosteuropäischen Unterart *soemmeringii* zeigen im frischen Herbstkleid hellere Partien am Hals („Halsbanddohle"), sind aber nicht immer von der in Mitteleuropa brütenden Unterart *spermologus* zu unterscheiden

JK
Färbung matter, weniger glänzend, Nacken dunkler, Augen grauer

Elsterdohle *(Corvus dauuricus)*
Ausnahmegast (Nordwesteuropa) aus dem östlichen Asien, könnte in Mitteleuropa in Dohlentrupps auftauchen

Saatkrähe
Größer und langflügeliger sowie mit längerem Kopf und Schnabel

Dohle

Saatkrähe (oben)
Lange Flügel, runderer Schwanz

Dohle

Kolkrabe *Corvus corax*

Ein bussardgroßer, ganz schwarzer Krähenvogel mit langem, sehr kräftigem Schnabel und langem, keilförmigem Schwanz. Langer Hals und Schwanz bewirken im Flug eher kreuzförmige Silhouette als bei anderen Krähenvögeln; Flügel lang und gefingert, werden oft abgewinkelt

Dies ist der größte und eindrucksvollste Krähenvogel und gleichzeitig auch der größte Singvogel weltweit. Mit dem Kolkraben verbindet man häufig entlegene Wildnisgebiete, Hochgebirge und steile Klippen an der Küste. In manchen Gegenden leben sie aber auch unbehelligt an Stadträndern und fliegen häufig über bebautes Gelände. In Mitteleuropa wurden Kolkraben bis vor wenigen Jahrzehnten noch gnadenlos verfolgt, weil man sie für Verluste an Haustieren verantwortlich machte. Heute ist die Art in den Alpen wieder recht häufig und nimmt inzwischen langsam auch ihre ehemaligen Brutgebiete im nördlichen Mitteleuropa in Besitz.

NAHRUNG Im Vergleich zu anderen Krähenvögeln töten Kolkraben größere Tiere wie Kaninchen, Hasen und kleine Huftiere, die jedoch meist krank und schwach sind; viel häufiger gehen sie an Aas und Abfälle. Daneben erbeuten sie Mäuse, Eidechsen und Insekten.

VERHALTEN UND STIMME Während Nichtbrüter in Junggesellentrupps leben und auf der Suche nach Fressbarem umherziehen, verteidigen die Brutpaare ganzjährig Reviere, die vor allem durch akrobatische Flugspiele über dem Brutplatz markiert werden. Dabei schlagen sie in der Luft Purzelbäume, rollen mit halb geschlossenen Flügeln auf die Seite und vollführen atemberaubende Sturzflüge. Gleichzeitig äußern die Paarpartner ihre klangvollen, sonoren und wandelbaren Rufe, die man mit „kror“, „kroak“ oder hohl „klonk“ umschreiben könnte. Der leise, unauffällige Gesang enthält Anklänge an bestimmte Rufe, raue, schnarrende und klickende Laute sowie gurgelnde Töne und Imitationen.

BRUT Kolkrabenpaare sind nicht nur sich sehr treu, sondern auch ihrem Revier; sie brüten möglichst Jahr für Jahr im gleichen Horst, den sie gegebenenfalls ausbessern. Neststandort ist eine geschützte Nische in einer Felswand oder die Krone eines alten Nadelbaums, in Mitteleuropa häufig Waldkiefer oder Buche. Der große Horst wird aus Ästen und Zweigen sowie Moos und Erde gefertigt, für die Polsterung der Mulde verwendet das Weibchen Blätter, Gras, Wolle und Haare. Die 4–6 Eier werden bereits im Spätwinter gelegt und 20–21 Tage bebrütet; die Jungen verlassen mit rund 45 Tagen das Nest.

ZUG Jahresvogel.

LÄNGE 54–66 cm

WANN Ganzjährig
WO Brütet in Europa außer großen Teilen Englands, Frankreichs und Mitteleuropas. In Mitteleuropa vorwiegend in den Alpen; breitet sich langsam im Norden wieder aus

Rabenkrähe *Corvus corone corone*

Die Rabenkrähe ist ein eleganter Vogel, der durch seine Anpassungsfähigkeit und Klugheit, gepaart mit Vorsicht, fasziniert. Trotz starker Verfolgung ist die Rabenkrähe vielerorts häufig: Man trifft sie in offenen Waldgebieten, Feldgehölzen, Mooren und Heiden, in größerer Zahl aber im Kulturland und in Dörfern und Städten.

NAHRUNG Insekten und deren Larven, auch Würmer, Schnecken, kleine Wirbeltiere, zur Brutzeit viele Eier und Nestlinge; häufig Aas und Abfälle. Sucht gern an Müllplätzen und auf frisch gepflügten Feldern Nahrung.

STIMME Ruft häufig „wärr“ oder heiser „kräh“, ein Habicht wird mit hektischen „krr“-Folgen angekündigt. Der Gesang aus rufähnlichen Lauten und Imitationen ist leise und klingt bauchrednerisch.

BRUT Großes, solides Nest aus Zweigen, die mit feuchter Erde verfestigt werden, innen mit Wolle und Haaren gepolstert. 4–6 Eier.

ZUG Jahresvogel. In Mitteleuropa nur im Westen bis zur Elbe.

LÄNGE 45–50 cm

WANN Ganzjährig
WO Großbritannien (im Süden), Iberien, Frankreich, Süddänemark, westliches Mitteleuropa

Nebelkrähe *Corvus corone cornix*

Es gibt einige Argumente, der Raben- und Nebelkrähe Artstatus zu gewähren, vielfach aber werden beide Formen noch als Unterarten der **Aaskrähe** *(Corvus corone)* angesehen. In einem schmalen Streifen gibt es Mischlinge beider Formen, doch kommt es zu keinerlei großflächiger Durchmischung.

NAHRUNG Insekten im Sommer, Abfälle im Winter; pflanzliche Nahrung wie Getreide, Samen und Früchte spielt stets eine große Rolle. Entgegen der landläufigen Meinung töten Aaskrähen nicht so häufig größere Tiere, sondern gehen entsprechend ihrem deutschen Artnamen vor allem an Aas.

VERHALTEN UND STIMME Verhaltensweisen und Lautrepertoire haben sie mit der Rabenkrähe gemeinsam; manche Rufe klingen nicht ganz so rau wie bei der schwarzen Form.

BRUT Nestbau und Neststandort wie Rabenkrähe. Wie diese 4–6 Eier, die 18–19 Tage bebrütet werden.

ZUG Vorwiegend Jahresvogel.

LÄNGE 45–50 cm

WANN Ganzjährig
WO Brütet in Irland, Nordschottland, Italien, Korsika, Sardinien sowie fast im gesamten Nord-, Ost- und Südosteuropa. Die meisten Brutvögel des nördlichen Nordeuropas wandern im Oktober in Südwestrichtung

Saatkrähe *Corvus frugilegus*

Ein mittelgroßer, schwarzer Krähenvogel mit kräftigem, purpurblauem Gefiederglanz; typische Gestalt durch steile Stirn, schlanken Schnabel und locker abstehendes Bauchgefieder; im Vergleich zur Rabenkrähe am Boden weniger eleganter Gang sowie schmalere „Schultern" und breiterer Körper, im Flug mit mehr gerundetem Schwanz und spitzeren Flügeln

Die Saatkrähe ist nicht jedermanns Lieblingsvogel, und eine Brutkolonie mitten im Dorf kann sicher auch gewisse Belästigung durch Schmutz und ständige Krähenrufe mit sich bringen; doch lassen sich Probleme mit diesen Vögeln bei gutem Willen meistens lösen. Die Saatkrähe ist Brutvogel in abwechslungsreichem Kulturland mit hohen Hecken, Baumgruppen, Feldgehölzen oder Waldrändern, die hohe Laubbäume für die Anlage der Nester aufweisen. In Mitteleuropa haben die Brutbestände nach dramatischem Rückgang durch rücksichtslose Verfolgung vielerorts wieder zugenommen.
NAHRUNG Hauptsächlich Insekten, deren Larven, Würmer und Schnecken, daneben junge Mäuse und gelegentlich Jungvögel; aber auch Feldfrüchte, Samen und Getreide. Häufig sieht man Saatkrähen auf frisch gepflügten Feldern Nahrung suchen, denn dort fällt immer etwas Fressbares für sie ab. Mitunter gehen die Krähen in Bäumen auf Insektenjagd, beispielsweise, wenn bestimmte Käfer gerade häufig sind.
VERHALTEN UND STIMME Saatkrähen vollführen zur Brutzeit häufig Flugspiele über der Brutkolonie; in Nestnähe balzen sie mit Verbeugungen, heben die halb geöffneten Flügel und fächern den ebenfalls angehobenen Schwanz. Die überwiegend klangvollen Rufe sind sehr variabel, klingen aber meist nasaler und vielfach dunkler und mehr heiser als die Rufe der Rabenkrähe.
BRUT Die Horste der koloniebrütenden Saatkrähen sind meist hoch in Baumkronen angelegt, nur selten offen auf einem Seitenast oder in Stammnähe. Die oft recht hohen Nester sind locker aus Zweigen zusammengefügt und mit Erde und Halmen verfestigt; die Nestmulde besteht aus Wurzeln, Moos, Federn und verschiedenen Abfallstoffen wie Papier. Alljährlich werden die Nester ausgebessert, das Baumaterial dafür stammt nicht selten aus dem Nachbarnest. Die 3–6 Eier werden 16–18 Tage bebrütet; im Alter von 30–36 Tagen sind die Jungen flugfähig.
ZUG In Mitteleuropa überwintern alljährlich große Scharen von Saatkrähen – die der ziehenden Populationen aus nordosteuropäischen Brutgebieten; diese Wintergäste, die auch in Parks und Anlagen zu beobachten sind, zeigen häufig nur geringe Scheu gegenüber Menschen.
LÄNGE 43–47 cm

WANN Ganzjährig
WO Brütet in Europa außer Island, dem größten Teil Skandinaviens und Finnlands; fehlt nahezu völlig auf der Iberischen Halbinsel und in Südeuropa. In Mitteleuropa große Verbreitungslücken, besonders im Süden

Haussperling *Passer domesticus*

Haussperlinge stammen ursprünglich aus Westasien und sind heute häufige Kulturfolger in Dörfern und Städten fast ganz Europas. In Mitteleuropa und England wurden jedoch in den letzten Jahren vielerorts besorgniserregende Bestandseinbrüche festgestellt.
NAHRUNG Hauptsächlich Samen und Getreide, daneben Knospen, zur Brutzeit viele Insekten. Das ganze Jahr über Abfälle, am Futterhaus meist kleine Samen, Haferflocken und Getreide.
VERHALTEN UND STIMME Bei der Balz hüpfen die Männchen laut tschilpend mit hängenden Flügeln und gestelztem Schwanz um die Weibchen herum. Gesang das bekannte, rhythmische Tschilpen. Ruft oft „tschip", „tschirep", bei Gefahr „tscheretetetet" und im Flug „tschluib".
BRUT Großes, überdachtes Nest meist unter Dächern, in Mauerlöchern, Nistkästen oder Schwalbennisthilfen. 3–7 Eier, Brutdauer 11–14 Tage.
ZUG Jahresvogel.
LÄNGE 14–15 cm

WANN Ganzjährig
WO Brütet in ganz Europa außer Island, Sardinien und Italien sowie dem Hochgebirge und den Tundragebieten. Kommt als Kulturfolger fast überall dort vor, wo Menschen leben; wurde durch den Menschen weltweit verbreitet

Ein geschäftiger, bräunlicher, oberseits gemusterter, unterseits einfarbiger Kleinvogel mit lauter, tschilpender Stimme. ♀ mit breitem, hellem Überaugenstreif, ♂ mit grauem Scheitel und schwarzem Latz

Feldsperling *Passer montanus*

Der Feldsperling ist im Vergleich zum Haussperling eher ein Bewohner der offenen Kulturlandschaft. Er hat sich nicht so stark dem Menschen angeschlossen, trotzdem sieht man nicht selten beide Arten zusammen, beispielsweise an Dorfrändern.
NAHRUNG Hauptsächlich Samen von Gräsern und Kräutern, besonders zur Brutzeit viele Insekten; besucht gern Bodenfütterungen mit Getreide, Haferflocken und kleinen Samen.
VERHALTEN UND STIMME Wie bei einigen anderen Sperlingen präsentiert das Männchen bei der Balz seinen schwarzen Latz und hüpft mit hängenden, zitternden Flügeln sowie erhobenem Kopf und Schwanz um das Weibchen herum. Das Paar ruht oft in engem Körperkontakt, was Haussperlinge nicht tun.
BRUT Feldsperlinge nisten in Baumhöhlen, Mauerlöchern und Nistkästen. Die 3–7 Eier werden von beiden Altvögeln 11–14 Tage bebrütet.
ZUG Jahresvogel.
LÄNGE 14 cm

WANN Ganzjährig
WO Brütet in Europa außer Island, Mittel- und Nordskandinavien, fast ganz Finnland und dem nördlichsten Russland

♂ und ♀ ähneln beide dem ♂ des Haussperlings, sind aber etwas kleiner und zierlicher mit etwas kleinerem Kopf; Gesichtsmuster und kastanienbrauner Scheitel kennzeichnend

Weidensperling *Passer hispaniolensis*

Ein sehr geselliger und lebhafter Sperling, der oft in lärmenden Schwärmen auftritt; im kontrastreichen Prachtkleid des ♂ auffällig, in den übrigen Kleidern unscheinbarer; beachte Färbung des Scheitels und Musterung der Unterseite

Das Weidensperling-Männchen ist im Prachtkleid ein auffälliger Vogel, in anderen Kleidern aber recht unscheinbar. Die Art hat sich im größten Teil des Areals weniger eng an den Menschen angeschlossen als der Haussperling. Lebt in Kulturland mit Gehölzen, flussbegleitendem Gebüsch und Alleen.

NAHRUNG Vor allem Insekten, Knospen und Samen; fliegt zur Nahrungssuche oft in großen, dichten Schwärmen auf Felder.

VERHALTEN UND STIMME Weidensperlinge sind geselliger als Haussperlinge, leben in Trupps und brüten oft in großen Kolonien. Die Männchen singen an ihren fertig gestellten Nestern, um ein Weibchen anzulocken. Gesang ähnlich dem des Haussperlings, aber höher und metallischer.

BRUT Geeignete Standorte für die Freinester sind Baum- und Buschgruppen oder auch Storchenhorste.

ZUG Im Westen Jahresvogel, in Südosteuropa überwiegend Zugvogel, der bis Ägypten und auf die Arabische Halbinsel wandert.

LÄNGE 15 cm

WANN Nicht in Mitteleuropa
WO Iberische Halbinsel und Sardinien sowie (häufiger) Südosteuropa und Türkei

Italiensperling *Passer x italiae*

Eine stabile Hybridform, die vor allem dem Haussperling ähnelt, aber auch Merkmale der zweiten Stammform, dem Weidensperling, aufweist

Diese Sperlingsform gibt einige Rätsel auf, was ihre taxonomische Stellung betrifft; offensichtlich stellt sie eine stabile Hybridform zwischen Haus- und Weidensperling dar. Dies ist ungewöhnlich, denn Mischlinge sind meist in ihrer Reproduktionsrate benachteiligt und verschwinden wieder, außer wenn stets neue Mischpaarungen der Elternarten stattfinden.

NAHRUNG Eher wie Haussperling als Weidensperling; Nahrungssuche häufig in Städten.

VERHALTEN UND STIMME Im Balzverhalten ähneln Italiensperlinge mehr den Haussperlingen, auch ihre Lautäußerungen passen in dieses Bild.

BRUT In vielen Gebieten nisten Italiensperlinge an Gebäuden; ihre Nester sind locker zusammengefügte, überdachte Konstruktionen aus Halmen und Stängeln. 4–6 Eier, die 11–13 Tage bebrütet werden.

ZUG Überwiegend Jahresvogel, teilweise regelmäßige Wanderungen bis Nordafrika.

LÄNGE 15 cm

WANN Ganzjährig (sehr selten)
WO Brütet in Südostfrankreich, der Südschweiz, in Italien, auf Korsika, Kreta und Rhodos

Steinsperling *Petronia petronia*

Wenn man in Südeuropa nasal tschilpende oder rollende Laute aus felsigem Gelände, kargen Schluchten, sonnigen Steinbrüchen oder Ruinen hört, ist meist ein Steinsperling der Verursacher. Doch auch in Gebieten mit etwas mehr Bewuchs, etwa auf felsigen Bergwiesen, trifft man gebietsweise auf diese Art. Der Steinsperling war bis Mitte des 20. Jahrhunderts in mehreren deutschen Bundesländern Brutvogel.

NAHRUNG Vor allem Samen von Gräsern und Kräutern sowie Getreide und Beeren; die Jungen werden mit Insekten gefüttert.

VERHALTEN UND STIMME Die Männchen versuchen singend, bis zu 3 Weibchen anzulocken, mit denen sie sich verpaaren. Gesang aus rufähnlichen, nasalen, 2- bis 3-silbigen Lauten: „tsle-wäit".

BRUT Die locker zusammengefügten Nester sind meist in Felsspalten oder unter dem Dach eines unbewohnten Gebäudes angelegt. 4–7 Eier, die 11–14 Tage bebrütet werden.

ZUG Jahresvogel.

LÄNGE 14 cm

WANN In Mitteleuropa ausgestorben
WO Brütet auf der Iberischen Halbinsel, in Südfrankreich, in Italien, auf dem Balkan, den Mittelmeerinseln sowie in der Türkei

Ein großer, gedrungener Sperling warmer, felsiger Landschaft, oft zuerst anhand der Lautäußerungen zu entdecken; breite Kopfstreifen und weiße Schwanzspitze kennzeichnend

Wüstengimpel *Bucanetes githagineus*

Dieser Fink kommt hauptsächlich im Wüstengürtel Nordafrikas und des Nahen Ostens vor und dringt auch weit in die eigentliche, fast vegetationslose Wüste vor, besonders in Gegenden mit Schluchten und Felsnasen. Wenige Wüstengimpel kommen auch in Europa vor, wo sie geeignete Lebensräume in der „Wüste" Südostspaniens gefunden haben.

NAHRUNG Vor allem Samen niedrig wachsender Gräser und Kräuter, die sie aus den Fruchtständen picken; Wüstengimpel bewegen sich bei der Nahrungssuche sehr unauffällig.

VERHALTEN UND STIMME Die Männchen singen im kreisenden Singflug oder auf dem Boden. Der Gesang besteht aus nasalen, gedehnten Tönen, die wie eine Kindertrompete klingen: „djü djü tsi dwääääd". Ruft nasal quäkend, auch „tschik" oder „tset".

BRUT Das napfförmige Nest ist im Schatten eines Felsens oder unter Pflanzenbüscheln versteckt. 4–6 Eier, die 13–14 Tage bebrütet werden.

ZUG Jahresvogel, zieht jedoch in Trupps umher.

LÄNGE 12,5 cm

WANN Nicht in Mitteleuropa
WO Brütet in Nordafrika vom Nahen Osten bis Mittelasien. In Europa nur im äußersten Südosten Spaniens

Ein kleiner, untersetzter Fink mit sehr kurzem, dickem Schnabel; lebt in trockenem, oft steinigem Gelände; gewöhnlich unauffällig; meist anhand der Stimme zu entdecken

Kernbeißer *Coccothraustes coccothraustes*

Ein großer, kräftiger Fink mit großem Kopf, kurzem Schwanz und mächtigem Kegelschnabel. Steht häufig aufrecht auf Zweigen in Baumkronen. Erinnert etwas an Kreuzschnäbel, hält sich aber oft verborgen im Gezweig auf; macht sich durch seine kurzen, scharfen Rufe bemerkbar

Die eindrucksvollen Kernbeißer sind vielerorts selten, auch wenn offenkundig geeignete Lebensräume vorhanden sind. Die Beobachtung gelingt am besten, wenn man sich den am Boden Nahrung suchenden Vögeln vorsichtig nähert; doch bei der kleinsten Beunruhigung fliegen sie alle auf und verschwinden „unsichtbar" in den Baumkronen. Ihre typische vorderlastige Silhouette mit dickem Körper, langen Flügeln und teilweise durchscheinenden Flügeln sowie die schnelle, wellenförmige Flugweise machen die großen Finken auch im Flug unverwechselbar. Ihr Schnabel ist so kraftvoll, dass sie selbst die Kerne von sehr harten Steinfrüchten öffnen können – dafür ist eine Kraft von mindestens 50 Kilogramm nötig.

NAHRUNG Hauptsächlich Samen verschiedener Bäume wie Buche, Hainbuche und Ahorn, aber auch die Kerne von Früchten, beispielsweise Kirschen und Oliven, im Frühjahr vor allem Knospen und Triebe. Im Sommer spielen auch Insekten eine gewisse Rolle.

VERHALTEN UND STIMME Bei der Balz nähern sich die Männchen den Weibchen oft im Zickzack, dann richten sie sich vor der Partnerin auf und sträuben das Gefieder des Vorderkörpers; bei Ablehnung erfolgen demütige Posen mit hängenden Flügeln sowie, kurz vor der Paarung, eine Haltung mit schirmartig über den Kopf gezogenen Flügeln. Seltener unternehmen Kernbeißer schmetterlingsartige Balzflüge. Der leise, etwas stotternde Gesang enthält quietschende Töne und verschiedene rufartige Laute. Ruft häufig „ziek" oder scharf „zicks".

BRUT Das Nest ist meist hoch in einem Laubbaum angelegt, manchmal auch in einem Nadelbaum; nicht selten bilden mehrere Paare eine lockere Brutkolonie. Beide Partner kümmern sich um den Bau des großen Nestes aus Zweigen, Stängeln, Halmen und Wurzeln. Für den Nestboden verwenden sie feine Wurzeln, Gras und Flechten. Die Bebrütung der 3–5 Eier, die das Weibchen allein besorgt, dauert 11–13 Tage. Im Alter von 12–13 Tagen fliegen die Jungen aus.

ZUG Überwiegend Jahresvogel. Brutvögel der nördlichen und meist östlichen Populationen ziehen im Herbst in den Mittelmeerraum, vor allem auf die Iberische Halbinsel.

LÄNGE 18 cm

WANN Ganzjährig
WO Gewöhnlich in offenen, unterholzreichen Laub- und Mischwäldern mit Eichen, Buchen und Hainbuchen; besonders in Auwäldern, auch in alten Alleen und in Obstbaumflächen. In Südeuropa auch in Oliven- und Mandelbeständen. Fehlt in Europa in Island, Irland sowie Teilen der Iberischen Halbinsel und Italiens; in Nordeuropa nur in Südskandinavien und Südfinnland

Bergfink *Fringilla montifringilla*

Im Sommerhalbjahr bewohnen Bergfinken die lichten Nadel- und Laubwälder in der nordischen Taigazone; besonders häufig trifft man sie in Birkenbeständen mit vielen Lichtungen und im Fjällbirkenwald an. Mitunter übersommern Bergfinken auch in ihren mitteleuropäischen Winterquartieren, die ihrer nordischen Brutheimat ähneln; ausnahmsweise kommt es hier sogar zu Bruten und noch seltener zu Mischpaaren mit Buchfinken. Die Anzahl der in Mitteleuropa überwinternden Bergfinken variiert stark von Jahr zu Jahr in Abhängigkeit vom Bruterfolg und vom Angebot an Bucheckern in unseren Laubwäldern. In manchen Jahren treten die Bergfinken in riesigen Schwärmen, die über eine Million Vögel umfassen können, auf. Diese Vögel stammen vermutlich zumindest teilweise aus Sibirien; sie sind recht vertraut und werden nicht selten massenhaft überfahren, wenn sie auf Straßen, die durch Buchenwaldgebiete führen, Nahrung suchen. In anderen Wintern dagegen sind Bergfinken selten und erscheinen dann auch kaum an Fütterungen. Häufig finden sich Bergfinkentrupps an den Stellen ein, die auch für Nahrung suchende Buchfinken attraktiv sind.

NAHRUNG Im Sommer Insekten und deren Larven, zur Jungenaufzucht vor allem Raupen. Im Winter gern Bucheckern, aber auch Nüsse, verschiedene Samen und Beeren sowie Getreide.

VERHALTEN UND STIMME Im Frühling singen die Männchen auf Bäumen, häufig auf Birken oder Fichtenspitzen. Der Gesang erinnert etwas an Grünfink: ein recht eintöniges, anschwellendes „dsää", nicht unähnlich einer fernen Kreissäge („Taigasäge") – im März manchmal auch in Mitteleuropa zu hören. Ruft „dschä" oder quäkend „tä-äb", im Flug häufig nasal „jäck".

BRUT Das Nest, meist in 3–8 Meter Höhe in einer Birke oder einem Nadelbaum angelegt, ist aus Flechten, Gräsern, Spinnenweben und Haaren gebaut und mit Pflanzenwolle und Federn ausgekleidet. Die 5–7 Eier werden 13–14 Tage vom Weibchen bebrütet; die Jungen sind mit 2 Wochen flügge.

ZUG In Abhängigkeit vom Nahrungsangebot finden längere oder kürzere Wanderungen statt, die skandinavische Brutvögel, manchmal auch sibirische, nach Südskandinavien oder weiter südlich nach Mittel-, West- und Südeuropa unternehmen.

LÄNGE 14–16 cm

WANN Oktober bis April
WO Brütet in Skandinavien (außer Südschweden), Finnland, dem Baltikum, dem Norden von Weißrussland sowie in Nordrussland. Überwintert in weiten Teilen des mittleren, westlichen und südlichen Europas

Ein im Prachtkleid kräftig gefärbter, langflügeliger Fink; im Vergleich zum Buchfink schmalere Flügel und kürzerer Schwanz, sonst aber recht ähnlich. Im Winter oft zusammen mit Buchfinken, am besten durch weißen Bürzel und Rücken sowie orangefarbenes Flügelfeld zu unterscheiden, was aber bei Weibchen in gemischten Schwärmen manchmal schwierig zu sehen ist

Buchfink *Fringilla coelebs*

Ein häufiger Fink, der beim Auffliegen und im Flug viel Weiß auf den Flügeln zeigt; am Boden aber oft unauffällig. Fliegen in lockeren Schwärmen und viel weniger synchronisiert als kleinere Finkenarten; Nahrungssuche häufig am Boden unter Bäumen oder auf Feldern

In vielen Gegenden ihres großen Verbreitungsgebiets sind Buchfinken allbekannt und häufig. Ein Grund dafür ist ihre enorme Anpassungsfähigkeit – sie brüten in allen Lebensräumen, in denen es Bäume gibt: in fast allen Wäldern, in Feldgehölzen, Heckenlandschaften, in Dörfern und gebietsweise sogar mitten in der Großstadt zwischen hohen Häusern. In Parks und Friedhöfen sind sie nicht selten so vertraut, dass sie in direkter Nähe zu Menschen Nahrung suchen und mitunter sogar von der ausgestreckten Hand Futter annehmen. Auch in Gärten sieht man Buchfinken häufig, im Winter besuchen sie gern Bodenfütterungen, seltener Futterhäuser. Im Gegensatz dazu sind Wintertrupps, die auf Feldern Nahrung suchen, ausgesprochen scheu und fliegen bereits bei der geringsten Störung auf und suchen Schutz in Baumkronen.

NAHRUNG Im Sommer viele Insekten wie Käfer und Raupen. Im Winter gewinnen Samen von Gräsern und Kräutern, Getreide und Nüsse an Bedeutung; häufig suchen Buchfinken auf Wegen unter Buchen nach Bucheckern, dabei bewegen sie sich mit trippelnden Schritten und ruckartigen Kopfbewegungen – im Gegensatz zu Sperlingen, die am Boden hüpfen.

VERHALTEN UND STIMME Das balzende Männchen präsentiert seine leuchtend weißen Flügelabzeichen, lässt einen Flügel hängen und neigt sich so zum Weibchen. Der Gesang, auch als „Buchfinkenschlag" bekannt, ist ab März zu hören; es ist eine laut schmetternde, abfallende Strophe mit betontem Schluss: „zizizizjezja-zoritju-kik". Länge und Schluss der Strophe variieren individuell und regional; das „kik", das dem Buntspechtruf ähnelt, fehlt in vielen Gegenden. Ruft bei Gefahr häufig kurz und laut „pink", ähnlich Kohlmeise, zudem weich „füit" oder „wrütt" (Regenruf) und im Flug kurz „jüb".

BRUT Das dickwandige, gut getarnte Nest ist sehr kunstvoll und sauber zusammengefügt; es (besteht aus Moos und Flechten und ist mit den Gespinsten von Insekten verfestigt. Die 4–5 Eier werden 12–13 Tage bebrütet; die Jungen fliegen mit 2 Wochen aus.

ZUG Im Herbst ziehen große Scharen aus nordöstlichen Brutgebieten nach Mitteleuropa, um hier zu überwintern. Allerdings wandern die meisten Weibchen, auch die aus Mitteleuropa, ins westliche und südliche Europa, so dass man im winterlichen Mitteleuropa fast nur Männchen antrifft.

LÄNGE 14–16 cm

WANN Ganzjährig
WO Europa außer Island und dem hohen Norden Skandinaviens und Russlands. Zugvogel in Skandinavien, Finnland sowie Ost- und Nordosteuropa

Grünfink *Carduelis chloris*

Es gibt mehrere Finken, die ebenfalls grün und gelb gefärbt sind, aber keine dieser Arten ist so groß und gedrungen oder so wenig gemustert wie der Grünfink. Er ist ein Vogel der Dörfer, Parks und Gärten und kommt sogar mitten in Großstädten vor. Geeignete Lebensräume bietet auch die abwechslungsreiche Kulturlandschaft mit Hecken, Feldgehölzen und gebüschreichen Waldrändern; nur das Innere von geschlossenen Wäldern meidet er. Im Winter trifft man die Art häufig in Schwärmen auf Feldern und Brachflächen, aber auch an Gewässerufern, wo die Vögel nach angeschwemmten Samen suchen. Häufig schließen sich Grünfinken mit Sperlingen, Goldammern und Buchfinken zu gemischten Schwärmen zusammen.

NAHRUNG Vor allem größere, harte Samen wie Getreidekörner oder Hagebuttenkerne, die für kleinere Finken zu hart und zäh sind; daneben spielen auch Knospen und zeitweise Insekten eine Rolle. Nur selten fressen Grünfinken an niedrigen Kräutern, häufiger in Büschen und Bäumen oder auf dem Boden. Am Futterhaus nehmen sie gern Sonnenblumenkerne, Hanf sowie Getreide und getrocknete Beeren.

VERHALTEN UND STIMME Die Männchen singen auf einer Warte, häufig auch im hohen Balzflug mit fledermausartig verlangsamten Flügelschlägen hin und her taumelnd. Die Strophen klingen rollend und trillernd, enthalten gedehnte Quetschlaute und werden in unterschiedlichem Tempo vorgetragen; sie erinnern etwas an Kanarienvogelgesang. Ruft oft klingelnd „gügügü", nasal, ansteigend „dwääsch" oder bei Gefahr „diu".

BRUT Das recht große, locker aus Zweigen, Wurzeln, Halmen, Moos und Pflanzenwolle gebaute Nest ist meist in einer Hecke, in einem Busch oder Baum gebaut. Besonders zu Beginn der Brutzeit werden Nadelbäume bevorzugt, denn vor dem Laubaustrieb ist Deckung sonst noch selten; manchmal wählen die Finken auch ausgefallenere Neststandorte wie Spaliere oder sogar Balkonkästen. Die 4–6 Eier werden 11–15 Tage bebrütet; die Jungen fliegen mit 15–18 Tagen aus.

ZUG Populationen aus Nord- und Nordosteuropa ziehen im Herbst nach Südwesten, was sich in Mitteleuropa in Form von großen Grünfinkenschwärmen bemerkbar macht. Viele mitteleuropäische Brutvögel ziehen ebenfalls in Richtung Südwesten fort, die meisten vagabundieren aber in Schwärmen im Brutgebiet umher.

LÄNGE 15 cm

WANN Ganzjährig
WO Brütet in Europa außer Island sowie weiten Teilen Nordskandinaviens, Nordfinnlands und Nordrusslands

Ein gedrungener, sehr geselliger Fink mit auffälligen, länglichen, gelben Abzeichen auf Flügeln (längs, nicht quer) und Schwanz; Schnabel groß, hell orangerosa. Trupps fliegen bei Störung in dichten, synchronisierten Verbänden auf

Erlenzeisig *Carduelis spinus*

Ein kleiner, kontrastreich gemusterter Fink der Nadelwälder und der Mischwälder mit Fichten; besucht Gärten meist erst nach der Jahreswende; außerhalb der Brutzeit in dichten, koordinierten Trupps

Im Winter sieht man Erlenzeisige häufig in eng zusammenhaltenden Trupps zwischen Erlen fliegen; mitunter bilden sie gemischte Verbände mit Birkenzeisigen oder Stieglitzen. Besonders von Februar bis April kommen sie auch in Gärten und an Futterhäuser, wo sie es auf kleine Samen und Nüsse abgesehen haben. Wie Blaumeisen klettern sie kopfüber. Ihre geringe Größe stellt neben dem auffälligen Gefiedermuster und den typischen Rufen ein gutes Bestimmungsmerkmal dar. Sie bewohnen Fichten- und Mischwälder, vor allem im Gebirge bis zur Baumgrenze; auch in vielen größeren Tieflandforsten sind sie Brutvögel.

NAHRUNG Hauptsächlich Samen von Bäumen, im Winter vor allem von Erle und Birke, im Sommer von Fichte, Kiefer und Lärche, aber auch von verschiedenen Kräutern wie Löwenzahn und Ampfer. Im Sommer verzehren sie auch Insekten. Im Vergleich zu Birkenzeisigen halten sich Erlenzeisige zur Nahrungssuche weniger häufig am Boden auf, im Spätsommer picken sie jedoch gern die herausgefallenen Samen unter Erlen an Gewässerufern.

VERHALTEN UND STIMME In den Wintertrupps finden sich die Paarpartner, die nach der Heimkehr in die Brutgebiete gemeinsam ihr Revier etablieren. Da die Männchen bereits in den Wintertrupps nah beieinander singen, scheint der Gesang eher der Partnersuche als der Revierverteidigung zu dienen. Die Gesangsstrophen, häufig auch in fledermausartigem Singflug vorgetragen, sind lebhaft und eilig zwitschernd und enthalten Flugrufe und gute Imitationen anderer Vögel; den Schluss bildet ein gedehnter Quetschlaut. Der Flugruf, stets mit Betonung auf der ersten Silbe, klingt etwas wehmütig: „düli" oder „diäh". Im Baum Nahrung suchende Erlenzeisige rufen häufig „tet" oder „tetetet".

BRUT Das kleine, sauber zusammengefügte Nest ist meist hoch in Nadelbäumen angelegt; es besteht aus feinen Zweigen, Gras, Spinnenweben und Moos, innen ist es mit Pflanzenwolle und Haaren gepolstert. 3–5 Eier, Brutdauer 12–13 Tage; die Jungen verlassen das Nest mit 13–15 Tagen.

ZUG Im größten Teil Skandinaviens, Finnlands und Nordosteuropas sind Erlenzeisige Zugvögel, die in jährlich stark schwankender Zahl auch in Mitteleuropa überwintern. Die Wintergäste streifen wie die heimischen Jahresvögel häufig an Flüssen und Seen umher, wo sie Erlen und Birken besuchen.

LÄNGE 12 cm

WANN Ganzjährig
WO Brütet in Europa außer dem größten Teil der Britischen Inseln, Frankreichs und der Iberischen Halbinsel; fehlt auch im Mittelmeerraum fast völlig. In Mitteleuropa vor allem in Bergwäldern

Girlitz *Serinus serinus*

Girlitze sind eine artenreiche Finkengruppe, die vor allem in Asien und Afrika einschließlich der Kanarischen Inseln beheimatet ist. Die auf dieser Seite vorgestellten Girlitze sind die einzigen, die in Europa vorkommen. Der Girlitz bewohnt halboffene Kulturlandschaft, aber auch Siedlungen, Parks und Gärten.

NAHRUNG Hauptsächlich kleine Samen von krautigen Pflanzen wie Korbblütlern und Gänsefuß; nur wenig Insekten.

VERHALTEN UND STIMME Die Männchen singen auf hohen Warten und im fledermausartigen Singflug. Der Gesang ist hoch zwitschernd und klirrend. Ruft trillernd und klingelnd „girr" oder „girrlit".

BRUT Das zierliche Nest besteht aus Flechten, Moos und Wurzeln und ist meist mit Haaren und Pflanzenwolle gepolstert. 3–5 Eier, die 12–13 Tage bebrütet werden.

ZUG Fast alle Brutvögel Mitteleuropas wandern im Herbst nach Südwesten.

LÄNGE 11,5 cm

WANN März bis Oktober
WO Südliches Europa sowie Mitteleuropa; hier ist die Art erst Mitte des 19. Jahrhunderts eingewandert und hat sich bis zur Küste ausgebreitet

Ein sehr kleiner, schnell fliegender Fink mit kurzem Kegelschnabel; ♂ mit kräftiger Gelbfärbung von Stirn und Bürzel und anhaltend klirrendem Gesang. Ruft oft klingelnd und trillernd

Zitronengirlitz *Serinus citrinella*

Der Zitronengirlitz gehört zu den wenigen Vogelarten, die nur in Gebirgsgegenden leben. Er bewohnt ältere, nicht zu dicht stehende Nadelbaumbestände, die mit kurzgrasigen Wiesen abwechseln – von rund 800 Meter Höhe bis zur Baumgrenze.

NAHRUNG Vor allem Samen von Gräsern und krautigen Pflanzen, auch von Nadelbäumen, besonders Fichte; Nahrungssuche meist am Boden.

VERHALTEN UND STIMME Im Frühjahr singen die Männchen in ihren kleinen Territorien recht nah beieinander. Die Gesangsstrophen beginnen mit einigen hellen Tönen, auf die ein sprudelndes Zwitschern folgt, ähnlich Erlenzeisig, Bluthänfling und Stieglitz. Ruft nasal, metallisch „dit-dit-dit …".

BRUT Das hübsche Nest aus Gras, Wurzeln und Flechten, innen mit Pflanzenwolle und Federn gepolstert, ist meist hoch in einem Nadelbaum angelegt. 4–5 Eier, die 13–14 Tage bebrütet werden.

ZUG In Mitteleuropa Jahresvogel und Kurzstreckenzieher mit Winterquartier vor allem in Südfrankreich.

LÄNGE 12 cm

WANN Ganzjährig
WO Brütet in den Alpen sowie in den Gebirgen Südostfrankreichs und der Iberischen Halbinsel; Korsika, Sardinien

Ein kleiner Fink, der an den Rändern von Gebirgswäldern lebt; Gefieder kennzeichnend grün, grau und gelb gemustert

Stieglitz *Carduelis carduelis*

Ein kleiner, sehr ansprechend gefärbter und kräftig gemusterter Fink in Dörfern und Parks; sehr gesellig, lebt aber zur Brutzeit zurückgezogen im Laubwerk

Wie sein zweiter deutscher Name „Distelfink“ verrät, ist der Stieglitz in seiner Ernährung auf hohe Stauden angewiesen, auf Gebiete also, die oft abschätzig als Ödland bezeichnet werden. In der ausgeräumten Kulturlandschaft findet er kaum Nahrung.

NAHRUNG Hauptsächlich Samen von Löwenzahn, Kratzdisteln und anderen Korbblütlern, aber auch von Erlen, deren Samen er mit seinem spitzen Schnabel aus den Fruchtständen holt; im Frühjahr viele Insekten.

VERHALTEN UND STIMME Im Frühjahr sondern sich die Paare von den Wintertrupps ab und etablieren jeweils ein kleines Brutrevier. Der melodische Gesang ist munter zwitschernd und trillernd, er wird mit einigen der typischen „stigelitt“-Rufe eingeleitet. Ruft bei Gefahr „wäähi“.

BRUT Das kleine, dickwandige Nest ist meist in einem Laubbaum oder hohen Busch angelegt. 4–6 Eier, die 11–14 Tage bebrütet werden.

ZUG Die meisten mitteleuropäischen Stieglitze ziehen nach Südwesteuropa.

LÄNGE 12 cm

WANN Ganzjährig
WO Europa außer Island und Teilen Nordeuropas

Gimpel *Pyrrhula pyrrhula*

Ein großer, dicklicher, etwas behäbig wirkender, aber behände kletternder Fink mit auffälligem, weißem Bürzelfeld, das oft noch zu sehen ist, bevor der Vogel in den dichten Bewuchs fliegt und sich den Blicken entzieht

Man sollte annehmen, dass ein so prächtig gefärbter Vogel wie der Gimpel leicht zu beobachten ist. Er lebt aber recht versteckt und macht höchstens durch seine weich flötenden Rufe auf sich aufmerksam. Zur Nahrungssuche halten sich Gimpel oft paarweise im Gebüsch von Waldrändern oder Hecken, nicht selten auch neben Waldwegen auf; bei Annäherung ziehen sie sich unauffällig zurück.

NAHRUNG Hauptsächlich Knospen von Laubbäumen und Sträuchern sowie Samen von Bäumen und Kräutern; im Herbst viele Beeren; die Jungen erhalten Insektennahrung.

STIMME Der unauffällige Gesang besteht vor allem aus Pfeiftönen, zwitschernden und gepressten Lauten sowie eingestreuten Rufen. Männchen und Weibchen singen. Rufen sanft „djü“ oder „düp-düp“.

BRUT Das Reisignest steht meist in einem dichten Busch oder Nadelbaum. 4–5 Eier, Brutdauer 12–14 Tage.

ZUG Jahresvogel. Im Winter treten in Mitteleuropa auch skandinavische Gimpel auf.

LÄNGE 15,5–17,5 cm

WANN Ganzjährig
WO Brütet in Europa außer Island sowie Teilen der Iberischen Halbinsel, Südosteuropas und Skandinaviens

Taigabirkenzeisig *Carduelis flammea*

Die große Neigung zu individueller Variation macht die Bestimmung und Klassifizierung der Birkenzeisige sehr schwierig. Wir wollen dem Taiga- und Alpenbirkenzeisig Artstatus geben und die verwandten Arten aus dem hohen Norden aufgrund von unterschiedlichen Merkmalen in Gestalt und Färbung ebenfalls in zwei Arten aufsplitten. Auch einer 5. Form, Brutvogel Grönlands, möchten wir Artstatus verleihen. Doch damit nicht genug, die isländischen Birkenzeisige bedürfen weiterer Untersuchungen.

NAHRUNG Hauptsächlich kleine Samen wie Birken-, Erlen-, Weiden- und Grassamen.

STIMME Rufe ähnlich Alpenbirkenzeisig, scheppernd „tsche-tsche-tsche …", die auch als Einleitung für den rau zwitschernden Gesang dienen.

BRUT 4–5 Eier, Brutdauer 10–12 Tage.

ZUG Die meisten Brutvögel Skandinaviens ziehen im Herbst nach Südosten, in manchen Jahren erscheinen sie in größeren Trupps in Mitteleuropa.

LÄNGE 13–15 cm

WANN Oktober bis März
WO Brütet im Norden von Norwegen und Schweden sowie in Finnland und Nordrussland; Arealgrenzen nicht fest

„Polarbirkenzeisige" *Carduelis hornemanni*

Die Birkenzeisige der arktischen Regionen werden hier als 3 Arten aufgefasst, von denen bisher keine einen deutschen Namen erhalten hat: eine dunkle, grönländische Gruppe, *C. rostrata*, eine nordkanadische Gruppe, *C. hornemanni*, und eine nordsibirische Gruppe, *C. exilipes* (brütet auch in Nordeuropa); alle 3 sind in Europa nachgewiesen.

NAHRUNG Wie Taigabirkenzeisig.

STIMME Die Rufe erinnern stark an die von Taiga- und Alpenbirkenzeisig, der typische scheppernde Ruf klingt weicher, die einzelnen Laute folgen etwas langsamer aufeinander.

BRUT Alle 3 Arten nisten niedrig in kleinen Bäumen oder Büschen. 4–5 Eier, die 11–12 Tage bebrütet werden.

ZUG Teile der Brutpopulationen unternehmen nur kurze Wanderungen; in manchen Jahren ziehen größere Scharen südwärts und erreichen Südskandinavien und sogar die Britischen Inseln. Grönländische Vögel, deren Brutvögel nicht ziehen, überwintern in Island.

LÄNGE 13–15 cm

WANN Ausnahmsweise in Mitteleuropa
WO Brütet im äußersten Norden von Norwegen, Finnland und Nordrussland (*exilipes*); Grönland (*rostrata*); kanadische Arktis (*hornemanni*)

Alpenbirkenzeisig *Carduelis cabaret*

Ein sehr kleiner, beweglicher und lebhafter Fink, Gefieder überwiegend bräunlich und kräftig gestreift, schwarzes Kinn. Fliegt in dichten koordinierten Trupps, oft zusammen mit Erlenzeisigen

Diese in Mitteleuropa und auf den Britischen Inseln brütende Form kommt vor allem in aufgelockerten Nadelwäldern der Alpen und Mittelgebirge vor, aber auch in Mooren, die mit Nadelgehölzen bestanden sind. In den letzten Jahrzehnten ist die Art gebietsweise in Siedlungen und Vorstädte eingewandert, wo sie zum Gartenvogel wurde.

NAHRUNG Vor allem kleine Samen, besonders der Birke, aber auch von Gräsern und Kräutern. Auch Insekten.

STIMME Die Strophen des Männchens, von einer Warte oder im wellenförmigen Singflug vorgetragen, klingen rau zwitschernd und schwirrend, enthalten melodische Pfeiftöne und enden meist mit den typischen Flugrufen, „tsche-tsche-tsche …".

BRUT Nest aus Zweigen, Stängeln, Gras und Pflanzenwolle, meist in einer Fichte oder Lärche, im Siedlungsraum oft auch in einer Hängebirke angelegt.

ZUG Viele der mitteleuropäischen Alpenbirkenzeisige überwintern südlich der Brutgebiete bis Norditalien und Südfrankreich.

LÄNGE 13,5 cm

WANN Ganzjährig
WO Alpenraum und einige Mittelgebirge, westliches Mitteleuropa; Dänemark, Südskandinavien

Karmingimpel *Carpodacus erythrinus*

Ein kräftig gebauter Fink mit dickem Kegelschnabel und auffälligen, dunklen Augen; in den meisten Kleidern bis auf 2 Flügelbinden sehr unscheinbar

Dieser westliche Vertreter einer überwiegend asiatischen Finkengattung ist im männlichen Prachtkleid ansprechend rot gefärbt. In den übrigen Kleidern ist der Karmingimpel jedoch sehr unscheinbar und merkmalsarm. Erst seit dem 19. Jahrhundert ist die Art im Zuge einer allgemeinen Westausbreitung mitteleuropäischer Brutvogel.

NAHRUNG Hauptsächlich grüne Teile verschiedener Pflanzen, besonders Knospen von Laubbäumen und Büschen, daneben Samen und Insekten.

STIMME Der Gesang des Männchens ist leicht nachzupfeifen: „si-didju-diju", erinnert etwas an Pirol. Ruft „zit" oder „djüit".

BRUT Das Nest steht meist niedrig in einem dichten Busch oder jungen Nadelbaum. 4–6 Eier, die 11–12 Tage bebrütet werden.

ZUG Karmingimpel sind ausgesprochene Langstreckenzieher, sie überwintern von Iran, Indien und Pakistan bis Südostchina.

LÄNGE 15 cm

WANN Mai bis September
WO Brütet vorwiegend in Ost- und Nordeuropa sowie in vielen Teilen Mitteleuropas; in Deutschland vor allem im Nordosten, aber auch im Alpenvorland; brütet auch in Österreich und der Schweiz

Bluthänfling *Carduelis cannabina*

Der Bluthänfling ist einer von mehreren, relativ merkmalsarmen, kleinen, braunen Finken, fällt aber im männlichen Prachtkleid durch ansprechend purpurrote Partien auf. Geeignete Lebensräume dieser Art sind offene, trockene Landschaft mit Gehölzen und Hecken, Trockenhänge mit Wacholder, Weingärten und Heidelandschaften sowie Küstenbereiche; man trifft den Bluthänfling aber auch in offenen Parks, Friedhöfen und Gärten; niedrige Gehölze in Hochmooren und über der Baumgrenze besiedelt der Bluthänfling ebenfalls. Im Sommer treten die Vögel meist paarweise auf, im Winter ziehen sie gewöhnlich in Trupps umher, die in offenem, wildkräuterreichem Gelände Nahrung suchen.

NAHRUNG Hauptsächlich Samen von Kräutern und Stauden, im Vergleich zu anderen Finken deutlich weniger Insekten; meidet Gegenden mit industrieller Landwirtschaft und Fehlen von kräuterreichem „Ödland". Bei der Nahrungssuche weniger agil als Birkenzeisig oder Berghänfling, die sich an Pflanzen hängen; Bluthänflinge picken Samen vor allem vom Boden und von Kräutern, die sie stehend erreichen können.

VERHALTEN UND STIMME Die Männchen singen häufig auf Buschspitzen, im Spätwinter auch im Trupp; ihre kleinen Territorien behaupten sie singend: Die lebhaft zwitschernden und trillernden Strophen enthalten auch nasal geckernde Lautfolgen und einige Pfeiftöne. Ruft im Flug nasal und schnell stotternd „tett-ett-ett …", klingt metallisch trocken und heller als die hart scheppernden Birkenzeisigrufe; daneben, wie andere Finken, ein klagendes „tsüüiet".

BRUT Bluthänflinge sind gesellig, auch im Sommer, wenn nicht selten mehrere Paare einer lockeren Brutkolonie gemeinsam an kräuterreichen Stellen Nahrung suchen. Die Napfnester sind aus Wurzeln, Moos und Halmen gebaut und innen mit Haaren und Wolle gepolstert. 4–6 Eier, die 12–14 Tage bebrütet werden.

ZUG Im Winterhalbjahr treten Bluthänflinge oft in großen Schwärmen auf, die auf der Suche nach Samen im offenen Binnenland und an der Küste umherziehen. Die mitteleuropäischen Brutvögel ziehen meist in die westlichen Mittelmeerländer, die heimischen Jahresvögel bekommen Verstärkung in Form von Wintergästen aus nordöstlichen Brutgebieten.

LÄNGE 13,5 cm

WANN Ganzjährig
WO Brütet in Europa außer Island sowie dem Norden von Skandinavien, Finnland und Nordrussland. In Mitteleuropa weit verbreitet, fehlt aber in waldreichen Mittelgebirgen (und anderen großen Waldgebieten)

Ein schlanker, geselliger Fink mit leichtem, etwas tänzelndem Flug; sucht vor allem in offenem Gelände am Boden zwischen Kräutern Nahrung. Färbung warm braun, Flügel und Schwanz dunkel, im Flug diffuses weißes Feld auf den Handschwingen

Berghänfling *Carduelis flavirostris*

Erinnert in seiner warm beigebraunen Färbung und der hellen Flügelbinde oft an den Birkenzeisig, trotz enger Verwandtschaft zum Bluthänfling

Berghänflinge brüten in nordischen Regionen, vor allem in kargen Gebirgsgegenden, oft in Küstennähe, wo sie alpine Heiden besiedeln. Auf den Britischen Inseln sind sie häufig in der Nähe von Kulturland.

NAHRUNG Vor allem Samen von Kräutern, besonders Gänsefuß, von Korbblütlern und Queller; nur wenig Insekten.

VERHALTEN UND STIMME Gesang von niedrigen Warten und im Singflug. Die angenehm klingenden Strophen enthaltend zwitschernde, pfeifende und rollende Tonfolgen sowie eingestreute Rufe, die an Birkenzeisig erinnern; ruft auch nasal „twäit".

BRUT Das Nest aus Halmen und kleinen Zweigen, innen dick mit Haaren und Federn gepolstert, ist am Boden, oft unter Heidekraut angelegt.

ZUG Skandinavische Brutvögel ziehen im Herbst nach Südskandinavien, an die Nord- und Ostseeküste sowie ins Binnenland des nordöstlichen Mitteleuropas.

LÄNGE 14 cm

WANN Oktober bis April
WO Brütet in Europa in Norwegen, im Norden von Großbritannien und Irland sowie in der Kaukasusregion. In Mitteleuropa Durchzügler und Wintergast

Hakengimpel *Pinicola enucleator*

Ein stattlicher, drosselgroßer Fink des hohen Nordens; im Sommer zurückgezogen und scheu, im Winter oft bemerkenswert vertraut. Trupps suchen im Winter nicht selten in Dörfern und Städten auf Bäumen und Sträuchern Nahrung, erscheinen aber kaum außerhalb Nordeuropas. Größe, kurzer, kräftiger Schnabel und schwarze Flügel mit weißen Federrändern kennzeichnend

Dieser große, bemerkenswerte Fink lebt in den Taigawäldern des Nordens bis zum Rand der Tundra. Im Winter kommen Trupps auch in die Städte Skandinaviens und Finnlands an Beeren tragendes Gehölz.

NAHRUNG Im Sommer hauptsächlich Beeren wie Wacholder- und Heidelbeere, daneben Insekten; im Winter vielfach Knospen und Triebe von Nadelbäumen, aber auch viele Beeren, besonders Vogelbeere. Bewegen sich bei der Nahrungssuche mitunter sehr geschickt an dünnen Zweigen.

VERHALTEN UND STIMME Männchen und Weibchen singen; die kurzen Strophen klingen jodelnd. Sie zeigen Anklänge an die Gesänge von Rotdrossel, aber auch von Bruchwasserläufer.

BRUT Das Weibchen baut das recht große Nest meist niedrig in einem kleinen Nadelbaum. 3–4 Eier, die 14 Tage bebrütet werden.

ZUG Überwiegend Jahresvogel, in Jahren mit wenig Nahrung wandern die Vögel in Scharen nach Südskandinavien, nur sehr selten nach Mitteleuropa.

LÄNGE 20–21 cm

WANN Kaum in Mitteleuropa
WO Brütet in Taiga- und Waldtundragebieten im Norden von Skandinavien, Finnland und Nordrussland; im Winter auch weiter südlich

Kiefernkreuzschnabel *Loxia pytyopsittacus*

Die Kreuzschnäbel kommen in mehreren Formen mit unterschiedlicher Schnabelgröße, Gefiederfärbung und Stimme vor, die als Anpassung an die lokalen Bedingungen entstanden sind. In Europa ist der Kiefernkreuzschnabel die größte Form und die mit dem imposantesten Schnabel. Er bewohnt Kiefernwald oder Kiefernmischwald in der Taiga.

NAHRUNG Hauptsächlich Samen der Waldkiefer, seltener der Fichte. Herabfallende Zapfenschuppen und ganze Zapfen geben Hinweise auf die stumm in den Wipfeln Nahrung suchenden Kreuzschnäbel.

VERHALTEN UND STIMME Die Rufe sind meist tiefer und lauter als die des Fichtenkreuzschnabels, aber nicht immer unterscheidbar: „köpp köpp …".

BRUT Das Nest wird bereits im Winter hoch in einem Nadelbaum in Waldrandnähe angelegt. 3–4 Eier, Brutdauer 14–16 Tage.

ZUG Überwiegend Jahresvogel; in manchen Jahren aber Massenwanderungen, selten bis Mitteleuropa.

LÄNGE 16–18 cm

WANN Kaum in Mitteleuropa
WO Brütet in Skandinavien, Finnland, Lettland, Estland und Nordrussland

Bindenkreuzschnabel *Loxia leucoptera*

Der Bindenkreuzschnabel, ein kleiner, kennzeichnend gemusterter, recht auffälliger Kreuzschnabel, ist ein Vogel der Lärchentaiga Sibiriens, der in Finnland in Wäldern mit hohem Fichtenanteil brütet.

NAHRUNG Hauptsächlich Lärchen- und Kiefernzapfen, daneben auch Samen von Birke, Erle und anderen Laubbäumen; im Sommer auch Insekten, die auf Nadelzweigen leben.

VERHALTEN UND STIMME Die Männchen singen innerhalb eines kleinen Reviers. Der Gesang enthält trillernde, ratternde und pfeifende Laute, erinnert etwas an Birkenzeisig oder Kanarienvogel. Ruft härter als Fichtenkreuzschnabel, trocken „gebb gebb", oft auch quäkend „jääääp".

BRUT Nest aus Zweigen und Stängeln, meist in einer Fichte angelegt. 3–5 Eier, die 14–15 Tage bebrütet werden; die Jungen fliegen mit 22 Tagen aus.

ZUG Bindenkreuzschnäbel streifen in ihrer nordischen Brutheimat weit umher, in manchen Jahren ziehen viele nordeuropäische Brutvögel südwärts bis Mittelskandinavien, nur ganz selten bis Mitteleuropa.

LÄNGE 14,5–16 cm

WANN Kaum in Mitteleuropa
WO Brütet unregelmäßig in Nordfinnland und Nordschweden sowie in Nordrussland

Fichtenkreuzschnabel *Loxia curvirostra*

Alle Kreuzschnäbel sind einander recht ähnlich und oft schwer zu unterscheiden: Die Männchen sind stets rot und haben dunkle Flügel, die Weibchen graugrün; alle haben sie bemerkenswerte Schnäbel mit überkreuzten Spitzen. Sie sind bei der Nahrungssuche hoch in Nadelbäumen stumm, fliegen aber laut rufend ab; sie kommen regelmäßig zum Boden, um zu trinken. Kreuzschnäbel neigen zu Massenwanderungen und können zeitweise außerhalb des normalen Artareals brüten

Fichtenkreuzschnäbel suchen in Fichtenwipfeln Nahrung und sind dabei stumm und unauffällig, wie andere Kreuzschnäbel auch; bevor sie plötzlich auffliegen, rufen sie laut.
NAHRUNG Mit ihren überkreuzten Schnabelspitzen klauben sie geschickt die Samen aus den Zapfen von Fichten, aber auch von anderen Nadelbäumen; dabei klettern sie wie Papageien an den Zweigen und Zapfen.
STIMME Die Männchen singen von hoher, exponierter Warte aus oder in kurzem Singflug; die melodisch zwitschernden, trillernden Strophen sind durch die typischen Flugrufe, laute „gip"- oder „jip"-Folgen, aufgelockert.
BRUT Die Brutzeit fällt meist auf die ersten 3 Monate im Jahr, je nach Angebot an reifen Zapfen. Das Nest ist hoch auf einem Nadelbaum angelegt.
ZUG Außerhalb der Brutzeit streifen Fichtenkreuzschnäbel oft weit umher und erscheinen dann auch auf Nadelbäumen in Parks und Gärten, häufig im Spätsommer.
LÄNGE 15–17 cm

WANN Ganzjährig
WO Brütet in Nadelwaldgebieten fast ganz Europas, jedoch mit großen Verbreitungslücken. In Mittel und Nordeuropa vorwiegend in Fichtenwald

Der Fichtenkreuzschnabel ist in Europa weit verbreitet und lebt in Fichtenwald, aber auch in Lärchen und Kiefernwald; dagegen ist der Kiefernkreuzschnabel ein Brutvogel der nordischen Kiefernwälder. Der **Schottische Kreuzschnabel** *(Loxia scotica)* ist in mancher Hinsicht intermediär zwischen beiden Arten; er hat weitaus die kleinste Verbreitung, denn er kommt nur in Kiefernwäldern im Norden Schottlands vor. Er wird auch als Unterart des Fichtenkreuzschnabels angesehen. Die Bestimmung ist schwierig, denn Schnabelgröße und Rufe sind für die Bestimmung nur von geringem Nutzen. Tritt kaum in großen Trupps auf.
NAHRUNG Kiefernzapfen.
VERHALTEN UND STIMME Die Männchen singen auf hohen Warten des Nistterritoriums, an kalten Wintertagen hört man oft Gesänge mehrerer Männchen aus einem Trupp. Die typischen Rufe klingen lauter und voller als beim Fichtenkreuzschnabel, jedoch können die Rufe von Fichten- und Kiefernkreuzschnabel stark variieren.
BRUT Das Nest ist typischerweise hoch in einer Kiefer angelegt. Die 3–4 Eier werden 12–14 Tage bebrütet.
ZUG Jahresvogel, bei Nahrungsknappheit kurze Wanderungen.
LÄNGE 15–17 cm

WANN Nicht in Mitteleuropa
WO Nur in Nordschottland

Grauammer *Miliaria calandra*

Nachdem die Grauammer dem Menschen vor Jahrhunderten aus den Steppengebieten in die gerodeten Flächen nach Mitteleuropa gefolgt ist, scheint sie sich heute von dort wieder zurückzuziehen. Ihre Bestände sind in den letzten Jahrzehnten durch die Intensivierung der Landwirtschaft stark geschrumpft, denn ihre Nahrungsgrundlage – Insekten im Sommer, Wildkräutersamen im Winter – ist kaum noch vorhanden. Diese einst weit verbreitete und häufige Art kommt in großen Teilen Mitteleuropas nur noch spärlich vor und ist vielerorts bereits völlig verschwunden. In Südeuropa hingegen, wo die industrielle Landwirtschaft noch nicht Fuß gefasst hat, ist die Grauammer weiterhin ein häufiger Vogel, den man oft auf Telefonleitungen an den Landstraßen sehen kann. Während die auffälligere Haubenlerche vom Straßenrand auffliegt oder über offenen Boden rennt, hüpft die etwas behäbige Grauammer langsam auf dem Boden und ist bei der Nahrungssuche meist unauffälliger. Im Winter sieht man die Vögel gelegentlich in der Abenddämmerung im Trupp zum gemeinschaftlichen Schlafplatz fliegen – manchmal sogar Hunderte von Grauammern.

NAHRUNG Im Sommer vor allem Insekten, aber auch Spinnen und andere Gliedertiere; im Winter überwiegend Samen von Wildkräutern, Stauden und Gräsern. Nicht selten suchen Grauammern auf Stoppelfeldern nach Getreidekörnern. Nur bei sehr ungünstiger Witterung halten sie sich wie Goldammern in der Nähe von Gebäuden auf.

VERHALTEN UND STIMME Die Männchen verpaaren sich oft mit mehreren Weibchen; diese erreichen die Brutgebiete erst etwas später als die Männchen, gleich nach der Paarung trennen sich die Wege der Partner wieder. Die Männchen singen meist auf exponierten Warten, manchmal auch auf einem Stein oder kleinen Erdhaufen. Strophen sind kurz und eintönig; sie beginnen mit ein paar tickenden Lauten, die immer schneller werden und in einem knirschenden Klirren enden. Ruft scharf „plit" oder „pit", manchmal auch schnell gereiht.

BRUT Das Weibchen baut ein lockeres, gut verstecktes Nest meist am Boden in dichtem Bewuchs oder etwas höher. 4–6 Eier; Brutdauer 12–14 Tage.

ZUG Grauammern sind in Mitteleuropa Teilzieher mit Winterquartieren vor allem in Südfrankreich und Nordspanien; im nördlichen Mitteleuropa ist die Tendenz zum Ziehen geringer als in der südlichen Hälfte.

LÄNGE 18 cm

WANN Ganzjährig
WO Brütet in Europa außer Island sowie Nord- und Nordosteuropa; manche Brutvögel ziehen bis Nordafrika

Eine große, schwer gebaute Ammer mit kräftigem Schnabel sowie ohne Weiß im Schwanz; erinnert etwas an Feldlerche, nutzt aber häufig Leitungsdrähte, Buschspitzen und Erdhügel als Warten, läuft nicht längere Strecken über offenen Boden

Ortolan *Emberiza hortulana*

Eine schlanke Ammer mit markantem Gesichtsausdruck und beigerosafarbenem Schnabel, einem gelblichen Streif unterhalb der Wangen und einem schmalen, hellen Augenring; typischerweise an trockenen, steinigen Hängen und in ursprünglicher Kulturlandschaft

Der Ortolan ist eine schlanke, langschwänzige Ammer mit recht kleinem, rundem, überwiegend grüngrauem Kopf und auffälligem hellem Augenring. Geeignete Lebensräume des Ortolans sind schütter bewachsene Weideflächen mit einzelnen Büschen und Bäumen, in Mitteleuropa aber vor allem abwechslungsreiche, kleinräumige Kulturlandschaft mit Feldgehölzen, Baumreihen, sonnigen Waldrändern und Streuobstflächen; häufig zeigen die Ammern eine Vorliebe für Rübenäcker. In Südeuropa ist die Art besonders an Berghängen mit wenigen hohen Bäumen und vielen niedrigen Büschen und aromatischen Kräutern zu finden. In Ostskandinavien brütet der Ortolan in Gebieten mit ursprünglicher Landwirtschaft, an Dorf- und Straßenrändern, aber auch auf frischen, trockenen Kahlschlägen mit einzelnen Kiefern. Intensivierung der Landwirtschaft in weiten Teilen Europas haben dem Ortolan die Lebensgrundlage entzogen und zu großräumigen Bestandseinbußen geführt, besonders in Mittel- und Westeuropa sind nur noch Reste der ursprünglichen Vorkommen erhalten geblieben. In Europa leben noch einige weitere kleine, ansprechend gefärbte Ammern, besonders der Grauortolan, mit dem der Ortolan leicht zu verwechseln ist.
NAHRUNG Vor allem Insekten, besonders Heuschrecken, Raupen und Schmetterlinge; Ortolane fangen mitunter auch Insekten im Flug. Im Winter dominieren Samen. Nahrungsaufnahme meist am Boden, Raupen werden auch von Zweigen abgelesen.
VERHALTEN UND STIMME Die brutorttreuen Männchen kehren als Erste aus den Winterquartieren zurück und beginnen sofort zu singen. Sie benutzen immer wieder dieselben Singwarten, häufig auf Büschen; sie sind dort nicht leicht zu entdecken, denn meist liegt ihre Warte unterhalb der Spitze. Der etwas melancholisch klingende Gesang ähnelt dem der Goldammer, ist aber kürzer und mehr klingelnd: „tsrie-tsrie-tsrie-tsrie-tsü-tsü-tsü“. Die Rufe klingen metallisch: „tsli-ü“ oder „psie“.
BRUT Das Weibchen baut ein lockeres Bodennest aus Gras, Halmen, Wurzeln und vielen Haaren, häufig zwischen krautigen Pflanzen, in niedrigem Getreide oder zwischen Hackfrüchten. 4–5 Eier; Brutdauer 11–12 Tage. Die Jungen fliegen mit 12–13 Tagen aus.
ZUG Alle europäischen Ortolane sind Zugvögel, die den Winter in Afrika südlich der Sahara verbringen.
LÄNGE 15–16,5 cm

WANN April bis September
WO Brütet in Europa, außer Island, Teilen Skandinaviens sowie West- und Südeuropas; fehlt auch auf den Britischen Inseln und in Nordrussland. In Mitteleuropa nur noch im Nordosten etwas häufiger

Goldammer *Emberiza citrinella*

In der heißen Nachmittagssonne eines Sommertags hört man nur wenige Vogelstimmen. Doch die Goldammer singt den ganzen Tag unermüdlich ihre eintönigen Strophen. Eine typische Ammer mit langem, schlankem Körper, weißen Schwanzkanten und flachem Oberkopf sowie schlankem Ober- und dickerem Unterschnabel, wodurch sie von allen Finken und Sperlingen unterschieden ist. Goldammern sind Vögel der abwechslungsreichen Kulturlandschaft mit Hecken und Waldrändern, aber auch von Heideflächen mit Büschen und von Buschland an der Küste. Vielerorts sind die Bestände zurückgegangen – durch das Verschwinden von Hecken und vor allem der Stoppelfelder und offenen Scheunen, die früher viele körnerfressenden Vögel durch den Winter gebracht haben.

NAHRUNG Im Winterhalbjahr vor allem Samen und Getreide, wobei Hafer besonders beliebt ist. Goldammern suchen meist am Boden Nahrung, oft in verstreuten Trupps und zusammen mit Buchfinken sowie Haus- und Feldsperlingen. Werden sie gestört, fliegen die Ammern zur nächsten Hecke oder in einen höheren Baum; dabei fällt ihre ruckartige Flugweise auf. Im Sommer spielen Insekten eine große Rolle, sie werden am Boden und im Gezweig erbeutet.

VERHALTEN UND STIMME Das Männchen singt gewöhnlich auf einer exponierten Warte, oft auf einer Buschspitze, einem Zaunpfosten oder Leitungsdraht in mehr oder weniger offenem Gelände. Der Gesang zeigt individuelle und regionale Variation, ist aber stets typisch: Eine kurze Folge scharfer, metallischer Töne, mehrfach wiederholt und mit höherem oder niedrigerem vorletzten (oder letzten) Ton: „sri-sri-sri-sri-sri-ziie-zü". Ruft häufig scharf „tzit", „tzrik" oder kurz und metallisch „tjüff".

BRUT Das umfangreiche Nest besteht aus Gras und Stängeln, die Nestmulde aus feinem Gras und Haaren; Neststandort ist meist eine bodennahe, geschützte Stelle in einer Hecke, in dichtem Gebüsch oder an einer Böschung. 3–5 Eier, Brutdauer 12–14 Tage; die Jungen fliegen mit 11–13 Tagen aus.

ZUG Goldammern aus Nordskandinavien und Nordfinnland sind Zugvögel mit Winterquartieren bis in die Mittelmeerländer und Nordwestafrika; ein Teil der mitteleuropäischen Brutvögel ist Kurzstreckenzieher.

LÄNGE 16–17 cm

WANN Ganzjährig
WO Brütet in Europa außer Island, dem hohen Norden von Skandinavien, Finnland und Nordrussland sowie dem größten Teil der Iberischen Halbinsel. In Mitteleuropa weit verbreitet und meist noch häufig, aber vielerorts abnehmende Bestände

Eine schlanke, langschwänzige Ammer, im Vergleich zu Finken mit längerem Körper und strengerem Gesichtsausdruck; außerhalb der Brutzeit oft in kleinen Trupps und zusammen mit Finken und Sperlingen. Die Männchen singen im Frühjahr und Sommer oft auf Buschspitzen und Pfählen und wiederholen unermüdlich ihre einfachen, metallisch klingenden Gesangsstrophen

Zaunammer *Emberiza cirlus*

Eine hübsche, schlanke Ammer mit kennzeichnend olivfarbenem Bürzel und rostfarbenem Rücken; Unterseite gelblich; Männchen kräftig gemustert; singt häufig, Rufe kurz, hoch, dünn und unauffällig

Die Zaunammer ist ein Vogel der sonnendurchfluteten buschigen Hänge Südeuropas. In Mitteleuropa kommt sie vor allem in Obst- und Weingärten, aber auch in Gartenanlagen vor; den Winter verbringen die Vögel meist im Brutgebiet, wo sie oft zusammen mit Goldammern umherstreifen und abgeerntete Felder besuchen.

NAHRUNG Im Winter verschiedene Samen von Gräsern, aber auch Kräutern; im Sommer viele Insekten.

STIMME Der Gesang, auf einer Warte vorgetragen, ist meist der beste Nachweis der Art. Die monotonen Strophen klingen metallisch schwirrend und klappernd und erinnern an Goldammer, aber tiefer und ohne den betonten letzten oder vorletzten Laut. Die Rufe sind schwer zu orten: kurz, scharf und hoch „zit“ oder „sit“, oft wiederholt.

BRUT Das niedrig in dichten Büschen, Efeu oder Brombeergerank versteckte Nest enthält 3–5 Eier, die 12–13 Tage bebrütet werden.

ZUG Überwiegend Jahresvogel.

LÄNGE 16 cm

WANN Ganzjährig
WO Iberische Halbinsel, Frankreich, Südengland, Italien, Balkan und Mittelmeerinseln. In Mitteleuropa fast ausschließlich in der Schweiz und in Südwestdeutschland

Grauortolan *Emberiza caesia*

Sehr ähnlich dem Ortolan, bis auf die Kopf- und Halsfärbung des Männchens: rostrot und grau anstatt gelb und grüngrau; insgesamt mehr rostbraun mit dunkler Streifung; Augenring weiß, nicht gelblich

Das südosteuropäische Gegenstück zum Ortolan. Der Grauortolan ist eine farbenprächtige Ammer trockener und steiniger Gebiete mit einigen Büschen, oft in Küstennähe oder auf einer Insel. Was seine Habitatansprüche betrifft, liegt er zwischen Ortolan/Zaunammer, die mehr Vegetation brauchen, und den Ammern der kahlen Felsgebiete und Wüsten weiter südlich.

NAHRUNG Samen, Insekten; von allen Ammern wohl die Art, die am häufigsten am Boden Nahrung sucht.

STIMME Der einfache Gesang besteht meist aus 3–4 Silben, die an Ortolanstrophen erinnern, aber weniger klingelnd und klangvoll sind. Gewöhnlicher Ruf ist ein scharfes „tschripp“.

BRUT Das Bodennest ist im niedrigen Bewuchs oder zwischen Felsen versteckt, meist an einem Berghang. 4–5 Eier, die 12–14 Tage bebrütet werden.

ZUG Im Herbst ziehen Grauortolane südwärts durch den Nahen Osten, überwintern im Sudan und in Eritrea.

LÄNGE 16 cm

WANN Nicht in Mitteleuropa
WO Brütet im größten Teil Griechenlands und auf einigen Ägäischen Inseln (aber nicht auf Kreta), in der Türkei, auf Zypern und im Nahen Osten; nördlich oder westlich des Areals extrem selten

Kappenammer *Emberiza melanocephala*

Die Kappenammer ist eine große, auffällig gefärbte Ammer des hochsommerlichen Balkans; nördlich ihres Areals erscheint sie selten im Frühsommer. Sie lebt in halboffener Landschaft mit einzelnen Bäumen und ein paar Büschen, häufig in Olivenhainen und Weingärten sowie in locker mit Obstbäumen bestandenen und von Hecken umgebenen Wiesen und Feldern.
NAHRUNG Im Sommer vorwiegend Insekten; sonst meist Kräutersamen sowie Getreide, Mais und Hirse.
STIMME Die Männchen singen auf exponierten Warten in unterschiedlicher Höhe, gelegentlich auch im Flug. Die Strophen beginnen mit einigen „zit"-Tönen und gehen in ein kehliges, rollendes Zwitschern über. Ruft kurz und hart „tschü" oder „tschüp".
BRUT Nistet in Dornbüschen oder Brombeergestrüpp; 4–5 Eier, die 14 Tage bebrütet werden.
ZUG Starten im Frühherbst in ihre indischen Winterquartiere.
LÄNGE 16–17 cm

WANN Nicht in Mitteleuropa
WO Brütet gebietsweise in Italien; auf dem Balkan entlang der Adriaküste, in Bulgarien, Ostrumänien und Griechenland; Türkei; Zypern. Sonst in Europa seltener Ausnahmegast

Weidenammer *Emberiza aureola*

Die nordische Weidenammer ähnelt der größeren Kappenammer; sie zieht im Herbst ins tropische Südostasien. In Europa ist sie nur im Nordosten Brutvogel, sonst erscheint sie als Ausnahmegast, auf den Shetland-Inseln sogar alljährlich.
NAHRUNG Im Sommer viele Insekten, sonst Samen, besonders von Gräsern. Nahrungssuche meist in oder unter hohem Gras.
VERHALTEN UND STIMME Die Paare brüten in kleinen, lockeren Kolonien, manchmal sind die Nestabstände sehr gering. Die Männchen singen auf mittelhohen Büschen, die kurzen Strophen aus ein paar Doppeltönen sind ansteigend und melodisch flötend. Ruft kurz und scharf „tzip" oder „tsick".
BRUT Das Nest, aus Gras und Wurzeln gebaut, wird meist in hohem Gras oder zwischen dichten Stauden über feuchtem Boden angelegt. 4–5 Eier, die 13–14 Tage bebrütet werden.
ZUG Der Weg in die südostasiatischen Winterquartiere verläuft zunächst ostwärts, dann nach Süden.
LÄNGE 14–15 cm

WANN Kaum in Mitteleuropa
WO Brütet im östlichen und nördlichen Finnland und in Nordrussland. Selten im Frühsommer oder Herbst auf Helgoland

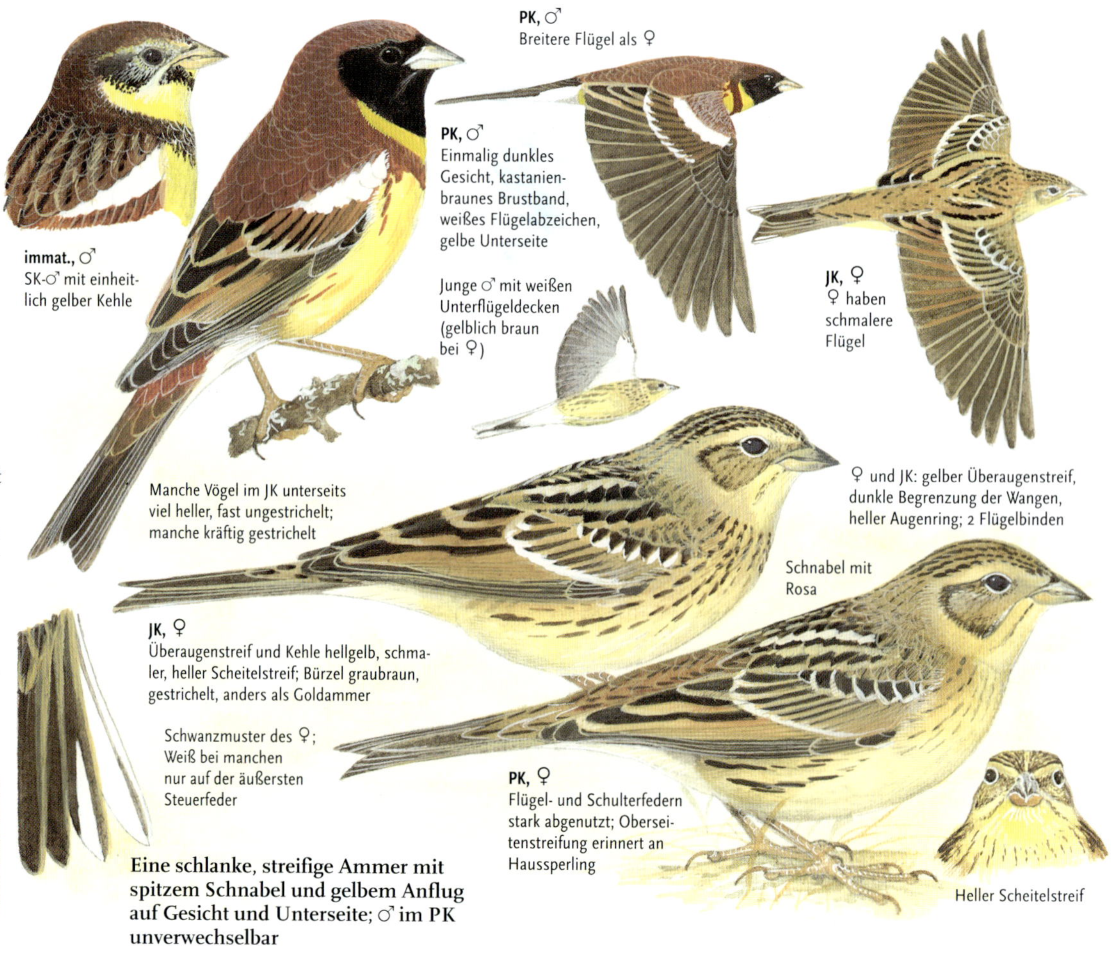

Zwergammer *Emberiza pusilla*

Eine kleine, aparte Ammer, die im JK und SK stark an die Rohrammer erinnert (und häufig mit ihr verwechselt wird); wichtige Bestimmungsmerkmale sind Kopfmuster und Schnabelform

Die hübsche Zwergammer ist Brutvogel des hohen Nordens und dementsprechend selten im übrigen Europa. Lebensraum ist die feuchte Wald- und Strauchtundra, etwa zwischen der offeneren Tundra, in der die Spornammer lebt, und dem dichteren Wald, in dem die Waldammer zu Hause ist.

NAHRUNG Im Sommer vorwiegend Insekten und deren Larven, sonst Samen, die auf dem Zug oft auf Feldern, Äckern oder Wegen gesucht werden.

STIMME Die Männchen singen auf hohen Warten. Die kurzen Strophen klingen angenehm, enthalten auch kratzende Töne und erinnern an Waldammer. Ruft kurz, scharf, leise „tik" oder „tzik", anders als Rohrammer.

BRUT Das kleine Nest steht niedrig im Gestrüpp von Weiden oder Zwergbirken oder im Schutz einer Seggenbülte.

ZUG Die Brutvögel Nordeuropas wandern im Herbst nach Südostrussland und China.

LÄNGE 13–14 cm

WANN September bis Oktober (selten)
WO Brütet in Nordfinnland und -russland, selten in Nordskandinavien. In Mitteleuropa seltener, aber alljährlicher Gast; besonders im Frühjahr erscheinen Einzelvögel auch im Binnenland; manche Vögel ziehen im Herbst Richtung Westeuropa

Waldammer *Emberiza rustica*

Im PK kennzeichnend gemustert, im Herbst können Durchzügler aber leicht mit der Rohrammer verwechselt werden – trotz des rotbraunen Bürzels und des hellen, spitzen Scheitels

Ein typischer Brutvogel der feuchten Taiga ist die Waldammer; sie lebt in Beständen von Weiden, Birken oder kleinwüchsigen Nadelbäumen, oft am Rand eines Moores, oder an einem Flussufer. Im Vergleich zu Zwerg- und Weidenammer liegt ihr Brutareal weiter südlich.

NAHRUNG Im Sommer hauptsächlich Insekten und Spinnen, im Winter meist Samen von Kräutern und Getreide. Nahrungssuche am Boden.

STIMME Die Männchen singen auf hohen Warten; die Gesangsstrophen sind lebhaft, aber etwas melancholisch zwitschernd mit großen Tonsprüngen. Ruft scharf und hoch „zit" oder „tik tk".

BRUT Das Nest wird am Boden oder in Bodennähe angelegt, oft in Grasbülten. 4–5 Eier, die 11 Tage bebrütet werden; die Jungen verlassen das Nest, bevor sie fliegen können (mit 7–10 Tagen).

ZUG Die europäischen Brutvögel ziehen im Herbst zunächst nach Osten, dann nach Süden, um den Winter in China oder Japan zu verbringen.

LÄNGE 15 cm

WANN Kaum in Mitteleuropa
WO Brütet im nördlichen Schweden und in Finnland (dort relativ häufig) sowie in Nordrussland. In Mitteleuropa Ausnahmegast, in Deutschland vorwiegend auf Helgoland, vor allem im Herbst und im Frühsommer

Rohrammer *Emberiza schoeniclus*

Männchen der Rohrammer sind im Frühjahr unverkennbar, doch erinnern die streifigen Weibchen und Jungvögel stark an einige seltenere Ammern, was oft zur Hoffnung führt, eine Rarität entdeckt zu haben. Nur bei genauer Kenntnis der Gefiedermerkmale von Rohrammern lassen sich derartige Fehlbestimmungen vermeiden. Rohrammern leben meist in Feuchtgebieten wie Mooren und Sümpfen, häufig im Röhricht mit Schilf und Rohrkolben, das an den Ufern vieler Teiche, Seen und Flüsse steht. Feuchtes Weidengebüsch und verschilfte Gräben reichen Rohrammern oft als Bruthabitat aus. In Mitteleuropa besiedelt die Art zunehmend auch weniger feuchte Lebensräume wie schmale Gräben und Ränder von Rapsfeldern.

NAHRUNG Im Sommer überwiegend Insekten, sonst vor allem Samen und Knospen. Die Nahrungssuche erfolgt hauptsächlich auf dem Boden, Insekten werden aber häufig zwischen Halmen und Stängeln, manchmal auch in kurzem Jagdflug erbeutet.

VERHALTEN UND STIMME Die Männchen singen ihren kurzen, etwas stotternden Gesang im Frühjahr und Sommer, meist auf niedrigen Warten wie Schilfhalmen. Die Strophen sind variabel, werden gewöhnlich in langsamem Tempo vorgetragen und haben einen rollenden Klangcharakter; meist enden sie mit einem Trillerlaut. Häufig singen unverpaarte Männchen schneller, die Männchen mit Brutpartner singen dagegen gelassener und halten zwischen den einzelnen Silben mehr Abstand. Ruft häufig sanft, etwas abfallend und leicht einprägsam „sieü", im Frühjahr auch sehr dünn „sie". Die für viele Ammern typischen tickenden Rufe äußern Rohrammern nicht.

BRUT Das Nest ist gut versteckt in einer Seggenbülte auf umgebrochenem Schilf oder niedrig in einen Weidenbusch gebaut. Die 4–5 Eier werden 13 Tage bebrütet; die Jungen sind mit 10–12 Tagen flugfähig, verlassen aber das Nest 3–5 Tage früher und klettern im umliegenden Bewuchs.

ZUG Im zeitigen Frühjahr sieht man gelegentlich Rohrammern in kleinen Trupps auf ufernahen Wiesen an Teichen und Seen rasten; sie suchen dort, nicht selten mit Wiesenpiepern und Bachstelzen, Nahrung, bevor sie in ihre nördlicher gelegenen Brutgebiete weiterziehen. Brutvögel aus Nord- und Osteuropa sowie dem südöstlichen Mitteleuropa sind Zugvögel.

LÄNGE 15–16,5 cm

WANN Ganzjährig (im Winter selten)
WO Brütet in Europa außer Island, dem Hochgebirge sowie dem größten Teil der Iberischen Halbinsel und Südeuropas; dort meist nur von Oktober bis März. In Mitteleuropa überwiegend häufig, im Winter vor allem im Süden selten

Eine kontrastreich rotbraun, beige und schwarz gemusterte Ammer mit breiten, weißen Schwanzkanten; ♂ im PK unverwechselbar, in anderen Kleidern aber ähnlich mehreren anderen Ammern

Spornammer *Calcarius lapponicus*

Eine in den meisten Kleidern unscheinbare Ammer; ♂ im Prachtkleid (Frühjahr) leicht zu bestimmen, in anderen Kleidern hilft dagegen oft nur sorgfältiges Prüfen der wichtigsten Merkmale: schwärzliche Ohrdecken, gefleckte Brustseiten, von schmalen, weißen Flügelbinden begrenztes, rotbraunes Feld auf der Flügelmitte. Hält sich mehr am Boden auf als die Rohrammer

Oberflächlich einer Rohrammer nicht unähnlich, teilt die Spornammer auch einige Merkmale mit der Schneeammer, denn sie ist ebenfalls kurzbeinig, brütet in Nordeuropa und überwintert (in kleiner Zahl) auf Strandwiesen an der norddeutschen Küste; Trupps beider Arten laufen am Boden rasch und in geduckter Haltung. In hohem Gras können sich Spornammern erstaunlich gut verbergen. Eine Beobachtung aus der Nähe ist empfehlenswert, besonders des Männchens: Eine Andeutung des Prachtkleidmusters ist auch im Schlichtkleid oft noch zu erkennen; stets jedoch fasziniert die kräftige Färbung und das komplizierte Gefiedermuster. In Osteuropa trifft man Überwinterer meist fern der Küsten, etwa in den Steppengebieten der ungarischen Puszta. In Mittel- und Nordwesteuropa ist die Art dagegen fast ausschließlich an der Küste zu sehen. Im Sommer meiden Spornammern im Brutgebiet eher die felsigen Bereiche, die von der Schneeammer beansprucht werden, sie ziehen die Strauch- und Bergtundra mit Weiden und Zwergbirken vor.

NAHRUNG Im Hochsommer bilden die dann massenhaft auftretenden Schnaken und andere Insekten die Hauptnahrung. Im Winter fast ausschließlich Samen von Gräsern und Kräutern, gern auch Hafer. Nahrungssuche vorwiegend am Boden.

VERHALTEN UND STIMME Der Singflug des Männchens erinnert an Pieper; es steigt steil und stumm auf und gleitet dann laut singend in weiten Spiralen abwärts. Die kurzen, lerchenartigen Strophen sind rau klingelnd. Die Rufe sollte man sich einprägen, denn sie verraten Wintergäste und Durchzügler: ein kurzer, heller, metallischer Pfiff „tjü" oder zusammengesetzt „tikitikitikik-tjü" und ein tonloses, ratterndes „tkr-tkr-tkr".

BRUT Die Jungen schlüpfen genau im kurzen arktischen Sommer mit Massenvorkommen von zweiflügeligen Insekten. Das Nest wird auf dem Boden unter Grasbülten oder Zwergsträuchern angelegt – oft in Wassernähe. 5–6 Eier, die 11–13 Tage bebrütet werden. Die Jungen verlassen das Nest bevor sie die Flugfähigkeit im Alter von 9–10 Tagen erreicht haben.

ZUG Die nordeuropäischen Brutvögel ziehen im Herbst an die Küsten der Nordsee oder in die Steppengebiete Südrusslands.

LÄNGE 15–16 cm

WANN September bis April (selten; meist September/Oktober); im Brutgebiet Mai bis August
WO Brütet in Norwegen (fast bis zur Südspitze), in Westschweden (südlich bis Jämtland) sowie im hohen Norden Finnlands und Russlands. Überwintert an der Nordseeküste und in den südrussischen Steppen; selten im östlichen Mitteleuropa

Zippammer *Emberiza cia*

Diese recht große, ansprechend gefärbte Ammer verhält sich oft unauffällig und wird häufig erst durch ihre typischen Rufe entdeckt. Brutlebensraum der Zippammer ist meist ein felsiger, sonniger Berghang mit Büschen und einzelnen Bäumen; man trifft sie auch in Gärten von Gebirgsdörfern, in Mitteleuropa häufig in alten Weinbergen. Im Winter oft in tieferen Lagen.
NAHRUNG Vor allem Samen und Knospen, zur Brutzeit überwiegend Insekten. Nahrungssuche am Boden.
STIMME Der Gesang des Männchens erinnert an die Heckenbraunelle oder an kurze, dünne Zaunkönigstrophen. Ruft häufig hoch und hart „zipp", daneben auch „zieh" oder „tsiü".
BRUT Das Nest wird meist in einem dichten Busch, zwischen Steinen oder in einer Mauernische angelegt. 4–5 Eier, Brutdauer 12–14 Tage.
ZUG Meist Jahresvogel, die Brutvögel Südwestdeutschlands ziehen im Herbst jedoch nach Südfrankreich.
LÄNGE 16 cm

WANN Ganzjährig
WO Brütet vor allem auf der Iberischen Halbinsel und in Südeuropa, auf Sizilien und Kreta. In Mitteleuropa nur in Südwestdeutschland, Österreich (selten) und der Schweiz sowie in der Slowakei

Eine farbenfrohe Ammer mit markanter Kopfzeichnung; meist am Boden oder in Bodennähe, recht unauffällig

Schneesperling *Montifringilla nivalis*

Dieser Gebirgsvogel aus der Sperlingsfamilie ähnelt der Schneeammer; er verbringt ebenfalls die meiste Zeit auf dem Boden, auf Felsen, nicht selten auf Dächern. Der Schneesperling, früher Schneefink genannt, lebt oberhalb der Baumgrenze auf teilweise schneebedecktem, felsigem Gelände in der Nähe von Grashängen.
NAHRUNG Im Sommer meist Insekten und Spinnen; im Winter Samen.
VERHALTEN UND STIMME Im Frühjahr zerfallen die Wintertrupps, indem sich die einzelnen Paare absondern. Die Männchen singen auf Warten oder im kreisenden Singflug zur Revierbehauptung. Die Strophen bestehen aus variablen, etwas stotternd wiederholten Tschilplauten. Ruft häufig rau „pschie", oft mehrfach wiederholt.
BRUT Die Nester werden in Spalten und Nischen von Felswänden angelegt. Gewöhnlich 4–5 Eier, die 13–14 Tage bebrütet werden.
ZUG Im Winter suchen die Schneesperlinge oft etwas tiefere Lagen auf, seltener unterhalb der Baumgrenze.
LÄNGE 17 cm

WANN Ganzjährig
WO Brütet in den Hochgebirgen der Iberischen Halbinsel, Italiens, in den Alpen, auf Korsika und auf dem Balkan

Ein großer, kräftiger, finkenähnlicher Vogel des Hochgebirges mit auffallend viel Weiß im Flügel. Hält sich im Winter häufig in Schwärmen an hoch gelegenen Berghotels und Liftanlagen auf

Schneeammer *Plectrophenax nivalis*

Mit ihrem langen Körper, den kurzen Beinen und dem schnellen, geduckten Laufen am Boden unterscheidet sich die Schneeammer erheblich von den Ammern, die uns aus der Feldflur Mitteleuropas vertraut sind. Im Sommer ein Vogel der Fjälls und Tundren, erscheint die Schneeammer im Winter an den mitteleuropäischen Küsten und auf den vorgelagerten Inseln, wo man sie auf sandigen und steinigen Strandabschnitten und auf offenen Flächen mit niedrigem Bewuchs antrifft. Die Vögel eines Wintertrupps sind lebhaft, aber bei der Nahrungssuche wenig auffällig. Bei einer Störung stiebt der Schwarm davon, dann sieht man das viele Weiß auf den Flügeln. Aus der Nähe betrachtet, faszinieren die Farben und Muster der Schneeammer auch im Winter. An ihren Brutplätzen auf kargen Blocksteinfeldern des skandinavischen Fjälls, auf den höchsten Klippen Schottlands oder in der arktischen Tundra wirken sie ganz anders.

NAHRUNG Schneeammern suchen auf dem Boden laufend nach Samen und Insekten; dabei meiden sie Flächen mit höherem Bewuchs, suchen aber gelegentlich Äcker und Stoppelfelder auf. An der Küste Mitteleuropas sind sie meist am Spülsaum, auf kurz geschnittenen Strandwiesen und nahe gelegenen Feldern zu sehen, im Südosten auch in Steppenlandschaften. Das ganze Jahr über, vor allem aber während der Jungenaufzucht, werden Insekten und deren Larven sowie kleine Krebstiere („Strandflöhe") verzehrt.

VERHALTEN UND STIMME Der Gesang der Männchen dient der Revierbehauptung; sie singen auf exponierten Felsblöcken und im kurzen Singflug; ihre Strophen sind laut und melodisch und bestehen aus flüssigen, zwei- bis dreisilbigen Lauten: „türie-türie-türie" oder „switu-swievie-switütiswä". Ruft im Winter oft „piü", typischer Flugruf ist ein rollendes, an Haubenmeise erinnerndes „ptrrr-iririp".

BRUT Das Nest ist meist in einer tiefen Spalte zwischen Felsen angelegt, nicht selten in Gewässernähe; in der Arktis dient häufig eine Gebäudenische oder eine weggeworfene Büchse als Nistplatz. Die Nestmulde ist dick mit Schneehuhnfedern gepolstert. Die 4–6 Eier werden 12–13 Tage bebrütet.

ZUG Im Winter räumen die Schneeammern ihre Brutplätze und ziehen nach Süden, viele überwintern in den Steppengebieten Osteuropas und an der Nord- und Ostseeküste.

LÄNGE 16–17 cm

WANN September bis April
WO Brütet auf Spitzbergen, Island, in Norwegen, Nordwestschweden, Nordfinnland und Nordschottland. Im Winter an den mitteleuropäischen Küsten auf Strandwiesen; seltener an Spülsäumen und auf Ödflächen im Binnenland

Erklärung von Fachausdrücken

Abgetragenes Gefieder Entsteht durch Abnutzung oder Verschleiß der Federn, besonders der hellen Gefiederbereiche.

Adult (ad.) Der Vogel ist erwachsen und hat sein endgültiges Alterskleid erreicht.

Alula Auch Daumenfittich genannt; kleine, strapazierfähige Federn, die oft farblich abgesetzt sind und meist am geschlossenen Flügel zu sehen sind; spielen beim Manövrieren im Flug eine Rolle.

Armschwingen Die kürzeren Schwungfedern des Innenflügels, die am Arm ansetzen.

Art Eine Gruppe von Populationen, die von anderen Populationen soweit isoliert ist, dass es nur noch ausnahmsweise zur Vermischung kommt.

Augenring Farblich abgesetzter Federkranz um das Auge.

Augenstreif Ein horizontaler, meist dunkler Streifen durch das Auge.

Ausbleichen Effekt des Federverschleißes durch das Sonnenlicht. Zusammen mit der Abnutzung kann Ausbleichen zu einer stark veränderten äußeren Erscheinung des Vogels führen, ohne dass auch nur eine einzige Feder gewechselt wird.

Ausnahmegast Ein Vogel, der ausnahmsweise in einem Gebiet erscheint, das nicht zu seinem regulären Brut-, Durchzugs- oder Winterquartier gehört, beispielsweise ein sibirischer Laubsänger, der im Herbst in Mitteleuropa erscheint.

Brutvogel Vogelart, die regelmäßig in einem bestimmten Gebiet (z.B. Mitteleuropa) brütet.

Bugfleck Federbereich am Flügelbug; ist vor allem bei manchen Greifvögeln kontrastreich abgesetzt.

Bürzel Gefiederbereich zwischen Rücken und Oberschwanzdecken, der oft farblich abgesetzt ist.

Deckfedern Gruppe von Federn, die einen bestimmten Bereich des Vogelkörpers abdecken, z. B. Ohrdecken, Unterschwanzdecken oder Unterflügel- und Oberflügeldecken.

Dunen Weiche Federn ohne Schaft und mit langen, biegsamen Federästchen, die vor allem der Wärmeisolierung dienen.

Dunenkleid Die erste Körperbedeckung der Jungvögel, die aus Dunen besteht.

Durchzügler Ein Vogel, der sich in einem bestimmten Gebiet auf dem Durchzug befindet – auf dem Weg ins Winterquartier (Herbst) oder ins Brutgebiet (Frühjahr).

Erster Sommer (1er S) Das Kleid, das im Frühjahr des zweiten Kalenderjahrs nach dem ersten Winterkleid getragen wird; entsprechend zweiter Sommer (2er S) usw.

Erster Winter (1er W) Das Kleid, das nach dem Jugendkleid im Herbst des ersten Kalenderjahrs angelegt wird; entsprechend zweiter Winter (2er W) usw.

Erstes Kalenderjahr (1es KJ) Das Kleid nach dem Jugendkleid, das der Jungvogel höchstens bis Ende Dezember des Geburtsjahrs trägt; entsprechend zweites Kalenderjahr (2es KJ) usw.

Flügelbinde Helle, meist schmale Musterung, die von den hellen Spitzen der Armdecken gebildet wird.

Flügelbug/Bug Die Flügelbeuge im zusammengelegten Flügel, entspricht dem Handgelenk.

Flügeldecken Federn, die den Flügel ober- und unterseits abdecken.

Flügelformel Die Struktur des Flügels, beschrieben nach der relativen Länge der Handschwingen des ausgestreckten Flügels (entspricht etwa der relativen Länge der Finger in der menschlichen Hand) sowie den eventuellen Verengungen an diesen Federn; die Flügelformel ist innerhalb einer Art konstant.

Flügelprojektion Überstand der Flügelspitzen über die Schwanzspitze.

Flügelspiegel Besonders gefärbtes Feld im Bereich der Armschwingen des Entenflügels, der für die Artbestimmung herangezogen wird.

Flügelstreif Heller Streif, der durch die hellen Basen der Schwungfedern gebildet wird und oft nur im Flug sichtbar ist.

Formenkreis Bezeichnung für eine Gruppe von unterschiedlich nah verwandten Arten, die in einem großen geografischen Raum leben, deren Verbreitungsareale sich aber ausschließen.

Fußprojektion Der Überstand der Füße über den Schwanz bei fliegenden Vögeln.

Gattung Gruppe von Arten, die sich bestimmte Merkmale teilen und nah miteinander verwandt sind. Siehe auch Wissenschaftlicher Name.

Genus Gattung.

Gesang Eine meist längere Lautäußerung, die der Reviermarkierung dient, aber auch zum Anlocken von Weibchen sowie der Synchronisation der Brutpartner. Der Gesang ist meist artkennzeichnend.

Gründelenten Gruppe von Enten, die ihre Nahrung im Flachwasser gründelnd („Schwänzchen in die Höh") erlangt oder das Wasser an der Oberfläche durchseiht – im Gegensatz zu den Tauchenten.

Handschwingen Die Federn, die an der Hand des Vogels ansetzen und die Flügelspitze bilden; zusammen mit den Armschwingen bilden sie die Schwungfedern.

Handschwingenprojektion Der Überstand der längsten Handschwinge über die Schirmfedern bei gefaltetem Flügel.

Heck Hinterteil des Vogels.

Hosen Lockere Befiederung der Füße, die wie Hosen aussehen; vor allem bei Greifvögeln, aber auch bei der Saatkrähe.

Immatur (immat.) Der Alterszustand zwischen dem Jugendkleid und dem Alterskleid.

Intermediär Zwischen zwei Dingen befindlich, beispielsweise intermediäres Kleid, ein Kleid, welches zwischen zwei beschriebenen Kleidern liegt.

Jahresvogel Vogelart, die das ganze Jahr über in einem bestimmten Gebiet angetroffen werden kann.

Jugendkleid (JK) Das erste vollständige Gefieder, in dem der Jungvogel fliegen lernt; ist meist gut vom Alterskleid zu unterscheiden.

Kleider Die Beschreibung von verschiedenen Zeichnungen und Farben des Gefieders in Abhängigkeit von Alter, Geschlecht oder Jahreszeit.

Lidring Ring nackter Haut um das Auge.

Limikolen Anderer Name für Watvögel, typische Vögel der Küste und der Feuchtgebiete des Binnenlands.

Mauser Wechsel des Gefieders, der in regelmäßigen Abständen, in einem festgelegten Modus und zu bestimmten Zeiten im Jahr erfolgt und das Aussehen der Vögel stark verändern kann.

Morphe Vögel der gleichen Art und Unterart, aber mit unterschiedlich gefärbtem Federkleid (meist heller oder dunkler).

Nickhaut Drittes Augenlid der Vögel, das von schräg oben nach unten über das Auge streicht.

Nominatform Unterart, die die gleiche Bezeichnung trägt wie die Art, z. B. *Lullula arborea arborea*, die in Mitteleuropa vorkommende Unterart der Heidelerche.

Oberflügeldecken Kurze Deckfedern auf dem Oberflügel, die nicht primär dem Flug dienen, wie die Großen, Mittleren und Kleinen Armdecken.

Population Die Gesamtheit der Individuen einer Art in einem bestimmten Gebiet; im engeren Sinn nur diejenigen Individuen, die in einer Fortpflanzungsgemeinschaft leben.

Prachtkleid (PK) Besonders prächtiges Kleid, das die Altvögel während der Balz und Brutperiode tragen, meist im Frühjahr und Sommer, manche Vögel auch vom Winter bis in die Brutsaison.

Rosen Auffällig rot gefärbte Federpartie oberhalb der Augen.

Rufe Kurze, meist ganzjährig zu hörende Lautäußerungen, die in verschiedenen Situationen geäußert werden, häufig im sozialen Zusammenhang (Kontaktruf), im Flug (Flugruf) oder bei Gefahr (Warnruf).

Scheitel Federpartie am Oberkopf.

Scheitelseitenstreif Seitlicher, farblich abgehobener Begrenzungsstreif des Scheitels.

Schirmfedern Bezeichnung für die in ihrer Färbung oder Musterung abgehobenen inneren Armschwingen, die den Flügel im zusammengefalteten Zustand „beschirmen" und die starkem Verschleiß unterliegen.

Schlichtkleid (SK) Das von Altvögeln hauptsächlich außerhalb der Balz- und Brutzeit, in der Regel also im Winterhalbjahr getragene Federkleid, das meist unscheinbarer ist als das Prachtkleid.

Schwanzprojektion Beim stehenden Vogel sichtbarer Überstand des Schwanzes über die Flügelspitzen.

Schwungfedern Die Hand- und Armschwingen zusammengenommen; sie bilden die wichtigste Tragfläche des Vogelflugs.

Sommervogel Vogelart, die in einem bestimmten Gebiet brütet, aber dort nicht überwintert, sondern wegzieht, beispielsweise die Schwalben in Mitteleuropa, die Zugvögel sind.

Spezies Art.

Spotten Das Imitieren von Stimmen anderer Vögel, aber auch anderer Tiere, Menschen oder Geräusche.

Steuerfedern Die langen Schwanzfedern, die der Vogel zum Manövrieren im Flug benötigt.

Subadult (subad.) Noch nicht ausgewachsen (unausgefärbt).

Subspezies Unterart.

Subterminalbinde Eine anders gefärbte Binde, die kurz vor der Spitze des Schwanzes, des Flügelhinterrands oder einer einzelnen Feder liegt.

Tarsus Lauf des Vogels, gewöhnlich der auffälligste Teil des Vogelbeins zwischen Fuß und Gelenk; der „Fuß" des Vogels entspricht den menschlichen Zehen, der „Lauf" Teilen des menschlichen Fußes.

Tauchenten Gruppe von Enten, die ihre Nahrung tauchend erlangt – im Gegensatz zu den Gründelenten.

Teilzieher Vogelart, bei der von den Brutvögeln eines Gebiets nicht alle Individuen ziehen.

Unterart Eine Population, die in einem bestimmten Gebiet vorkommt und sich durch äußere Merkmale von anderen Populationen derselben Art unterscheidet.

Unterflügeldecken Deckfedern auf dem inneren Teil des Unterflügels.

Unterschwanzdecken Deckfedern auf der Schwanzunterseite.

Wachshaut Wachsähnliche, oft weiche und auffällig gefärbte Hautpartie an der Schnabelbasis im Bereich der Nasenlöcher einiger Vogelgruppen, etwa der Falken.

Wintergast Eine Vogelart aus nördlichen oder nordöstlichen Brutgebieten, die den Winter in einem bestimmten Gebiet (z. B. Mitteleuropa) verbringt, aber dort nicht brütet.

Wissenschaftlicher Name Dieser Name, meist aus dem Lateinischen oder Griechischen gebildet, setzt sich aus mindestens zwei Bezeichnungen zusammen; vollständig ist er aber mit drei Namen. Der erste ist der Gattungsname, der zweite der Artname. Beide zusammen ergeben für jedes Lebewesen auf der Erde eine einzigartige Kombination. Der dritte Name, soweit vorhanden, bezeichnet die Unterart. Der wissenschaftliche Name macht die Verwandtschaftsverhältnisse sichtbar.

Zug Regelmäßige, saisonal stattfindende und in eine bestimmte Vorzugsrichtung führende Wanderbewegung von Vögeln, meist zwischen Brutgebiet und Winterquartier, bei manchen Arten auch zu einem Mausergebiet (Mauserzug).

Zügel Farblich abgehobener Bereich zwischen Auge und Schnabel, oft als schmaler Streif ausgebildet (Zügelstreif).

Register

Danksagung

Als das Buch die letzten Stadien seines langen Produktionswegs erreicht hatte, waren wir sehr erfreut über den hohen Standard der Andrucke und Produktionsqualität, den der Verlag und die Druckerei erreicht hatten. Wir sind sicher, dass das Buch allein schon durch Anschauen Freude bereitet. Daher möchten wir unseren besonderen Dank an all diejenigen richten, die bei diesem Projekt mitgewirkt haben und die unsere Wünsche berücksichtigt haben. Ganz besonders danken wir jedoch unseren Frauen Dorothy und Marcella für ihre Engelsgeduld, ihre Ermunterungen und ihre Unterstützung.